선박 선체 모델링

SM3D Hull Modeling

-SM3D Series Ⅱ-

권영철 저

본 교재는 선박 전용 CAD인 SmartMarine 3D(이하 SM3D) 기능 중 선체(Hull)를 모델링 하는 방법에 대하여 실습장을 갖춘 일반 교육기관에서 사용할 수 있는 교육용 자습서로 개발하였다.

SM3D 사용이 가능한 실습장이면 누구나 선체의 기본 모델링을 익힐 수 있도록 화면 이미지를 단계별로 작성하여 별도의 지도 없이도 실습할 수 있도록 하였다.

또한 교육기관에서 교육을 하는 경우에 교육 기간 중 결석생(또는 따라오지 못한 수강생)이 있는 경우를 고려하여 단계별 모델 DB를 제공하였다(DB 파일은 본 교재 출판사 홈페이지 자료실에서 다운받을 수 있습니다.).

예를 들면 2.2 Plate System 과정을 완료하지 못한 수강생이 2.3 Modify Complex System 과정을 수강하는 경우에는 제공한 모델 중 Ship2_03을 사용하면 된다. (Ship2_03 모델은 2.2까지의 실습한 내용을 포함하고 있다.)

SM3D는 모델링 작업 즉시 DB에 저장되는 실시간 온라인(Real-time Online) 시스템으로 프로그램이 기동될 때 라이선스 검사뿐 아니라 프로젝트 DB와 연결 상태도 검사한다.

따라서 SM3D를 기동하기 전에 라이선스 서버 및 프로젝트 DB에 정상적으로 접속할 수 있어야 한다(License Server 접속 확인 방법과 Project DB 설치 방법은 부록을 참조).

일반적으로 Hull이란 선박을 대분하여 선체와 의장으로 나눌 때 선체를 말하며, 선박의 외판(외형)은 Shell이라 한다. 그러나 SM3D에서는 외판을 지칭할 때도 Hull을 사용하고 있다. 따라서 본 교재에서도 외판을 지칭할 때 Shell 대신 Hull을 사용하였다.

본 교재는 선체의 생산설계 과정을 고려하여 다음과 같이 구성하였다.

제1장에서는 SM3D를 사용하기 위한 기초 내용으로 프로그램의 기동 방법과 프로젝트 DB로부터 필요한 모델 정보를 불러오는 방법을 설명한다. 그리고 불러온 모델 뷰를 다루는 방법과 모델링 작업 때 각 부재를 쉽게 구별할 수 있도록 색상을 지정하는 방법도 설명한다.

SM3D

제2장에서는 선체 모델링의 주된 작업인 Modeled Form task 작업도구를 사용하여 선박의 모델을 생성하는 방법을 다룬다.
먼저 모델의 기준 좌표가 되는 격자시스템(Grid System)을 생성하는 방법을 설명하고, 작성한 격자시스템을 이용하여 갑판과 격벽의 평판(Plate)을 생성하는 방법과 생성한 평판에 통로(Opening)와 보강재(Profile 및 Bracket)를 추가하는 방법을 설명한다.
그리고 평판이나 보강재를 나누기(Splitting)하는 방법과 생성한 모델의 특정 부분을 복사하는 방법도 설명한다.

제3장에서는 실제 제작을 하기 위하여 모델을 블록으로 나누고 조립단위로 묶는 방법을 설명한다. 그 다음 블록으로 나누어진 경계선을 고려한 실 자재(Part)를 생성하는 방법(Detailing)을 설명한다. 또한 조립단위별 조립순서와 작업방향을 지정하는 방법도 설명한다.

제4장에서는 제조과정에서 고려해야 할 각종 Margin을 주는 방법과 곡판의 곡률을 현장에서 확인할 수 있는 Template 정보 및 Pin Jig 정보를 생성하는 방법을 설명한다.

끝으로 본 교재를 개발하는데 필요한 SM3D 프로그램과 관련된 자료를 무상으로 제공해 주시고 본 교재의 발간을 정식으로 허락해 주신 Intergraph사에 감사드립니다.

특히, 물심양면으로 지원해 주시고 본 교재의 감수까지 해주신 Intergraph사의 이진호 상무님과 성완경 차장님 그리고 삼성중공업 김현호 부장님께 감사드립니다.

SM3D 01 SM3D 기초

SM3D 02 Modeling I

SM3D

SM3D 03 Modeling Ⅱ

SM3D 04 Manufacturing

SM3D 부록 I License 서버 연결

SM3D 부록 II Training DB 설치

SM3D **01**

SM3D 기초

chapter 01 SM3D 기초

본 장에서는 SM3D 사용의 가장 기본이 되는 SM3D 기동과 종료, DB로부터 작업에 필요한 모델을 읽어오는 방법과 모델 뷰를 다루는 방법을 설명한다. 그리고 모델 뷰를 효과적으로 식별하기 위하여 요소별로 색상을 다르게 표시하는 방법도 설명한다.

1.1 프로그램 기동

실습 1.1-1 기본 값으로 정의된 양식을 선택하여 SM3D를 기동한다.

1. 시작 › 프로그램 › Intergraph SmartMarine 3D › SmartMarine 3D 메뉴를 실행하면 *New* 창이 나타난다.*

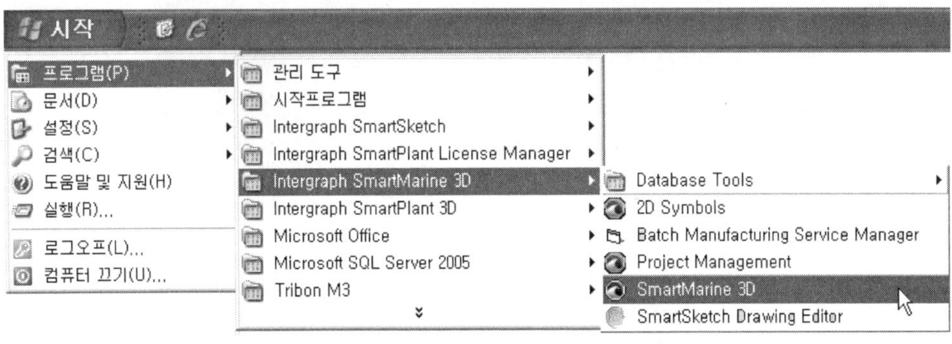

그림 1 SM3D 시작 메뉴

* 시작 메뉴에는 **Intergraph SmartMarine 3D** 외에 **Intergraph SmartPlant 3D**도 등록되어 있다. 이것은 SM3D는 SP3D(SmartPlant 3D)를 먼저 설치한 다음 SM3D를 추가로 설치하는 과정에서 만들어진 것이다. 즉, **Intergraph SmartPlant 3D** 메뉴는 SP3D의 설치 때 만들어진 것이나 세부 내용은 **blank**이다.

2 *New* 창에서 원하는 양식을 선택한 후 [OK] 버튼을 클릭하면 SM3D 초기화면이 나타난다.

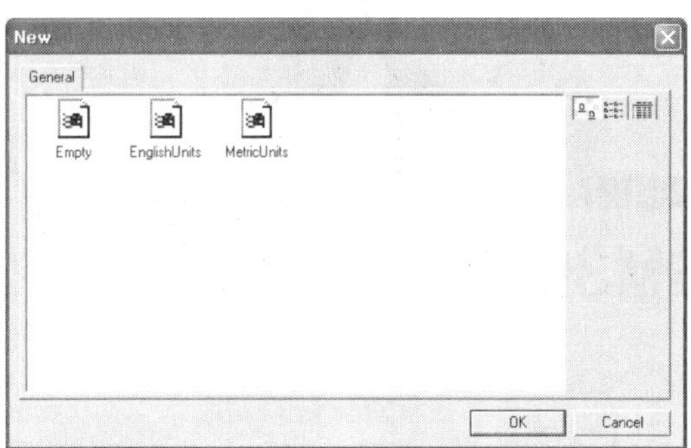

- Empty
  Blank(저장된 Session 파일을 불러 오는 경우에 사용)
- EnglishUnits
  Inch 단위계로 설정된 양식
- MetricUnit
  Meter 단위계로 설정된 양식

그림 2 New 창

3 기동된 SM3D 초기화면 창의 크기와 위치를 조정한다.*

작업결과 1.1-1 SM3D 프로그램을 기동하고, 초기 Blank 화면을 출력한다.

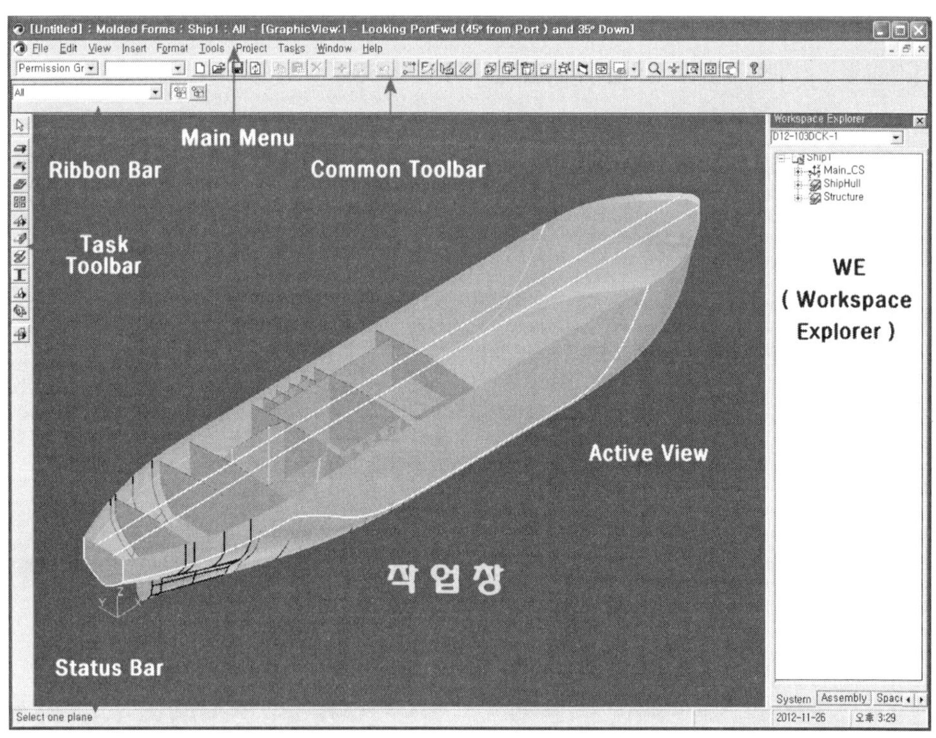

* 처음 기동된 화면은 작업창의 내용이 Blank 상태이다. 창의 크기 및 위치를 조정하는 방법은 윈도우용 일반 응용프로그램의 창 조정 방법과 동일하게 작업하면 된다.

실습 1.1-2 사용자가 정의한 양식을 기본 양식으로 등록하여 사용한다.

1 SM3D 화면의 주 메뉴 중 Tools › Options 메뉴를 선택하면 *Options* 창이 나타난다.

그림 1 Options 메뉴

2 *Options* 창의 General 탭에서 Undo 난의 step를 20으로, Units of Measure 탭에서 distance 단위를 mm로 수정하고 [OK] 버튼을 클릭한다.

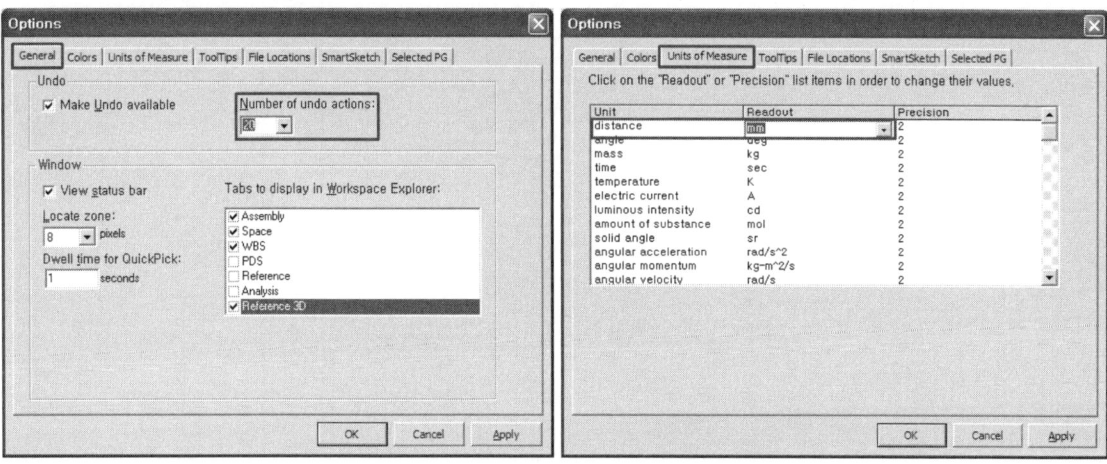

그림 2 *Options* 창의 속성을 수정한 상태

3 주 메뉴의 File › Save As... 메뉴를 선택하여 C:/Program Files/SmartPlant/3D/CommonApp/Session Templates/General 폴더에 "User" 이름으로 저장한다.*

4 주 메뉴의 File › Exit 메뉴를 선택하여 SM3D를 종료한다.

5 SM3D를 다시 기동하면 New 창에 등록된 "User" 이름의 양식이 표시된다.

작업결과 1.1-2 사용자 정의 양식이 기본 양식에 등록되어 나타난다.

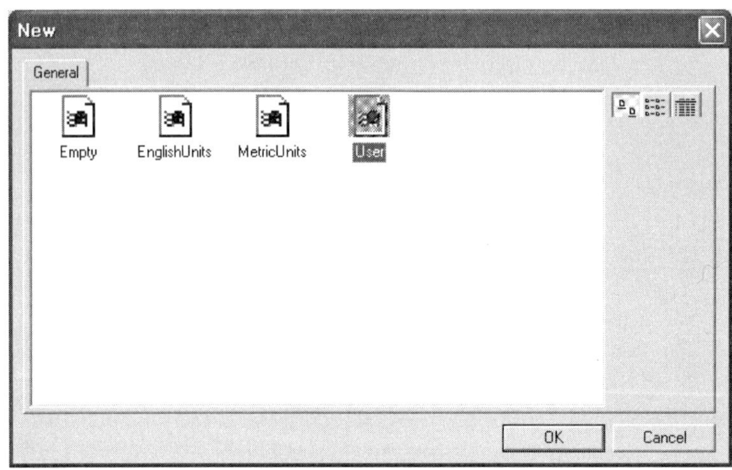

* Windows 7 또는 Windows 8(Version 2011 기준)에서는 "C:/Program Files(x86)/SmartPlant/3D/CommonApp/Session Templates/SM3D/General" 폴더에 저장된다.

1.2 Define Workspace

SM3D는 모델 DB로부터 작업자의 컴퓨터에 모든 정보를 가져오는 것이 아니라 필터를 통하여 지정한 정보만 가져와 작업한다.

이와 같이 모델 DB로부터 지정한 정보를 읽어와 작업창(Workspace)에 표현한 것을 모델 뷰(Model View)라 한다.

작업창에 필터를 사용하여 모델 뷰를 불러온다.

1 주 메뉴에서 File > Define Workspace... 메뉴를 선택한다(또는 Ctrl+W).

그림 1 Define Workspace 메뉴

2 *Define Workspace* 창의 Ship : 난에서 Ship1을 선택한다.*

그림 2-1 Ship 선택 난

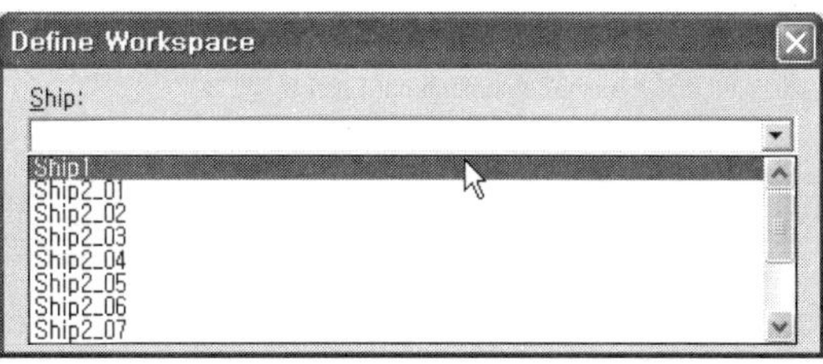

그림 2-2 Ship 선택 확장 메뉴

* **Ship** : 입력란 우측에 있는 화살촉을 클릭하면 Drop-down 메뉴가 나타나며, 등록된 모든 Ship명이 나타난다(만일 등록된 Ship명이 하나인 경우에는 바로 선택된 상태로 표시된다).

3 *Define Workspace* 창의 Filter : 입력 난에서 All 선택한 후 [OK] 버튼을 클릭한다.*

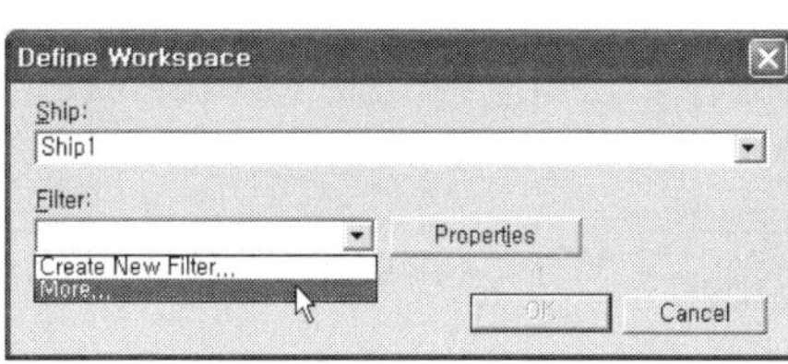

그림 3-1 "More..." 선택

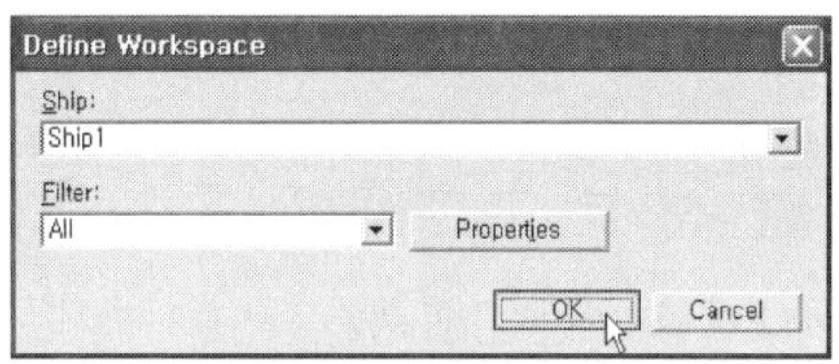

그림 3-3 [OK] 클릭

그림 3-2 "All" 선택

4 Common Toolbar에서 Named Views > Isometric 메뉴 및 [Fit 아이콘] (Fit) 아이콘을 클릭하면 모델 Ship1의 전체 모델 뷰가 화면의 크기에 알맞게 나타난다.**

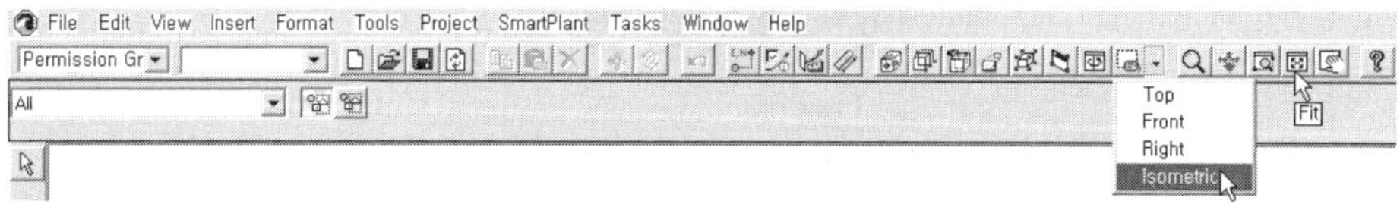

그림 4 Isometric 메뉴 및 [Fit] 아이콘

• • • •

* **Filter** : 입력란 우측에 있는 화살촉을 클릭하면 기본적으로 Create New Filter와 More... 메뉴가 나타난다. 이 중에서 More...를 선택하면 Select Filter 창이 나타난다. Select Filter 창에서 적용할 필터를 선택한 후 [OK] 버튼을 클릭하면 다시 Define Workspace 창으로 되돌아온다.

** 처음 모델을 읽어오면 모델 뷰의 크기와 위치가 적당하지 않아 정상적으로 보이지 않는다. 일반적으로 CAD에서 3D 모델을 입체적으로 표현한 보편적 방법이 Isometric이다. **Fit** 도구는 현재의 창에 가장 알맞은 크기로 보여주는 도구이다.

작업결과 1.2 SM3DTrain DB의 모델 중 Ship1 모델을 필터 "All"을 적용하여 읽어온 모델 뷰

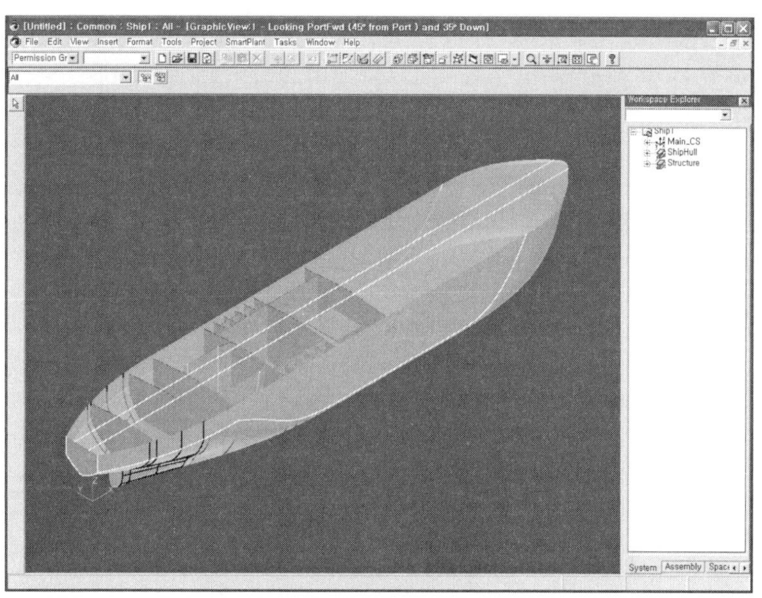

chapter 01

1.3 Creating Filters

SM3D에서 응용프로그램은 모델 DB로부터 필터를 이용하여 필요한 데이터를 읽어온다. 따라서 필요한 모델을 읽어오기 위해서는 반드시 필터가 등록되어 있어야 한다.

실습 1.3 새 모델 필터를 만들고, 그 필터로 모델을 불러온다.

1 주 메뉴에서 File › Define Workspace... 메뉴를 선택한다(또는 Ctrl+W).

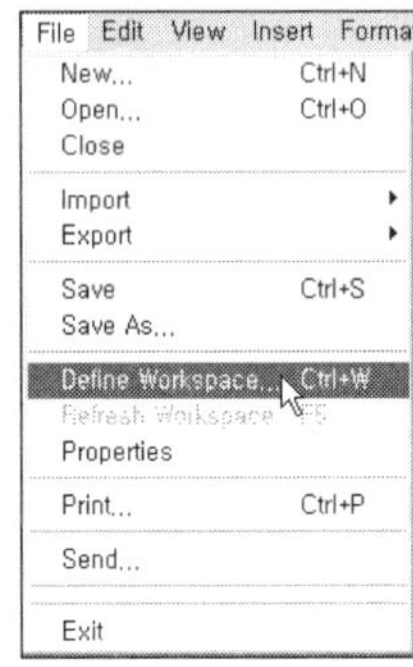

그림 1 Define Workspace 메뉴

2 *Define Workspace* 창의 Filter : 난에서 More...를 선택하면 *Select Filter* 창이 나타난다. *

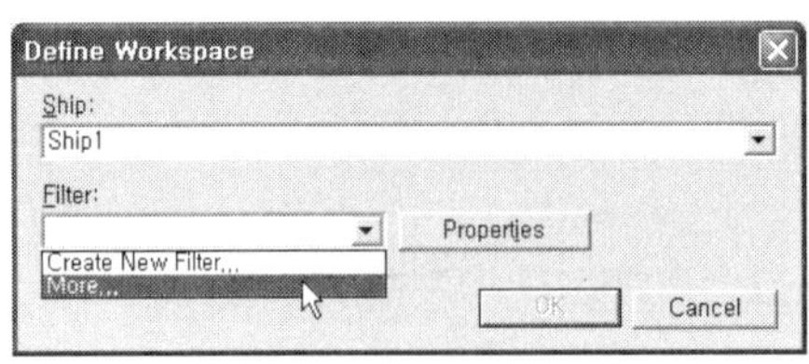

그림 2-1 *Define Workspace* 창

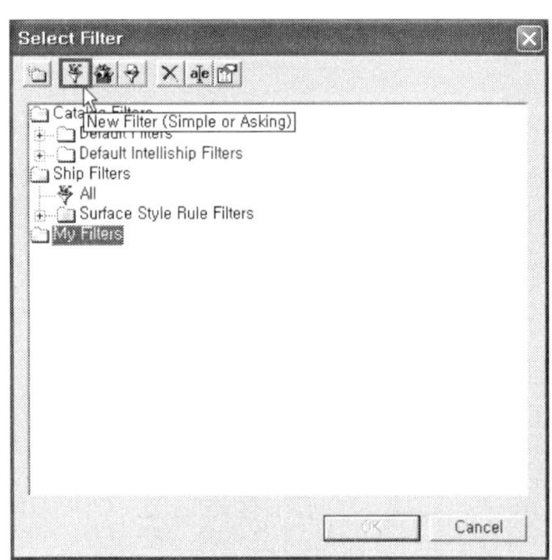

그림 2-2 *Select Filter* 창

* 만일 **Filter :** 난의 **Create New Filter**를 선택하면 바로 *New Filter Properties* 창이 나타난다.

3 *Select Filter* 창에서 먼저 My Filter를 지정한 다음 [아이콘] (New Filter(Simple or Asking) 아이콘을 클릭한다.

4 *New Filter Properties* 창에서 다음과 같이 입력(또는 선택)한 후 [OK] 버튼을 클릭한다.*

- Name : Trans Bhds(입력)
- Main_CS(선택)
- ShipHull › Hull(선택)
- Structure › Transverse Bhds(선택)

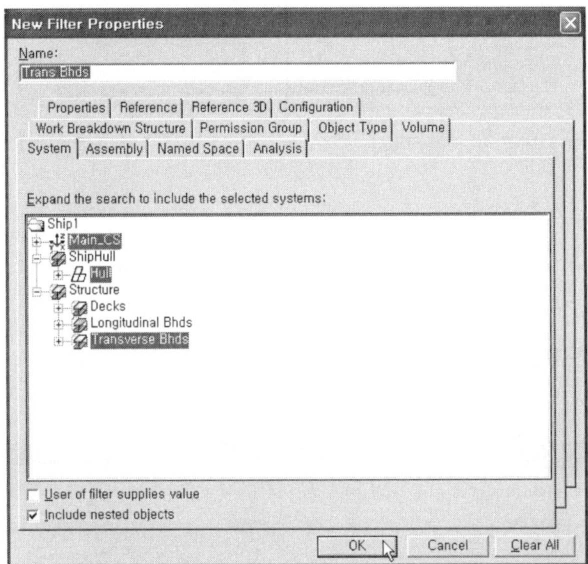

그림 3 *New Filter Properties* 창

* 선택하는 방법은 마우스로 한 번 클릭하면 선택(색상이 반전됨) 되었다가 다시 클릭하면 해제된다. 복 수개를 선택할 때는 CTRL 키를 사용하면 된다. 또한, 하나의 Ship에서 동일한 이름을 중복하여 사용할 수 없다.

5 되돌아 온 *Select Filter* 창에는 새로 생성한 Trans Bhds 필터가 등록되어 있다. Trans Bhds를 선택한 후 [OK] 버튼을 클릭하거나 Trans Bhds를 더블 클릭하면 *Define Workspace* 창으로 돌아간다.

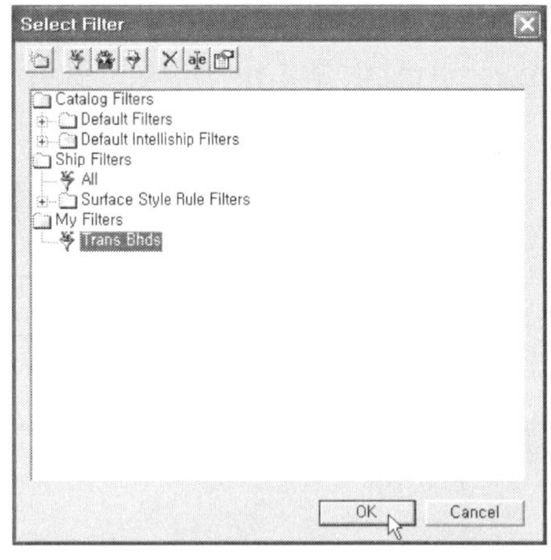

그림 4-1 새로 생성된 필터

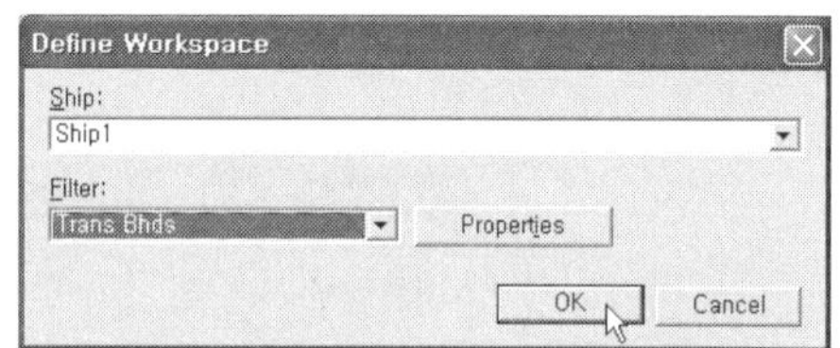

그림 4-2 새 필터로 모델 불러오기

6 주 도구막대의 (Fit) 아이콘을 클릭하여 모델 뷰의 크기를 조정한다.

작업결과 1.3 Ship1 모델을 새로 생성한 Trans Bhds 필터로 읽어온다.

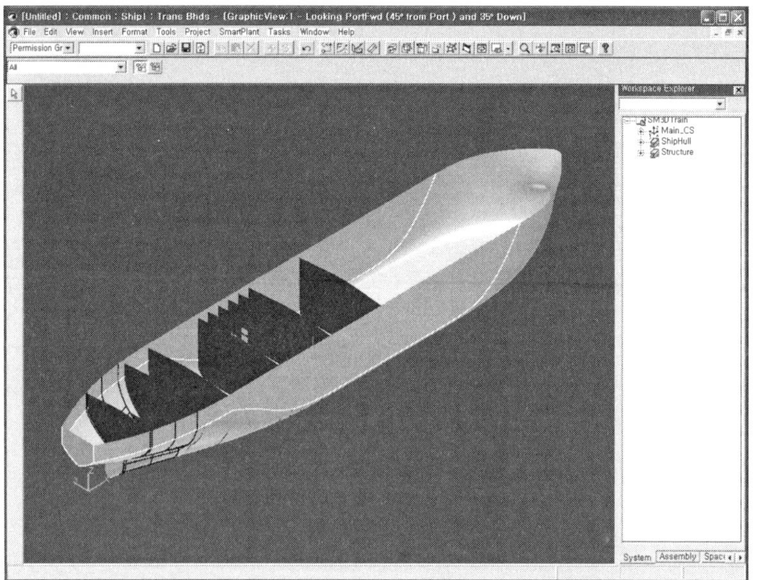

1.3 필터 만들기

Ship1 모델 중 Bulkhead 전체만 읽어오는 필터를 만들어 모델을 읽으시오.

- 필터 명 : Bulkheads
- 대　상 : Main_CS, Longitudinal Bhds, Transverse Bhds

과제결과

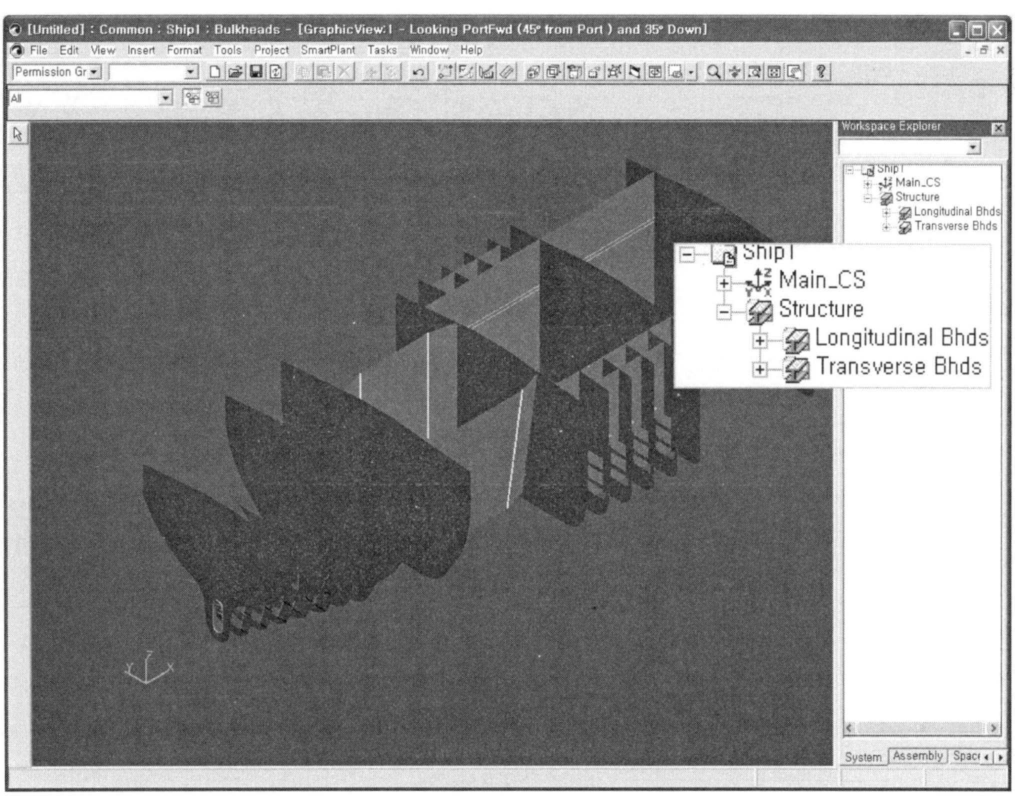

1.4 작업환경 설정

작업창의 바탕화면 배경과 모델의 색 지정, 단위 지정, 되돌리기(Undo) 단계 횟수 지정 등 작업 내용의 특성이나 작업자의 취향에 맞도록 작업환경을 설정할 수 있다.

SM3D는 도면 작성용 소프트웨어인 SmartSketch의 기능을 내장하고 있어 이에 관한 환경도 설정할 수 있다.*

작업 환경 설정하기

- 되돌리기(Ctrl_Z) 단계 지정
- 작업창 바탕색, 모델의 작업선 색 지정
- 단위 지정
- SmartSketch 속성 지정

1 주 메뉴에서 Tools › Options... 메뉴를 선택하면 *Options* 창이 나타난다.

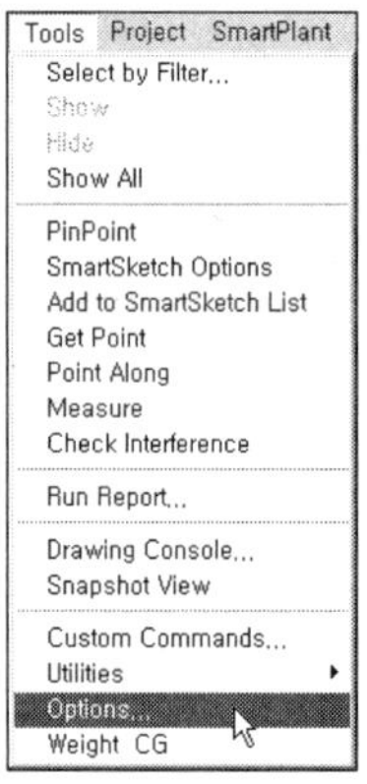

그림 1 Options 메뉴

* Intergraph사의 범용 Drafting 프로그램을 **SmartSketch**라 하며, 이 프로그램의 기능을 SM3D에 내장하여 **Shape 2D**라는 이름으로 사용하고 있다. Shape 2D는 SM3D 설치 때 자동으로 설치되나 별도의 라이선서가 필요하다(Version 2010 기준)

2 *Options* 창의 General 탭에서 되돌리기 값 수정한다.*

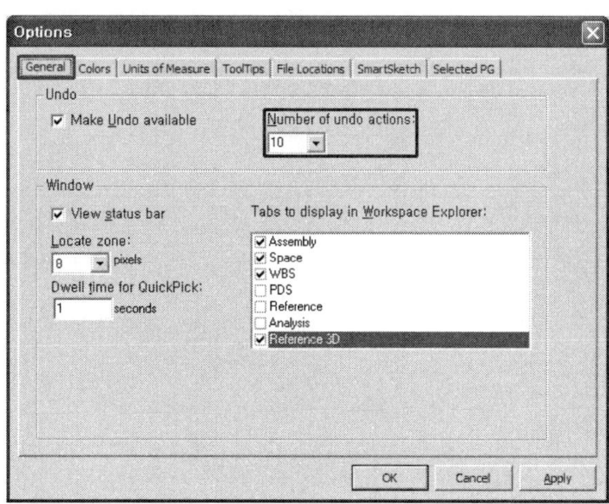

그림 2 Options 창의 General 탭

3 *Options* 창의 Colors 탭에서 작업창의 각 색을 지정한다(White, Red, Magenta, Blue).**

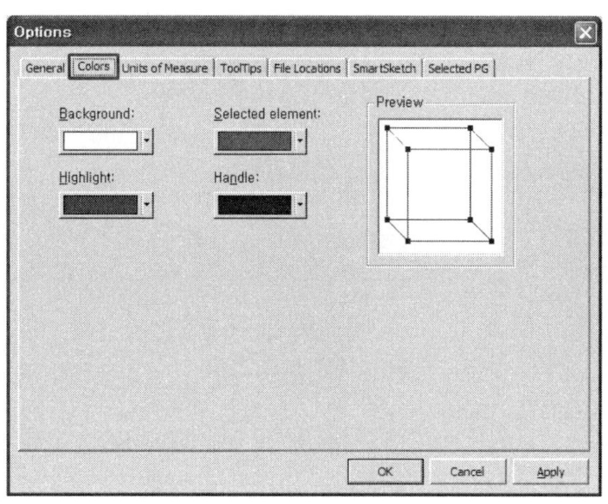

그림 3 Options 창의 Colors 탭

* 되돌리기(Undo)는 현재 작업 직전의 상태로 되돌아가는 것을 말한다. 상식적으로 작업자의 편리성만 고려하면 되돌리기 단계의 값이 클수록 좋으나 컴퓨터 프로그램 입장에서는 그 정보를 기억할 공간이 커지며, 또한 처리할 내용도 그만큼 복잡해지므로 처리속도가 늦어진다. 기본으로 3으로 지정되어 있으며, 최대 20까지 지정할 수 있다.

** – **Background**: 작업창의 바탕색
- **Highlight**: 커서가 위치한 곳의 요소(Element) 색. 모델 뷰에는 객체(Object) 뿐 아니라 Geometry, 연결점(Connection) 등 다양한 정보가 중첩되어 있다. 이와 같은 정보를 요소라 한다.
- **Selected element**: 선택한 요소의 색. 커서가 위치한 곳의 요소는 먼저 Highlight 색으로 표시되다가 클릭하여 선택하면 이 색으로 바뀐다.
- **Handle**: 연결점이나 선분의 끝점 등과 같이 형태를 변경할 수 있거나 위치를 이동할 수 있는 점을 말한다.

4 *Options* 창의 Units of Measure 탭에서 각 단위 및 소수점 이하 자릿수를 지정한다.*

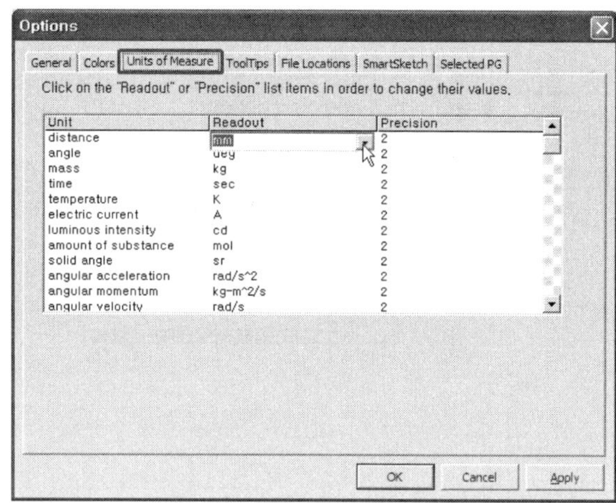

그림 4 Options 창의 Units of Measure 탭

5 *Options* 창의 SmartSketch 탭에서는 SmartPoint의 표시 여부를 지정할 수 있다.**

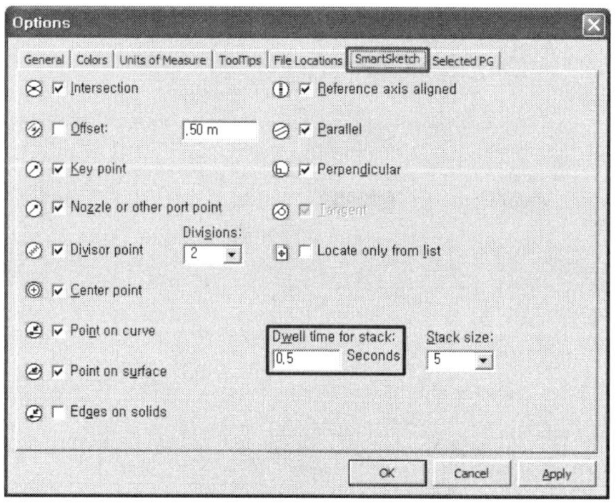

그림 5 Options 창의 SmartSketch 탭

6 필요한 설정이 끝나면 *Options* 창 하단의 [OK] 버튼을 클릭하면 창이 닫히며, 작업창의 모델 뷰가 설정한 내용으로 바뀐다.

* 단위는 **Readout** 난에서, 소수점 이하 자릿수는 **Precision** 난에서 지정하면 된다.

** **SmartPoint**는 커서가 위치한 곳의 점이 Options 창의 내용과 같은 종류의 점일 경우에 해당 아이콘을 표시해 주는 것을 말한다. 그런데 커서가 이동할 때 이동 경로에 있는 모든 점을 검사할 수 없다. 즉 일정 시간 이상 같은 점에서 머물 때 그 점의 속성을 검사하여 아이콘을 보여준다. 이와 같이 검사하기 위하여 일정 이상 머무는 시간을 **Dwell time**이라 한다.

작업결과 1.4 새로 지정한 환경 값으로 모델 뷰가 변경된다.

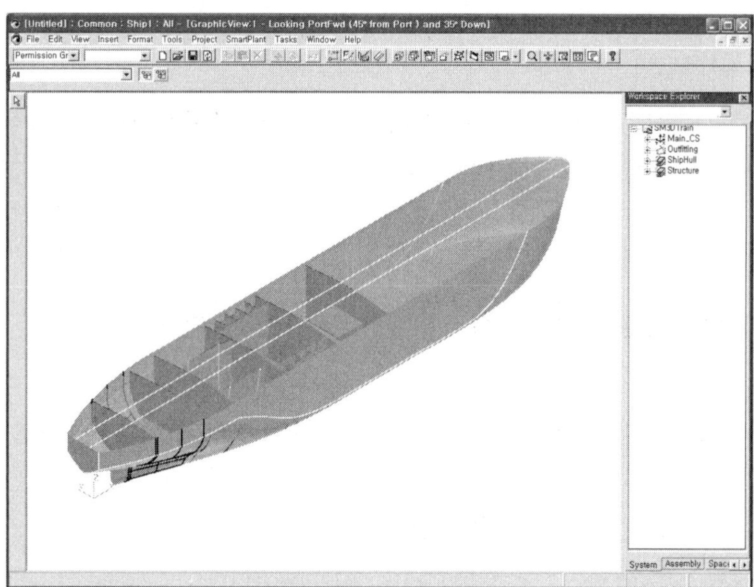

1.5 객체 보이기/감추기

모델링 작업을 하다보면 경우에 따라 특정 객체는 화면에서 감추고 작업하는 것이 편리할 때가 있다.

이를 위하여 SM3D에서는 작업영역으로 읽어 온 모델 뷰 중에서 객체를 지정하여 감추기 또는 감추진 객체를 다시 보이게 하는 기능이 있다.

실습 1.5 작업창의 모델 뷰 중 객체를 선택하여 감추기/보이기 한다.

1 Ship1 모델을 필터 All로 불러 Isometric 및 Fit 도구를 사용하여 모델 뷰를 만든다.

2 감추기 대상으로 Main Deck을 선택한다.*

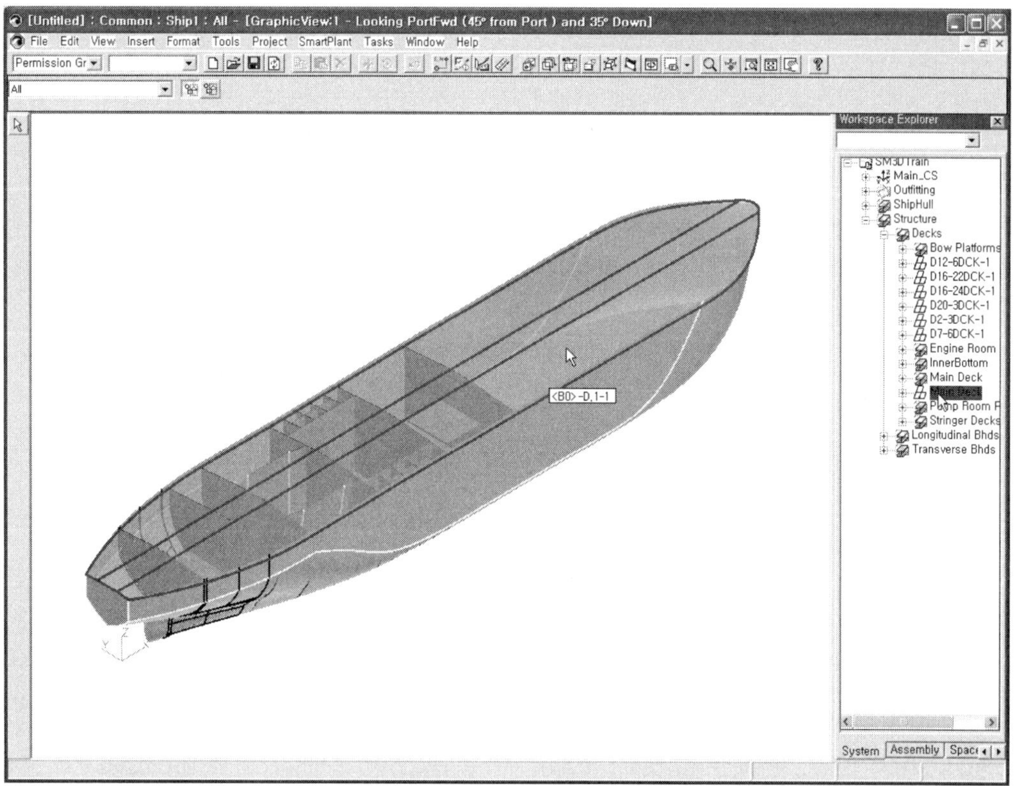

그림 1 감추기 대상 지정(Main Deck)

* 감추기 대상을 지정하는 방법은 작업창에서 객체를 직접 지정하거나 아니면 **WE**(Workspace Explorer)창에서 목록을 선택하면 된다. 작업창 또는 WE 중 한 쪽을 지정하면 다른 쪽 창에도 같이 표시된다.

3 주 메뉴의 Tools > Hide 메뉴를 선택한다.*

작업결과 1.5 Main Deck이 감춰져 보이지 않는다.

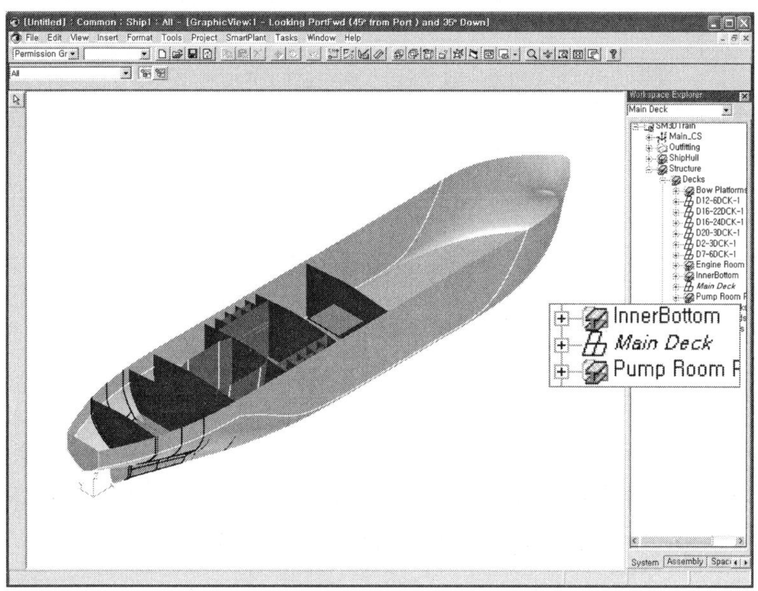

4 주 메뉴의 Tools > Show 또는 Show All 메뉴를 선택하면 감춰진 Main Deck이 다시 보인다.**

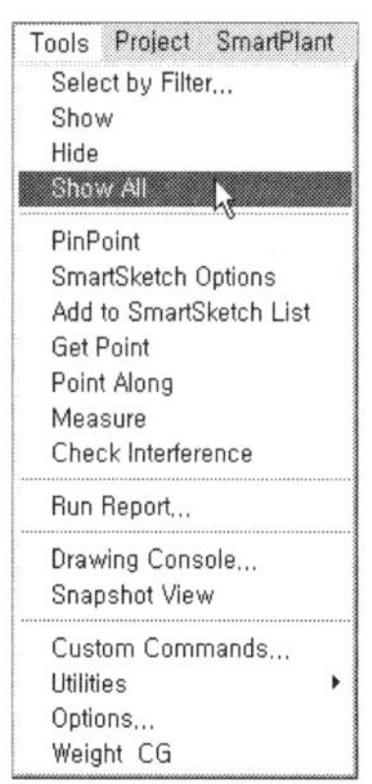

그림 3 Show 메뉴

* 선택한 객체가 감춰진다. 그리고 WE창의 목록은 **기울임체**로 바뀐다.

** **Show** 메뉴는 선택한 객체만 다시 보이기하며, **Show All** 메뉴는 감춰진 모든 객체를 보이기 한다.

1.6 Manipulating Views

SM3D에는 기본적으로 모델 뷰의 확대/축소/이동 도구 이외에 3D 이미지를 공중에서 입체적으로 이동하여 볼 수 있는 Navigate View 도구와 특정 객체나 특정 공간을 지정하여 볼 수 있는 Active View 도구가 있다.

1.6.1 Zoom/Fit/Pan

실습 1.6.1 기본 도구를 사용하여 모델 뷰를 확대/축소/이동하기

1 (Zoom Tool)

방법 1: 확대할 영역을 사각형 형태로 지정하면 사각형 영역이 작업창 전체의 크기로 확대된다. 단, 사각형을 그릴 때 Drag 기법이 아니라 두 번의 클릭 방법으로 그려야 한다.

방법 2: 한 번 클릭한 상태에서 Drag 기법으로 위쪽으로 이동하면 확대, 아래로 이동하면 축소된다.

방법 3: 마우스의 휠(Wheel)을 사용하면 확대/축소할 수 있다.

2 (Zoom Area)

확대할 영역을 사각형 형태로 Drag 하여 지정하면 사각형 영역이 작업창 전체의 크기로 확대된다.

3 (Fit)

현재 모델의 크기에 관계없이 모델 뷰 전체가 작업창 크기에 가장 알맞은 크기로 된다.

4 (Pan)

방법 1: Drag 기법(왼쪽 버튼을 클릭한 상태로 이동)으로 모델 뷰를 이동시킬 수 있다.

방법 2: (Zoom Tool) 도구를 선택한 상태에서 마우스의 휠 버튼으로 Drag하면 모델 뷰를 이동시킬 수 있다.

1.6.2 Navigate View

이 도구를 선택하면 작업창 우측 상단에 제어도구가 나타나며, 이 제어도구 사용하면 모델 뷰를 공중에서 이동하여 촬영하는 형태로 이동시킬 수 있다.

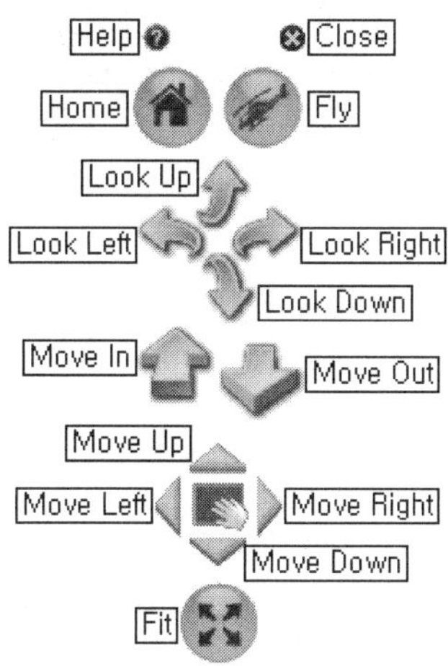

그림 1 Navigate View의 제어도구

Key	동작	Key	동작
W	Move In	Left Arrow	Move Left
E	Move Up	Right Arrow	Move Right
A	Move Left	Up Arrow	Move In
S	Move Out	Down Arrow	Move Out
D	Move Right	Q	Help
C	Move Down	H	Home
I	Look Up	F	Fly On/Off
J	Look Left	X	Cross hair On/Off
K	Look Down	각 동작의 종료는 마우스 오른쪽 버튼	
L	Look Right		

그림 2 제어도구의 대응 자판 키

실습 1.6.2 Navigate View 도구를 사용하여 모델 뷰 이동하기

1 Navigate View의 제어도구 아이콘을 이용하여 모델 뷰의 위치를 변경한다.*

2 자판의 대응키를 사용하여 모델 뷰의 위치를 변경한다.

1.6.3 Rotate View

실습 1.6.3 모델 뷰 회전시키기

1 이 도구를 선택하면 작업창 중앙에 직각좌표축이 표시되며, 먼저 직각좌표축 중 하나를 회전축으로 지정하면 지정된 선분이 Highlight 색으로 바뀐다.

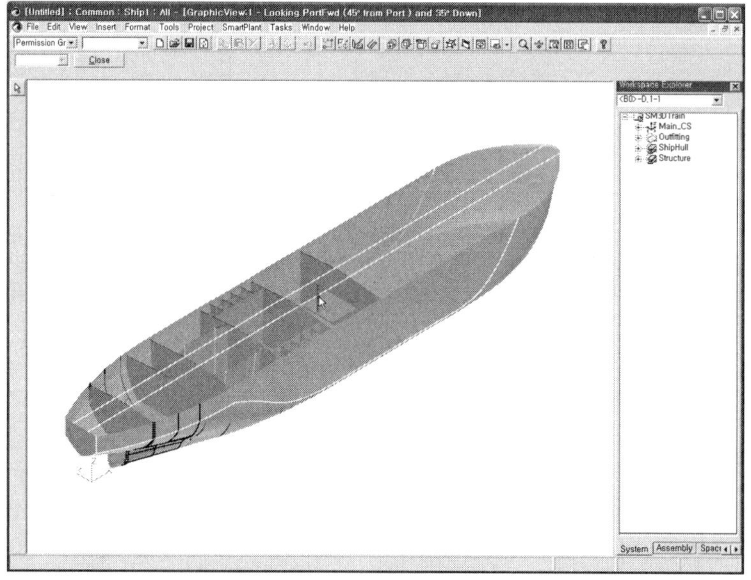

그림 1 회전 축 지정

* 마우스의 오른쪽 버튼을 클릭하면 작업이 종료된다.

2 임의의 위치에서 드래그하면 지정된 회전축을 중심으로 모델 뷰가 회전한다.

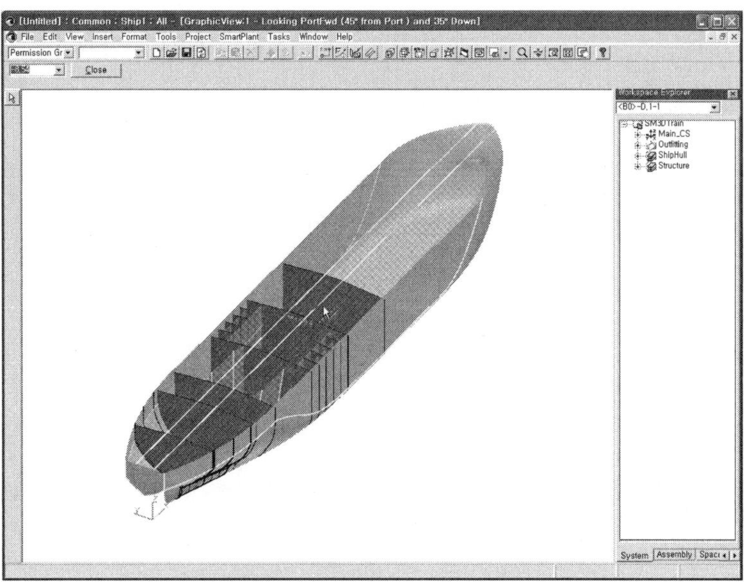

그림 2 임의의 위치에서 Drag하면 회전함

1.6.4 Active View

작업창에 있는 객체의 일부(또는 전부)를 Active View Clip board에 저장한 후 Active View 제어창을 통하여 Clip board에 저장된 모델 뷰 중 특정 부분만 출력할 수 있다.

실습 1.6.4 Active View를 사용하여 모델 뷰의 특정 위치를 선택하여 보기

1 (Select command) 도구를 선택한 후 Active View Buffer에 저장할 객체를 선택한다.*

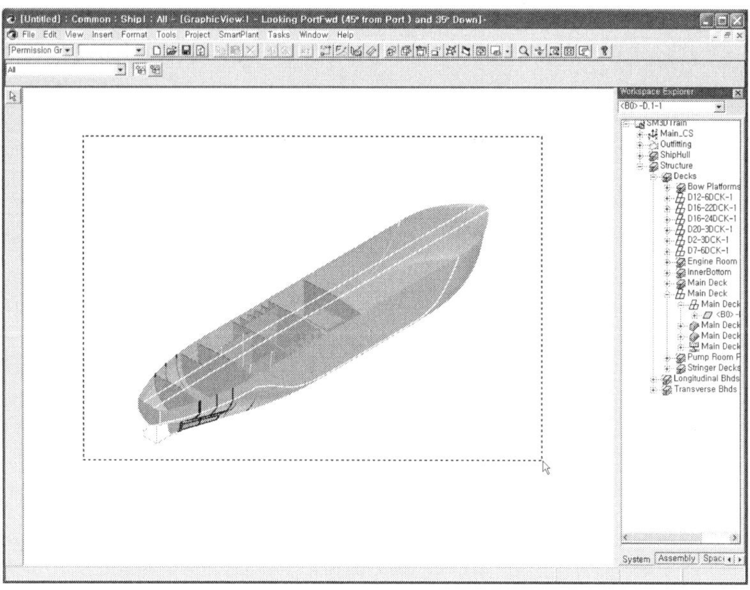

그림 1 Active Window에 저장할 객체를 선택(전체 선택)

* 객체를 선택하는 방법은 작업창의 모델을 직접 클릭(또는 영역을 지정)하여 선택하는 방법과 WE에서 선택하는 방법 및 **Tools > Select by Filter...** 메뉴를 사용하여 선택하는 방법이 있다.

2 (Clip by Object) 아이콘을 클릭하면 선택한 객체만 확대되며, Active View Clip에 저장된다.

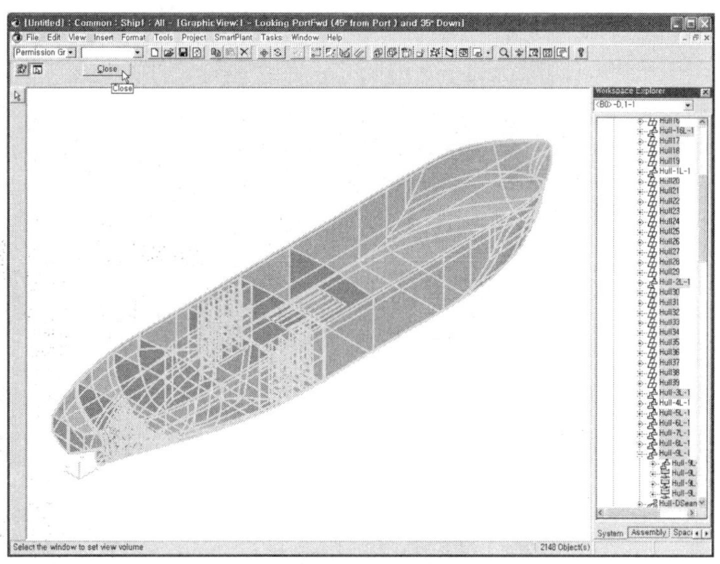

그림 2 선택한 객체

3 Close 버튼을 클릭하여 선택 창을 닫는다.

4 (Active view control) 아이콘을 클릭하면 *Active View Control* 창이 나타난다.

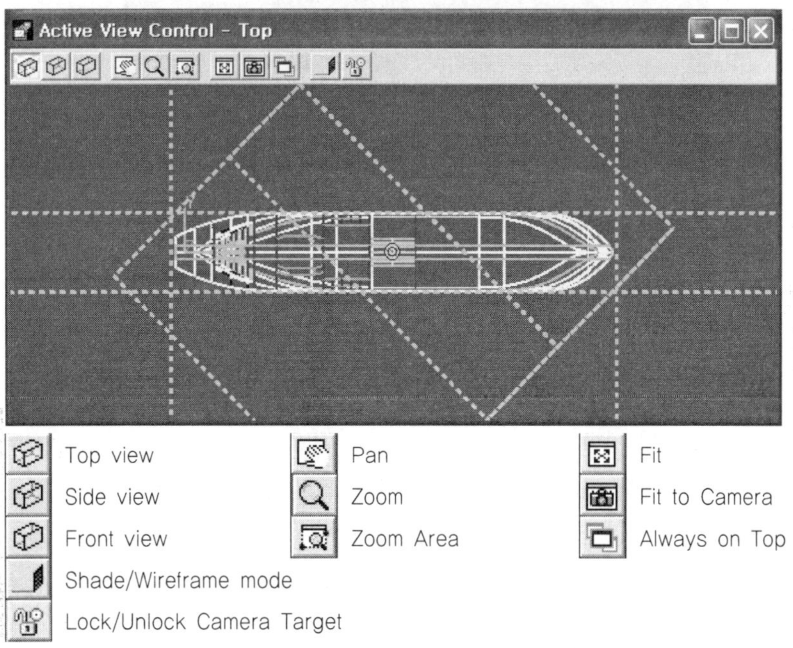

그림 3 *Active View Control* 창

5 *Active View Control* 창에서 (Top view) 아이콘을 클릭한 후 선미 부분만 나타나도록 수평 경계선을 조정한다.

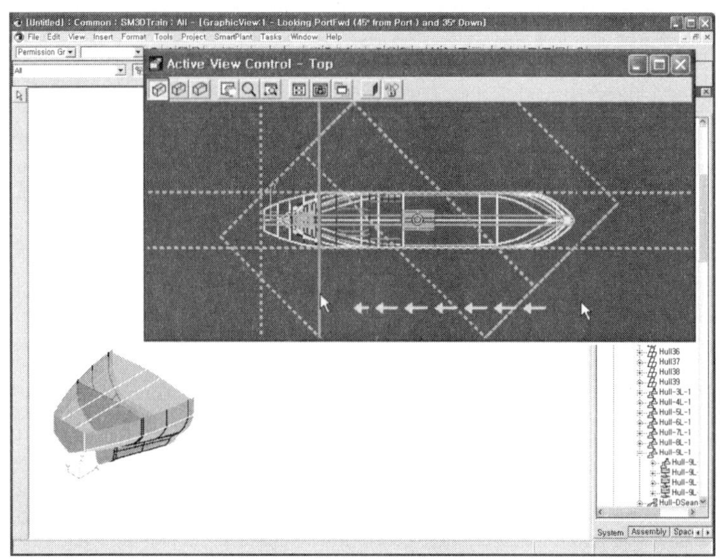

그림 4 Top view 경계선 조정

6 *Active view control* 창에서 (Front view) 아이콘을 클릭하고, Zoom 및 Pan 도구를 이용하여 선미 부분을 확대한 다음 선박의 하단 부분만 나타나도록 수직축 상의 경계선을 조정한다.

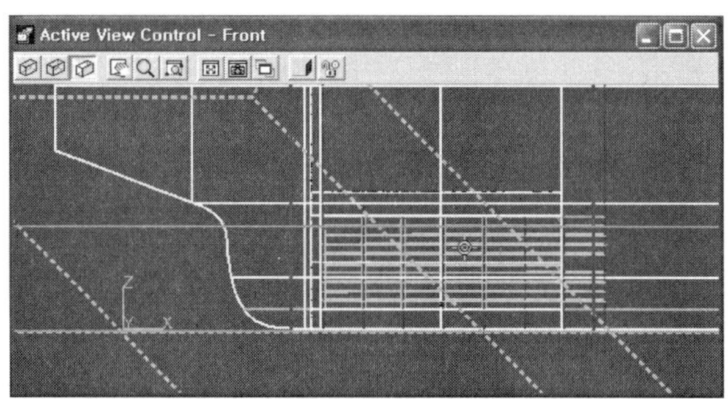

그림 5 Front View 경계선 조정

작업결과 1.6 SM3D 모델 뷰 중 Active view control 창에서 지정한 부분만 출력한다.

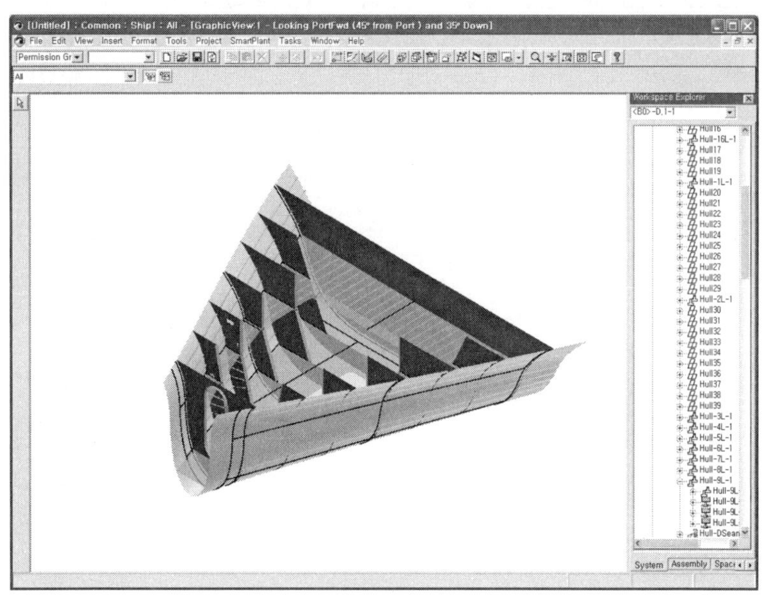

7 (Clear view clipping) 아이콘을 클릭하면 Active Window에 저장된 내용이 삭제됨과 동시에 작업창의 모델 뷰는 원상 복구된다(Define Workspace에 지정한 전체의 View가 출력된다).

1.6.5 Common View

SM3D에서 모델 뷰는 3D의 표현방식 중 Isometric을 사용한다.

Isometric은 6면체의 꼭짓점에서 본 형태(8개)와 6면체의 평면(6개)에서 본 형태인 14가지로 표현할 수 있다. 이 14가지 표현 중 하나를 선택할 수 있는 도구가 Common View 도구이다.

실습 1.6.5 Common View 도구를 사용하여 Isometric 모델 뷰 회전시키기

1 (Common views) 도구를 선택하면 별도의 제어창이 나타난다.

2 Common View 제어창의 각 꼭짓점 및 평면을 클릭하면 지정한 위치에서 본 형태로 바뀐다.*

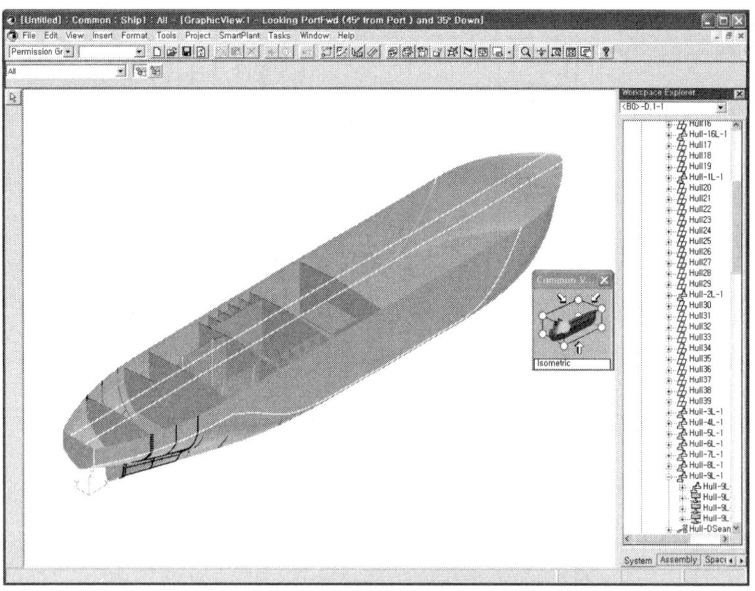

그림 1 우현-상단-선미에서 본 모델 뷰(기본 형태)

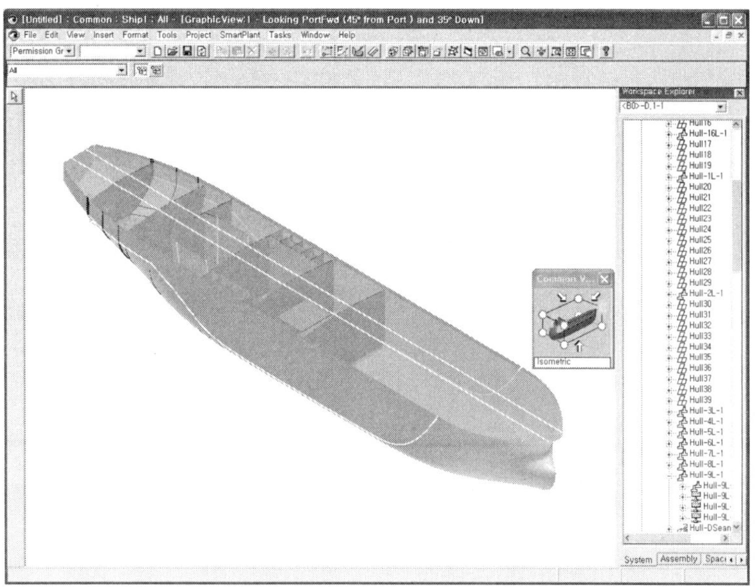

그림 2 우현-상단-선수에서 본 모델 뷰

* Common view 제어창에서 6면체가 겹쳐지는 부분은 화살표로 되어있다(예를 들면 좌현에서 우현 쪽으로 바라본 측면도는 오른쪽 화살로 표시되어 있음).

1.6.6 Named View

모델링 작업을 할 때 특정 형태의 모델 뷰는 반복하여 사용되는 경우가 있다. 이때 특정 형태의 모델 뷰에 명칭을 지정하여 저장하였다가 필요한 경우에 그 명칭으로 불러내면 편리하다.

이와 같이 명칭을 부여한 모델 뷰를 Named View라 한다.

실습 1.6.6 임의 형태의 모델 뷰를 Named View로 저장하여 사용하기

- 기본 Named View 종류 확인
- Named View 생성하기
- Named View 보기

1 SM3D에는 기본적으로 Top, Front, Right 및 Isometric의 4개의 Named view가 있다.

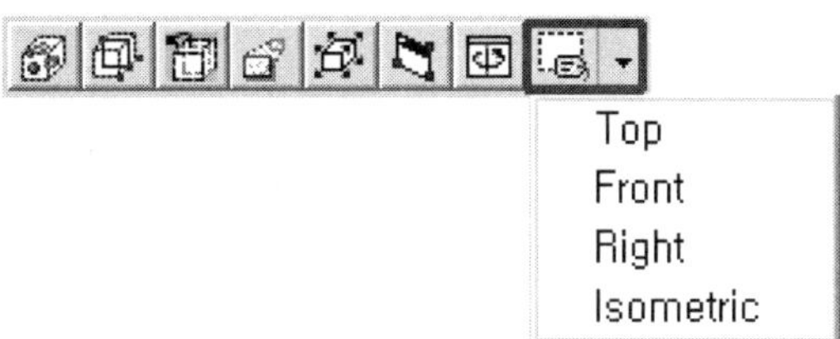

그림 1 기본 Named View 종류

2 먼저 명칭을 부여할 모델 뷰를 작성한다(또는 작업 중의 모델 뷰를 지정할 수도 있다).

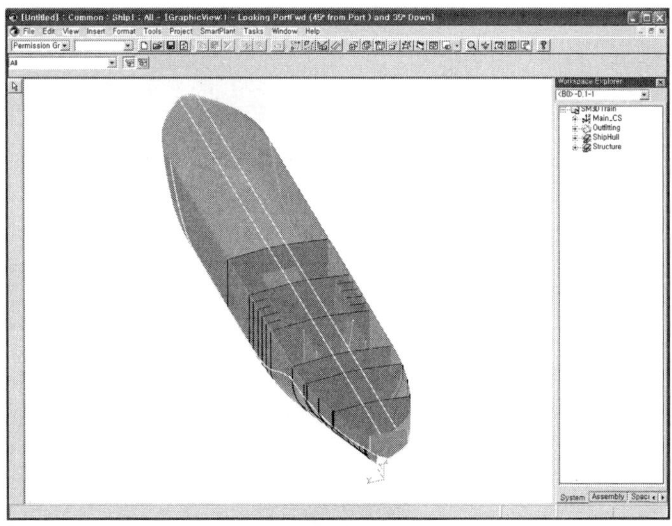

그림 2 명칭을 부여할 모델 뷰

chapter 01

3 주 메뉴의 View › Named Views...를 선택하면 *Named views* 창이 나타난다. 이 창의 Name 난에 명칭을 입력한 후 [OK] 버튼을 클릭한다("View 1" 입력).

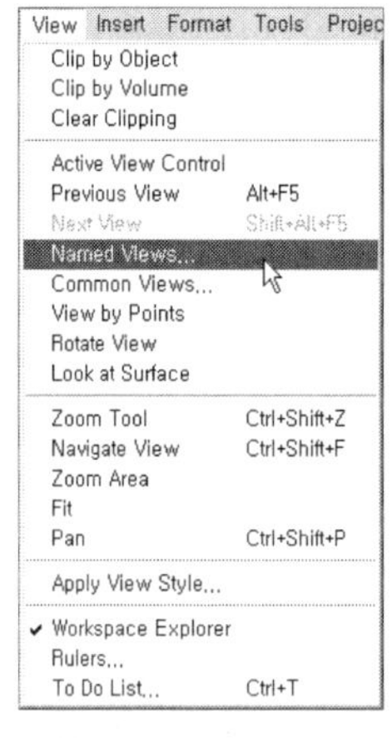

그림 3-1 Named Views 메뉴

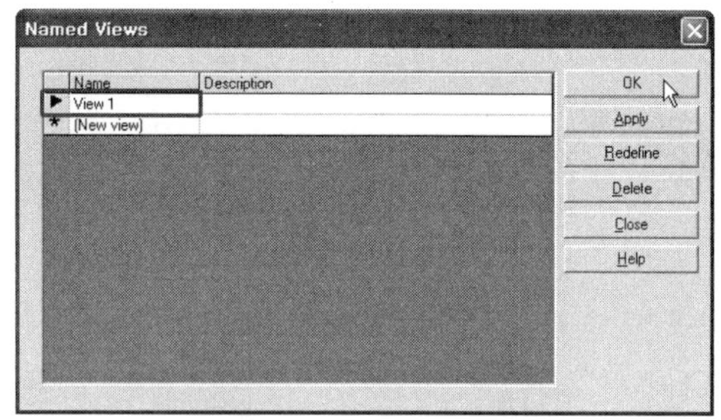

그림 3-2 *Named views* 창

4 주 메뉴의 View › Named Views...를 다시 열면 새로운 메뉴(이름)가 등록되어 있으며, 이 메뉴를 클릭하면 현재의 모델 뷰 형태에 관계없이 등록된 모델 뷰 형태로 바뀐다.

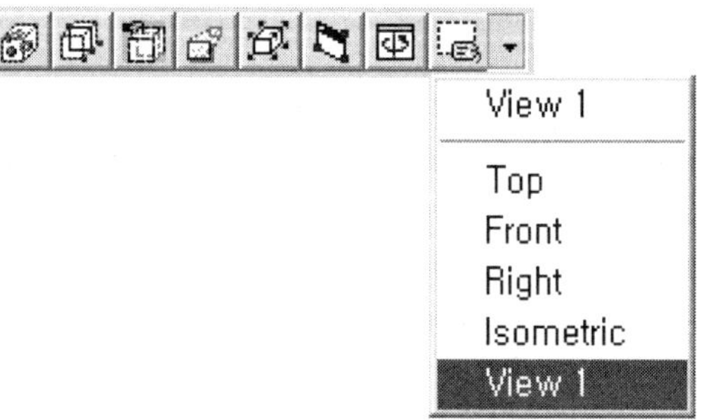

그림 1-4 새로 등록된 모델 뷰 명칭(View 1)

1.7 Surface Style Rule

Surface Style Rule은 모델 뷰 중에서 다른 종류의 요소는 서로 다른 색으로 표시하여 구분하는 기법을 말한다.

사용할 수 있는 색의 종류는 White, Black, Red, Green, Blue, Yellow, Magenta, Cyan, Gray, Orange 및 Violet의 11가지 기본색과 각 색의 반투명한 색 11가지를 포함하여 전체 22가지 색을 지정할 수 있다.

Surface Style Rule을 지정하여 모델 뷰의 색상 변경하기

1 주 메뉴의 Format > Surface Style Rules... 메뉴를 선택하면 *Surface Style Rules* 창이 나타난다.

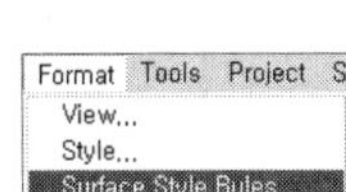

그림 1 Surface Style Rules 메뉴

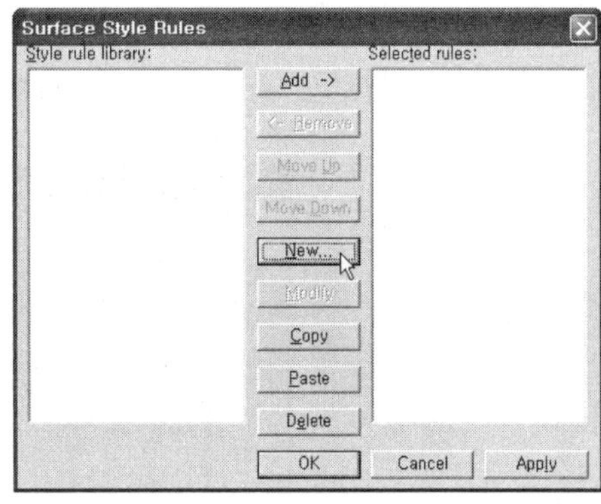

그림 2 *Surface Style Rules* 창

2 *Surface Style Rules* 창의 [New] 버튼을 클릭하면 *Surface Style Rule Properties* 창이 나타난다.

3 *Surface Style Rule Properties* 창의 Rule name : 난에는 규칙의 명칭("ShipHull")을 입력하고, Filter : 난에는 "More..."를 선택하면 *Select Filter* 창이 나타난다.

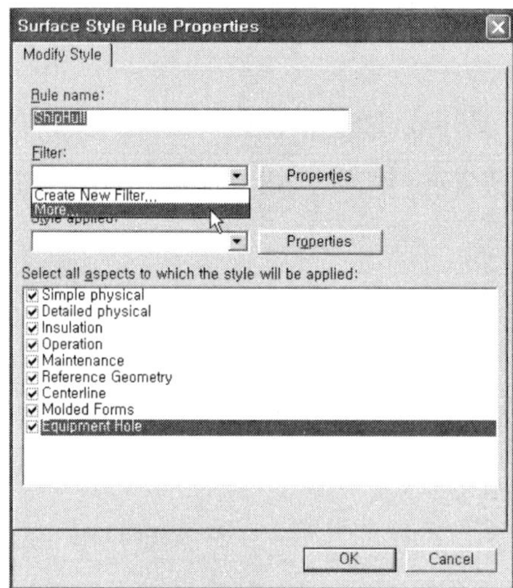

그림 3 Surface Style Rule Properties 창

4 *Select Filter* 창에서 적용 대상으로 Ship Filters › Surface Style Rule Filters › ShipHull을 선택하고, [OK] 버튼을 클릭하면 다시 *Surface Style Rule Properties* 창으로 돌아온다.*

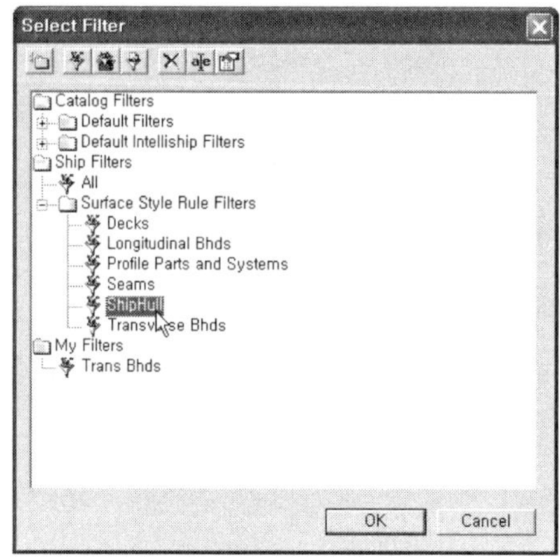

그림 4 Select Filter 창

* 만일 Select Filter 창에 등록된 필터가 없는 경우에는 교재 1.3절을 참조하여 다음과 같이 먼저 필터를 생성한 후 작업을 시작한다(• 필터 명 : **지정할 내용**).
  - ShipHull : **ShipHull** › **Hull** 지정
  - Deck : **Structure** › **Decks** 지정
  - Profile Parts & Systems : 교재 1.3절의 [그림 3]에서 Object Type 탭을 선택한 후 **Ship Structure** › **Parts** › **Profile Parts**와 **Ship Structure** › **Systems** › **Profile Systems**를 지정
  - Seams : 최상위(**Ship1**) 지정하고 또 Object Type 탭에서 **Ship Structure** › **Seams**를 지정
  - Longitudinal Bhds : **Structure** › **Longitudinal Bhds** 지정
  - Transverse Bhds : **Structure** › **Transverse** 지정

5 *Surface Style Rule Properties* 창의 Style applied : 난에는 Translucent Gray를 지정한 후 [OK] 버튼을 클릭하면 규칙이 생성되어 등록된다.

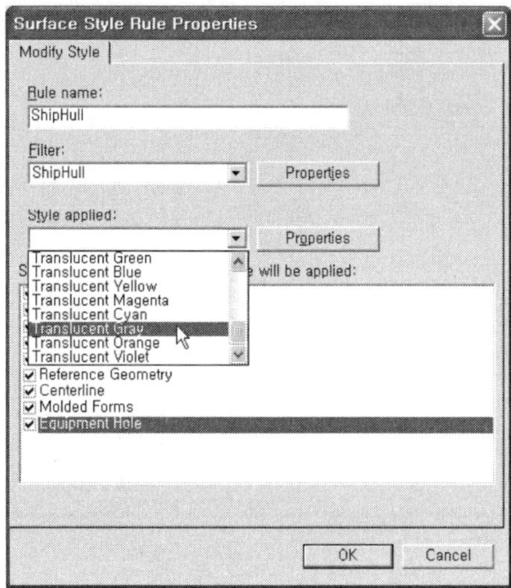

그림 5 색 지정

6 아래 표의 내용 중 나머지 규칙을 ②부터 ⑤까지의 과정을 반복하여 생성한다.

Rule name:	Filter:	Style applied:
ShipHull	ShipHull	Translucent Gray
Profile Parts & Systems	Profile Parts and Systems	Black
Decks	Decks	Cyan
Longitudinal Bhds	Longitudinal Bhds	Orange
Transverse Bhds	Transverse Bhds	Translucent Magenta
Seams	Seams	Blue

7 생성된 규칙을 선택한 다음 [Add] 버튼을 클릭하면 Selected rules : 난으로 등록된다.*

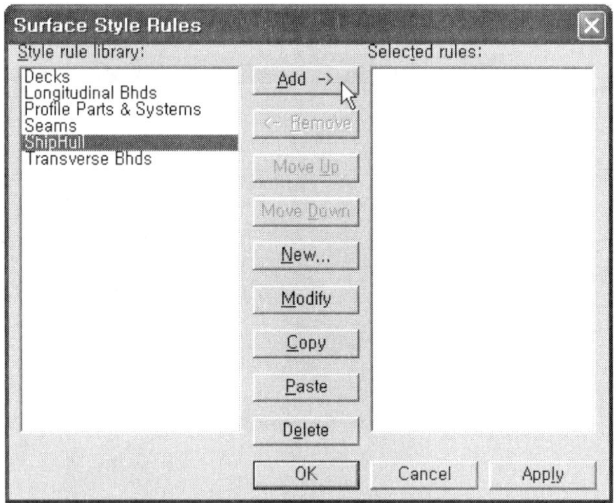

그림 6 **생성된 규칙**

8 적용할 규칙의 순서를 정리한 다음 [Apply] 버튼을 클릭하면 모델 뷰의 색상이 변경된다.**
(Seams/Profile/ShipHull/Decks/Transverse Bhds/Longitudinal Bhds 순으로 정렬)

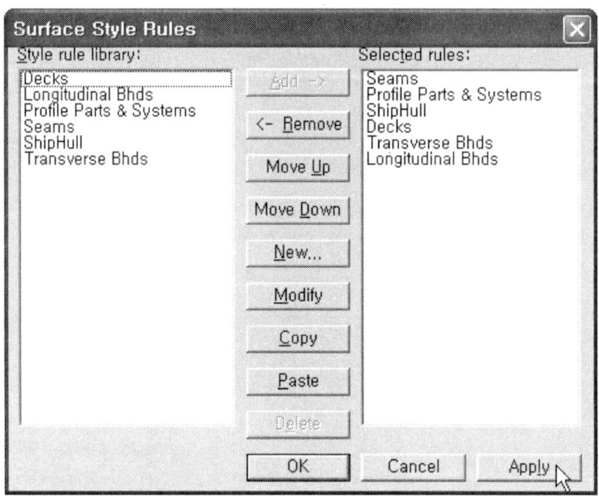

그림 7 **적용할 규칙의 순서**

* Surface Style Rule은 반드시 Selected rules 난으로 등록해야 적용되며, 상위에 등록된 규칙이 우선한다. 등록된 규칙의 순서는 [Move Up], [Move Down] 버튼으로 변경할 수 있다.

** Surface Style Rule이 적용되는 시기는 [Apply] 버튼을 클릭했을 때와 모델을 불러올 때이다.

작업결과 1.7 모델 뷰의 색이 지정한 Surface Style Rule에 따라 바뀐다.

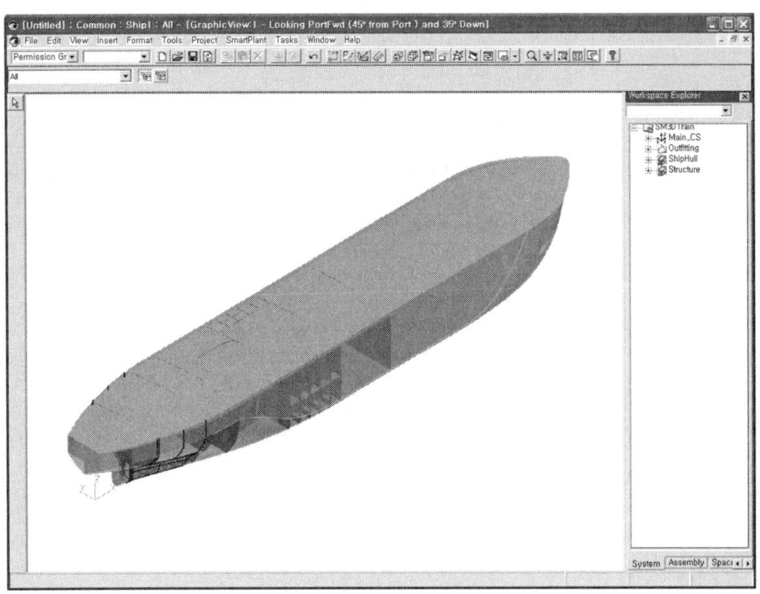

1.8 Session File

SM3D에서 모델 자체의 정보(자재, 치수, 규격, 사양, 위치, 연결정보 등)는 모델 DB에 실시간으로 저장한다. 따라서 모델 자체에 대해서는 별도로 저장할 필요가 없다.

그러나 현재 작업환경(작업영역, Surface Style Rule, 축척비 등)은 별도의 Session(*.ses) 파일에 저장한다. 따라서 현재 작업 환경을 계속 사용하려면 Session 파일로 저장해 두어야 한다.*

실습 1.8 **현재의 작업환경과 모델 뷰 정보 저장한다.**

1 주 메뉴 중 File › Save 메뉴를 선택하여 현재 작업 중인 정보를 저장("Modelling I")

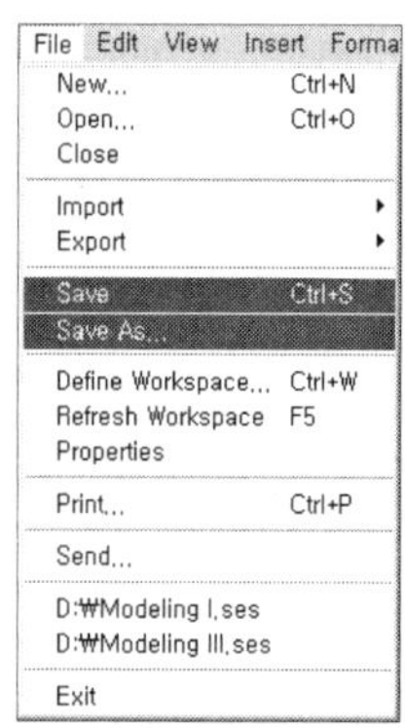

그림 1 Save(As) 메뉴

2 SM3D를 종료한 후 저장한 Session 파일을 더블 클릭하면 저장한 모델 뷰가 출력된다.**

* Session 파일에는 모델 뷰의 대한 정보뿐 아니라 DB의 연결정보까지 포함한다. 따라서 동일한 모델 DB와 Session 파일이라도 컴퓨터의 작업 환경(예를 들면 DB의 연결 정보, 폴더의 명칭, DB의 경로 등)이 다른 경우에는 그 Session 파일을 이용하여 모델을 읽어올 수 없다. 즉, Session 파일을 복사하여 다른 컴퓨터에서 사용할 수 없다.

** Session 파일은 주 메뉴 **File › Open**(Ctrl+O)을 사용하여 열 수 있다(Session 파일을 직접 더블 클릭하면 자동으로 SM3D가 기동되며, 해당 파일의 내용이 불려온다).

SM3D 02

Modeling I

본 장에서는 SM3D의 Molded Form 작업을 통해 선박의 기본 형태를 모델링하는 내용을 설명한다.

SM3D의 선박 모델링은 가장 먼저 모델의 기준 좌표가 되는 격자를(Grid System) 생성하는 것부터 시작한다. 이 격자는 모델을 구성하는 각 요소(Element)의 위치와 크기를 지정하는데 사용된다.

격자를 생성한 후 갑판(Deck), 격벽(Bulkhead) 등의 평판(Planar Plate)을 생성한다. 평판은 단순 형태의 평판과 중간 부분이 꺾어진 형태의 돌출 평판(Extruded Plate)도 있다. 그리고 각 판에 필요한 Opening도 생성한다.

그 다음에 판의 보강재(Stiffener)를 생성하는 방법을 설명한다. 보강재는 격자의 위치 정보를 이용하여 생성하는 방법과 2D Geometry를 작성하여 생성하는 방법도 있다. 그리고 판 사이의 보강재인 Bracket도 생성한다.

선체의 각종 판과 보강재까지 모델링이 끝나면 실제 생산을 위한 분리 정보(Seam)를 생성하여 분리작업(Splitting) 작업을 한다.

끝으로 동일(또는 유사)한 구조의 블록은 복사하여 생성하는 방법에 대해 설명한다.

2.1 Grid System

SM3D에서는 모델링에 필요한 위치에 미리 직각좌표계(또는 원통좌표계)의 격자를 작성해 두고 커서가 위치한 점에 가장 가까운 격자를 선택하여 작업함으로써 평면에서도 3D의 위치를 지정할 수 있게 하였다.*

만일 커서가 위치한 곳에 복 수개의 정보가 중첩되어 있는 경우에는 Quick_Pick 기법을 사용하여 지정한다.**

이와 같이 직각좌표계(또는 원통좌표계)의 격자를 Grid System이라 한다.

* Grid 기법 외에 공간의 위치 좌표 값을 직접 입력하여 지정할 수 있는 PinPoint 도구도 있다.

** Quick_Pick 기법이란 커서가 위치한 곳에 복수 개의 요소가 중복되어 있는 경우에 목록(Table)을 Popup 메뉴로 출력한 후 메뉴 중 하나를 선택함으로써 정확한 요소를 선택하는 방법을 말한다. Quick_Pick 정보가 있는 곳에는 커서에 물음표가 나타난다.

실습 2.1 모델의 기준좌표가 되는 격자(Grid System) Main_CS를 생성한다.

- Main_CS의 Reference Origin은 원점(0,0,0)으로 지정한다.
- Z축은 1,000mm 간격으로 40개의 Grid를 생성한다.
- X축은 먼저 880mm 간격으로 60개의 Grid를 생성하고, 이어서 3,500mm 간격으로 75개의 Grid를 생성한다.
- Y축은 Port쪽 및 Starboard쪽 모두 1,000mm 간격으로 30개의 Grid를 생성한다.

작업영역 Ship 2_02 [실습1.4]에서 설정한 작업환경과 [실습1.7]에서 생성한 Surface Style Rule을 적용한다.*

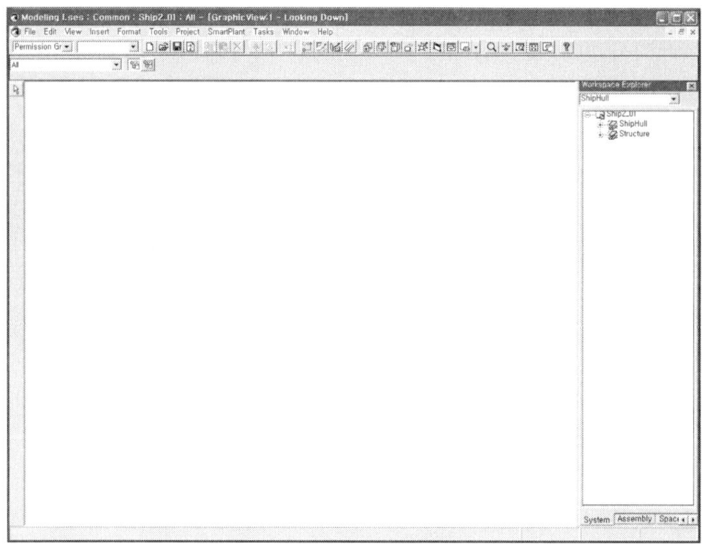

1 주 메뉴의 Tasks › Grids 메뉴를 선택하면 작업도구가 바뀐다.

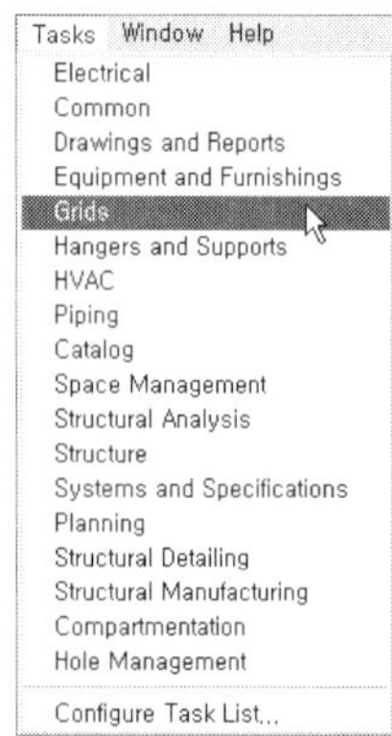

그림 1 Grids 메뉴

* 이 후 모든 실습은 [실습1.4]의 작업환경과 [실습1.7]의 Surface Style Rule을 적용한다(물론 개인의 취향에 따라 다르게 하여도 된다).

2 ▦ (Grid Wizard) 도구 선택하면 *Grid Wizard* 창이 나타난다.

3 *Grid Wizard* 창의 Name : 난에 Main_CS를 입력한 후 [Next] 버튼을 클릭하면 *Z plane settings* 창으로 바뀐다.*

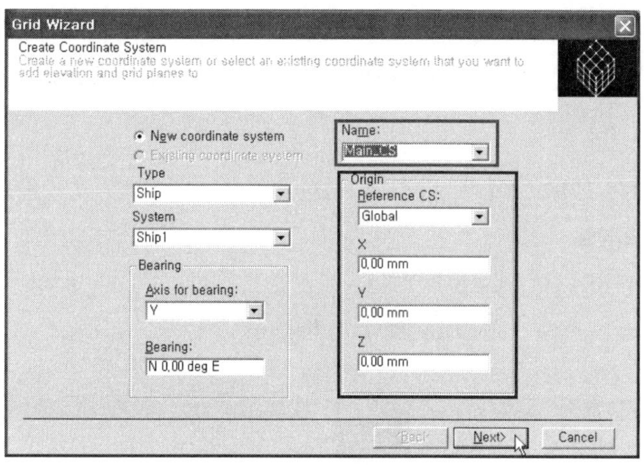

그림 2 *Grid Wizard* 창

4 *Z plane settings* 창에서 아래 값을 입력한 후 [Add] 버튼을 클릭하여 등록한다.

Reference CS : Main_CS

Start plane : 0.00mm　　Copies : 39　　Spacing : 1000.00mm

Name rule : Index　　Nesting level : Primary　　Type : Undefined

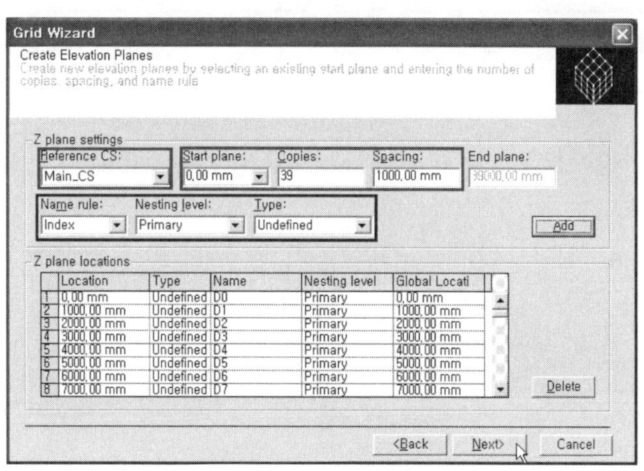

	Location	Type	Name	Nesting level	Global Locati
1	0.00 mm	Undefined	D0	Primary	0.00 mm
2	1000.00 mm	Undefined	D1	Primary	1000.00 mm
3	2000.00 mm	Undefined	D2	Primary	2000.00 mm
4	3000.00 mm	Undefined	D3	Primary	3000.00 mm
5	4000.00 mm	Undefined	D4	Primary	4000.00 mm
6	5000.00 mm	Undefined	D5	Primary	5000.00 mm
7	6000.00 mm	Undefined	D6	Primary	6000.00 mm
8	7000.00 mm	Undefined	D7	Primary	7000.00 mm

그림 3 Z축에 생성할 Grid

* Origin Reference CS : 값은 새로 생성할 좌표계의 기준점이 원점(Origin)으로부터 상대적 위치를 말한다. 예를 들면 Main_CS의 Reference CS : 를 X=100, Y=200, Z=300으로 지정하였을 때 Main_CS 좌표계의 1,1,1의 실제 위치는 101, 201, 301에 해당한다. 본 교재의 실습에서는 원점과 동일하게 하기 위하여 모두 0으로 지정한다.

5 Z 평면의 입력을 완료 후 [Next] 버튼을 클릭하면 *Grid X-plane setting* 창으로 바뀐다.

6 *X-plane setting* 창에서 1차로 아래 값을 입력한 후 [Add] 버튼을 클릭하여 등록한다.

Reference CS : Main_CS

Start plane : 0.00mm　　Copies : 60　　Spacing : 880(mm)

Name rule : Index　　Nesting level : Primary　　Type : Undefined

7 *X-plane setting* 창에서 2차로 아래 값을 입력한 후 [Add] 버튼을 클릭하여 등록한다.

Reference CS : Main_CS

Start plane : 52800(F60)　　Copies : 75　　Spacing : 3,500(mm)

Name rule : Index　　Nesting level : Primary　　Type : Undefined

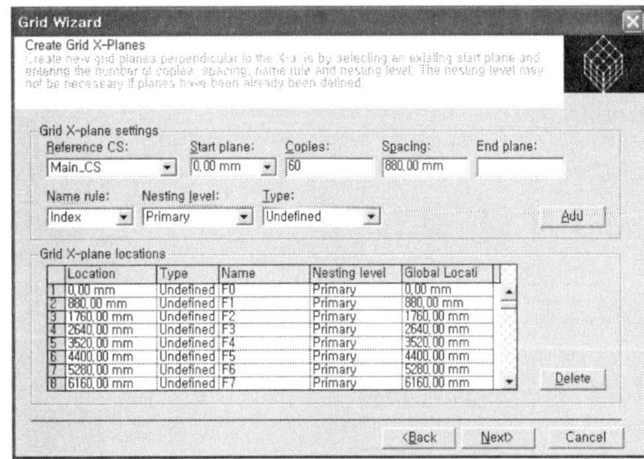

그림 4-1 X축에 1차 생성 결과

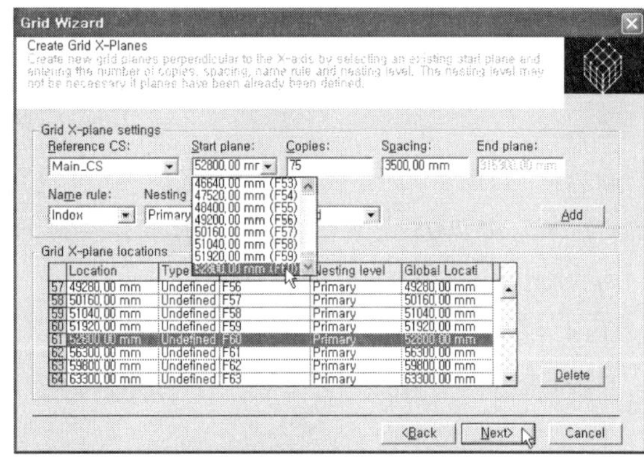

그림 4-2 X축에 2차 생성 결과

8 *Grid Y-plane setting* 창에서도 1차로 아래 값을 입력한 후 [Add] 버튼을 클릭한다.

Reference CS : Main_CS

Start plane : 0.00mm　　Copies : 30　　Spacing : 1000(mm)

Name rule : Index　　Nesting level : Primary　　Type : Undefined

9 *Y-plane setting* 창에서 2차로 아래 값을 입력한 후 [Add] 버튼을 클릭한다.

Reference CS : Main_CS

Start plane : 0.00mm	Copies : 30	Spacing : -1000(mm)
Name rule : Index	Nesting level : Primary	Type : Undefined

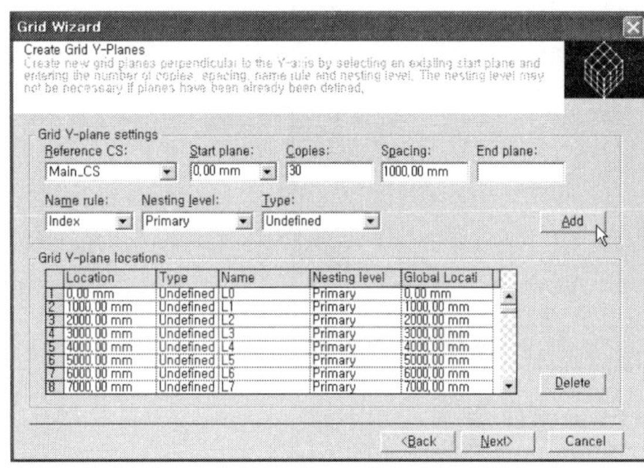

그림 5-1 Y축에 1차 생성 결과

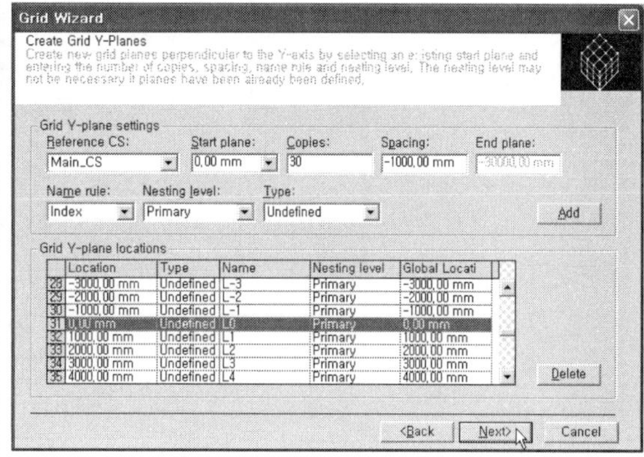

그림 5-2 Y축에 2차 생성 결과

10 *Radial cylinder settings* 및 *Radial plane settings* 창에서는 바로 [Next] 버튼을 클릭한다.*

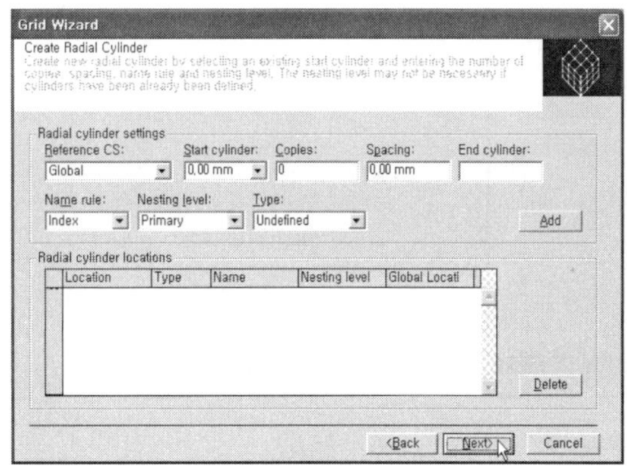

그림 6-1 *Radial cylinder settings* 창

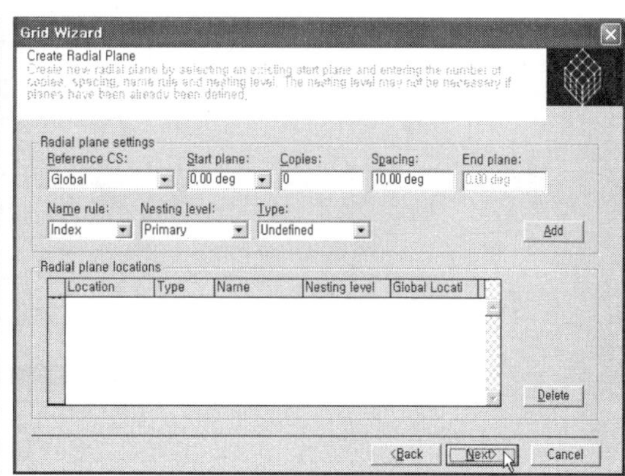

그림 6-2 *Radial plane settings* 창

* 일반적으로 선체 모델링은 직각좌표계를 사용한다. 따라서 원통좌표계는 설정하지 않는다. 만일 원통좌표계가 필요한 경우에는 앞 절에서 설명한 X, Y, Z축의 창에서는 설정하지 않고 그냥 [Next] 버튼으로 지나온 다음 *Radial cylinder settings*창 및 *Radial plane settings*창에서 설정하면 된다.

⑪ *Display grid lines on:* 창에서는 바로 [Finish] 버튼을 클릭한다.*

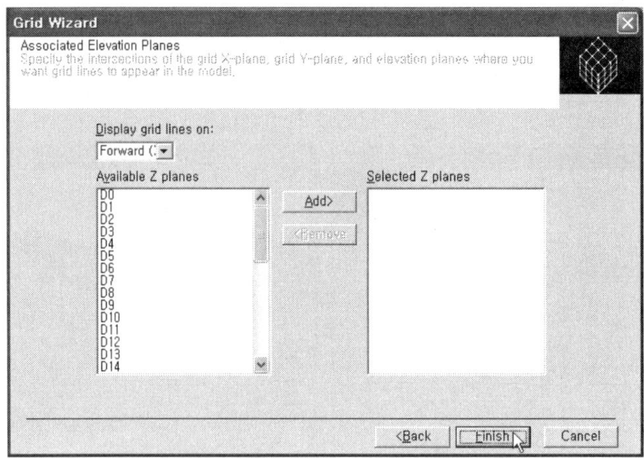

그림 7 Display grid line 설정 창

⑫ 주 메뉴의 View › Rulers... 메뉴를 선택한다.**

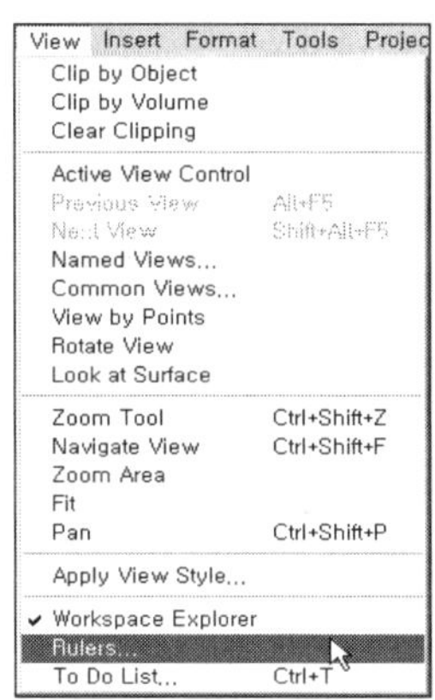

그림 8 Rulers 메뉴

• • • •

* • 작성한 Grid의 표시 여부를 지정할 수 있다. 만일 Grid를 표시할 경우에는 Display grid lines on : 난에서 축을 선택하면 설정된 내용이 Available planes 난에 나타나며, 필요한 선분을 선택한 후 **[Add]** 버튼을 클릭하여 Selected planes 난으로 등록하면 등록된 Grid는 화면에 표시된다. 그러나 Grid를 작업창에 표시하지 않더라도 WE의 CS(Coordinate System)에서 지정할 수 있다.
  • SM3D에서 선체 모델링은 주로 WE의 CS를 사용하여 작업한다. 따라서 굳이 Grid를 작업창에 표시하지 않는다. 반면에 의장(Outfit : Electrical, Piping, Structure 등)에서는 작업창에서 위치를 직접 지정하기 때문에 Grid를 표시하여 작업한다.

** Grid Ruler는 Grid와 별도로 각 축에 표시되는 눈금이 매겨진 자(Ruler)를 말한다.

13 *Rulers* 창에서 Ctrl키를 누른 상태에서 Main_CS를 클릭하여 선택 상태를 해제한다.*

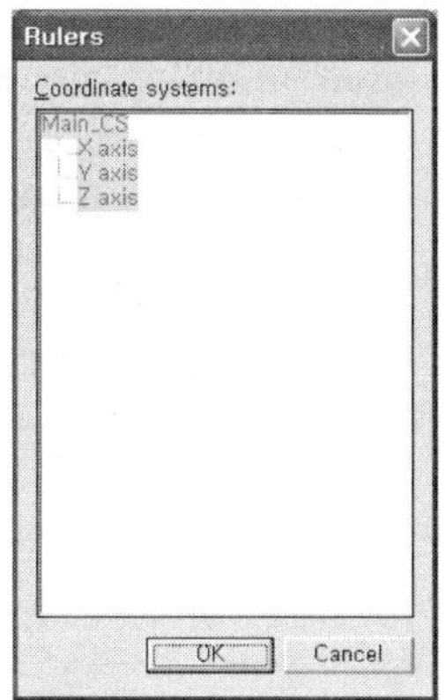

그림 9-1 지정된 상태

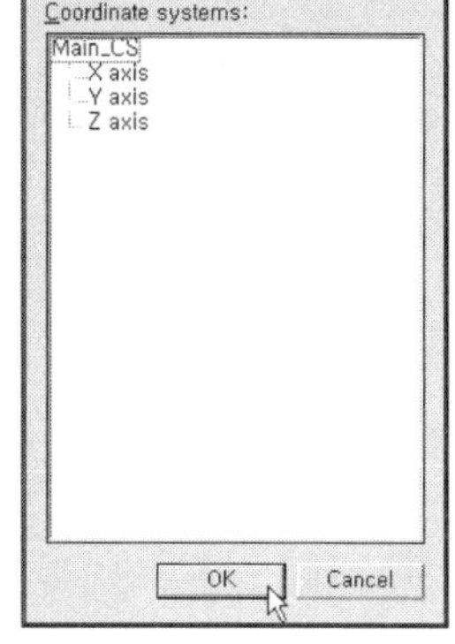

그림 9-2 해제된 상태

Main_CS 종합표

Horizontal(Z) Reference Planes

Start	Copies	Spacing(mm)
Z=0	39	1,000

Transverse(X) Reference Planes

Start	Copies	Spacing(mm)
X=0	60	880
52,800(F60)	75	3,500

Longitudinal(Y) Reference Planes

Start	Copies	Spacing(mm)
Y=0	30	1,000
Y=0	30	-1,000

* 처음 Grid를 생성하면 Grid Ruler를 표시하도록 선택된 상태이다(선체 모델링에서는 이 Ruler를 별로 사용되지 않기 때문에 표시하지 않는다).

작업결과 **2.1** 직각좌표계로 Main_CS가 생성된다. 그러나 작업창에는 Grid 및 Ruler를 표시하기 않음

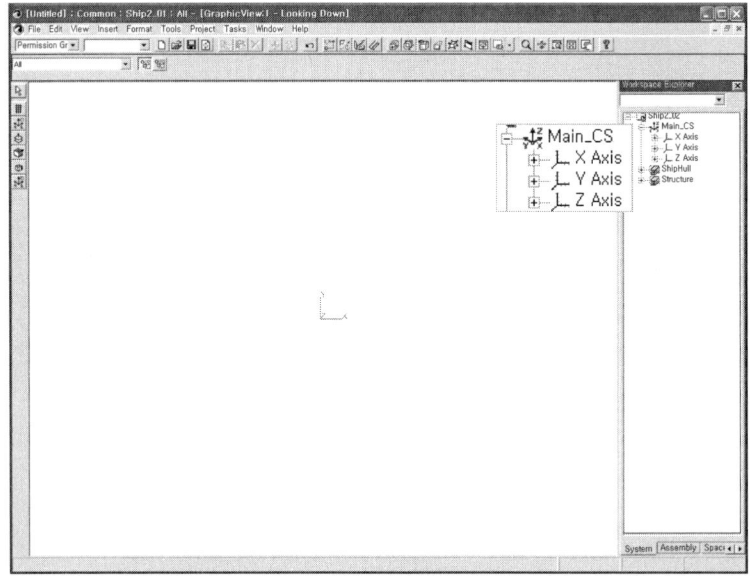

2.2 Plate System

Molded Forms task에서 생성할 수 있는 Plate System 종류는 Planar plate system, Knuckled plate system, Curved plate system 및 Revolved plate system 등이 있다.

Plate System 생성 작업은 외형적 형태(Surface Geometry)와 위상적 경계(Topological Boundaries)를 정의하고 속성 값(Attribute Values)을 설정하는 순으로 이루어진다.

속성 값의 종류로는 시스템 명칭(Name), 범주(Category), 소속 시스템(Parent Plate System), 성형규칙(Molded Conventions) 및 자재의 특성(Properties), 수밀성(Tightness), 연속성(Continuity) 등이 있다.* **

2.2.1 Import Hull System

선박설계에서 선체(Hull)의 외형은 기본설계에서 작성하는 것으로 본 교재의 교육 범위를 넘는 부분이다. 따라서 본 교재에서는 미리 작성된 선체 모델을 사용한다.

실습 2.2.1 선체의 기본 Hull 정보 파일(DemoHull I.sat)을 읽는다.

작업영역 Ship 2_02 (만일 전 절에서 계속 작업 중인 경우에는 그대로 계속한다)

1 주 메뉴에서 Tasks > Molded Forms 메뉴를 선택한다.

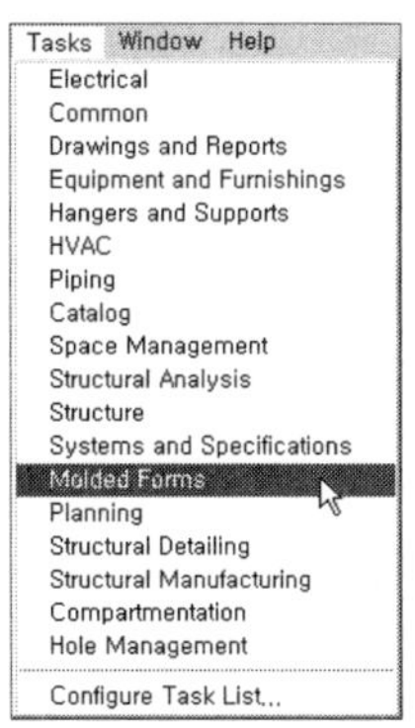

그림 1 Molded Forms 메뉴

* **성형규칙**(Molded Convention)이란 평판이 기준선에 맞추는 위치, 평판의 보강재인 stiffener를 부착하는 방향 등을 미리 지정하여 추후 보강재를 부착할 때 별도로 방향을 지정하지 않고 자동으로 부착되도록 한 것을 말한다. 예를 들면 Deck인 경우에 기준 위치는 Z축을 기준으로 위쪽으로 맞추기를 하고, 보강재는 아래쪽에 부착하며, 보강재의 Flange 방향은 내부로 향하도록 지정한다.

** **연속성**(Continuity)이란 평판이 서로 교차하는 경우 절단할 평판의 속성을 말한다. Continuous와 Intercostal이 서로 만나면 Intercostal 속성의 평판이 절단된다. 만일 동일 속성의 평판인 경우에는 Priority 값이 낮은 값의 평판이 우선한다.

2 확장된 작업도구 중 (Imported Plate System) 도구 선택하면 *Open ACIS Hull file* 창이 나타난다.

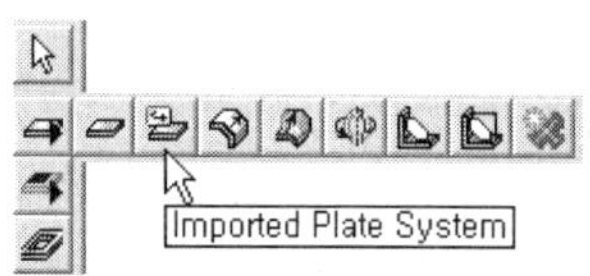

그림 2 Imported Plate System 도구

3 *Open ACIS Hull file* 창에서 DemoHull I.sat 파일을 연다.*

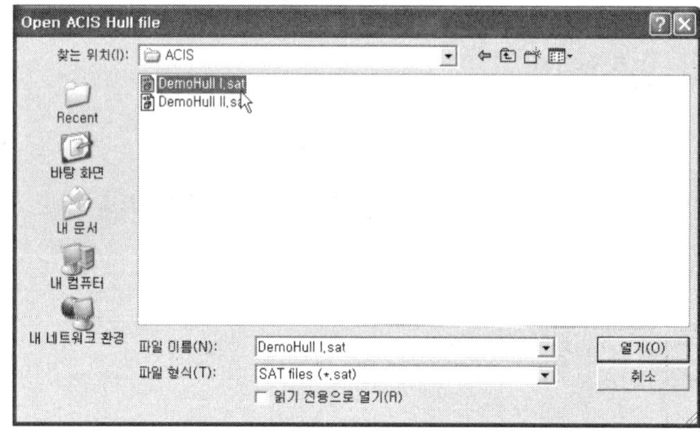

그림 3 *Open ACIS Hull file* 창(DemoHull I.sat 선택)

4 리본-바의 (Imported Plate System Settings) 아이콘을 선택하여 다음과 같이 설정한 후 [OK] 버튼을 클릭하여 창을 닫는다.

[Main tab]

- Parent System : ShipHull(More...를 선택하여 Select System창에서 지정)
- Continuity : Continuous(선택)
- Priority : 0(선택)
- Tightness : Water Tight(선택)

[Material tab]

- Thickness : 20.00mm(선택)

[Molded Conventions tab]

- Thickness Direction : Outboard(선택)

* DemoHull I.sat 파일은 본 교재 출판사 홈페이지(http://www.kihanjae.com)의 자료실에서 다운 받을 수 있습니다.

- Profile Primary Orientation : Inboard(선택)
- Profile Secondary Orientation : Towards Centerline(선택)

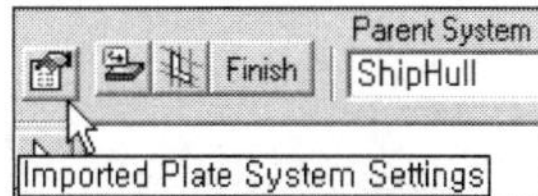

그림 4 Imported Plate System Settings 아이콘

그림 5-1 *Imported Plate System Setting* 창의 **Main** tab

그림 5-2 *Imported Plate System Setting* 창의 **Material** tab

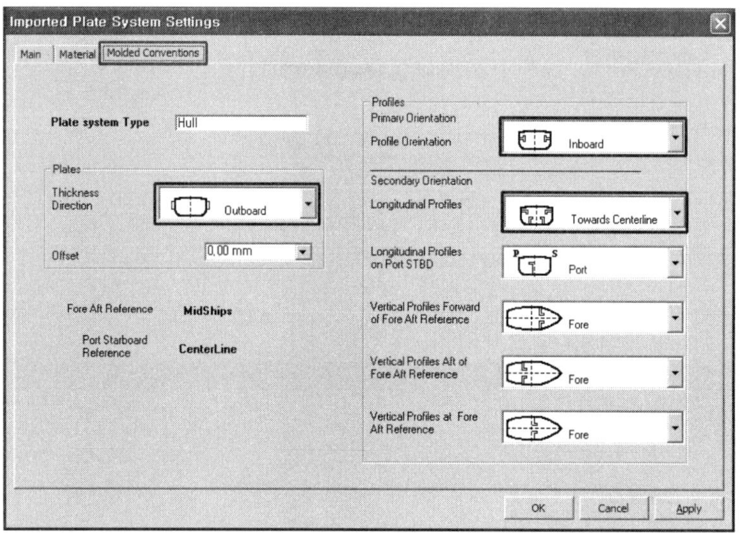

그림 5-3 *Imported Plate System Setting* 창의 Molded Conventions tab

5 리본-바의 Finish 버튼을 클릭하여 작업을 완료한다.

6 Isometric 메뉴 및 Fit 아이콘을 사용하여 모델 뷰의 크기를 조정한다.

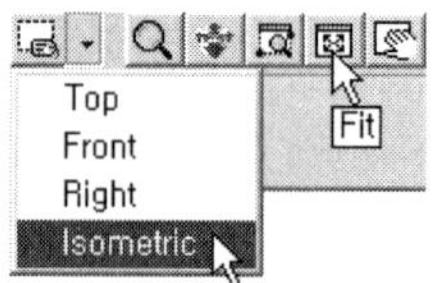

그림 6 Isometric 메뉴 및 Fit 아이콘

작업결과 2.2.1 사용자 정의 양식이 기본 양식에 등록되어 나타난다.

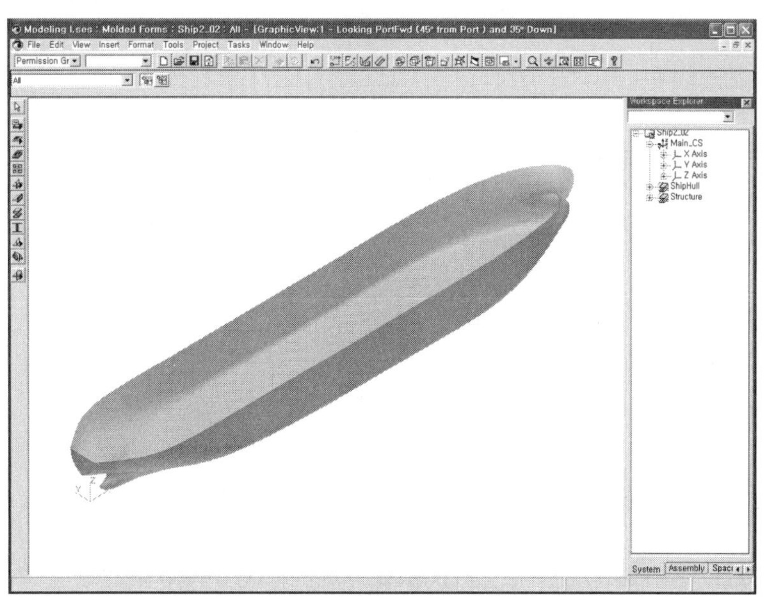

※ "Modeling I.ses" 이름으로 Session 파일을 저장하고 SM3D 프로그램을 종료한 후 프로그램을 다시 기동하여 Modeling I.ses 파일을 연다.*

2.2.2 Creating Single Planar Plate

Single Planar Plate란 Deck, Transverse Bulkhead, Longitudinal Bulkhead 등과 같이 하나의 평면에 경계선(Boundary)을 지정하여 만들어지는 평판을 말한다.

작업은 평판의 평면 좌표와 경계선 및 속성을 지정하여 생성한다.

* SM3D에서 Undo(Ctrl+Z) 기능은 있으나 Redo(Ctrl+Y) 기능은 없다. 그리고 Undo는 가장 최근에 작업한 명령부터 프로그램을 처음 기동한 시점(작업 도중에 Session 파일을 저장한 시점이 아님)까지의 과정 중에서 Undo 값을 설정한 횟수만큼 가능하다. 따라서 작업이 미숙한 경우에는 현재까지 작업결과를 Session 파일에 저장한 후 프로그램을 다시 기동하면 작업 도중 오류가 발생하더라도 최근 저장한 부분까지 되돌릴 수 있다. 만일 프로그램을 새로 기동하지 않으면 Redo 작업을 원하는 단계 이전으로 되돌렸을 때 그 이후의 작업을 다시 해야 한다.

실습 2.2.2-1 Main_CS Grid 중 Z축의 D16 위치에 Hull을 경계로 하는 Deck 평판(D16-*)을 생성한다.*

작업영역 **Ship 2_02** (또는 전 절에서 계속)

1. (Planar Plate System) 도구 선택한다.

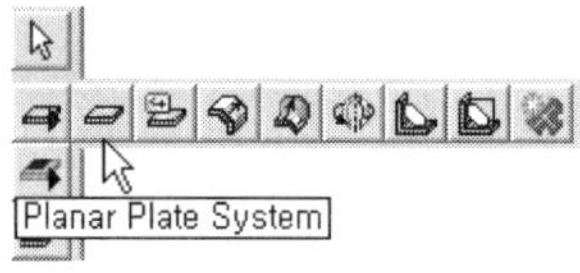

그림 1 Planar Plate System 도구

2. 리본-바의 (Define Plane)가 선택된 상태에서 WE의 Main_CS : D16을 선택한다.**

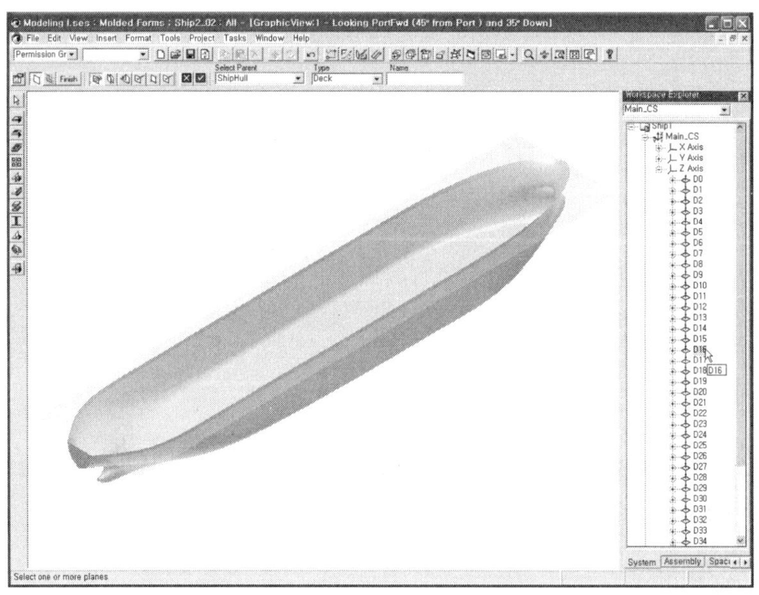

그림 2 생성할 단일 평판의 위치를 지정한 상태(D16)

* 생성할 모델의 각 요소는 구분할 수 있는 명칭을 지정하여야 하는데 작업자가 일일이 지정하기에는 불편하다. 이를 해결하기 위하여 SM3D에서는 Name Generator 서버를 통하여 자동으로 부여하는 기능을 사용한다. 따라서 각 요소의 명칭 중 확장 부분(연번)은 작업 횟수에 따라 본 교재 그림의 명칭과 다를 수 있다. **이 부분을 "-*"로 표기하였다.**

** Z축의 D16(Base로부터 16,000mm 위치) 평면(XY 평면)에 평행하는 평판을 생성할 예정임.

3 리본-바의 (Define Boundaries) 아이콘을 선택한 후 WE의 ShipHull : Hull 선택한다.*

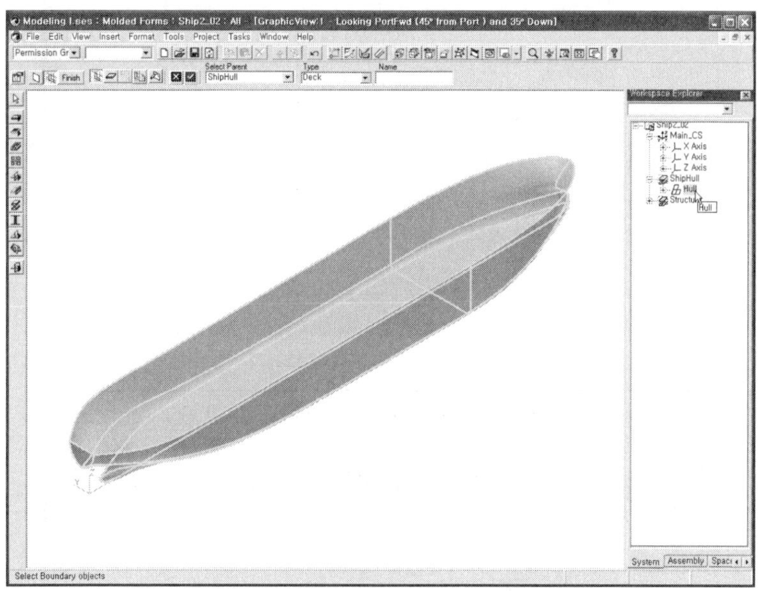

그림 3 생성할 단일 평판의 경계를 지정한 상태(Hull)

4 리본-바의 (Plate System Properties) 아이콘을 선택하여 다음과 같이 지정한 후 [OK] 버튼을 클릭하면 창이 닫힌다.

[Main tab]

- Naming Category : Deck(선택)
- Parent System : Decks(More...를 선택하여 Select System창에서 지정)

[Material tab]

- Actual Thickness : 15.00mm(선택)

[Molded Conventions tab]

- Thickness Direction : Above(선택) **
- Primary Profile Orientation : Down(선택) ***
- Secondary Orientation Longitudinal Profiles : Inboard(선택) ****

* 생성할 평판은 D16 평면과 선체의 외형이 교차하는 점의 폐곡선과 같은 모양(크기)으로 만들 예정임.

** 지정한 위치로부터 위쪽으로 평판을 배치함(선박에서 사용하는 평판은 대 부분이 두꺼운 평판을 사용하므로 기준선으로부터 평판의 배치 방향이 중요함).

*** 평판에 부착할 보강재(stiffener)의 부착 위치를 지정함(Deck인 경우에는 아래쪽에 보강재를 부착함).

**** 보강재의 Flange 방향을 지정함(선박의 안쪽으로 지정함. 즉, Port쪽과 Starboard쪽이 서로 마주보게 지정함).

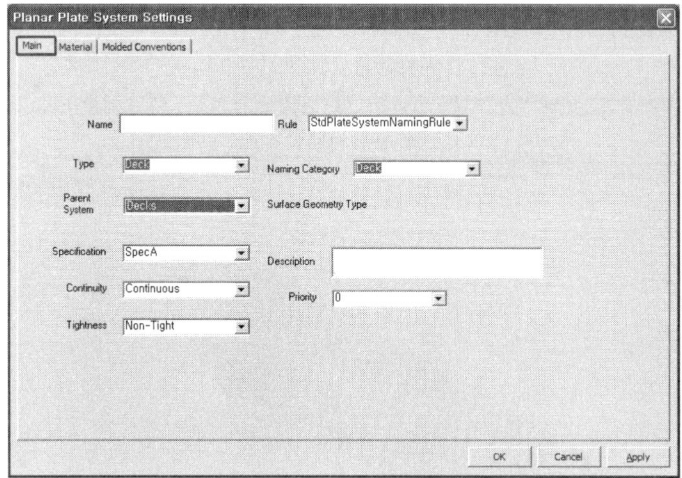

그림 4-1 *Planar Plate System Settings* 창의 Main tab

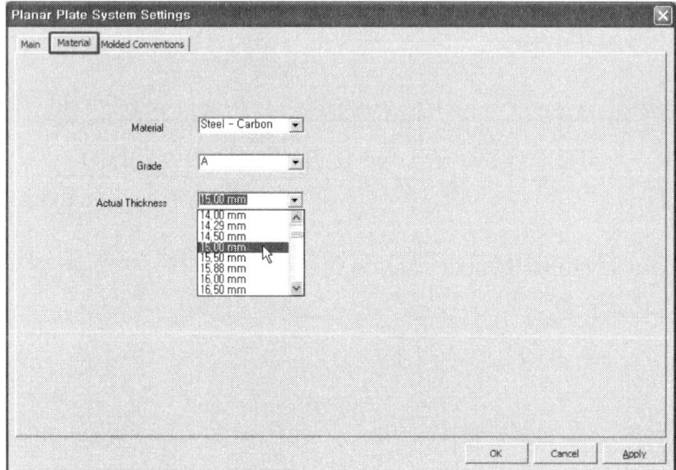

그림 4-2 *Planar Plate System Settings* 창의 Material tab

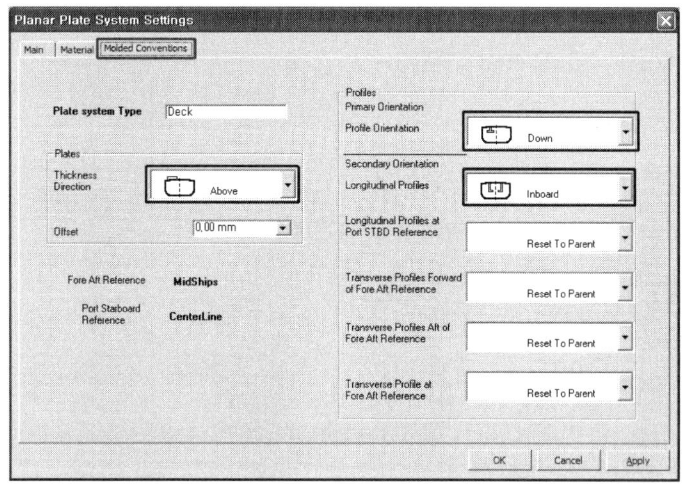

그림 4-3 *Planar Plate System Settings* 창의 Molded Conventions tab

5 리본-바의 Finish 버튼을 클릭한다.

작업결과 2.2.2-1 D16(Z축) 위치에 선체를 경계로 하는 Deck 평판 D16-*이 생성된다.

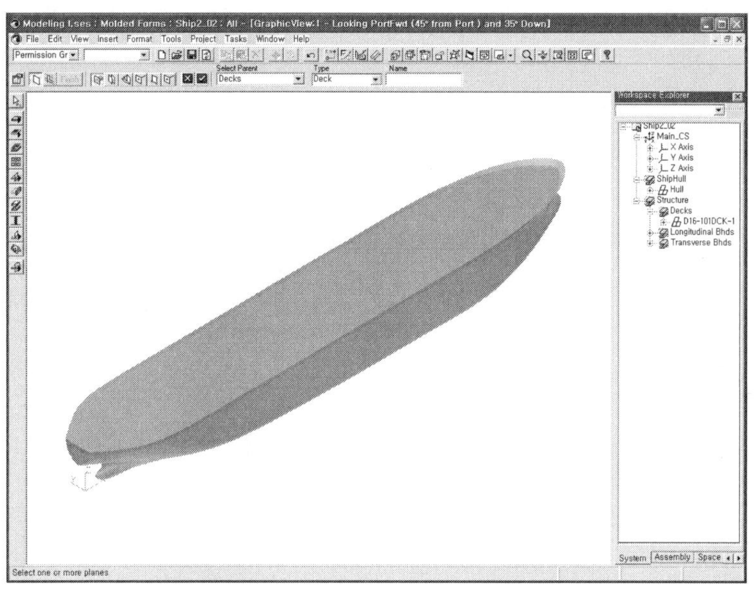

실습 2.2.2-2 D2 위치에 Hull을 경계로 하는 Deck 평판 D2-*를 생성한다.

작업영역 Ship 2_02 (전 절에서 계속)

※ 전 절에서 작업을 계속하는 중이면 명령이 계속 진행 상태임. 즉, 리본-바의 (Define Plane) 도구가 선택된 상태임. 따라서 바로 ⑥부터 실행하면 된다.

6 리본-바의 (Define Plane) 도구가 선택된 상태에서 WE의 Main_CS : D2 선택한다.

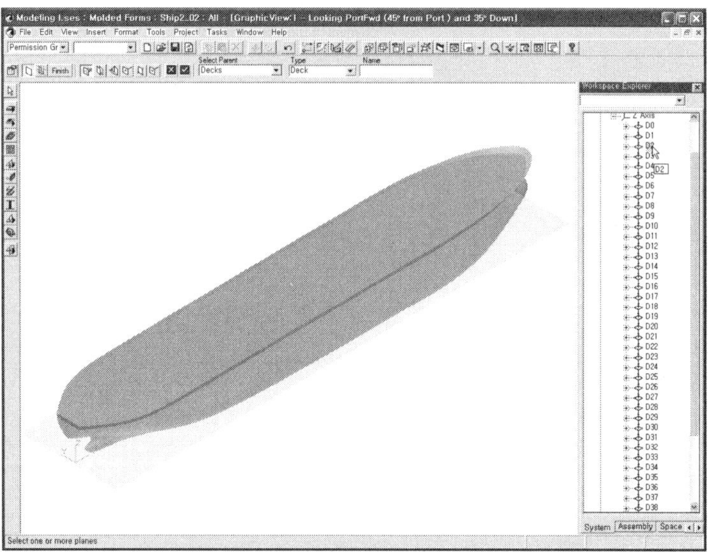

그림 1 생성할 단일 평판의 위치를 지정한 상태(D2)

7 리본-바의 [icon] (Define Boundaries) 아이콘을 선택한 후 WE의 ShipHull : Hull 선택한다.*

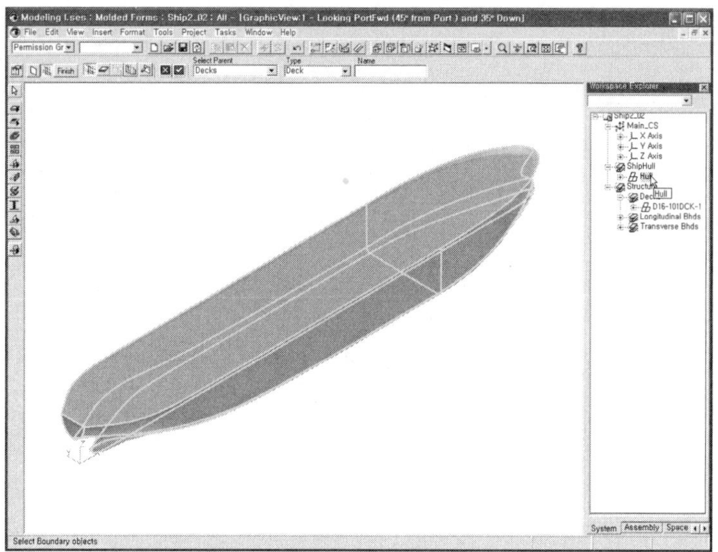

그림 2 생성할 단일 평판의 경계를 지정한 상태

8 리본-바의 Finish 버튼을 클릭한다.**

* 평판의 모양(크기)은 선체의 외형과 D2 평면이 교차하는 지점의 폐곡선 모양(크기)으로 만들 예정임.

** 동일한 명령어의 속성은 직전에서 작업할 때 지정한 속성 값을 기억하고 있다. 따라서 속성을 지정하지 않고 바로 실행하여도 직전에 지정된 속성 값으로 처리된다.

작업결과 2.2.2-2 D2 위치에 선체를 경계로 하는 Deck 평판 D2-*가 생성된다.*

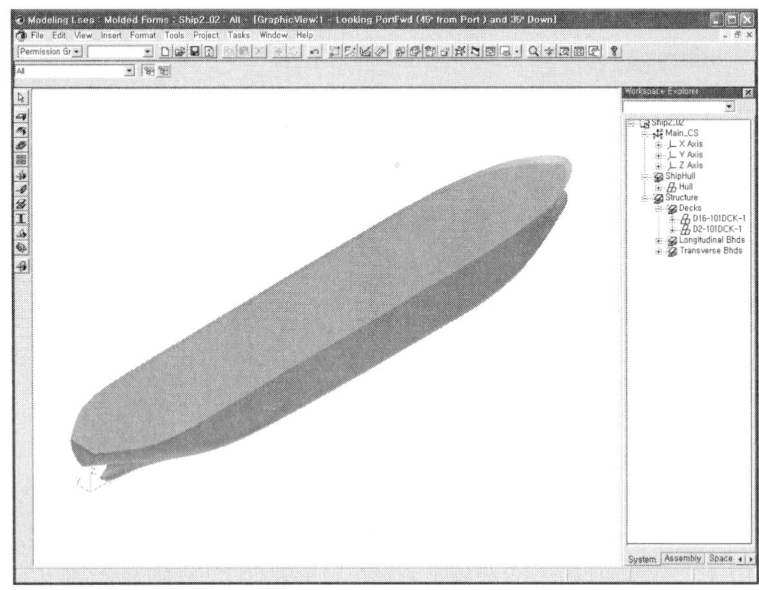

2.2.3 Creating Multiple Planar Plates

생성할 평판의 경계선과 속성이 동일한 경우에는 해당 평판을 동시에 생성할 수 있다.

예를 들면 Transverse bulkhead인 경우에 X축의 위치는 서로 다르나 선체(hull)의 폭을 경계로 하고 같은 높이(Main Deck 등)와 속성(두께)을 가지는 평판이 여러 개가 있을 수 있다.

이런 경우에 해당 평판은 한 번의 작업으로 동시에 생성할 수 있다.

* SM3D에서 대부분의 작업도구는 해당 하는 작업이 끝나면 계속하여 그 작업을 할 수 있도록 그 작업도구의 처음 상태로 돌아간다. 즉, 계속 작업 중인 상태를 유지한다. 만일 선택한 작업도구의 작업을 종료하려면 마우스의 오른쪽 버튼을 클릭하거나 아니면 다른 작업도구(특히 선택작업도구)를 선택하면 된다.

실습 2.2.3 동일 속성의 복수 개 평판을 한 번의 작업으로 생성한다(F25, 55, 60, 65, 75, 85, 95).

작업영역 Ship 2_02 전 절에서 생성한 D2-* 평판과 Main_CS를 제외한 나머지 모두 감추기 한다.

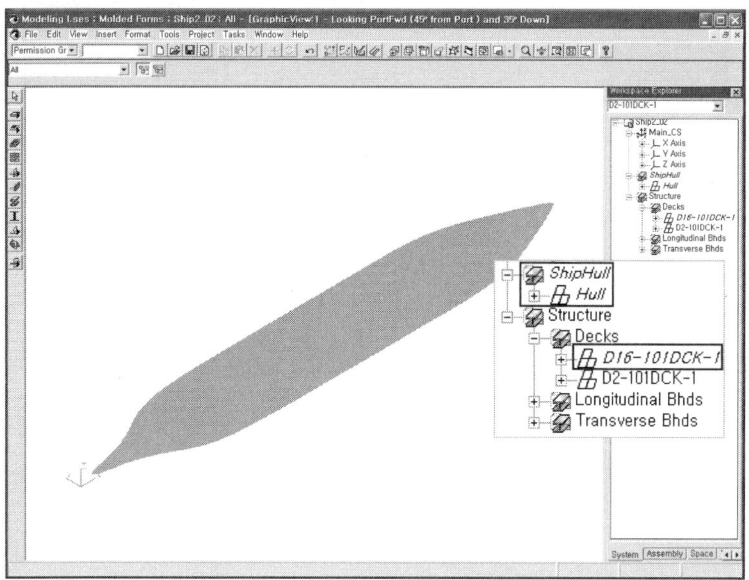

1 (Planar Plate System) 도구 선택

chapter 02

2 리본-바의 [icon] (Define Plane) 아이콘이 선택된 상태에서 WE의 Main_CS : F25, F55, F60, F65, F75, F85 및 F95 선택한다.*

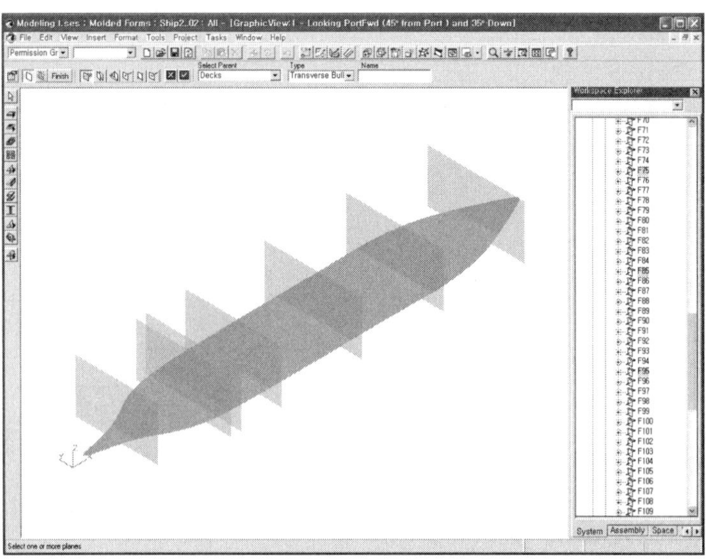

그림 1 생성할 평판의 위치를 지정한 상태(F25 – F95)

* WE에서 Main_CS의 X축을 선택(마우스로 클릭)하면 작업창의 모델 뷰에 선택한 축의 평면이 표시된다. 만일 잘못 선택한 경우에는 다시 클릭하면 해제된다(선택은 Toggle 기능이 있어 선택/해제가 반복된다).

3 리본-바의 (Define Boundaries) 아이콘을 선택한 후 WE의 ShipHull : Hull 및 Structure : D16-*을 지정한다.*

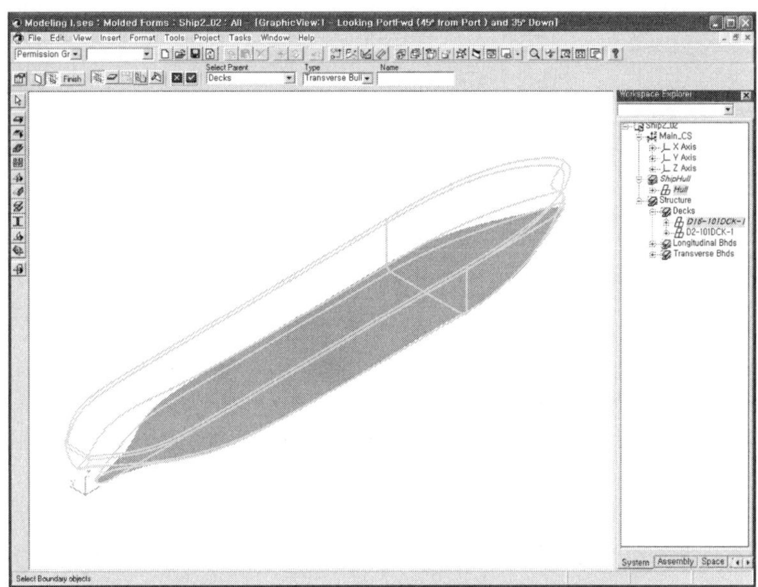

그림 2 생성할 평판의 경계를 지정한 상태(Hull 및 D16-*)

chapter 02

4 리본-바의 (Plate System Properties) 아이콘을 선택한 후 다음과 같이 설정한다.**

[Main tab]

- Naming Category : Transverse Bulkhead
- Parent System : Transverse Bhds(More...를 선택하여 Select System창에서 지정)
- Continuity : Intercostal

[Molded Conventions tab]

- Secondary Orientation Vertical Profiles : Inboard ***

* Hull 및 D16-*는 감춰져 있으므로 WE에서 지정하면 윤곽선이 나타난다.

** 속성 값은 전 절에서 지정한 값을 유지하고 있다. 따라서 수정할 부분만 수정한다(예를 들면 Material 탭의 Actual Thickness는 15.00mm로 지정되어 있다).

*** Transverse Bulkhead인 경우에 기본 값으로 Thickness Direction은 Aft로, Profile Primary Orientation은 Fore로 지정되어 있다. 따라서 이 평판에 부착할 보강재(stiffener)는 별도로 방향을 지정하지 않으면 자동으로 선수 쪽으로 부착된다.

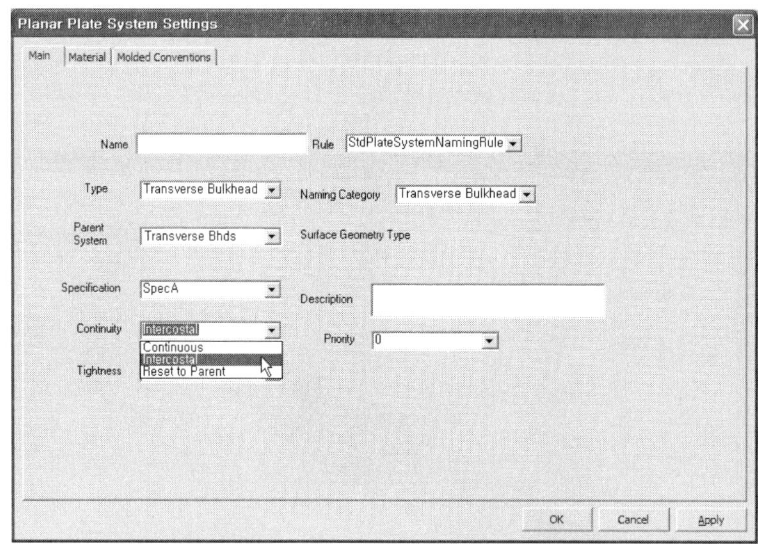

그림 3-1 *Planar Plate System Settings* 창의 **Main** tab

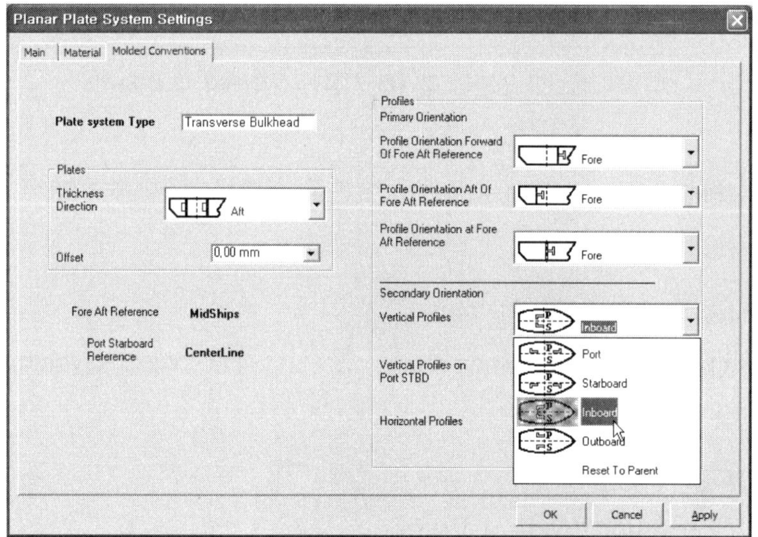

그림 3-2 *Planar Plate System Settings* 창의 **Molded Conventions** tab

5 리본-바의 Finish 버튼을 클릭한다.

작업결과 2.2.3 선체와 D16-*을 경계로 하는 Trans. 평판 7개가 동시에 생성된다.

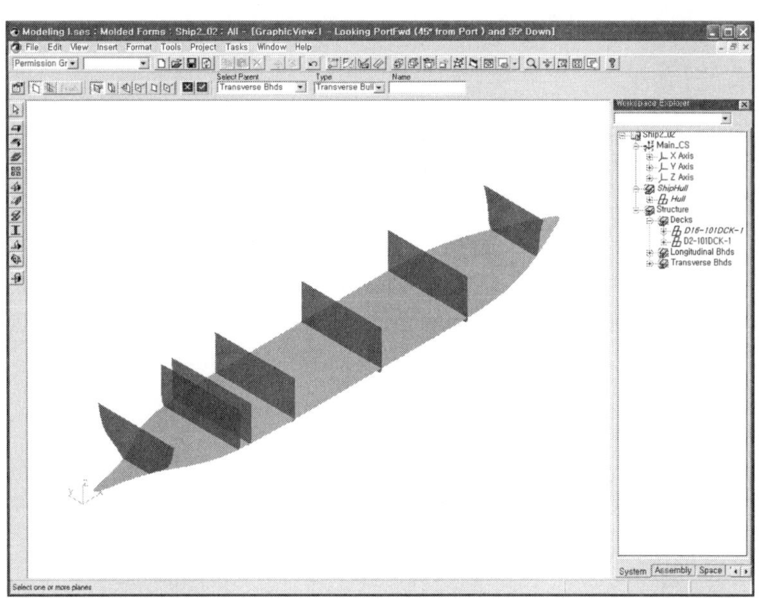

2.2.3 복수 평판 생성하기

Hull과 F25-* 및 F60-*을 경계로 하고 Z축의 D7 및 D12 평면에 해당하는 Deck 7과 Deck 12를 동시에 생성하시오.

[Main tab]

- Naming Category : Deck
- Parent System : Decks
- Continuity : Continuous
- Tightness : Non-tight

[Material tab]

- Actual Thickness : 15.00mm

[Molded Conventions tab]

- Thickness Direction : Above
- Primary Profile Orientation : Down
- Secondary Orientation Longitudinal Profiles : Inboard

과제결과

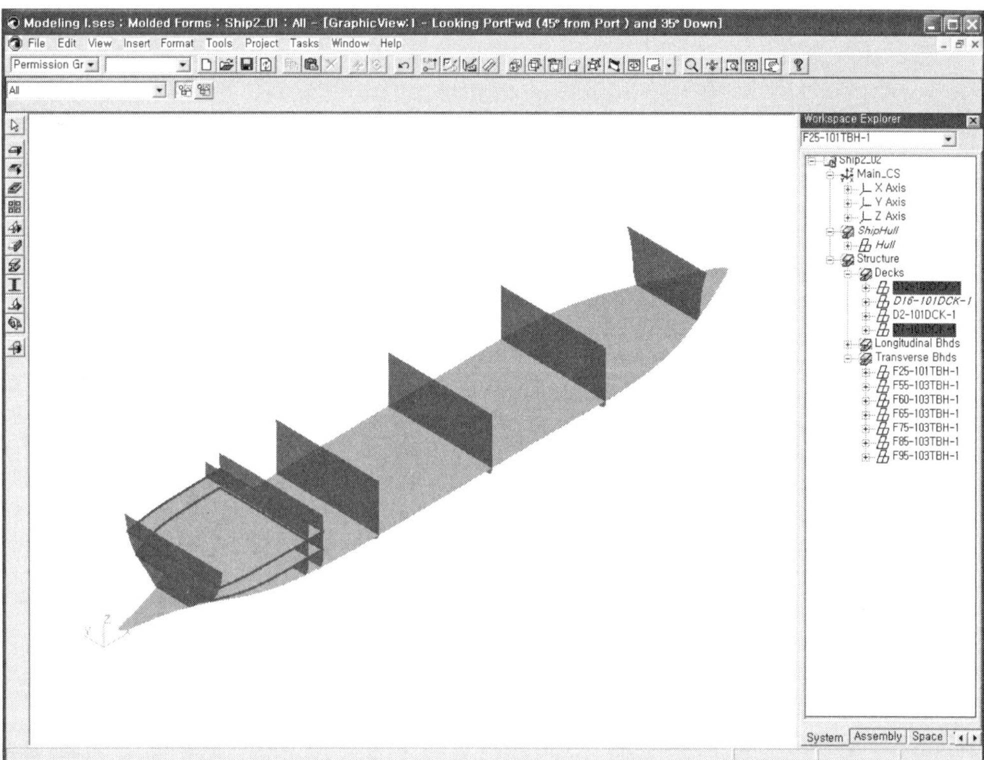

2.2.4 Creating Linear Extruded Plate

돌출 평판(Extruded Plate)이란 평판의 중간 부분이 꺾인 형태로 돌출되어 있는 평판을 말한다.

돌출 평판 중 평판의 한 방향이 Grid의 한 축과 평행한 경우를 선형돌출 평판(Linear Extruded Plate)라 한다. 반면, 평행하지 않고 기울어진 경우를 비선형돌출 평판(Non-linear Extruded Plate)라 한다.

D2 및 D16과 F65 및 F75 사이의 Port쪽에 선형돌출 평판을 생성한다.

작업영역 **Ship 2_02** (과제 2.2.3에서 계속)

1 (Linear Extruded Plate System) 도구 선택한다.

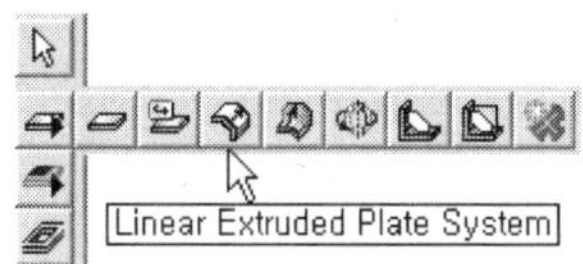

그림 1 Linear Extruded Plate System 도구

2 리본-바의 (Mother Curve Definition) 및 (Sketching Plane) 아이콘이 선택된 상태에서 WE의 Main_CS : D2를 선택한다.*

* 생성할 평판의 돌출형태의 geometry를 그릴 평면을 지정. 즉, D2 평면에 수직으로 선 돌출 평판이 만들어짐. 단, 돌출 형태는 D2 평면에 투영한 형태의 geometry를 작성할 예정임.

3 리본-바의 (Add Intersecting Item) 아이콘을 선택한 후 다음과 같이 선택한다.*

Structure : D2-*, F65-*, F75-*

Main_CS : F67, F73 및 L0, L10, L12

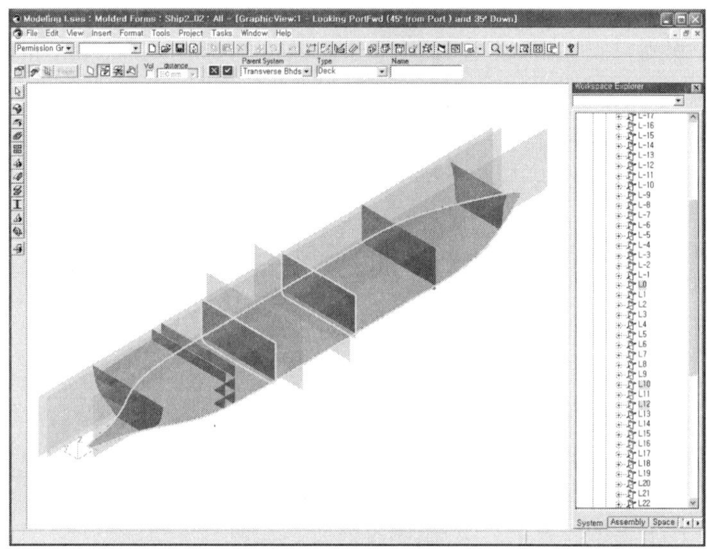

그림 2 돌출 형태(Mother Curve)를 그리기 위하여 선택한 평면

4 리본-바의 (Sketch 2D) 아이콘을 클릭을 하면 *Sketch2D* 창이 나타난다.

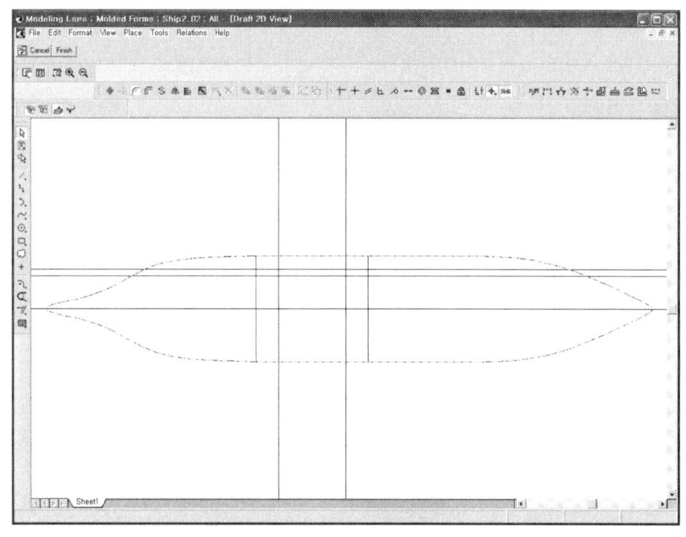

그림 3 Mother Curve 작업용 *Sketch2D* 창

* 기준선(평면)을 지정할 때 객체(D2-*, F65-* 및 F75-*)를 지정한 것과 Grid(F65, F73, L0, L10 및 L12)를 지정한 것의 차이점은 객체인 경우에는 객체의 두께까지 고려하나 Grid는 위치만 적용된다. 그리고 수정할 때 연결정보에 따라 수정된다. 예를 들면 객체와 연결된 경우에는 객체를 수정(위치 또는 크기 등)하면 그 객체에 연결된 나머지 객체들이 자동으로 수정된다. 따라서 **연결정보를 지정할 때 나중 수정할 경우를 대비하여 객체 또는 Grid를 신중하게 선택하여야 한다.**

5 *Sketch2D* 창에서 Tools › SmartSketch 메뉴를 선택하면 *SmartSketch Settings* 창이 나타난다.

6 *SmartSketch Settings* 창에서 필요한 Relationships를 선택한 다음 [확인] 버튼을 클릭하면 창이 닫히며 *Sketch2D* 창으로 되돌아간다.*

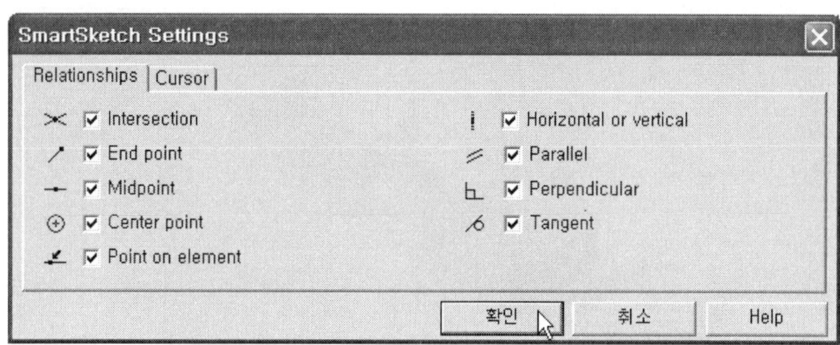

그림 4 *SmartSketch Settings* 창의 Relationships 탭

7 *Sketch2D* 창에서 다음과 같이 돌출형태(Mother Curve)를 작성한 후 [Finish] 버튼을 클릭하면 창이 닫힌다.**

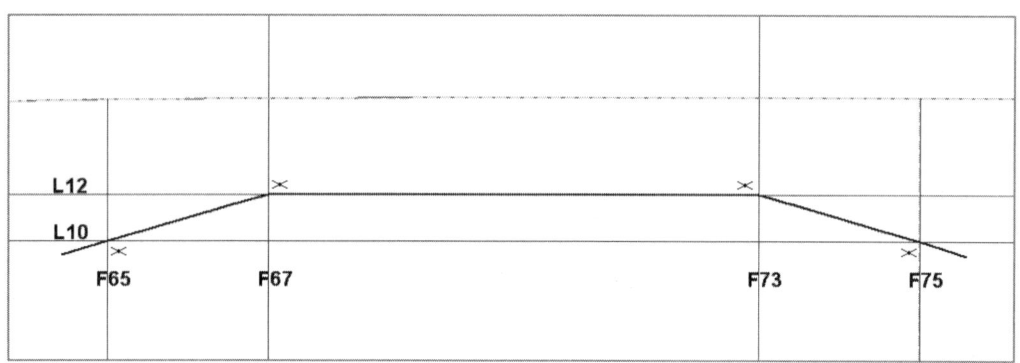

그림 5 Mother Curve line

* SmartSketch의 Relationships는 2D Sketch 작업 중에 커서의 위치가 해당하는 점인 경우에 표시해주는 아이콘을 말한다. 이 속성은 모델링 작업 중 한 번만 지정하면 그 값을 계속 유지한다.

** F65-* 및 F75-*는 Trans. Bhd.로서 15mm의 두께를 가진 평판이다. 따라서 교차점을 지정할 때는 F65-*는 선수 쪽(실선) 선분과의 교차점을, F75-*는 선미쪽(점선) 선분과의 교차점을 지정하여야 한다. 작성한 Mother Curve는 작업창에 노란색으로 표시되었다가 확인되면(예를 들면 Accept 버튼을 클릭한 경우나 다른 작업용 아이콘을 선택한 경우) 녹색으로 바뀐다.

8 리본-바의 (Define Boundaries) 아이콘을 클릭한 후 다음과 같이 설정한다.*
Structure : D2-*, D16-*, F65-*, F75-*

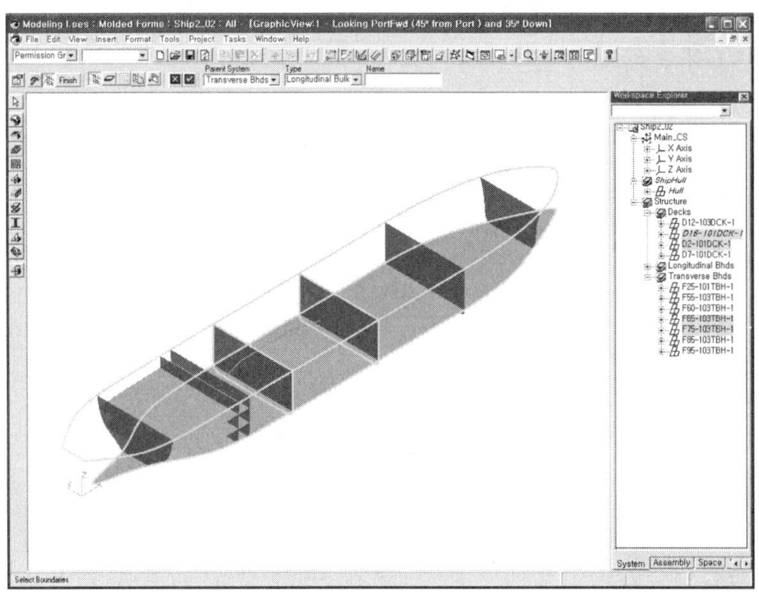

그림 7 생성할 돌출 평판의 경계를 지정한 상태(D2-*, D16-*, F65-*, F75-*)

9 리본-바의 (Plate System Properties) 아이콘을 클릭하여 다음과 같이 설정한 후 [OK] 버튼을 클릭한다.

[Main tab]

- Naming Category : Longitudinal Bulkheads
- Parent System : Longitudinal Bhds

[Molded Conventions tab]

- Thickness Direction : Outboard

10 리본-바의 Finish 아이콘을 클릭한다.

* 생성할 돌출 평판은 높이가 D2-*와 D16-* 사이, 폭은 F65-*와 F75-* 사이의 크기로 만들어진다. 물론 F67과 F73에서 꺾인 형태로 만들어진다.

작업결과 **2.2.4** D2, D16 및 F65, F75 사이에 선형돌출 평판이 생성된다.

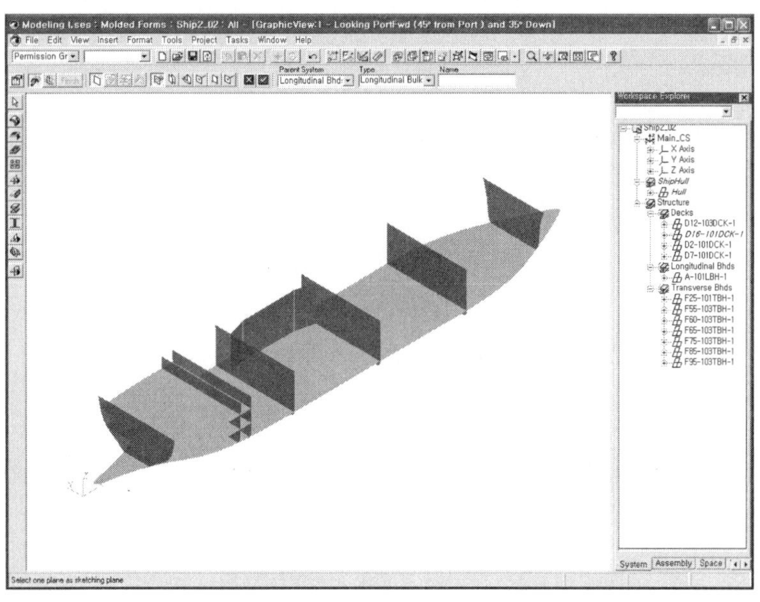

2.2.5 Creating Non-Linear Extruded Plate

비선형 돌출 평판(Non-Linear Extruded Plate)은 돌출 평판의 한 방향이 Grid의 한 축과 평행하지 않고 임의의 각도로 기울어진 형태 또는 임의의 Geometry 형태의 돌출 평판을 말한다.

실습 2.2.5 D2 및 D16과 F65 및 F75 사이의 Starboard쪽에 비선형돌출 평판을 생성한다.

작업영역 Ship 2_02 (전 절에서 계속)

1 (Non-Linear Extruded Plate System) 도구를 선택한다.

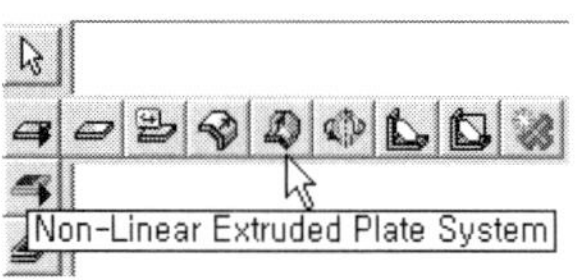

그림 1 Non-Linear Extruded Plate System 도구

2 리본-바의 (Extrude Definition) 및 (Sketching Plane) 아이콘이 선택된 상태에서 WE의 Main_CS : F65를 지정한다.*

3 리본-바의 (Add Intersecting Item) 아이콘을 선택한 후 다음과 같이 지정한다.**
Structure : D2-*, F65-*
Main_CS : D16, D36, L0, L-10, L-12

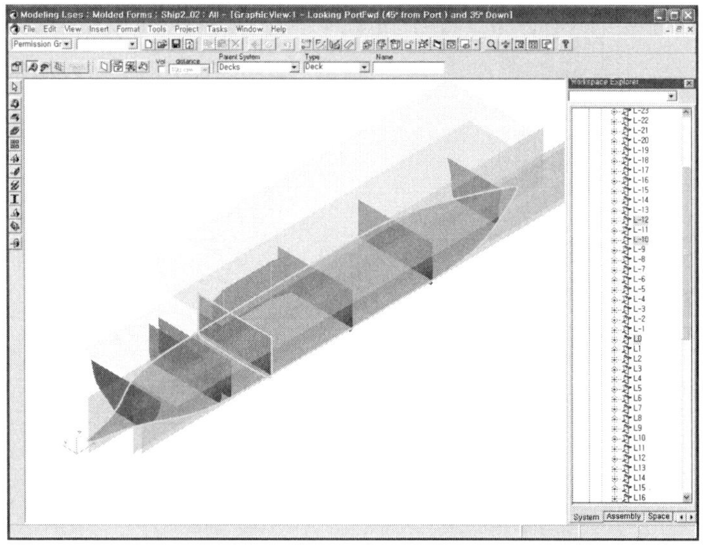

그림 2 기울기를 그리기 위하여 선택한 보조 평면

* 이 평면에 작성할 선분과 같은 기울어진 돌출평면이 만들어짐.

** 기울기 선분을 작성하는데 필요한 보조선을 지정함

4 리본-바의 (Sketch 2D) 아이콘을 선택하여 *Sketch2D* 창을 불러내 다음과 같이 평판의 기울기에 해당하는 선분을 작성 후 [Finish] 버튼을 클릭하여 창을 닫는다.*

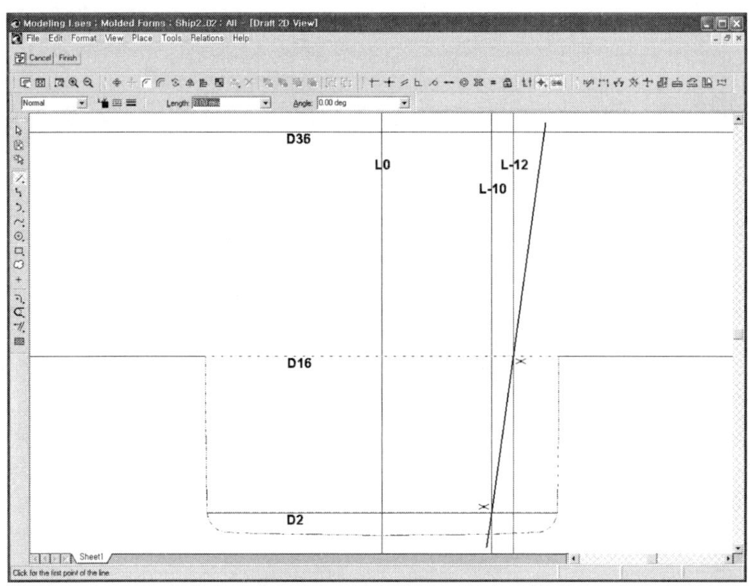

그림 3 생성할 평면의 기울기

5 리본-바의 (Mother Curve Definition) 아이콘을 선택한 후 다음과 같이 지정한다.**

Main_CS : D2

* 작성한 선분의 기울기로 돌출 평판이 만들어진다. 교차점은 Deck의 두께를 고려하여 D2-*의 위쪽(점선) 선분과 교차점 및 D16-*의 아래쪽(실선) 선분과 교차점을 지정한다. *Sketch2D* 창을 닫으면 모델 뷰에 선분이 표시된다.

** 생성할 평판의 돌출형태를 그릴 평면을 지정. 단, 돌출 형태는 D2 평면에 투영한 형태를 작성할 예정임.

6 리본-바의 [icon] (Add Intersecting Item) 아이콘을 선택한 후 다음과 같이 지정한다.

Structure : D2-*, F65-*, F75-*

Main_CS : F67, F73, L0, L-10, L-12

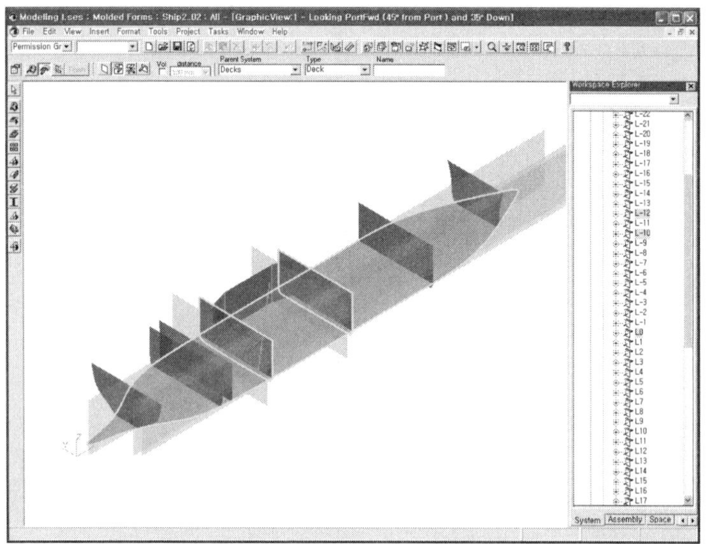

그림 4 돌출 형태를 그리기 위하여 지정한 보조 평면

7 리본-바의 [icon] (Sketch 2D) 아이콘을 선택하면 *Sketch 2D* 창이 나타나며, 이 창에 돌출형태의 선분을 작성한 후 [Finish] 버튼을 클릭한다.*

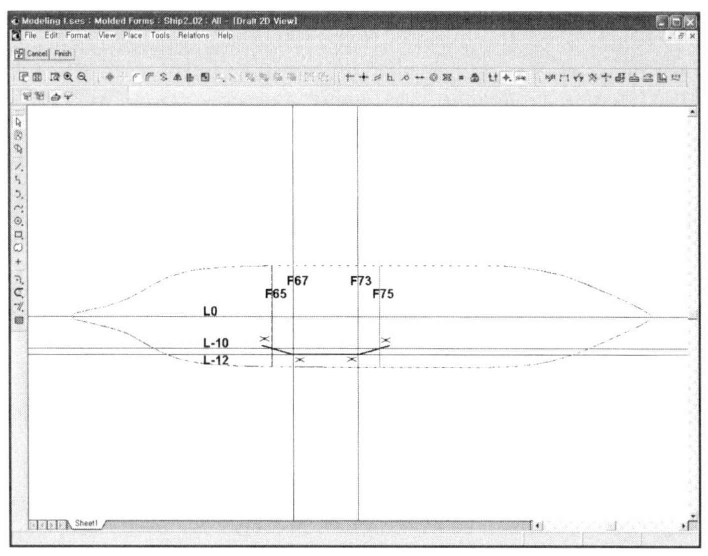

그림 5 돌출형태(Mother Curve) 선분

* F65-*의 교차점은 선수 쪽(실선) 선분과의 교차점을, F75-*의 교차점은 선미쪽(점선) 선분과의 교차점을 지정한다. **[Finish]** 버튼을 클릭하여 Sketch 2D 창을 닫으면 작성한 선분이 모델에 표시된다.

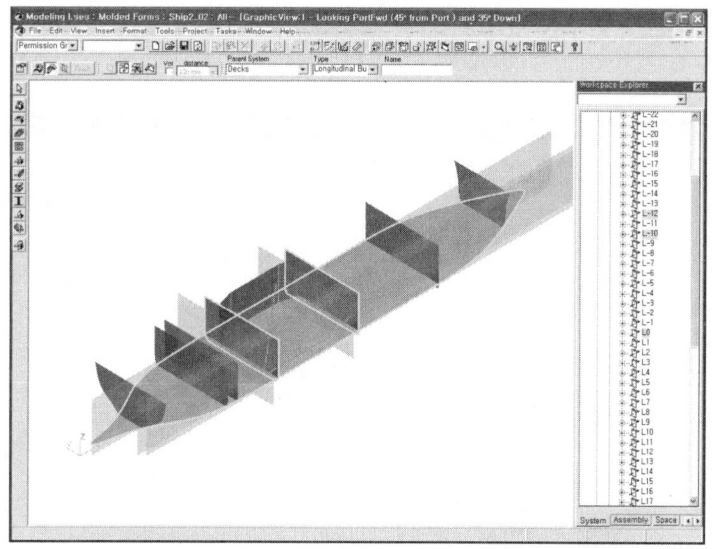

그림 6 돌출 평판의 기울기 선분과 형태 선분이 표시된 상태

8 리본-바의 (Define Boundaries) 아이콘을 선택한 후 다음과 같이 경계 구역을 설정한다. Structure : D2-*, D16-*, F65-*, F75-*

9 리본-바의 (Plate System Properties) 아이콘을 클릭하여 다음과 같이 설정한 후 [OK] 버튼을 클릭한다.

[Main tab]

- Naming Category : Longitudinal Bulkheads
- Parent System : Longitudinal Bhds

[Molded Conventions tab]

- Thickness Direction : Outboard

10 리본-바의 Finish 아이콘을 클릭한다.

chapter 02

작업결과 2.2.5 D2, D16 및 F65, F75 사이의 Starboard쪽에 비선형돌출 평판이 생성된다.

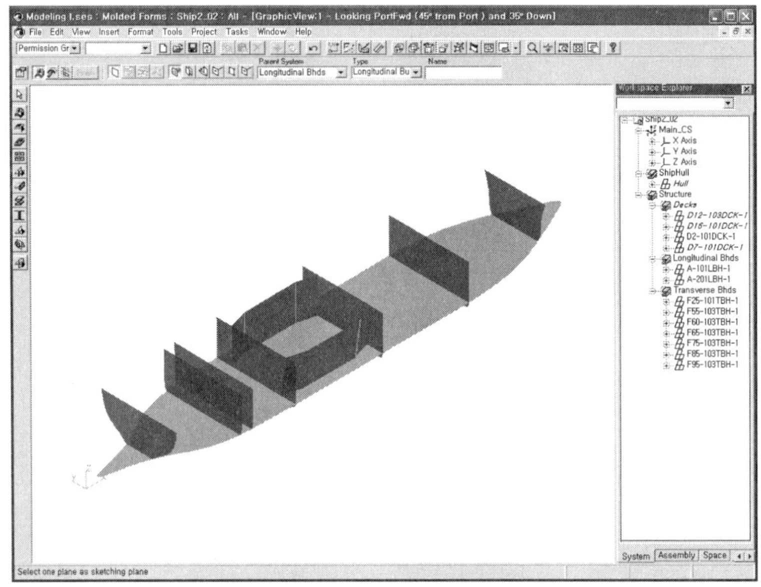

2.2.5 돌출 평판 생성

아래를 참조하여 F75-*와 F85-* 사이에 돌출 평판 형태의 Deck을 생성하시오.

- 주의사항 : Parent System은 Decks로 지정할 것
- 생성 후 다시 삭제하시오.

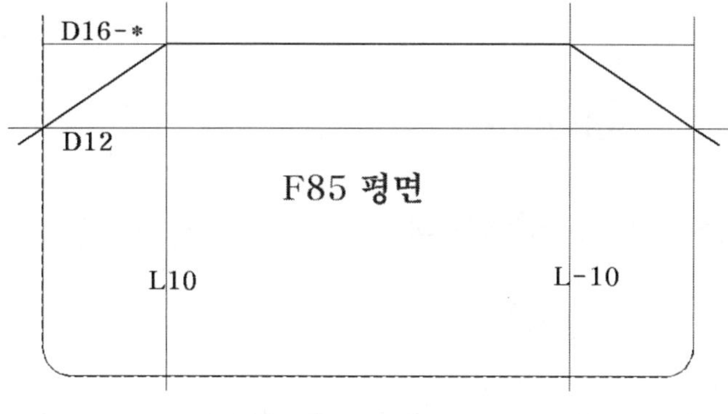

생성할 돌출 평판의 Geometry

과제결과

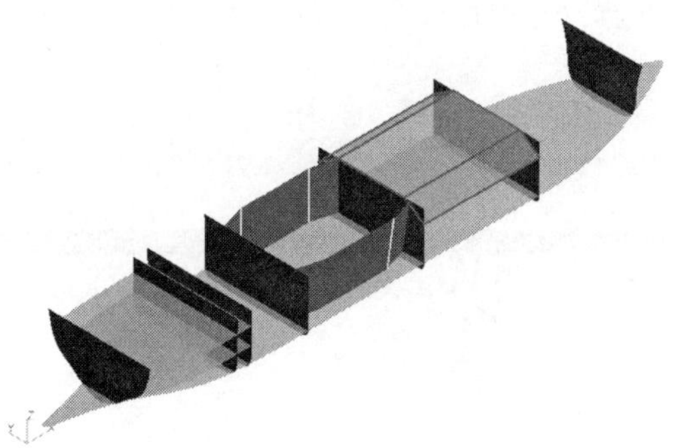

생성된 돌출 평판 형태의 Deck

2.3 Modify Plate System

선체의 평판은 모델링을 한 이후에도 구조변경 등 여러 가지 이유로 수정해야 할 경우가 발생한다. 따라서 이미 생성된 평판의 크기나 형태를 수정할 수 있어야 한다.

SM3D에서는 평판을 생성할 때 지정한 경계선 값을 수정하여 평판의 크기나 위치 또는 형상을 수정할 수 있다. 물론 수정될 평판에 연결된 모든 객체도 자동으로 수정한다.

2.3.1 Modify Plate Boundaries

이미 생성된 평판의 경계 값을 수정하면 평판의 크기를 수정할 수 있다.

D7-* 및 F55-* 평판의 형상(크기)을 경계선을 변경하여 수정한다.

작업영역 Ship 2_03 (만일 전 절에서 계속 작업 중인 경우에는 D7-*, D12-*을 보이게 한다)

1 (Select) 도구를 선택한 후 다음과 같이 수정할 대상을 지정하면 리본-바가 평판생성 도구로 바뀐다.

Structure Plane : D7-*

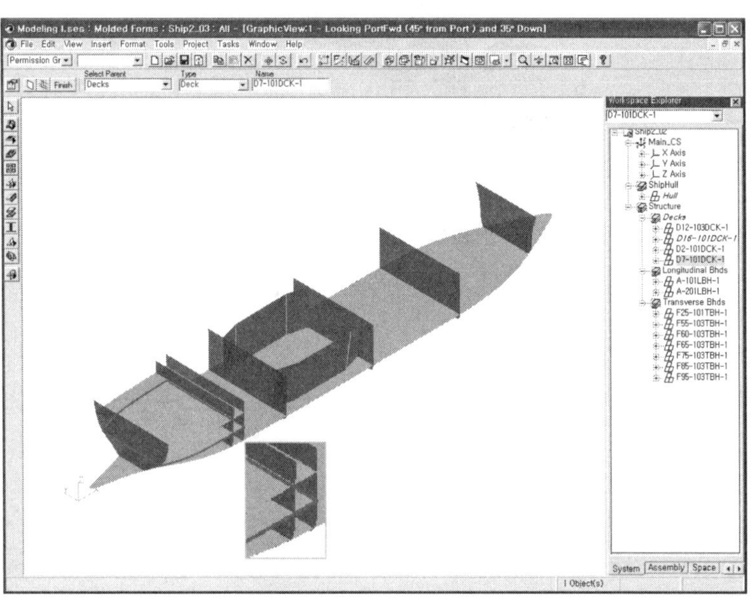

그림 1 D7-*을 선택한 상태

2 리본-바의 (Define Boundaries) 아이콘을 클릭한 후 다음과 같이 설정 값을 변경한다.*

해제 : Structure Plane : F60-*

추가 : Structure Plane : F55-*

3 리본-바의 Finish 아이콘을 클릭한다.

작업결과 **2.3.1-A** D7-*의 경계가 F60-*에서 F55-*로 수정되어 줄어든다.

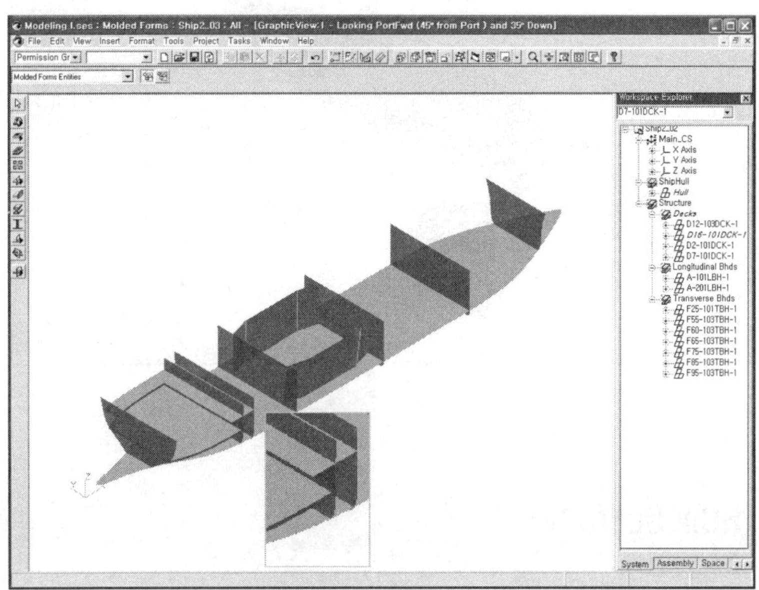

4 계속하여 (Select) 도구를 선택한 후 수정할 대상으로 다음과 같이 지정한다.

Structure Plane : F55-*

5 리본-바의 (Define Boundaries) 아이콘을 클릭한 후 다음과 같이 설정 값을 변경한다.

해제 : Structure Plane : D16-*

추가 : Structure Plane : D12-*

* Define Boundaries 아이콘을 클릭하면 현재 설정된 경계선 정보가 모두 표시된다. 지정된 정보를 다시 선택(클릭)하면 선택/해제가 교대로 일어난다.

6 리본-바의 Finish 아이콘을 클릭한다.

작업결과 2.3.1-B F55-*의 높이가 D16-*에서 D12-*로 줄어든다.

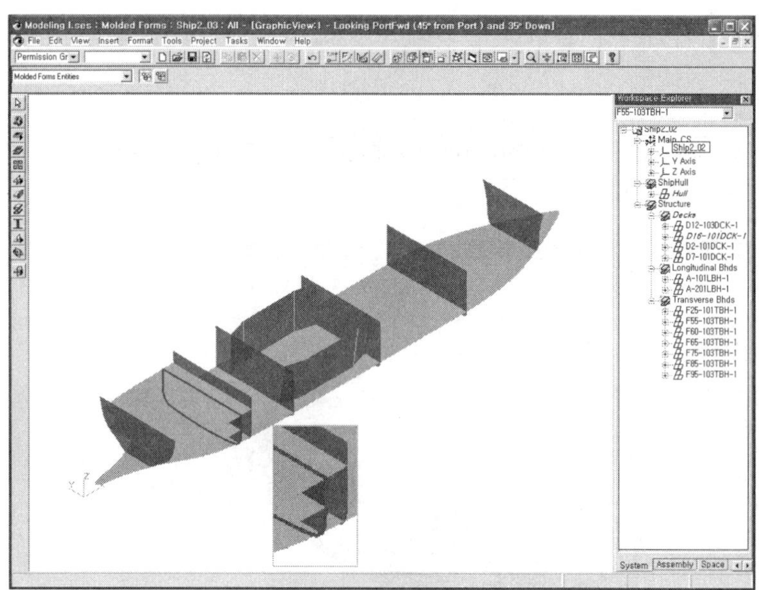

2.3.2 Modify Hull Surface

일반적으로 선체의 외형(Hull Surface : Shell)은 수정 대상이 아니다. 그러나 새로 설계할 선박이 기존에 설계한 선박과 유사한 경우에 기존 모델의 외형을 새로 설계할 선박의 외형으로 변경한 다음 수정작업을 하면 설계에 필요한 인력을 줄일 수 있다.

SM3D에서는 선체의 외형도 Surface Geometry로 정의된 형태의 평판으로 취급한다. 따라서 선체의 외형도 변경할 수 있으며, 이 때 외형을 경계치로 하는 모든 평판은 자동으로 수정된다.

전 절에서 작업 중인 선체의 외형을 다른 형태로 변경한다. 이 때 이전의 선체를 기준으로 생성된 모든 객체는 지정된 경계 정보에 따라 자동으로 수정된다.

작업영역 Ship 2_03

1 WE의 최상위 폴더(그림 1에서 Ship1 폴더)를 선택한 다음 주 메뉴의 Tools › Show 메뉴를 클릭한다.

2 (Select) 도구를 선택하고 Locate Filter를 All로 지정한 다음 WE의 ShipHull : Hull을 선택한다.*

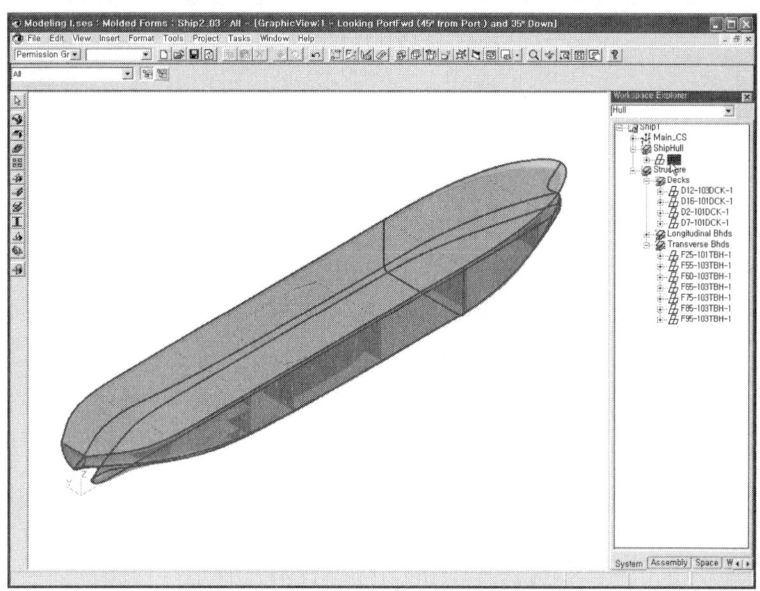

그림 1 수정 대상인 Hull을 선택한 상태

3 리본-바의 (First Curve Definition) 아이콘을 클릭하면 *Open ACIS Hull file* 창이 나타나며, 이 창에서 ACIS › DemoHull II.sat 파일을 선택한다.**

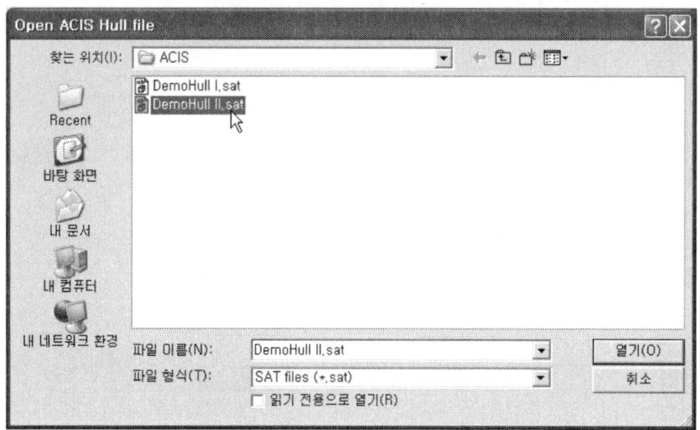

그림 2 다른 선체 파일 열기(DemoHull II.sat)

4 리본-바의 Finish 버튼을 클릭한 후 (Fit) 아이콘을 클릭하여 모델 크기를 맞춘다.

* 작업창이 **Imported Plate System** 작업 상태가 된다.

** **DemoHull II.sat** 파일은 본 교재 출판사 홈페이지(http://www.kihanjae.com)의 자료실에서 다운 받을 수 있습니다.

작업결과 2.3.2 기존의 선체 외형이 새로운 형태로 바뀌면서 나머지 객체도 자동으로 수정된다.*

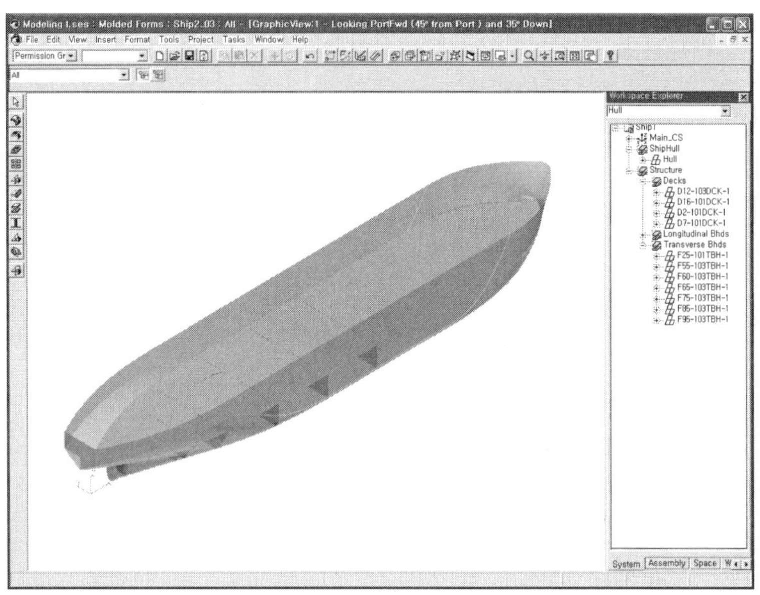

2.3.3 Modify Plate Name/Shape

평판의 형상 수정은 정의된 경계를 변경하여 크기를 수정할 수 있지만 Geometry 형태의 형상(Shape) 정보를 추가(또는 수정)하여 수정할 수도 있다.

D16-* 평판을 변경된 선체에 맞추어 위치를 수정하고, 형상도 돌출 평판 형태로 수정한다. 또, 명칭을 "Main Deck"로 변경한다.

작업영역 Ship 2_03 (전 절에서 계속)

1 (Select) 도구를 선택한 후 WE의 Structure: D16-*을 선택한다.

* 예를 들면 Longitudinal Bulkhead나 Transverse Bulkhead의 크기는 선체의 길이와 폭에 맞추어 수정된다. 그러나 Grid 정보로 정의되어 있는 것은 변경되지 않는다.

2 주 메뉴의 Edit > ChangeGeometry Type 메뉴를 선택하면 *Change Geometry Type* 창이 나타난다.*

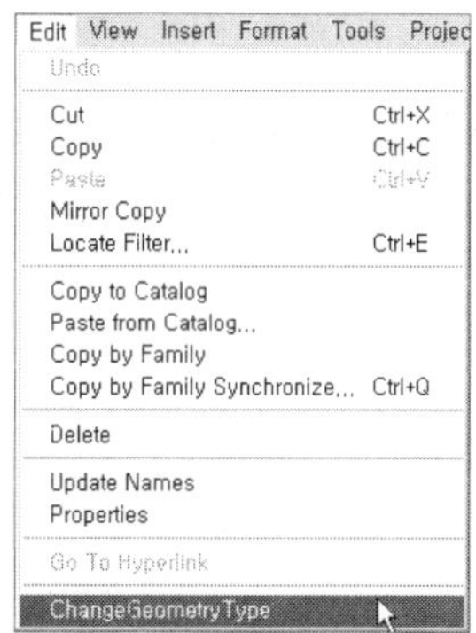

그림 1 ChangeGeometry Type 메뉴

3 *Change Geometry Type* 창에서 LinearPlate System을 선택한 후 [OK] 버튼을 클릭하면 창이 닫히며 리본-바가 바뀐다.

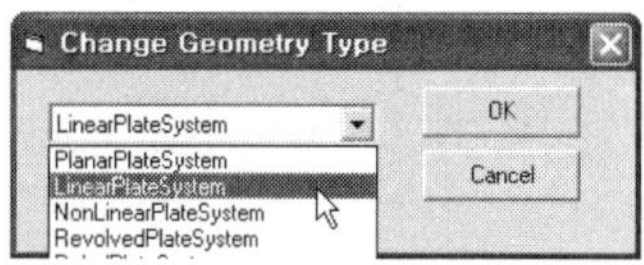

그림 2 *Geometry Type* 선택 창

4 리본-바의 (Mother Curve Definition) 아이콘을 클릭한 후 WE의 Main_CS : F70을 지정한다.**

* 먼저 객체를 지정하지 않으면 비활성화 되어 있다.

** 수정할 D16-*을 F70 평면에 투영했을 때의 형상을 작성할 예정임. 즉, 이 평면에 작성된 형태로 평판이 변형됨.

5 리본-바의 (Add Intersecting Item) 아이콘을 선택한 후 다음과 같이 선택한다.
ShipHull : Hull
Main_CS : D36, L0, L5, L-5

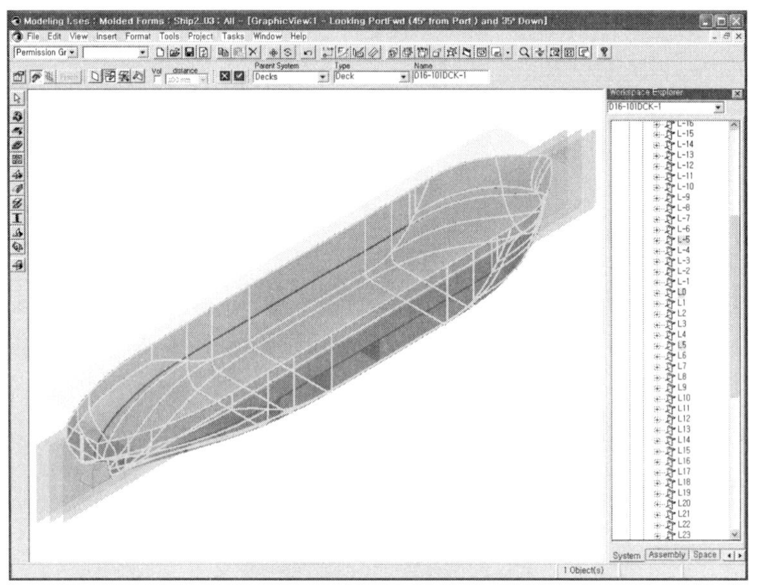

그림 3 평판의 형상을 그리기 위한 참조 item을 지정한 상태

6 리본-바의 (Sketch 2D) 아이콘을 선택하면 *Sketch 2D* 창이 나타난다. 이 창에서 다음과 같이 평판의 형상 곡선을 그린 다음 [Finish] 버튼을 클릭하여 창을 닫는다.

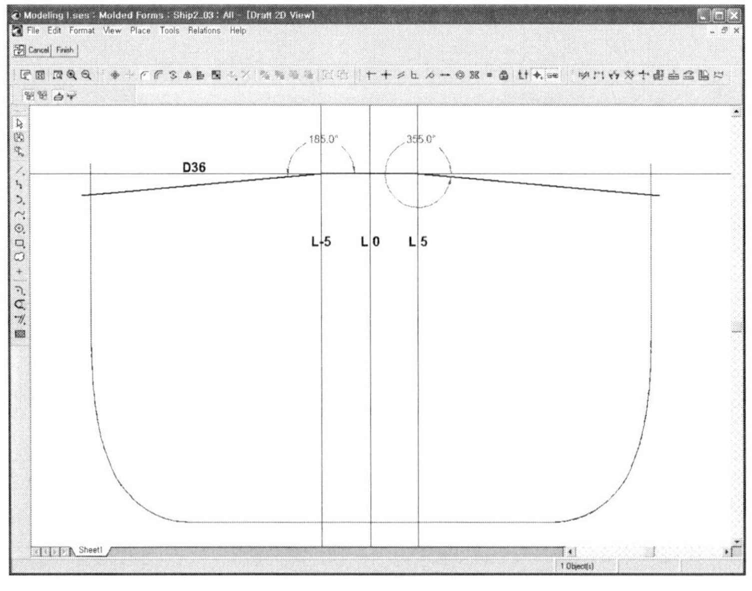

그림 4 평판의 형상 곡선

7 리본-바의 (Define Boundaries) 아이콘을 선택한 후 WE의 ShipHull : Hull을 지정한다.

8 리본-바의 (Plate System Properties) 아이콘을 클릭하여 다음과 같이 지정한 후 [OK] 버튼을 클릭하여 창을 닫는다.

[Main tab]

- Rule : User Define(선택)
- Name : Main Deck(입력)
- Naming Category : Deck(선택)
- Parent System : Decks(선택)

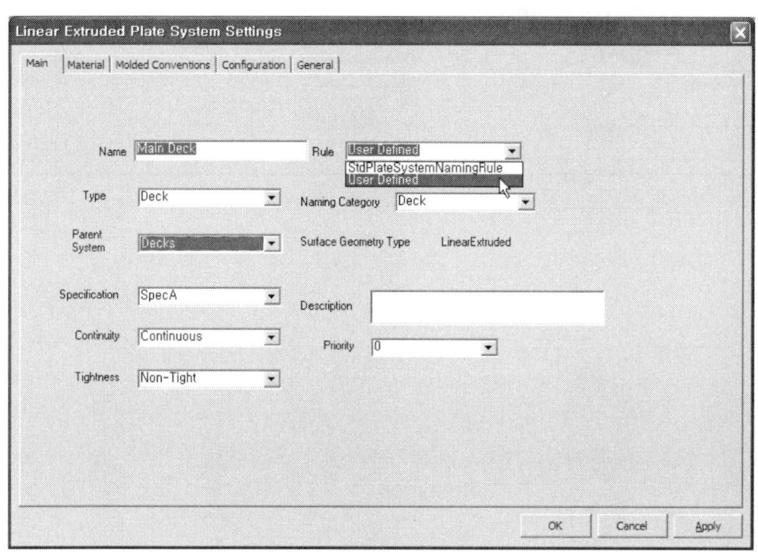

그림 5 속성 지정 창

9 리본-바의 Finish 버튼을 클릭한다.

chapter 02

작업결과 2.3.3 D16-*의 위치, 형태 및 명칭이 변경된다. 물론 D16-*에 연결된 다른 객체도 동시에 수정된다.*

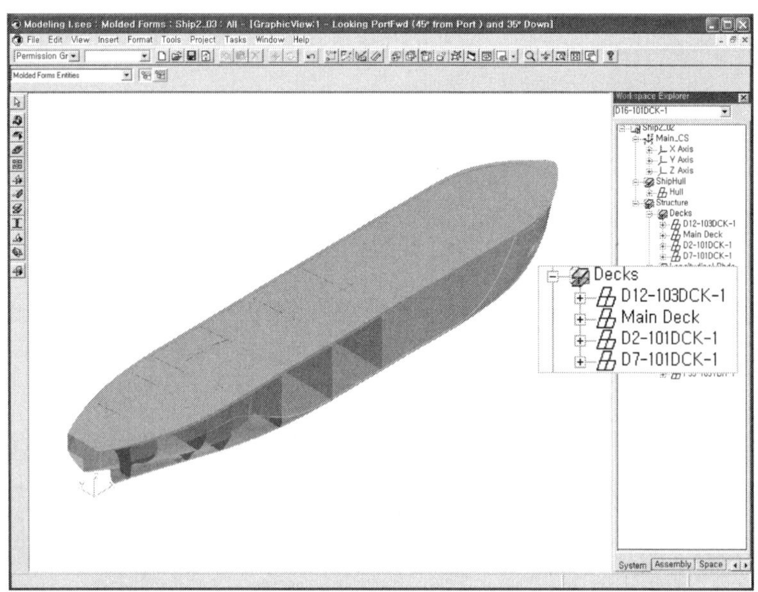

* D16-*에 경계 값을 가지는 객체로는 Transverse Bulkhead F25-*, F55-*, F60-*, F65-*, F75-*, F85-*, F95-*와 돌출 평판인 A-101*, A-201*가 있다. 따라서 D16-*이 Main Deck로 변경될 때 관련된 모든 객체의 높이가 수정된다. 물론 폭도 선체와 맞추어 확장된다.

2.4 Complex Plate Boundaries

선체의 평판 중에는 복잡한 경계를 가지는 평판이 있다. 예를 들면 횡격벽(Transverse Bulkhead)은 배관이나 전선 등이 지나가는 통로(Opening)가 있어야 하며, 갑판은 화물칸의 형태에 따라 건물의 로비와 같이 일정 부분을 동일한 형태로 절개한 부분이 있다. 이런 부분은 위치와 구조에 따라 복잡한 형태를 가진다.

이와 같이 평판의 경계가 단순하지 않고 복잡한 형태의 구조를 가지는 평판을 Complex Boundary Plate라 한다.

2.4.1 Creating Plate Systems for Exercises

Complex Boundary Plate 실습을 위하여 먼저 선박의 기관실이 위치한 선미 부분에 5개의 Transverse Bulkhead 평판을 생성한 후 이 평판을 복잡한 형태로 다시 수정한다.

5개의 Transverse Bulkhead 평판 생성(F30-*, F35-*, F40-*, F45-*, F50-*)

작업영역 Ship 2_04 Active View Control 도구를 사용하여 F25-*와 F55-* 사이의 하단부를 확대한다.

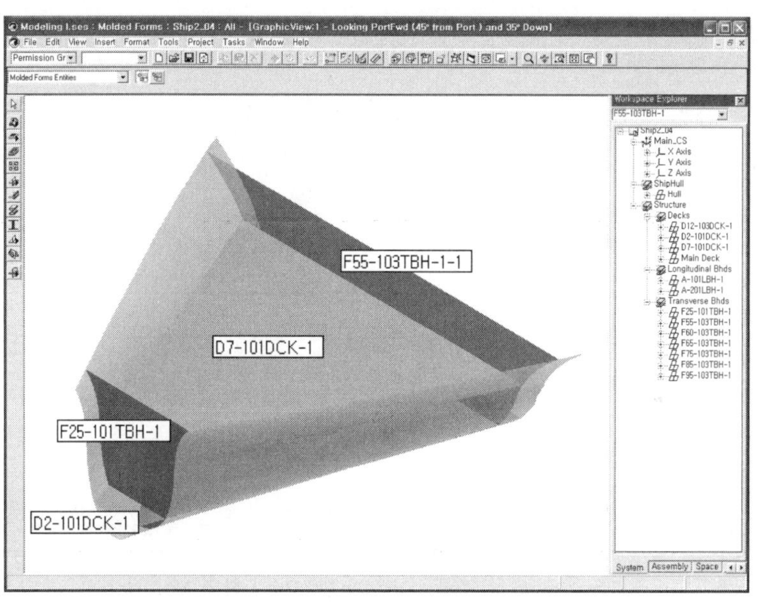

1 (Planar Plate System) 도구를 선택한 후 (Define Plane) 아이콘이 선택된 상태에서 다음과 같이 지정한다.

Main_CS : F30, F35, F40, F45, F50

2 리본-바의 (Define Boundaries) 아이콘을 클릭한 후 다음과 같이 선택한다.

ShipHull : Hull

Structure : D12-**

3 리본-바의 (Plate System Properties) 아이콘을 클릭하여 다음과 같이 설정한 후 [OK] 버튼을 클릭하여 창을 닫는다.

[Main tab]

- Name Category : Transverse Bulkhead
- Parent System : Transverse Bhds
- Continuity : Intercostal
- Tightness : Non-Tight

[Material tab]

- Actual Thickness : 15.00mm

[Molded Conventions tab]

- Secondary Orientation Vertical Profiles : Inboard

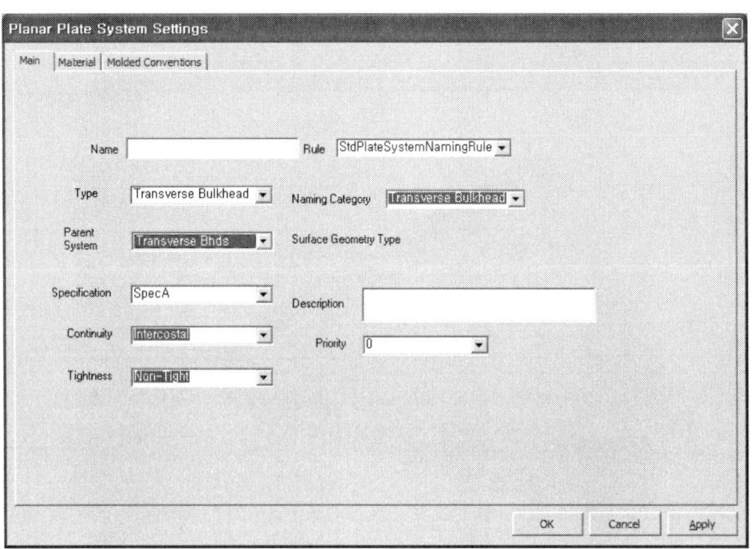

그림 1-1 *Planar Plate System Settings* 창의 Main tab

* 현재 작업창에서는 **D12-***가 보이지 않는다. 그러나 WE에서 지정하여 작업하면 된다.

Planar Plate System Settings

Main | Material | Molded Conventions

Material: Steel - Carbon

Grade: A

Actual Thickness: 15.00 mm

OK | Cancel | Apply

그림 1-2 *Planar Plate System Settings* 창의 **Material** tab

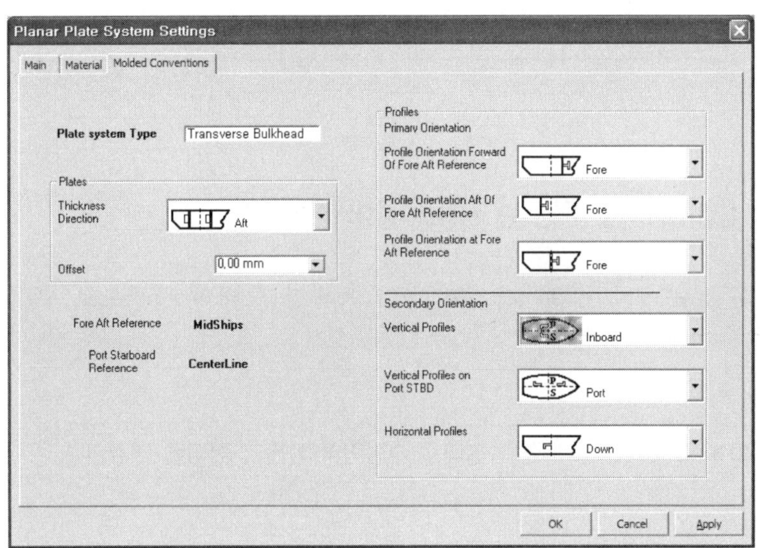

그림 1-3 *Planar Plate System Settings* 창의 **Molded Conventions** tab

4 리본-바의 [Finish] 버튼을 클릭한다.

작업결과 2.4.1 F30과 F50 사이에 5개의 Transverse 평판이 생성된다.

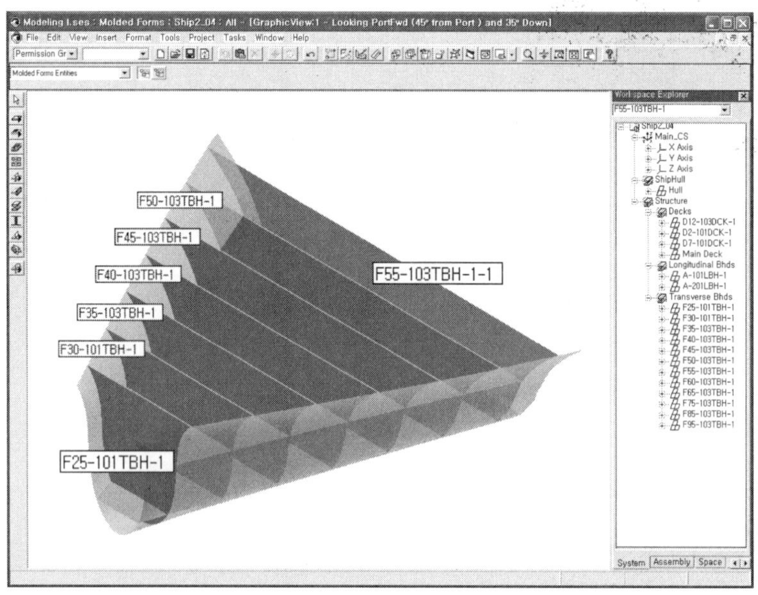

2.4.2 Modify Complex Plate Boundaries

생성된 평판에 Geometry로 경계치를 추가하여 복잡한 형태의 평판으로 수정한다.

실습 2.4.2-1 F30-*의 경계선을 복잡한 형태로 수정하여 평판의 형태를 변경한다.

작업영역 Ship 2_04 (전 절에서 계속)

1 (Select) 도구를 선택한 후 WE의 Structure : F30-*을 선택한다.

2 리본-바의 (Define Boundaries) 아이콘을 선택한 다음 WE의 Structure : D2-*를 추가한다.*

3 리본-바의 (Boundary Curve) 아이콘을 선택하면 리본-바가 변경되며, 변경된 리본-바에서 (Add Intersecting Item) 아이콘을 추가로 선택한 후 WE의 Main_CS : L0, L3, L4를 지정한다.

* Define Boundary 아이콘을 선택하면 지정된 경계선 정보가 표시된다. 기존의 경계선 정보에 **D2-***를 추가한다.

4 리본-바의 [Sketch 2D 아이콘] (Sketch 2D) 아이콘을 선택하면 *Sketch 2D* 창이 나타나며, 이 창에 다음과 같이 추가할 경계선을 작성한 후 [Finish] 버튼을 클릭하여 창을 닫는다.*

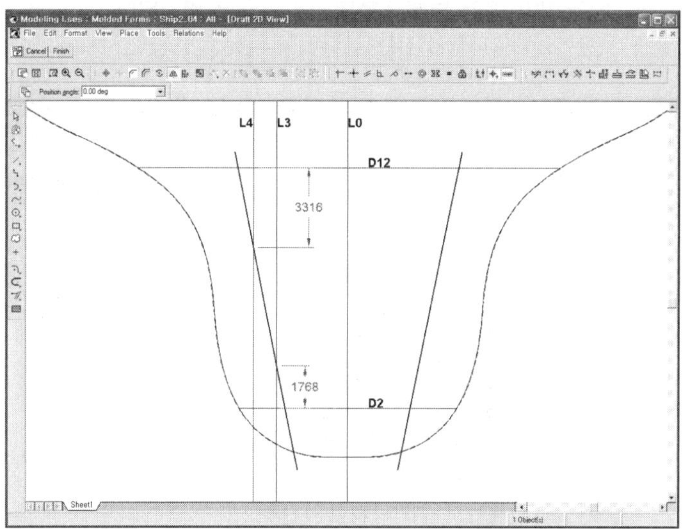

그림 1 F30-*에 추가할 경계선

5 리본-바의 Finish 버튼을 클릭하면 F30-*에 새로 정의된 경계선이 표시된다. 이 중 남겨둘 부분(내부를 제외한 외부 5부분)을 선택한다.**

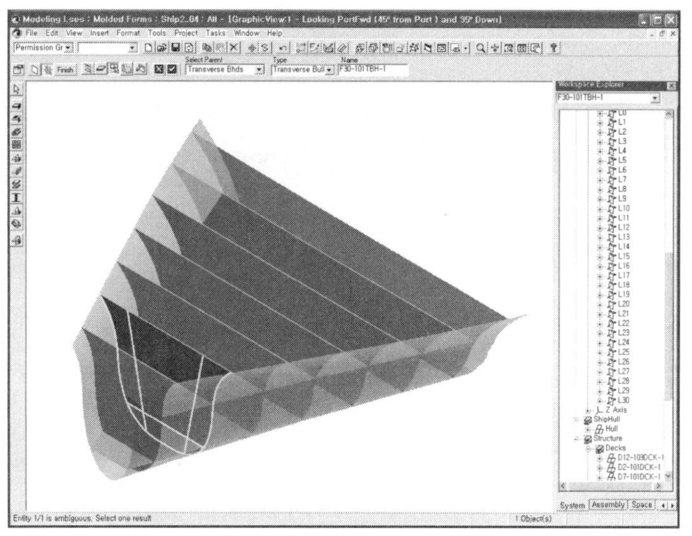

그림 2 F30-*에서 남겨둘 영역 선택(외부 5부분)

* **주의 사항**: D2-* 및 D12-*는 속성을 15mm 두께의 Above로 지정하였으므로 실선을 기준으로 15mm 위쪽에 점선이 표시되어 있다. 따라서 선분을 작성할 때 실선을 기준으로 작성하여야 한다.

** 새로 정의된 구역은 서로 중복 되어 있어 시스템이 자동으로 생성하기에는 애매한(ambiguous) 부분이 있다. 이 부분은 녹색 선으로 표시된다. 이 때 마우스로 남겨두려는 부분을 클릭하면 노란색 선으로 바뀐다. 선택한 부분을 다시 선택하면 해제된다.

6 다시 리본-바의 Finish 버튼을 클릭한다.

작업결과 2.4.2-1 F30-* 평판이 중앙 부분을 잘라 낸 형태로 변경된다.

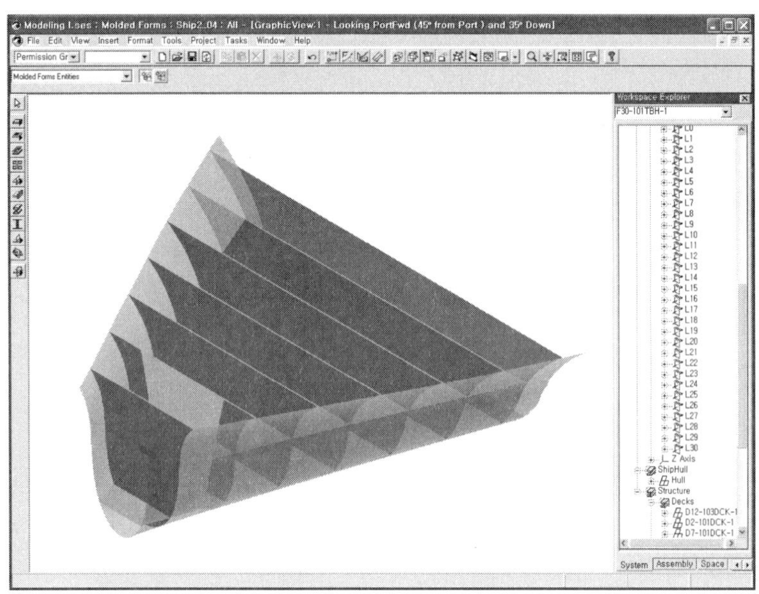

실습 2.4.2-2 F35-*의 경계선을 복잡한 형태로 수정하여 평판의 형태를 변경한다.

작업영역 Ship 2_04 (전 절에서 계속)

1 (Select) 도구를 선택한 후 WE의 Structure : F35-*를 선택한다.

2 리본-바의 (Define Boundaries) 아이콘을 선택한 다음 WE의 Structure : D2-*를 추가한다.

3 리본-바의 (Boundary Curve) 아이콘을 선택한 후 (Add Intersecting Item) 아이콘을 추가로 선택하고 WE의 Main_CS : L0, L4, L5를 지정한다.

4 리본-바의 [icon] (Sketch 2D) 아이콘을 선택하면 *Sketch 2D* 창이 나타나며, 이 창에 다음과 같이 추가할 경계선을 작성한 후 [Finish] 버튼을 클릭하여 창을 닫는다.*

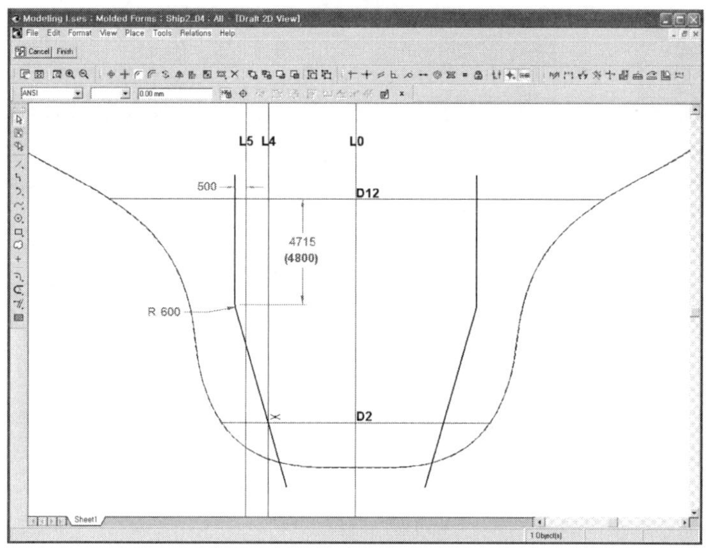

그림 1 **F35-*에 추가할 경계선**

5 리본-바의 Finish 버튼을 클릭하면 F35-*에 정의된 경계선이 표시된다. 이 중 남겨둘 부분(내부를 제외한 외부 5부분)을 선택한다.

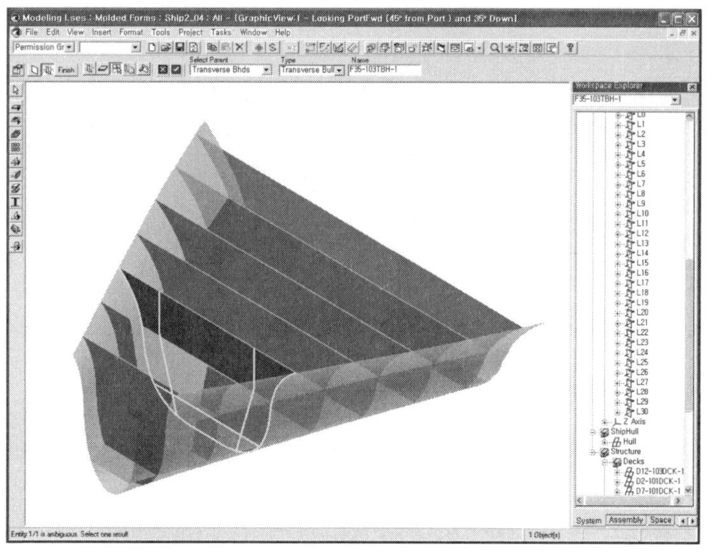

그림 2 **F35-*에서 남겨둘 영역 선택(외부 5부분)**

• • • •

* **R 600**은 먼저 4,800mm까지 수직선과 L4와 D2의 교차점을 지나는 선분을 작성한 후 R600mm로 **Fillet** 작업을 하면 최종 직선부분은 4,715(mm)로 수정된다. 물론 D12-*와의 거리는 두께를 고려하여 확대한 후 아래쪽 실선 부분을 기준으로 하여야 한다. 또한 D2-*와 L4의 교차점도 D2-*의 아래쪽 실선과의 교차점을 지정하여야 한다.

chapter 02

6 다시 리본-바의 Finish 버튼을 클릭한다.

작업결과 2.4.2-2 F35-* 평판이 중앙 부분을 잘라 낸 형태로 변경된다.

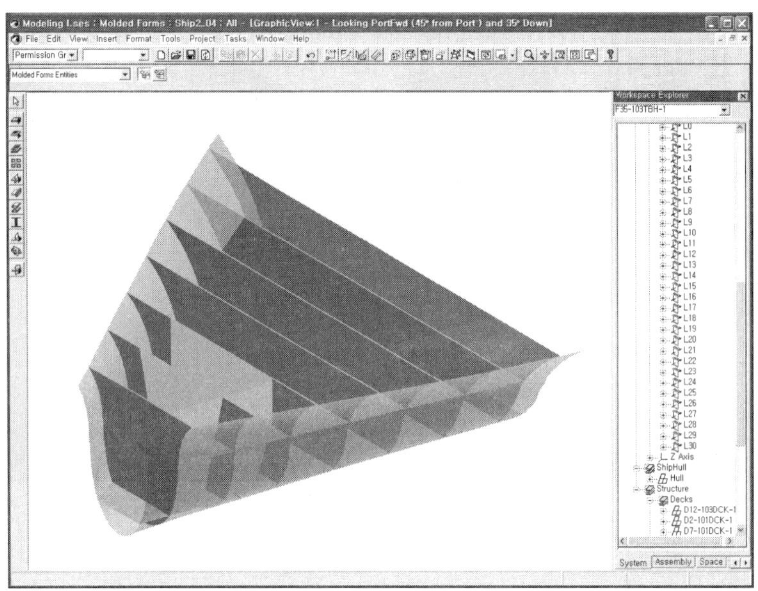

실습 2.4.2-3 F40-*의 경계선을 복잡한 형태로 수정하여 평판의 형태를 변경한다.

 (전 절에서 계속)

1 (Select) 도구를 선택한 후 WE의 Structure: F40-*을 선택한다.

2 리본-바의 (Define Boundaries) 아이콘을 선택한 다음 WE의 Structure: D2-*를 추가한다.

3 리본-바의 (Boundary Curve) 아이콘을 선택한 후 (Add Intersecting Item) 아이콘을 추가로 선택하고 WE의 Main_CS: L0을 지정한다.

4 리본-바의 (Sketch 2D) 아이콘을 선택하면 *Sketch 2D* 창이 나타나며, 이 창에 추가할 경계선을 작성한 후 [Finish] 버튼을 클릭하여 창을 닫는다.*

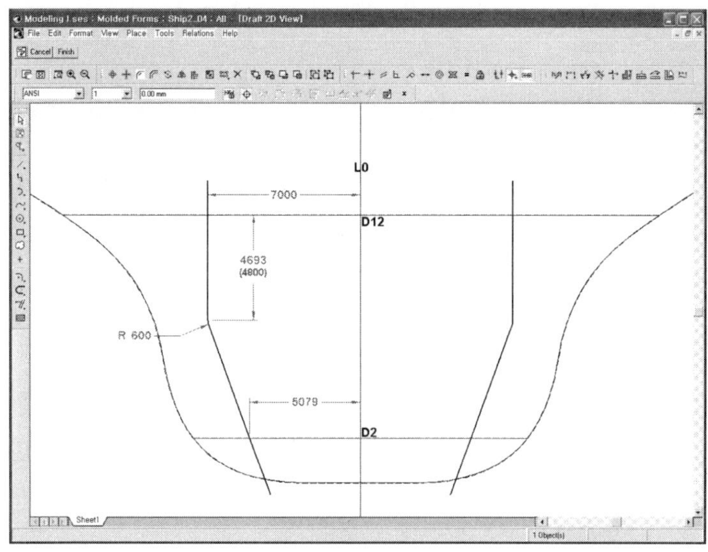

그림 1 **F40-*에 추가할 경계선**

5 리본-바의 Finish 버튼을 클릭하면 F40에 정의된 경계선이 표시된다. 이 중 남겨둘 부분(내부를 제외한 외부 5부분)을 선택한다.

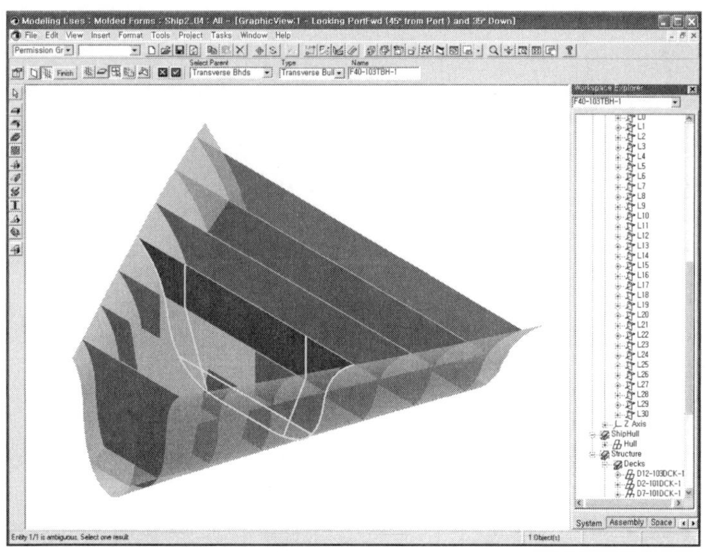

그림 2 **F40-*에서 남겨둘 영역 선택(외부 5부분)**

* **R 600**은 4,800mm의 수직선과 D2의 L0로부터 5,079mm 떨어진 점을 지나는 선분을 작성한 후 R600mm로 **Fillet** 시킨다. 물론 D12-*와의 거리는 두께를 고려하여 확대한 후 아래쪽 실선 부분을 기준으로 하여야 한다. 또한 D2의 L0로부터 거리도 D2-*의 아래쪽 실선을 기준으로 지정하여야 한다.

6 다시 리본-바의 Finish 버튼을 클릭한다.

작업결과 2.4.2-3 F40-* 평판이 중앙 부분을 잘라 낸 형태로 변경된다.

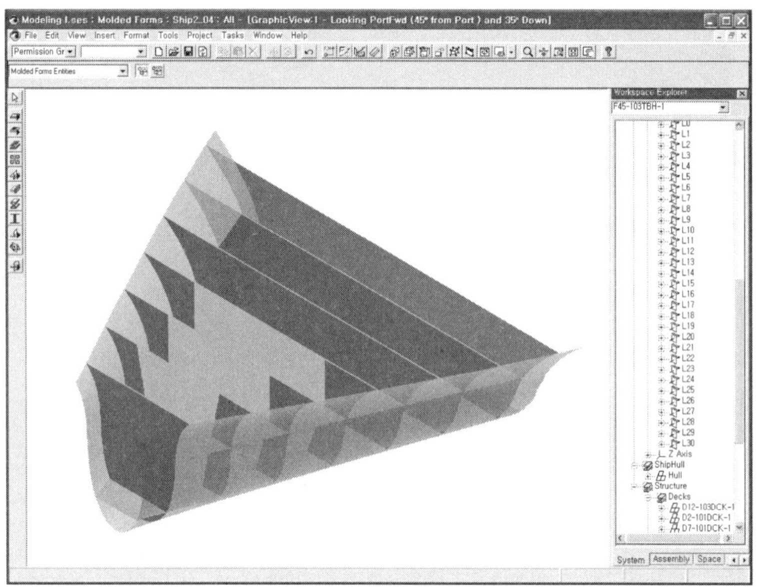

2.4.3 평판의 경계선 수정하기

F45-*의 경계를 전 절에서 작업한 F40-*과 동일한 경계선을 작성하여 수정하시오.

과제결과

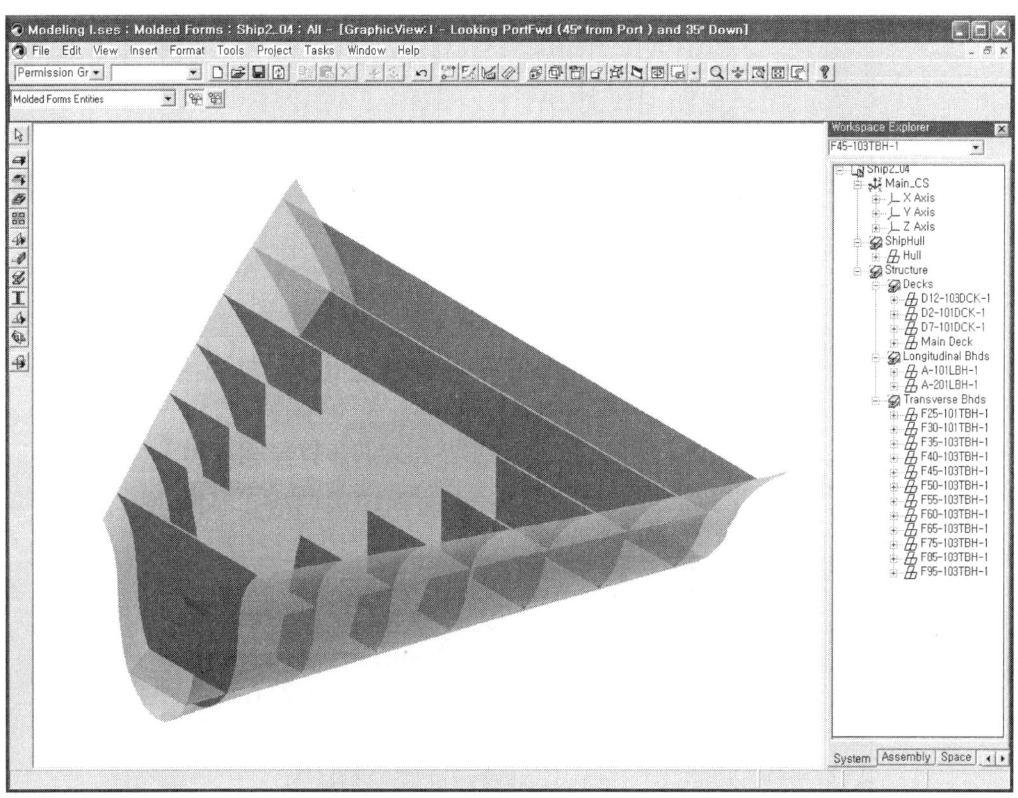

실습 2.4.2-4 F50-*의 경계선을 복잡한 형태로 수정하여 평판의 형태를 변경한다.

작업영역 Ship 2_04 (전 절에서 계속)

1 (Select) 도구를 선택한 후 WE의 Structure : F50-*을 선택한다.

2 리본-바의 (Define Boundaries) 아이콘을 선택한 다음 WE의 Structure : D2-*를 추가한다.

3 리본-바의 (Boundary Curve) 아이콘을 선택한 후 (Add Intersecting Item) 아이콘을 추가로 선택하고 WE의 Main_CS : L0을 지정한다.

4 리본-바의 (Sketch 2D) 아이콘을 선택하면 *Sketch 2D* 창이 나타나며, 이 창에 다음과 같이 추가할 경계선을 작성한 후 [Finish] 버튼을 클릭하여 창을 닫는다.*

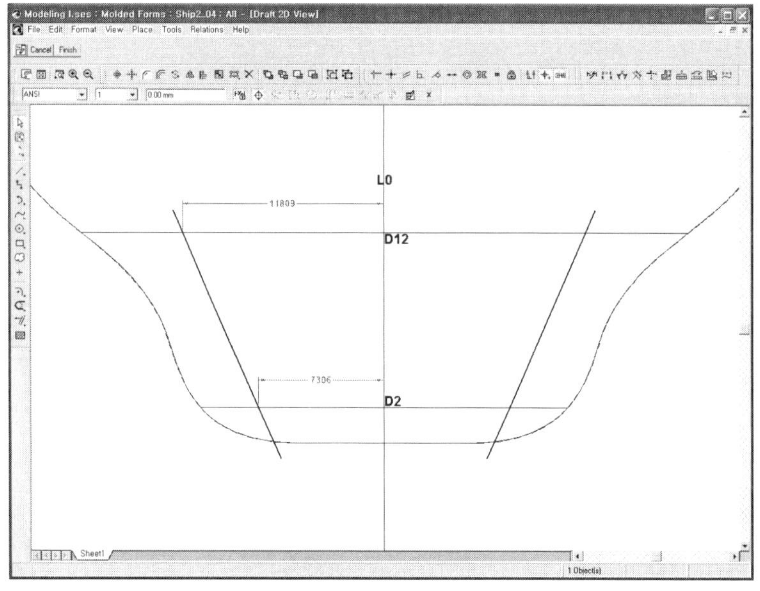

그림 1 F50-*에 추가할 경계선

* L0로부터 거리는 D2-* 및 D12-* 모두 아래쪽 실선을 기준으로 지정하여야 한다.

5 리본-바의 Finish 버튼을 클릭하면 F50-*에 정의된 경계선이 표시된다. 이 중 남겨둘 부분(내부를 제외한 외부 5부분)을 선택한다.

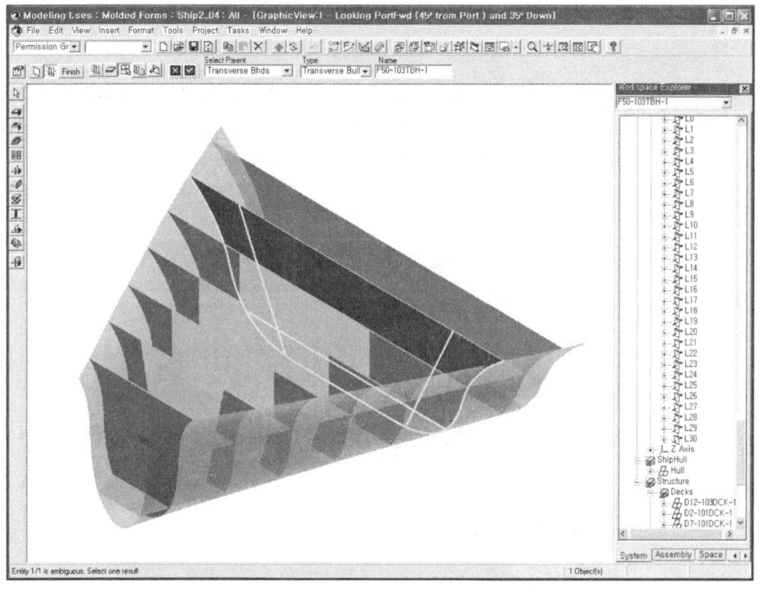

그림 2 F50-*에서 남겨둘 영역 선택(외부 5부분)

6 다시 리본-바의 Finish 버튼을 클릭한다.

작업결과 2.4.2-4 F50-* 평판이 중앙 부분을 잘라 낸 형태로 변경된다.

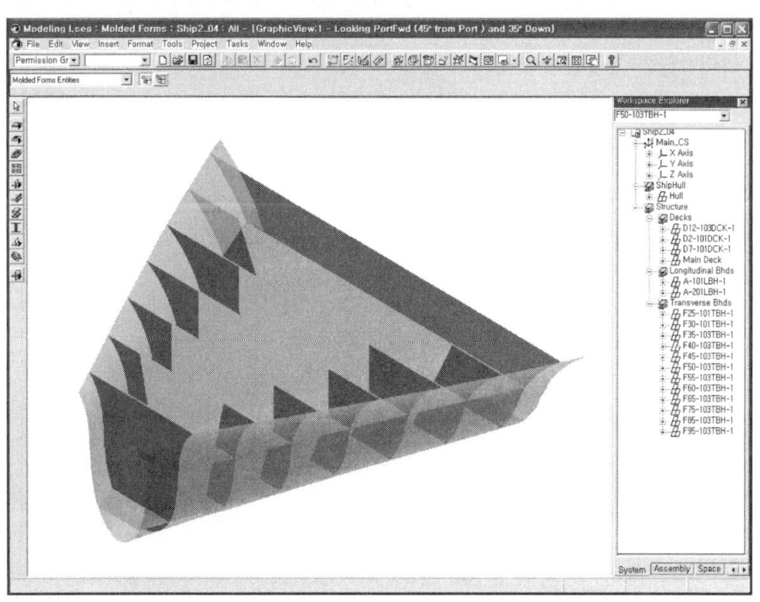

실습 2.4.2-5 D7-*의 복합 형태의 경계선을 미리 작성한 Geometry 도면에서 복사하여 평판의 형태를 수정한다.

작업영역 Ship 2_04 Active View Control 도구를 사용하여 F25-*와 F55-* 사이의 D7-* 부분을 확대한다.

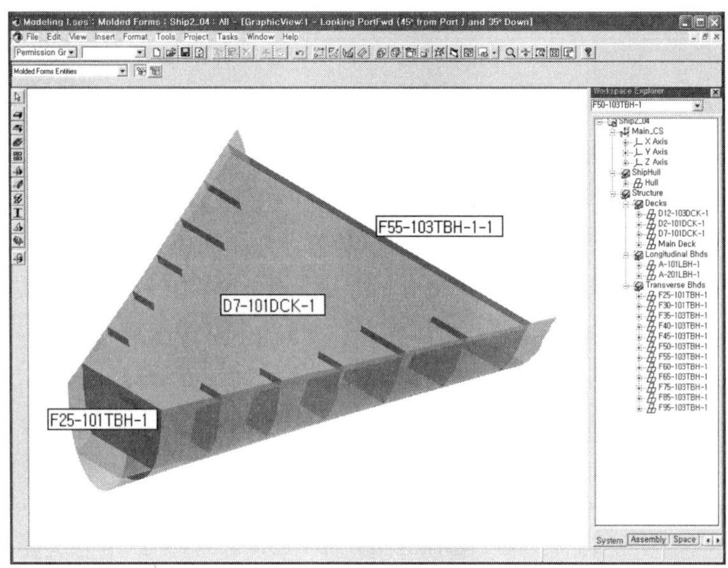

1. (Select) 도구를 선택한 후 WE의 Structure: D7-*을 선택한다.
2. 리본-바의 (Define Boundaries), (Boundary Curve), (Sketch 2D) 아이콘을 순차적으로 선택하면 *Sketch 2D* 창이 나타난다.

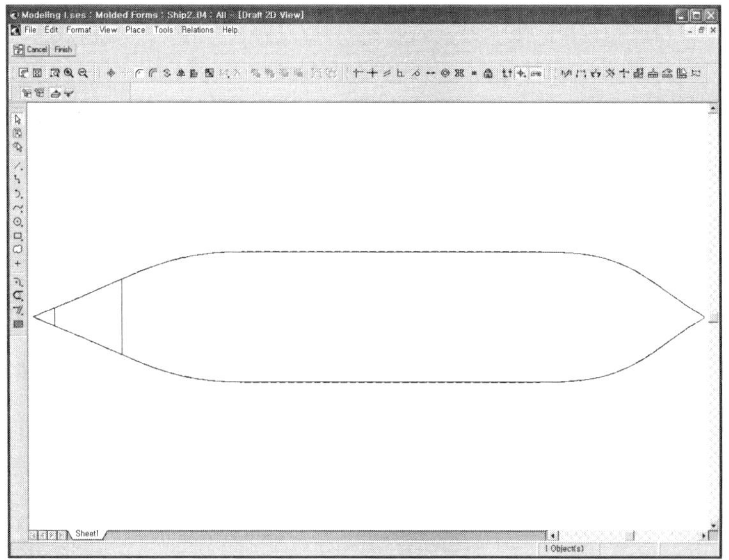

그림 2 *Sketch 2D* 창(D7-*의 Boundary 설정 상태)

3 ACIS › DemoShip.sha 파일 열기*

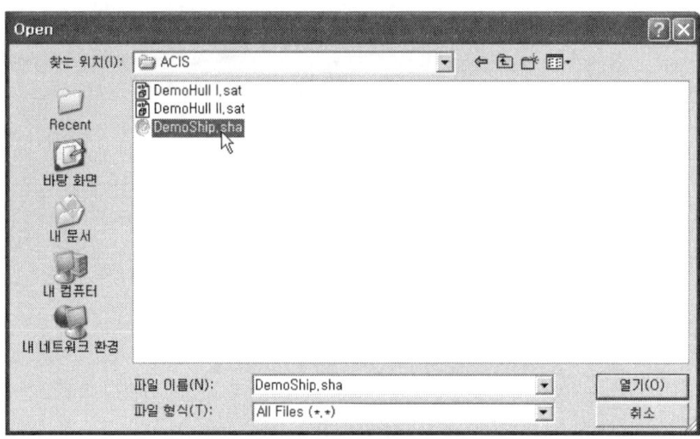

그림 3 DemoShip.sha 파일 열기

4 DemoShip.sha의 "D7 Boundary" 탭에서 경계선 Geometry를 *Sketch 2D* 창으로 복사 후 [Finish] 버튼을 클릭하여 창을 닫는다.

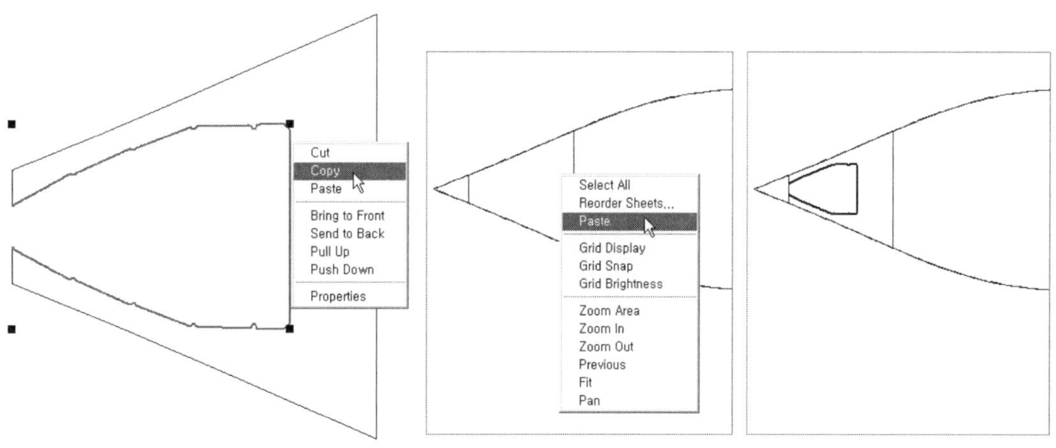

그림 4 경계선 복사

5 리본-바의 [Finish] 버튼을 클릭한다.

* **DemoShip.sha** 파일은 본 교재 출판사 홈페이지(http://www.kihanjae.com)의 자료실에서 다운 받을 수 있습니다. 이 파일은 별도의 SmartSketch 프로그램이나 SM3D에 내장된 SmartSketch Drawing Editor(Version 10 이상) 또는 Shape 2D(Version 9 이하) 프로그램으로 읽을 수 있다.

작업결과 2.4.2-5 D7-* 평판의 가운데 부분이 미리 작성한 Geometry 형태로 변경된다.

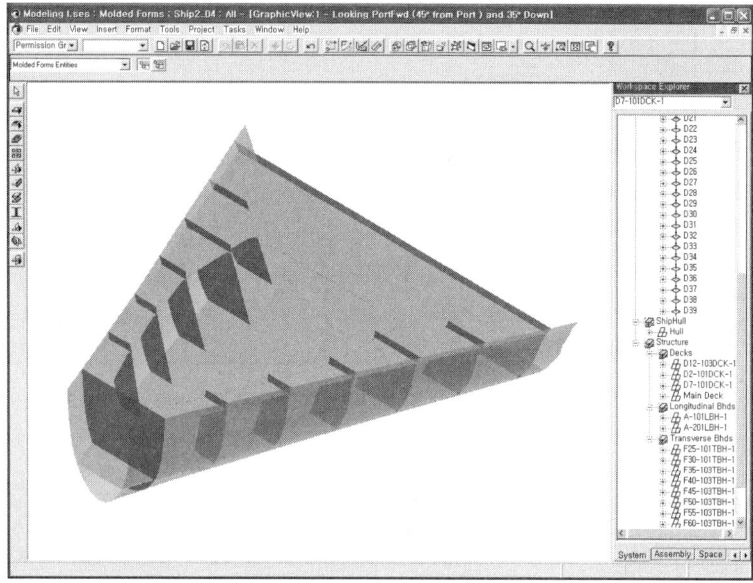

2.5 Opening

선체의 횡격벽(Transverse Bulkhead)에는 파이프나 다른 부재가 통과하기 위한 구멍이나 사람이 지나 다니기 위한 구멍 등이 필요하다. 또한 갑판(Deck)에는 화물을 싣는 적재함과 같이 위, 아래를 관통하는 구멍이 필요하다.

이와 같이 평판에 폐곡선 형태의 구멍을 Opening이라 하며, 오려낼 형태의 Geometry를 그려 모델링 작업을 한다.

Opening은 Geometry의 개수에 무관하게 작성한 모든 Geometry에 대하여 동시에 생성한다.

Opening에 적용할 Geometry는 SM3D에 내장된 Shape_2D를 사용하여 직접 그릴 수도 있지만 미리 작성된 도면으로부터 복사하여 사용할 수도 있다.

2.5.1 Creating a Openings

평판에 폐곡선 형태의 Geometry를 그려 Opening을 생성한다.

D2-* 평판에 미리 작성된 Geometry 정보를 복사하여 Opening을 생성한다.

작업영역 Ship 2_05 F25-*와 F55-* 사이의 D2-* 부분을 확대한다.

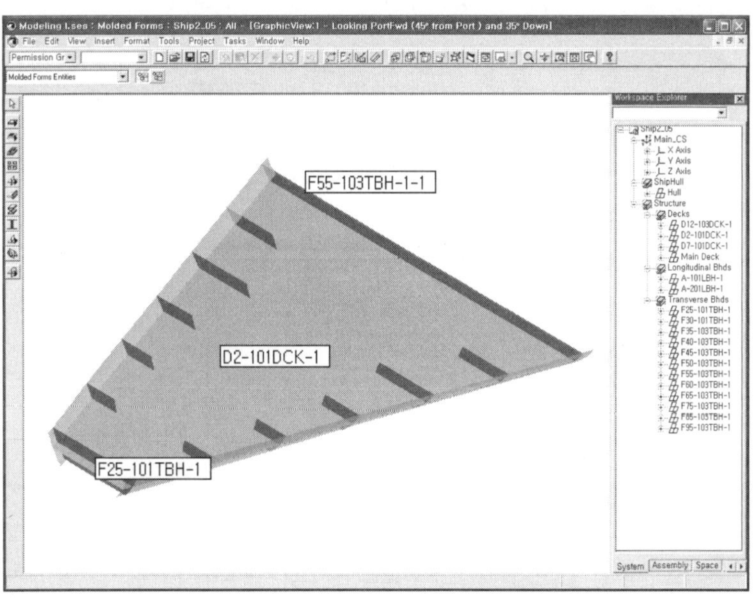

1 (Openings) 도구를 선택한 다음 리본-바의 (Plate System) 아이콘이 선택된 상태에서 WE의 Structure: D2-*를 선택한다.

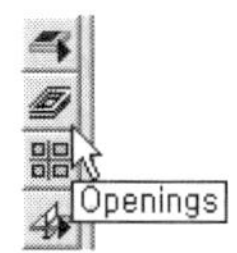

그림 1 Openings 도구

2 리본-바의 (Opening Shape) 아이콘을 선택한 후 (Sketch 2D) 아이콘을 선택하면 *Sketch 2D* 창이 나타난다.

그림 2 Opening Shape 및 Sketch 2D 아이콘

3 "ACIS › DemoShip.sha" 파일의 D2 Openings 탭에서 Geometry를 *Sketch 2D* 창으로 복사한 후 [Finish] 버튼을 클릭하여 창을 닫는다.*

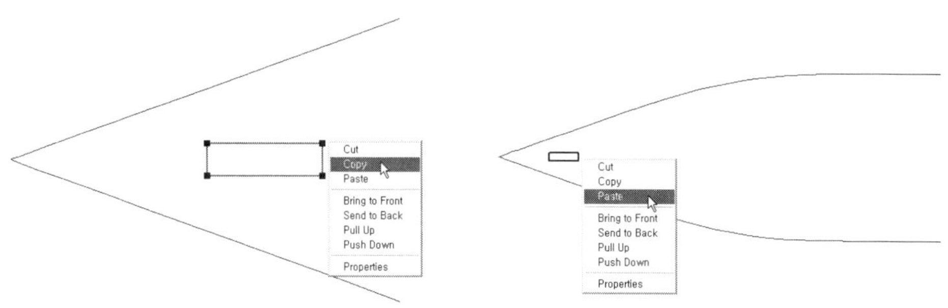

그림 3 D2-*의 Opening용 Geometry를 복사

4 리본-바의 Finish 버튼을 클릭한다.

* **DemoShip.sha** 파일은 본 교재 출판사 홈페이지(http://www.kihanjae.com)의 자료실에서 다운 받을 수 있습니다. 이 파일은 별도의 SmartSketch 프로그램이나 SM3D에 내장된 SmartSketch Drawing Editor(Version 10 이상) 또는 Shape 2D(Version 9 이하) 프로그램으로 읽을 수 있다.

작업결과 2.5.1-1 D2-* 평판의 가운데 부분이 미리 작성한 Geometry 형태의 Opening이 생성된다.

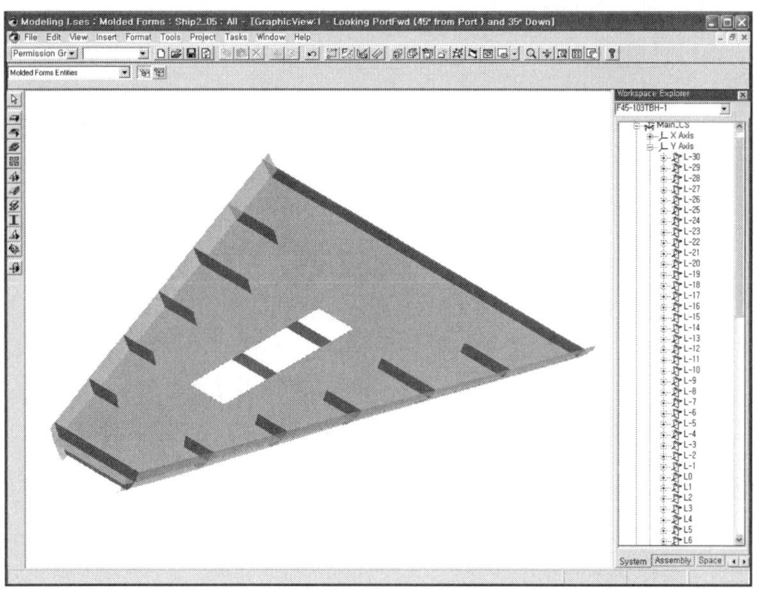

실습 2.5.1-2 D12-* 평판에 미리 작성된 Geometry 정보를 복사하여 Opening을 생성한다.

작업영역 Ship 2_05 F25-*와 F60-* 사이의 D12-* 부분을 확대한다.

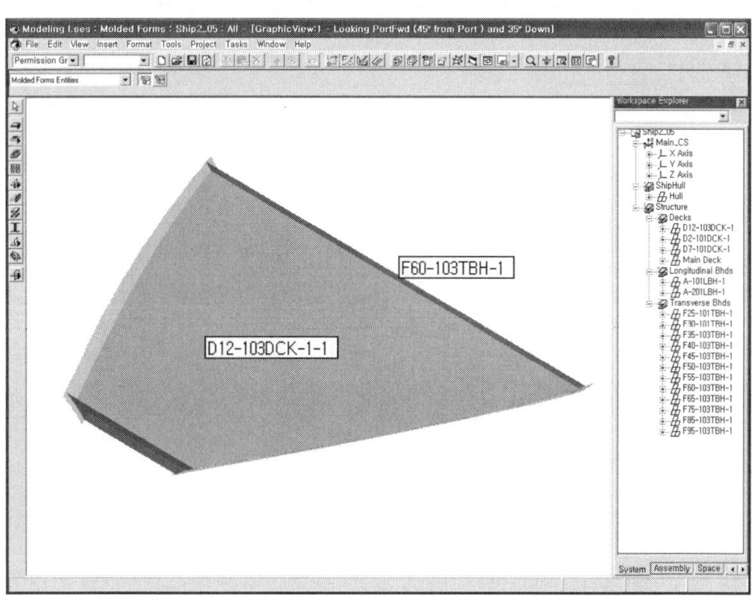

1 (Openings) 도구를 선택한 다음 WE의 Structure : D12-*를 선택한다.

2 리본-바의 (Opening Shape) 아이콘을 선택한 후 (Sketch 2D) 아이콘을 선택하면 *Sketch 2D* 창이 나타난다.

3 "ACIS > DemoShip.sha" 파일의 D12 Openings 탭에서 Geometry를 *Sketch 2D* 창으로 복사한 후 *[Finish]* 버튼을 클릭하여 창을 닫는다.*

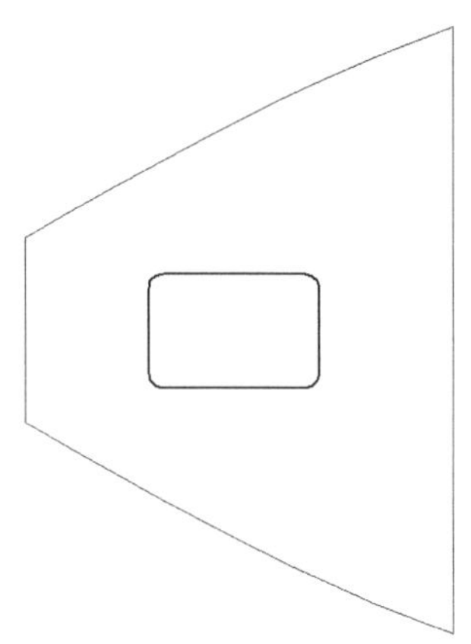

그림 1 D12-*의 Opening용 Geometry

4 리본-바의 Finish 버튼을 클릭한다.

작업결과 2.5.1-2 **D12-* 평판의 가운데 부분이 미리 작성한 Geometry 형태의 Opening이 생성된다.**

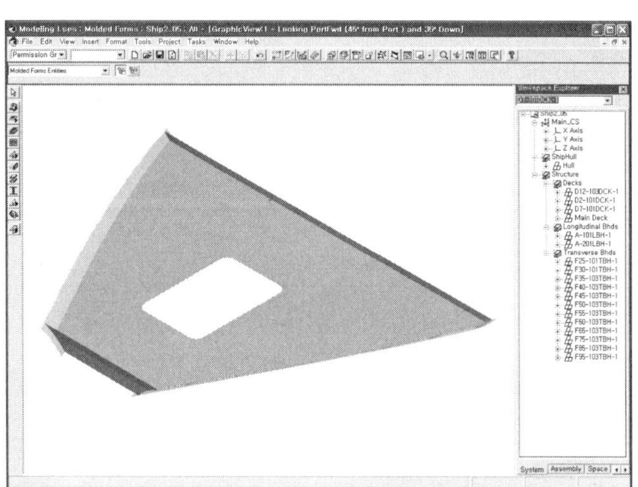

* **DemoShip.sha** 파일은 본 교재 출판사 홈페이지(http://www.kihanjae.com)의 자료실에서 다운 받을 수 있습니다.

실습 2.5.1-3 F25-* 평판에 미리 작성된 Geometry 정보를 복사하여 Opening을 생성한다.

작업영역 Ship 2_05 F25-*의 하단 부분을 확대한다.

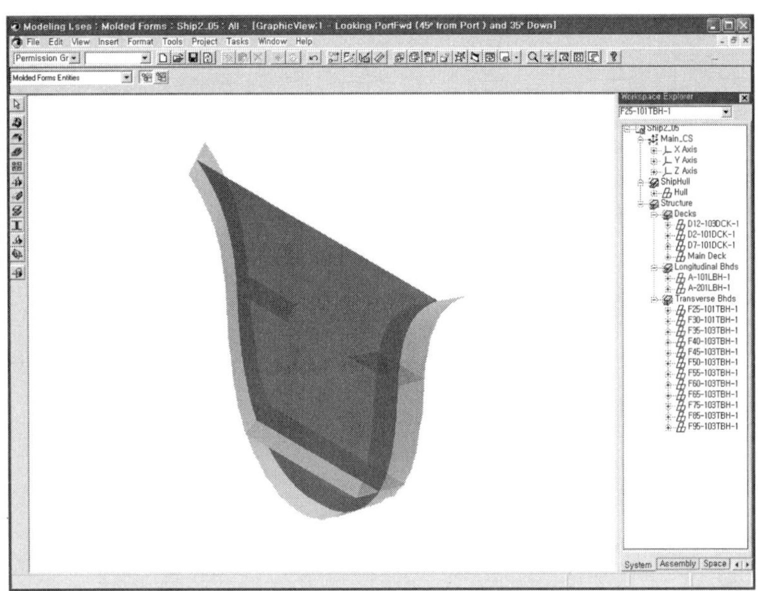

1. (Openings) 도구를 선택한 다음 WE의 Structure: F25-*를 선택한다.

2. 리본-바의 (Opening Shape) 아이콘을 선택한 후 (Sketch 2D) 아이콘을 선택하면 *Sketch 2D* 창이 나타난다.

3 ACIS › DemoShip.sha 파일의 F25 Openings 탭에서 Geometry를 *Sketch 2D* 창으로 복사한 후 [Finish] 버튼을 클릭하여 창을 닫는다.*

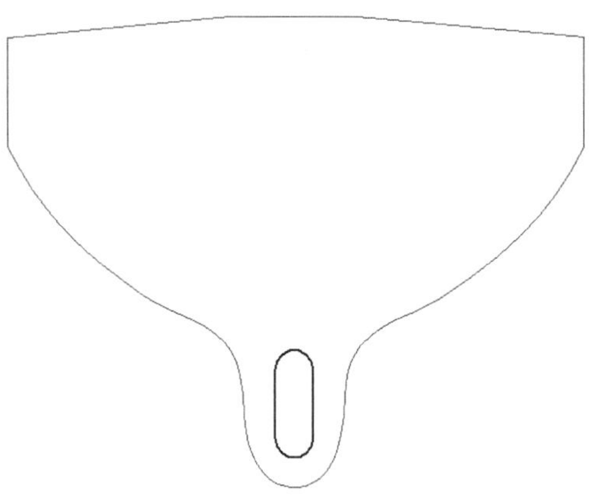

그림 1 F25-*의 Opening용 Geometry

4 리본-바의 Finish 버튼을 클릭한다.

작업결과 2.5.1-3 F25-* 평판의 가운데 부분이 미리 작성한 Geometry 형태의 Opening이 생성된다.

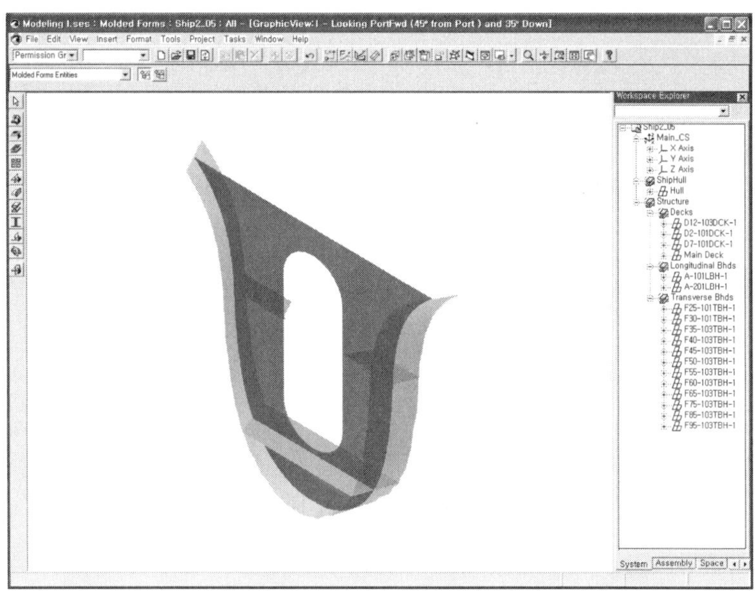

* **DemoShip.sha** 파일은 본 교재 출판사 홈페이지(http://www.kihanjae.com)의 자료실에서 다운 받을 수 있습니다.

2.5.2 Creating Multiple Openings

동일한 형태의 Opening은 복수개의 평면에 동시에 작업할 수 있다.

실습 2.5.2-1

- 복수개의 Opening을 동시에 작업하기 위하여 Port 쪽에 3개의 Trans. 평판을 생성한다.
- 생성할 평판의 경계가 중복이 되어 애매한(ambiguous) 경우에 생성할 영역을 다시 지정하여야 한다(실습 2.4.2 참조).

작업영역 **Ship 2_05** F85와 F95 사이의 D2-* 부분을 확대한다.

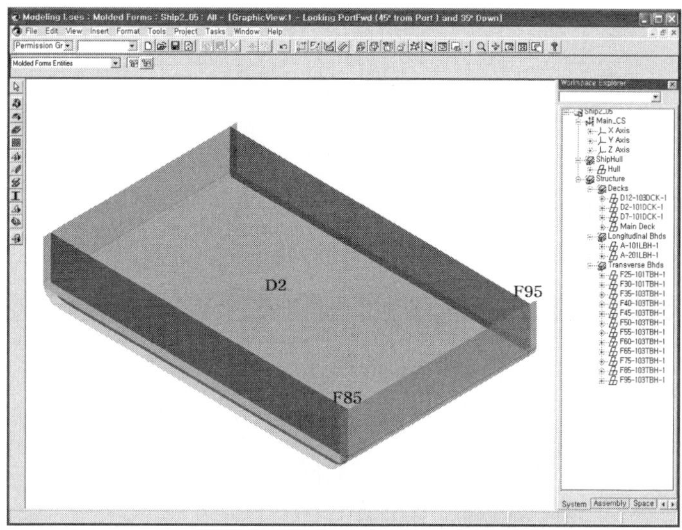

1 (Planar Plate System) 도구를 선택한 후 리본-바의 (Define Plane) 아이콘이 선택된 상태에서 WE의 Main_CS : F87, F90, F93을 지정한다.

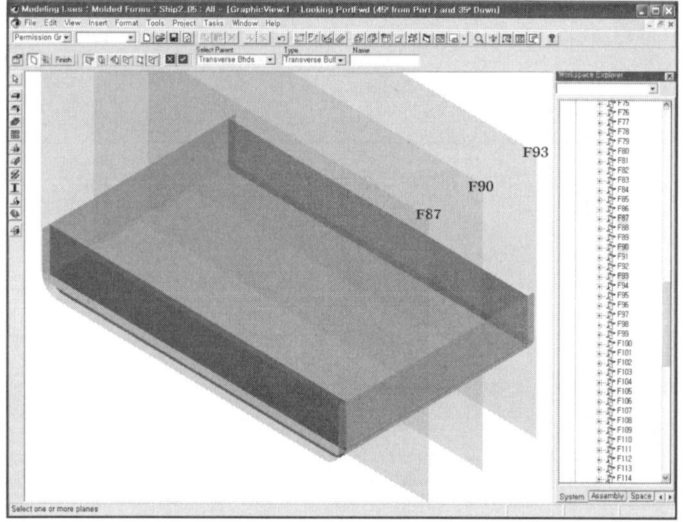

그림 1 생성할 위치의 평면을 지정한 상태

chapter 02

2 리본-바의 (Define Boundaries) 아이콘을 선택한 후 다음과 같이 지정한다.

ShipHull : Hull

Structure : D2-*

Main_CS : D6, L10

3 리본-바의 (Plate System Properties) 아이콘을 클릭하여 다음과 같이 설정한 후 [OK] 버튼을 클릭하여 창을 닫는다.

[Main tab]

- Name Category : Transverse Bulkhead
- Parent System : Transverse Bhds
- Continuity : Intercostal
- Tightness : Non-Tight

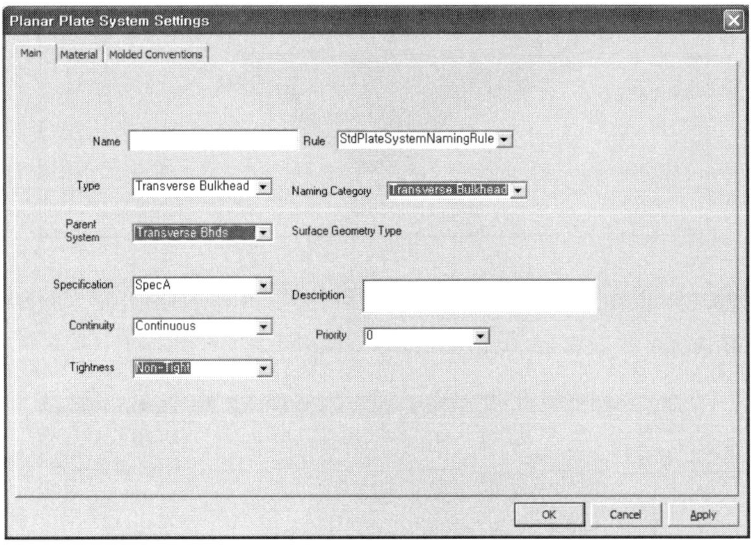

그림 2 *Planar Plate System Settings* 창의 Main tab

4 리본-바의 Finish 버튼을 클릭한 후 Port 쪽을 선택한다.*

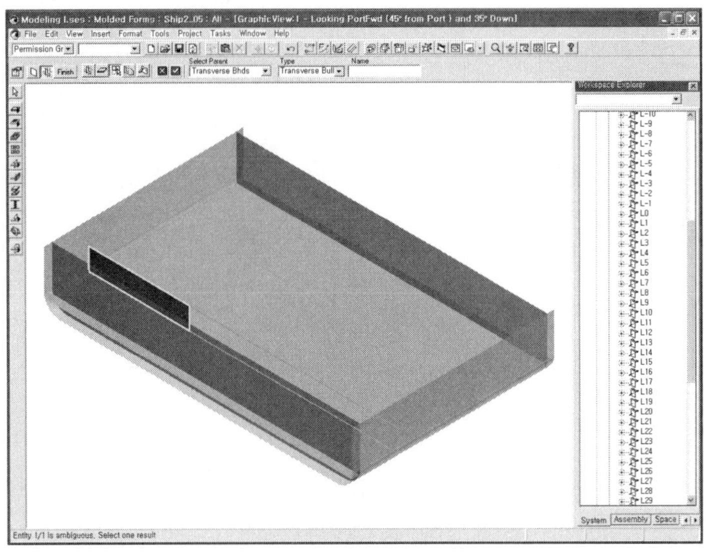

그림 3 생성할 영역 중 Port 쪽을 선택

5 다시 리본-바의 Finish 버튼을 클릭한다.

작업결과 2.5.2-1 F87-*, F90-* 및 F93-* Trans. 평판이 동시에 생성된다.

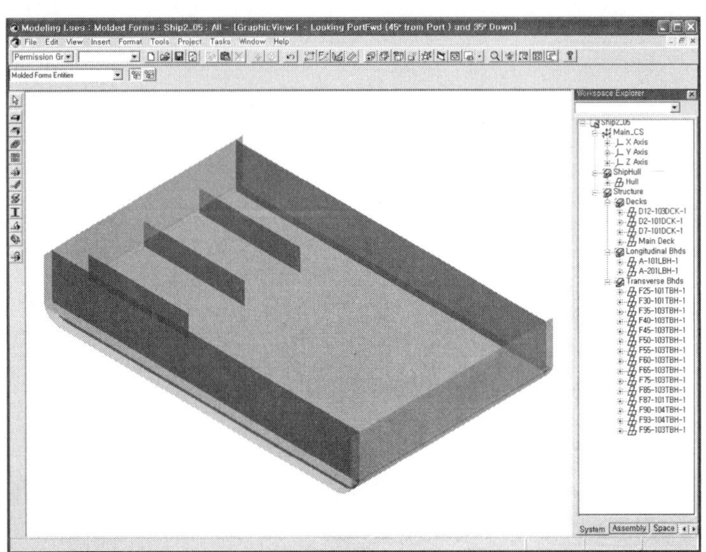

* 지정한 영역은 Port 쪽과 Starboard 쪽의 2 영역이 존재하기 때문에 자동으로 생성할 수 없다. SM3D에서는 이와 같이 애매성이 발생한 경우에 녹색 선으로 구역을 표시해 주고 선택할 수 있도록 되어 있다.

실습 2.5.2-2 생성한 3개의 Trans. 평판에 동일 형태의 Opening을 동시에 생성한다.

작업영역 Ship 2_02 (전 절에서 계속)

1 (Openings) 도구를 선택한 후 WE의 Structure : F87-*, F90-*, F93-*을 선택한다.

2 리본-바의 (Opening Shape) 아이콘을 선택한 후 (Sketch 2D) 아이콘을 선택하면 *Sketch 2D* 창이 나타난다.

그림 1 Opening Shape 및 Sketch 2D 아이콘

3 *Sketch 2D* 창에서 [그림 2]와 같이 Geometry를 작성한 후 [Finish] 버튼을 클릭하여 창을 닫는다.*

그림 2 Opening의 Geometry

4 리본-바의 Finish 버튼을 클릭한다.

* ACIS > DemoShip.sha 파일의 F87 Openings 탭에 있는 Geometry를 복사하여 작업해도 됨. 이 파일은 본 교재 출판사 홈페이지(http://www.kihanjae.com)의 자료실에서 다운 받을 수 있습니다.

작업결과 2.5.2-2 동일한 형태의 Opening이 지정한 평판 3개에 동시에 생성된다.

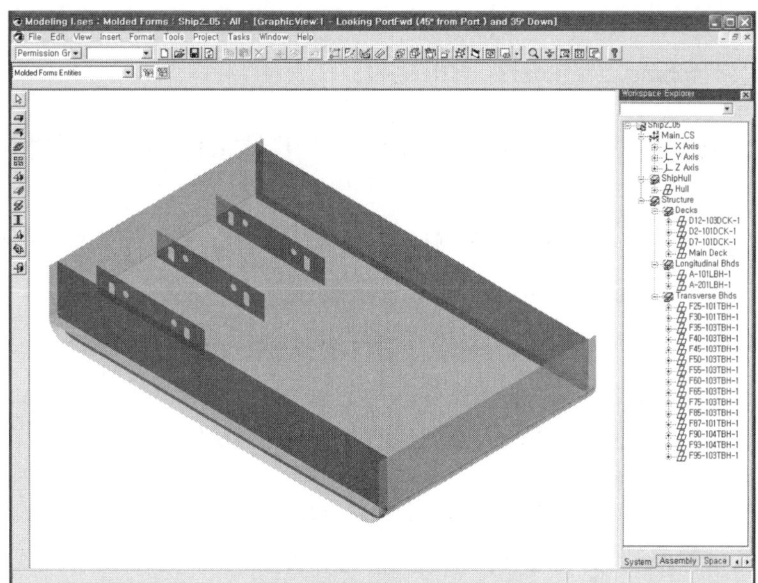

2.6 Profile System

SM3D의 Profile System 종류는 Stiffener Profile System, Linear Beam Profile System, Edge Reinforcements 및 Tripping Stiffeners 등이 있다.

- Stiffener Profile System : 일반적으로 평판의 평면에 부가되는 보강재를 말하며, 해당 평면의 하부 요소로 관리된다.
- Linear Beam Profile System : 주로 평판이나 Profile의 끝 부분에 직선 형태의 Beam을 말하며, 다른 부재와 연결 정보를 가지지 않는다(권장하지 않는다.).
- Edge Reinforcements : 평판의 가장자리 단면에 부착하는 보강재를 말한다. 이 때 가장자리는 다른 부재가 없어야 한다.
- Tripping Stiffener : 적어도 한 쪽 끝단은 다른 Stiffener에 연결되어 있는 보강재를 말한다.

작업 방법으로는 By intersection, By Offset, By 2D sketch projection 및 By entering coordinates in a table이 있으며, 2D sketch인 경우에 사용할 수 있는 geometry는 Linear, Curve, Polyline, Circle, Arc 및 Ellipse이다.

Profile 부착면은 평판의 Molded Conventions 속성 값에 따라 자동으로 지정된다.

예를 들면 본 교재에서 생성한 Deck인 경우에 Primary Profile Orientation을 Down으로, Secondary Longitudinal Profile Orientation을 Inboard로 지정하였기 때문에 profile은 평판의 아래쪽에 부착된다. 또한 Profile의 flange 방향은 port 쪽과 starboard 쪽이 서로 마주 보게 안쪽 방향으로 생성되며, 길이는 평판의 크기에 맞추어진다. 그러나 2D sketch projection인 경우에는 작성한 geometry 길이에 맞추어 진다.

물론 부착면은 평판의 속성 값과 무관하게 지정할 수 있으며, 생성 후 수정할 수도 있다.

2.6.1 Creating Stiffeners by Intersection

평판에 지정한 기준선 위치에 profile을 생성할 수 있다.

이 때 profile의 부착면은 평판을 생성할 때 지정한 Molded Conventions 값에 따라 자동으로 지정되며, 길이도 평판의 크기에 자동으로 맞추어진다.

실습 2.6.1 평판의 profile 부착면에 Grid로 위치를 지정하여 Stiffener profile을 생성한다.*

작업영역 Ship 2_06 F25와 F55 사이의 D7-* 평판을 선미-우측-하단에서 본 형태로 변경한다.

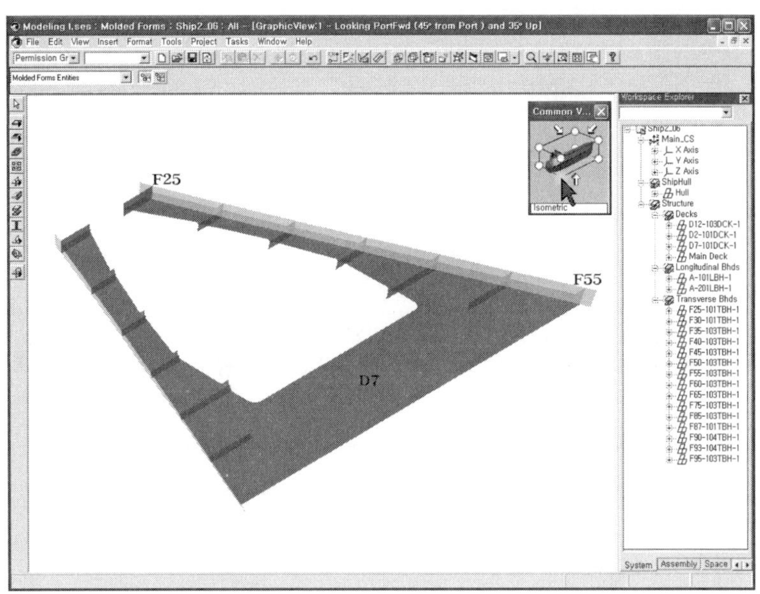

1 (Stiffener Profile System by Intersection) 도구를 선택한 후 WE의 Structure : D7-*을 선택한다.

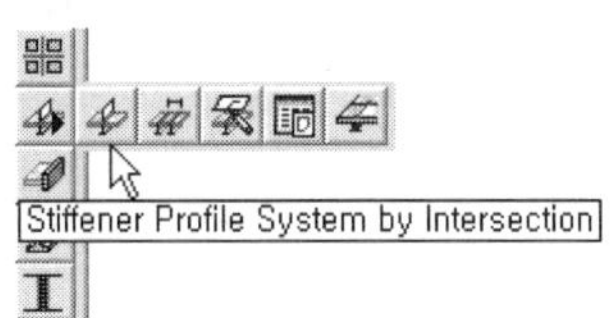

그림 1 Stiffener Profile System by Intersection 도구

2 리본-바의 (Landing Curve Definition) 아이콘을 선택한 후 WE의 Main-CS : L0을 선택한다.

* 평판의 profile 부착면이란 평판을 생성할 때 지정한 속성 값 중에서 **Molded Convention** 탭의 내용을 말한다.

3 리본-바의 입력란을 다음과 같이 지정한다.

Section Type : B　　　　Section Size : BPL 250X12

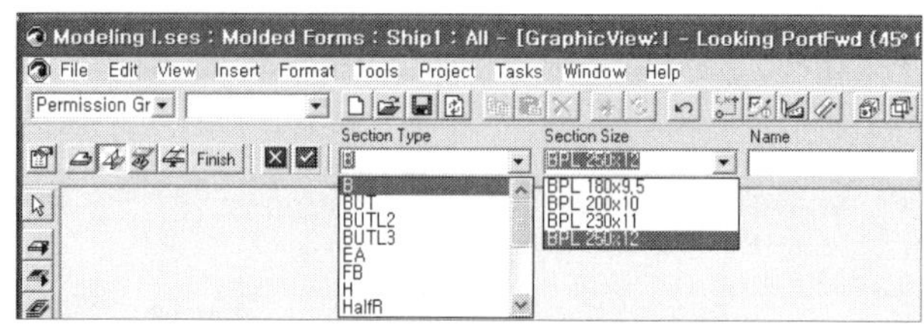

그림 3 리본-바의 입력란

4 리본-바의 Finish 버튼을 클릭한다.

작업결과 2.6.1 평판 하부의 L0 위치에 평판의 길이와 일치하는 Stiffener가 생성된다. 또한 Flange 방향이 안쪽으로 배치된다(Stiffener 부착면 및 Flange 방향 모두 속성에서 지정한다).

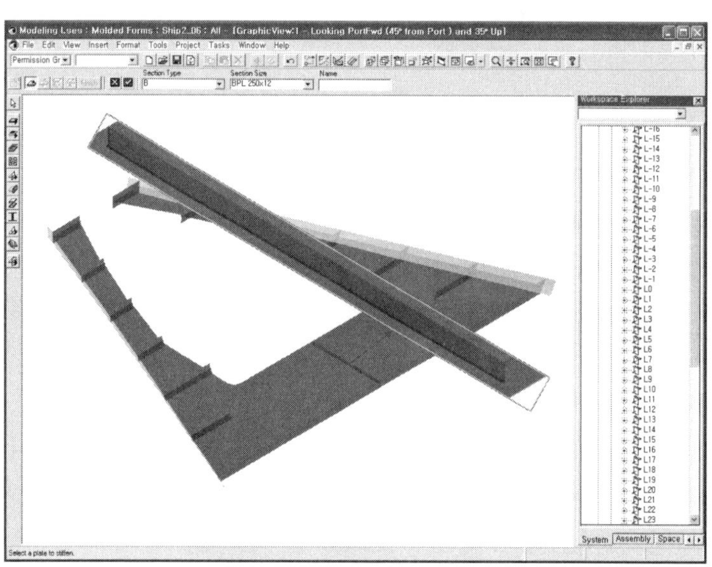

2.6.2 Creating Stiffeners by Offset

평판에 일정한 간격으로 복수 개의 stiffener를 부착하는 경우를 말하며, 기준선과 간격(offset), 개수 및 설치 방향을 지정하여 작업한다.

설치 방향이란 기준선으로부터 지정한 개수만큼 생성할 방향을 말한다. 예를 들면 Deck에 선박의 길이 방향으로 stiffener를 부착하는 경우에 기준선으로부터 port쪽 또는 starboard쪽을 지정하는 것을 말한다.

실습 2.6.2 기준선과 Offset 값을 사용하여 복수개의 Stiffener를 동시에 생성한다.

작업영역 Ship 2_06 (전 절에서 계속)

1 (Stiffener Profile System by Offset) 도구를 선택한 다음 WE의 Structure : D7-*을 선택한다.

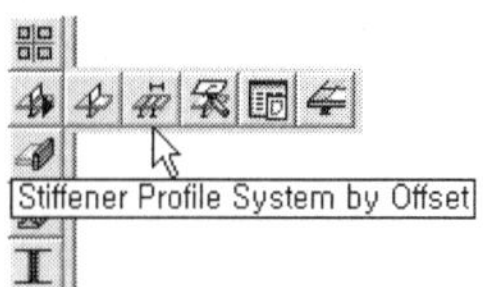

그림 1 Stiffener Profile System by Offset 도구

2 리본-바의 (Base Curve Definition) 아이콘을 선택한 후 전 절에서 생성한 Stiffener를 지정한다.*

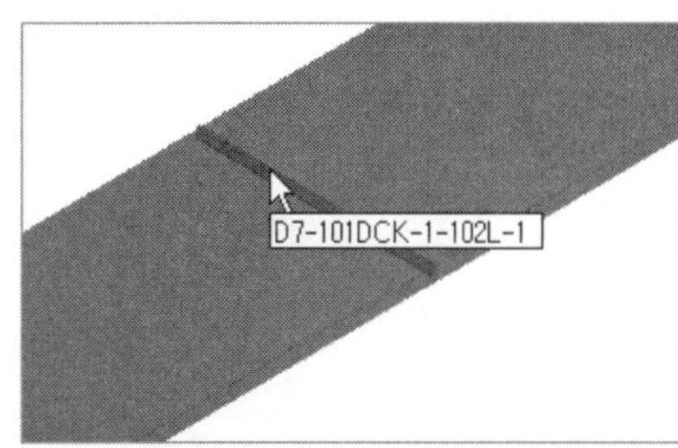

또는

D7-101DCK-1
D7-101DCK-1-1
D7-101DCK-1-102L-1
D7-101DCK-1-102L-
D7-101DCK-1-102L-1

그림 2 기준 Stiffener 지정

3 리본-바의 (Offset Curve Definition) 아이콘 선택한 후 설치 방향을 Port 쪽으로 지정한다.**

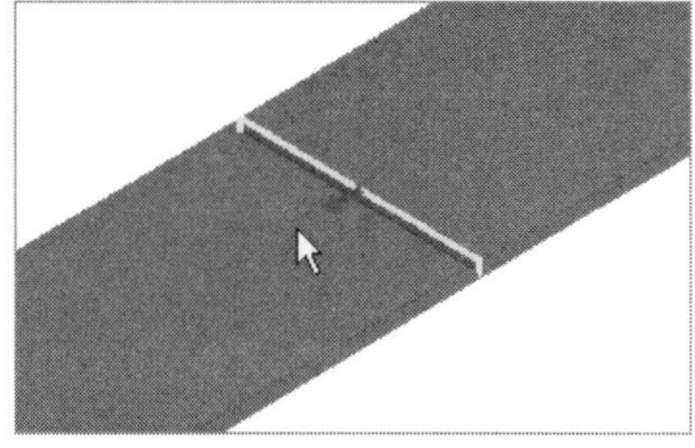

그림 3 Port 쪽으로 지정

* Base Curve로 지정할 수 있는 Object는 Profile, Seam, Plate Edge 등이 있다.

** 설치 방향 지정은 마우스 포인터를 이동하면 포인터 방향으로 적색 화살표시가 나타난다. 원하는 방향으로 화살표가 표시될 때 클릭하면 그 방향으로 고정된다.

4 리본-바의 입력란에 다음과 같이 설정한다.

Offset : 1000 Method : Girth Count : 3

Section Type : B Section Size : BPL 250X12

5 리본-바의 Finish 버튼을 클릭한다.

작업결과 2.6.2 L0로부터 1,000mm 간격으로 3개의 Stiffener가 동시에 생성된다.

2.6.2 Offset을 이용한 Stiffener 생성하기

D7-* 평판의 하단부에 L0로부터 Starboard쪽으로 1,000mm 간격으로 3개의 Stiffener를 생성하시오. 단, 부재는 BPL 250x12를 사용하시오.

과제결과 Stiffener Flange 방향은 안쪽으로 설치되어야 한다.

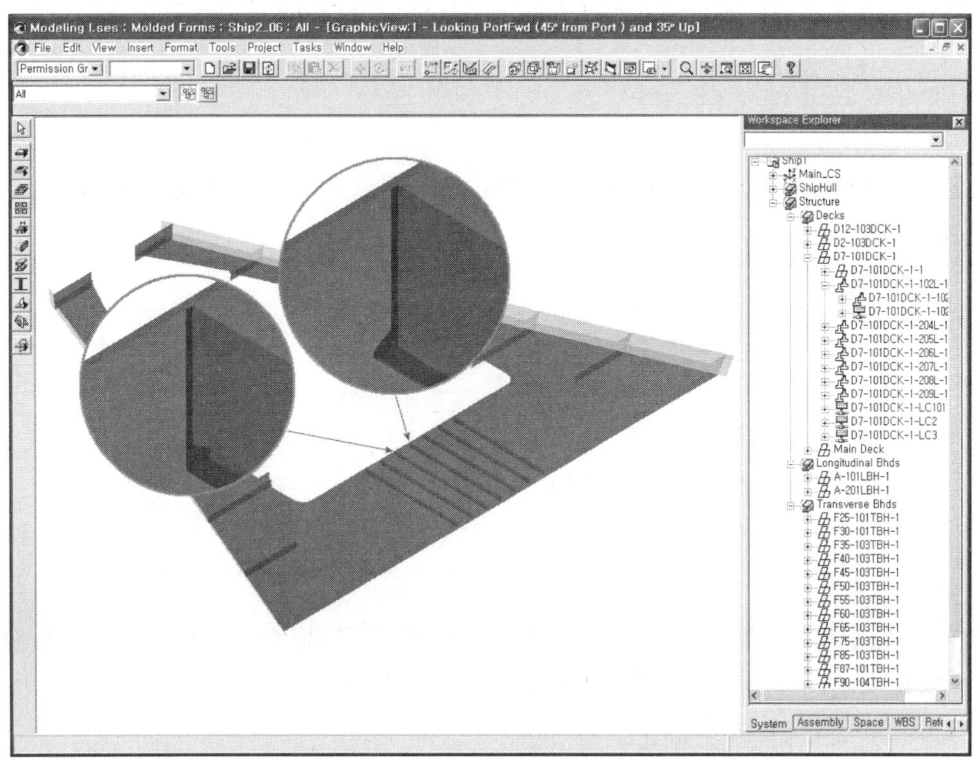

2.6.3 Creating Stiffeners by 2D Projection

평판에 부착할 stiffener를 2D geometry로 위치와 크기를 직접 작성하여 생성한다.

부착면은 평판의 속성에 따라 자동으로 지정되나 별도로 지정할 수도 있다. 물론 생성 후에 부착면, 위치, 크기 및 종류를 수정할 수 있다.

평판 보강용 Stiffener의 위치와 크기를 2D Geometry를 작성하여 생성한다.

작업영역 **Ship 2_06** (전 절에서 계속)

1 (Stiffener Profile System by 2D projection) 도구를 선택한 다음 WE의 Structure : D7-*을 지정한다.

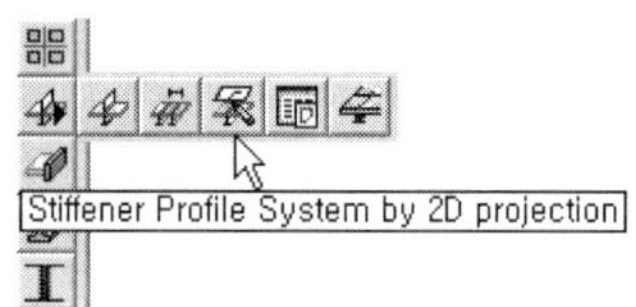

그림 1 Stiffener Profile System by 2D Projection 도구

2 리본-바의 (Landing Curve Definition) 아이콘을 선택한 후 변경된 리본-바의 (Add Intersecting Item) 아이콘을 선택하고 다음과 같이 지정한다.

Main-CS : L0, L4, L11, L-4, L-11

Structure : F40-*

3 리본-바의 (Sketch 2D) 아이콘을 클릭하면 *Sketch 2D* 창이 나타난다.

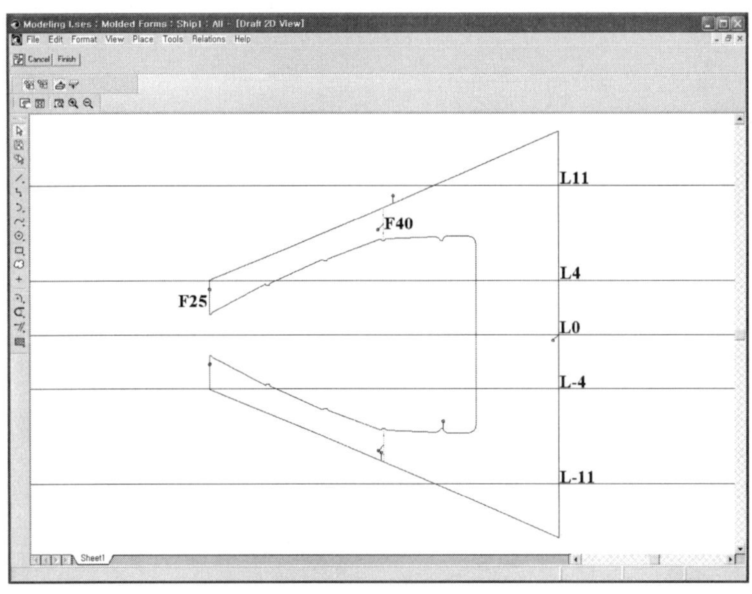

그림 2 D7과 F40, L0, L±4 및 L±11로 불러낸 *Sketch 2D* 창

4 *Sketch 2D* 창에 다음과 같이 생성할 Stiffener의 위치와 크기에 해당하는 선분을 작성한 후 [Finish] 버튼을 클릭하여 창을 닫는다.

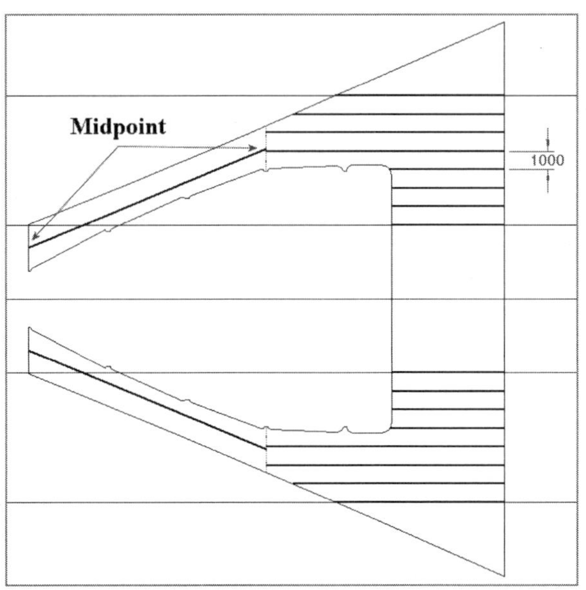

그림 3 생성할 Stiffener의 Geometries

5 리본-바의 입력란에 아래와 같이 설정한다.

Section Type : B　　　　Section Size : BPL 200x10

6 리본-바의 Finish 버튼을 클릭한다.

작업결과 2.6.3 작성한 Geometry의 선분과 동일하게 Stiffener가 생성된다. 단, Flange의 방향은 평판의 속성에 따라 모두 안쪽 방향으로 배치된다.

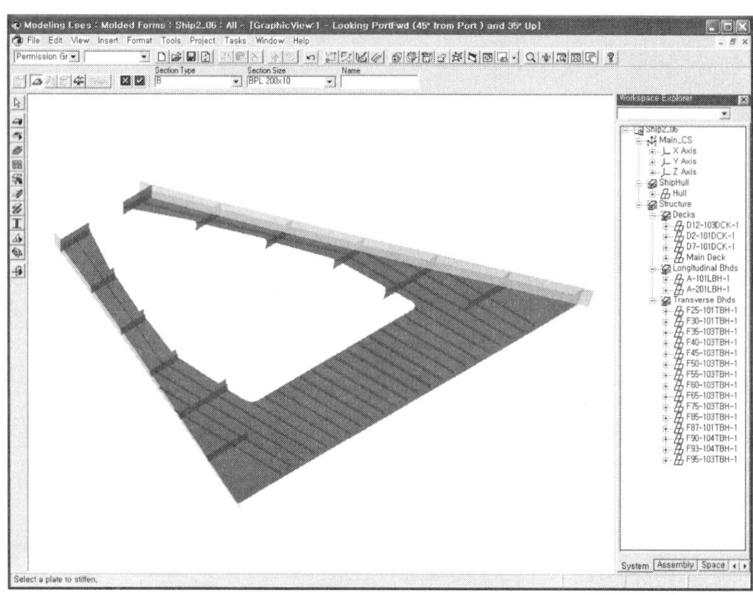

2.6.4 Creating Stiffeners at Hull

선체의 외벽에 부착하는 보강재는 대부분 길이(X축) 방향으로 부착한다. 그러나 선수 및 선미 부분은 곡면이다. 따라서 이 부분에 부착되는 보강재는 선체의 곡면과 일치하는 형상이어야 한다. SM3D에서는 선체에 부착되는 보강재는 선체의 곡면과 일치하도록 생성된다.

실습 2.6.4 Hull의 곡면을 따라 복수개의 Stiffener를 동시에 생성한다.

작업영역 Ship 2_06 — F25와 F60 사이의 하단부를 우현-선수-상단에서 본 형태로 확대하고, Hull을 제외한 나머지 모든 객체는 감추기 한다.

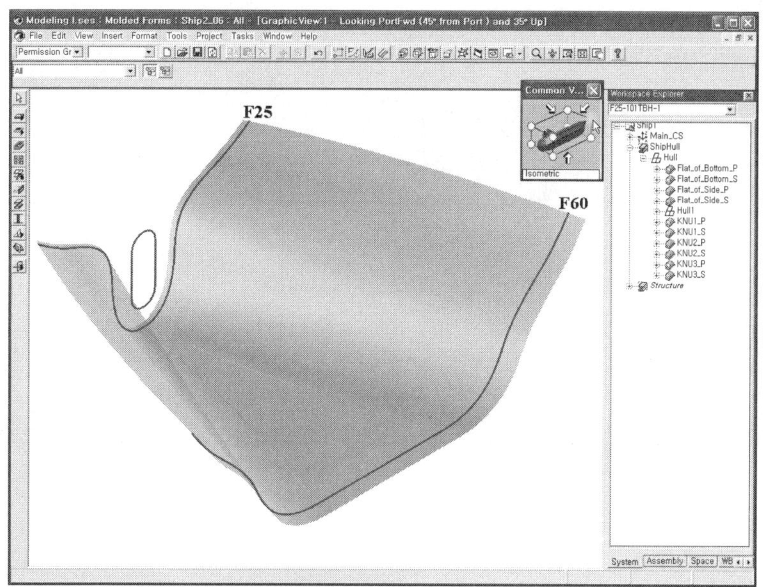

1. (Stiffener Profile System by Intersection) 도구를 선택한 후 WE의 ShipHull : Hull을 지정한다.

2. 리본-바의 (Landing Curve Definition) 아이콘을 선택한 후 아래와 같이 지정한다.
   Main_CS : D3, D4, D5, D6, D8, D9, D10, D11

3. 리본-바의 (Boundary Definition) 아이콘을 선택한 후 아래와 같이 선택한다.*
   Structure : F25-*, F60-*

4. 리본-바 입력란에 아래와 같이 선택한다.
   Section Type : UA　　　Section Size : UA 300x90x11/16

5. 리본-바의 Finish 버튼을 클릭하면 Starboard 및 Port 양쪽에 녹색선(Profile Landing Curve)이 표시된다. 이 중 Port 쪽을 선택한다.

6. 다시 Finish 버튼을 클릭한다.

* 감춰진 상태이므로 WE에서 지정한다(기울임체로 표시되어 있다).

작업결과 **2.6.4** Hull 곡면을 따라 F25-*와 F60-* 사이에 8개의 Long. Stiffener가 동시에 생성된다.

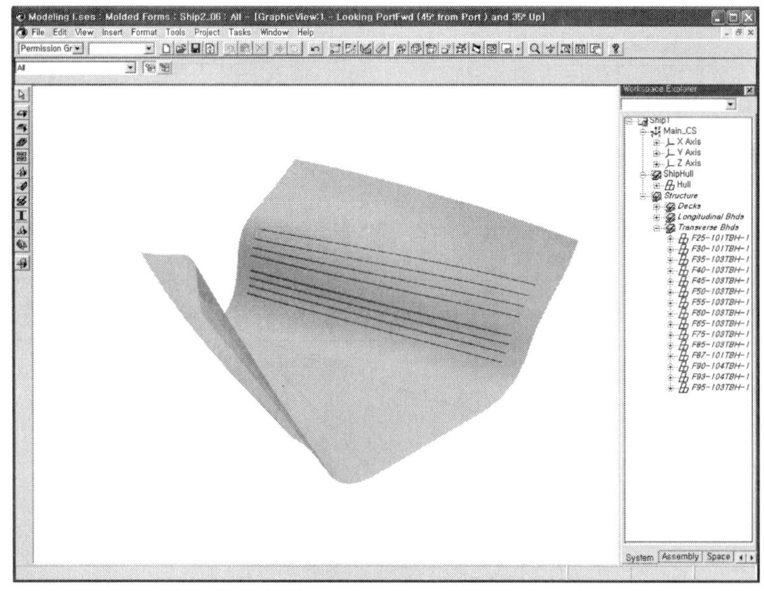

2.6.4 Hull에 Stiffener 생성하기

선체의 Starboard쪽 곡면에 아래의 내용을 참조하여 Stiffener를 생성하시오.

- 위치 : D3, D4, D5, D6, D8, D9, D10 및 D11 (8개)
- 구간 : F25-*와 F60-* 사이
- 부재 : UA 300x90x11/16

과제결과

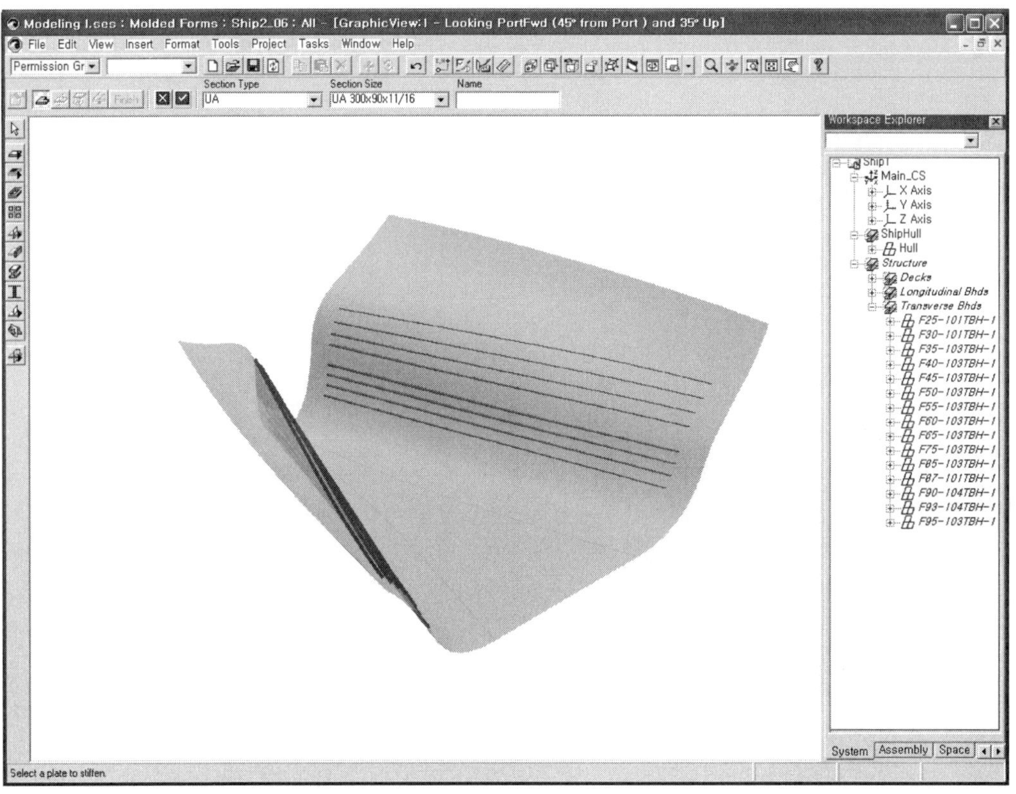

chapter 02

2.6.5 Twisted Profile System

선체에 부착되는 보강재 중 곡판에 부착되는 보강재와 같이 비틀린 형태로 부착해야 할 경우가 발생한다. 이와 같이 비틀린 형태의 형강을 Twisted Profile이라 한다.

SM3D에서는 생성한 profile을 한 쪽 끝단만 비트는 경우와 양 끝단을 동시에 비트는 경우 및 일정 구간을 지정하여 지정한 구간만 비트는 경우를 모두 지원한다.

실습 2.6.5-1 형강 비틀기 실습을 위한 형강을 생성한다.

작업영역 Ship 2_06 F55와 F60 사이의 Hull 하단부를 우현-선수-상단에 본 형태로 확대한다. 단, Hull만 보이기 한다.

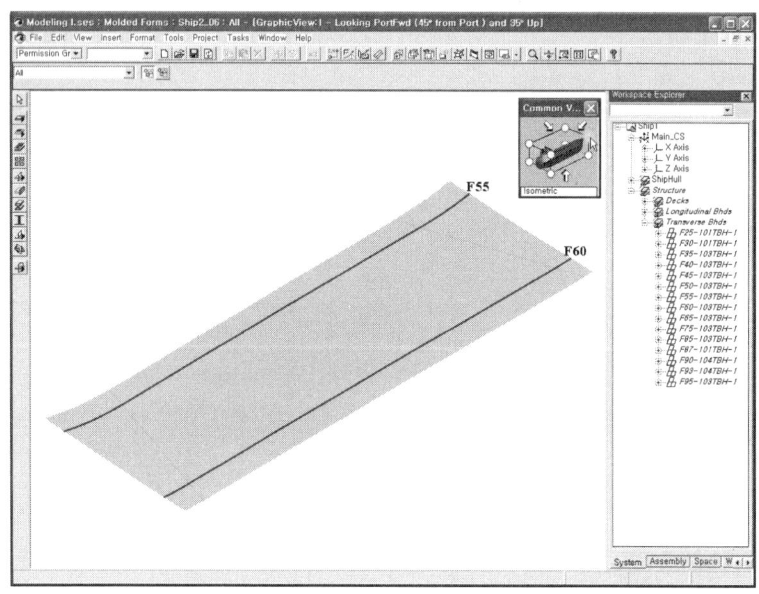

1 (Stiffener Profile System by Intersection) 도구를 선택한 후 WE의 ShipHull : Hull 지정한다.

2 리본-바의 (Landing Curve Definition) 아이콘을 선택한 후 다음과 같이 지정한다.
Main_CS : L0, L1, L2

3 리본-바의 (Boundary Definition) 아이콘을 선택한 후 다음과 같이 지정한다.
Structure : F55-*, F60-*

4 리본-바의 입력란에 다음과 같이 선택한다.

Section Type : BUT　　　Section Size : BUT 750x14.5W180x38F

5 리본-바의 Finish 버튼을 클릭한다.

작업결과 **2.6.5-1** F55-*와 F60-* 사이의 L0, L1 및 L2 위치에 3개의 Stiffener가 동시에 생성된다.

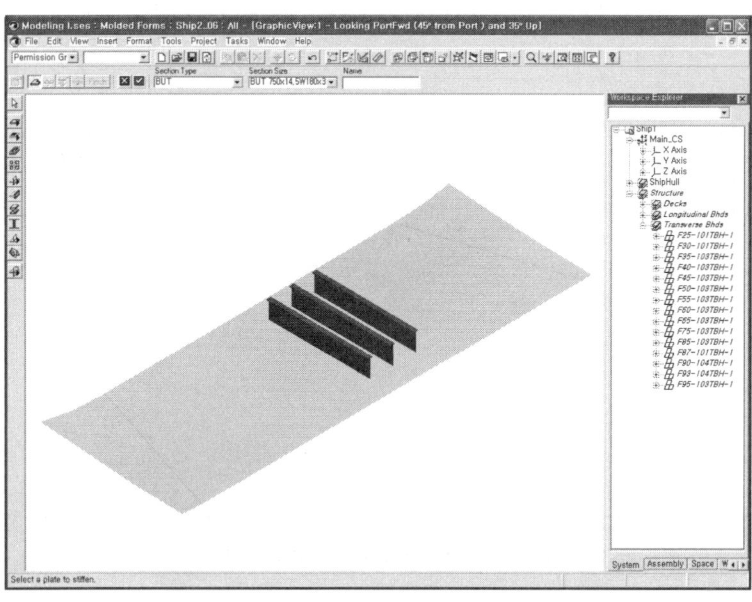

실습 2.6.5-2 형강의 한 쪽 끝단을 비틀기 한다.

작업영역 Ship 2_06 (전 절에서 계속)

1 (Select) 도구를 선택한 다음 변형 시킬 Stiffener를 선택한다(L0 위치의 Stiffener를 선택).*

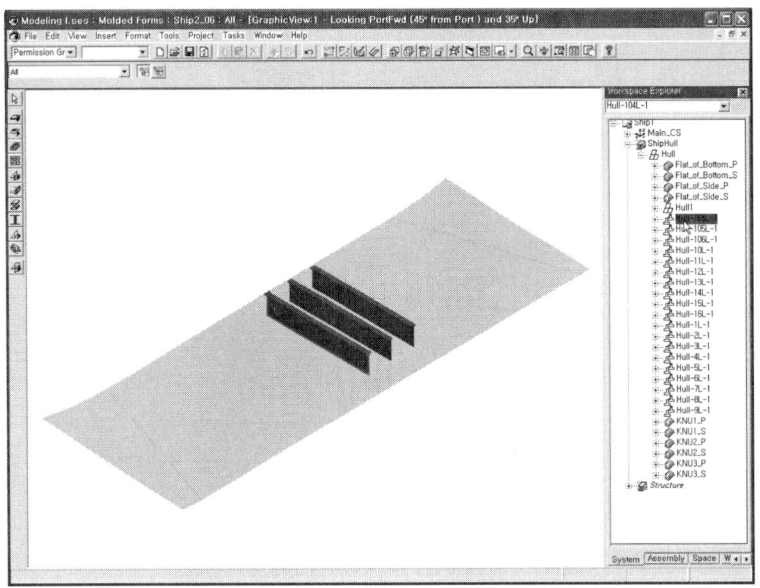

그림 1 Stiffener(L0)의 root를 선택

2 리본-바의 (Profile Orientation Definition) 아이콘을 선택하면 리본-바가 바뀐다.**

3 바뀐 리본-바에서 (Orientation Rule Assignment) 아이콘을 선택 후 Rule : 난에서 Twist Linear Girth를 선택하면 리본-바가 다시 바뀐다.

4 다시 바뀐 리본-바에서 (First Angle) 아이콘을 선택한 후 Angle : 난에 30(deg)을 입력한다.***

5 리본-바의 Finish 버튼을 클릭한다.

* Stiffener를 선택할 때 작업창에서 객체를 지정하면 그 객체의 root가 아닌 하부정보가 선택될 수 있다. 가장 확실하게 선택하는 방법은 WE에서 최상위 목록을 선택하는 방법이다.

** Stiffener의 하부정보를 지정한 경우에는 리본-바에 이 아이콘이 나타나지 않는다. 반드시 최상위 정보를 선택하여야 이 아이콘이 나타난다.

*** 입력한 각도의 회전 방향은 반시계방향이다. 음수 값을 입력하면 시계방향으로 회전한다.

작업결과 **2.6.5-2** L0 위치의 Stiffener 전체가 앞쪽이 30° 비틀어진다.

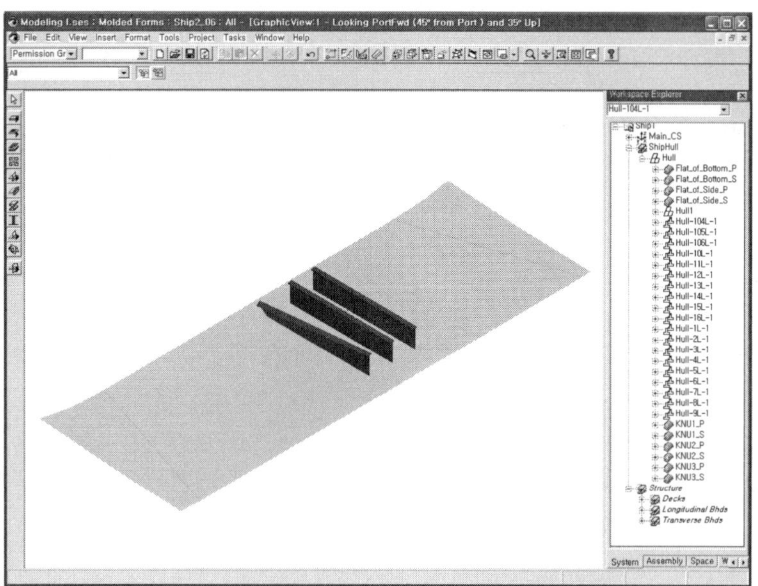

형강의 특정 구간을 지정하여 비틀기 한다.

작업영역 **Ship 2_06** (전 절에서 계속)

1 (Select) 도구를 선택한 다음 변형 시킬 Stiffener를 선택(L1 위치의 Stiffener를 선택)

2 리본-바의 (Profile Orientation Definition) 아이콘을 선택 후 Main_CS : F56을 선택한다.*

3 리본-바의 Finish 버튼을 클릭한다.**

* **F56** 위치를 기준으로 비틀기를 할 예정임

** 외형적 변화는 없으나 비틀림 구간의 경계선이 지정된 상태임.

4 다시 (Select) 도구로 Stiffener 선택한 후 리본-바의 (Profile Orientation Definition) 아이콘을 선택한다.

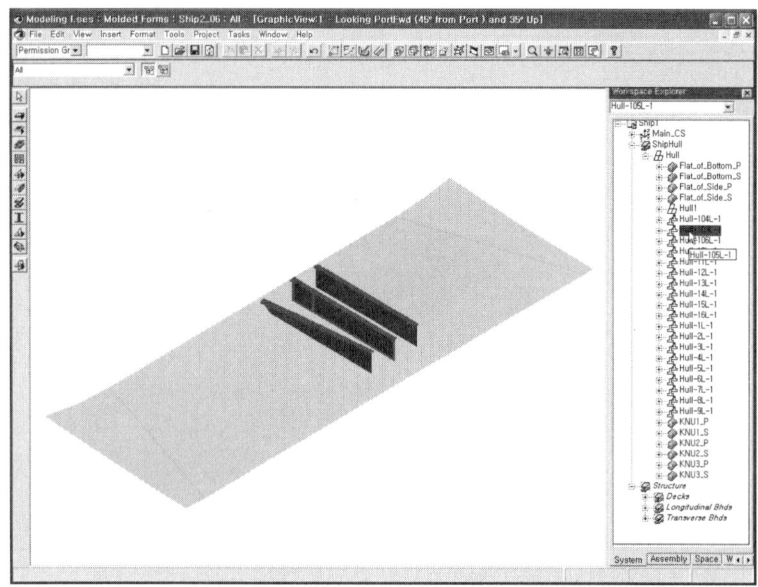

그림 1 비틀림 구간 지정 후 선택한 상태

5 바뀐 리본-바에서 (Orientation Rule Assignment) 아이콘을 선택하면 "Select region, assign orientation rule"라는 메시지와 함께 Stiffener base line이 녹색으로 표시된다. 이 중 선미(Aft) 쪽을 선택한 후 Rule : 난에서 Twist Linear Girth 선택한다.*

6 다시 바뀐 리본-바에서 (First Angle) 아이콘을 선택한 후 Angle : 난에 45(deg)를 입력한다.

7 리본-바의 Finish 버튼을 클릭한다.

* 구간 선택은 stiffener의 하단에 녹색선이 표시될 때 변형할 구간(선미 쪽)의 선분을 클릭하면 노란색으로 바뀐다.

작업결과 2.6.5-3 L1 위치의 Stiffener가 지정한 구간만 비틀어진다.

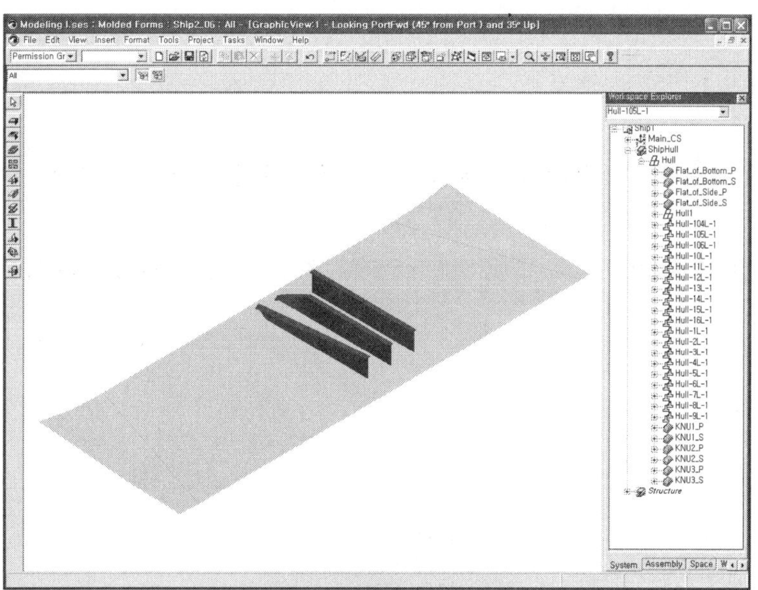

실습 2.6.5-4 형강의 양쪽 끝이 서로 다른 각도로 비틀기 한다.

작업영역 Ship 2_06 (전 절에서 계속)

1 (Select) 도구를 선택한 다음 변형 시킬 Stiffener를 선택한다(L2 위치의 Stiffener를 선택).

2 리본-바의 (Profile Orientation Definition) 아이콘을 선택하면 리본-바가 바뀐다.

3 바뀐 리본-바에서 (Orientation Rule Assignment) 아이콘을 선택 후 Rule : 난에서 Twist Linear Girth 선택하면 리본-바가 다시 바뀐다.

4 다시 바뀐 리본-바에서 (First Angle) 아이콘을 선택한 후 Angle : 난에 -30(deg)을 입력한다.

5 리본-바에서 [icon] (Second Angle) 아이콘을 선택한 후 Angle : 난에 30(deg)을 입력한다.

6 리본-바의 Finish 버튼을 클릭한다.

작업결과 2.6.5-4 L2 위치의 Stiffener가 앞쪽은 -30˚로, 뒤쪽은 30˚로 비틀어진다.

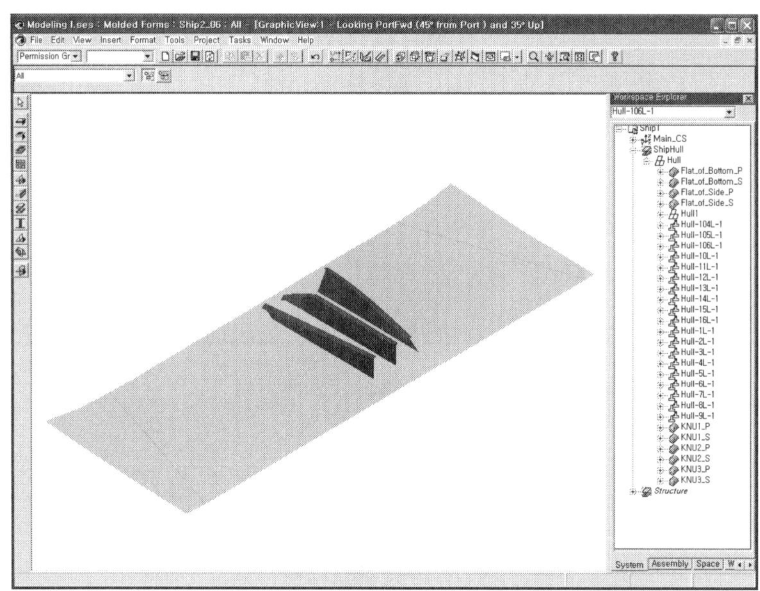

2.6.6 Edge Reinforcement

평판의 절단면 끝단에 평판의 두께 면과 평행하게 부착된 보강재를 Edge Reinforcement라 한다. 단, 부착할 단면에는 다른 부재(연결 정보)가 없어야 한다. 그러나 서로 다른 지점(중복되지 않는 범위)에서는 복수개의 Edge Reinforcement를 생성할 수 있다.

실습 2.6.6 횡격벽 평판의 절단면에 보강재(Reinforcement)를 생성한다.

작업영역 Ship 2_06 F25와 F50 사이의 D7 부분을 우현-선수-상단에 본 형태로 확대한다.

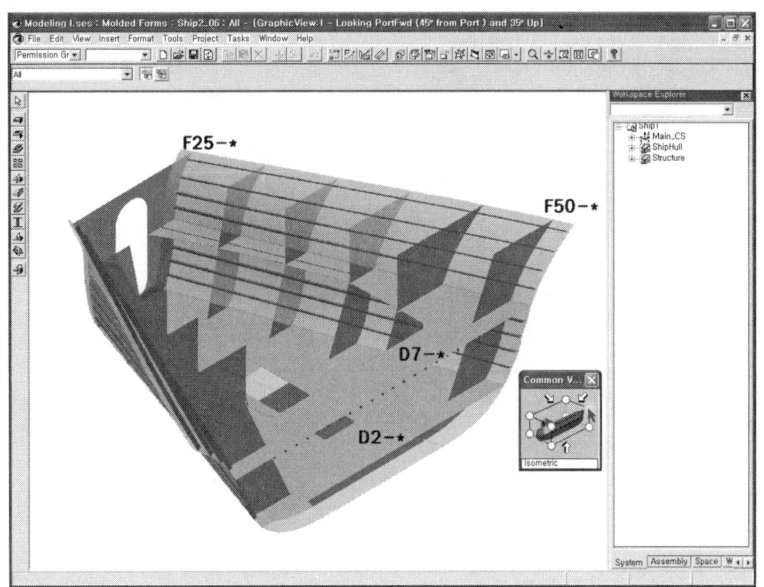

1 (Profile Edge reinforcement) 도구를 선택한다.

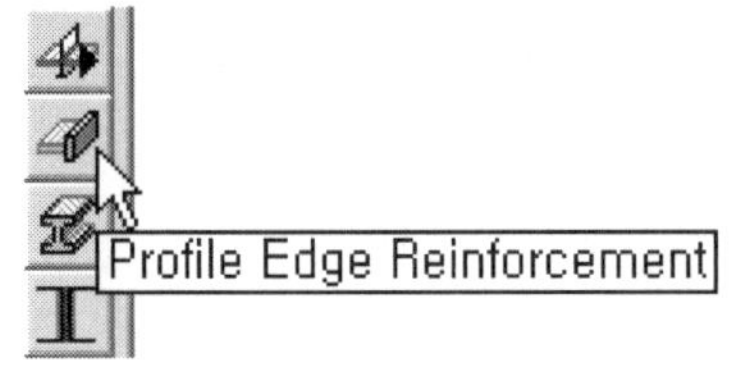

그림 1 Profile Edge Reinforcement 도구

2 F30-*의 Port측 안쪽 가장자리를 선택한다.

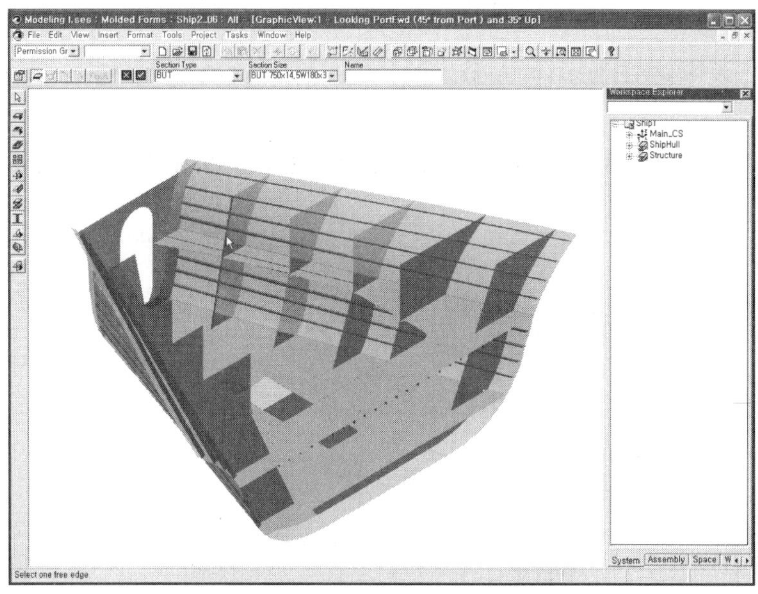

그림 1 **F30-*의** Port측 안쪽 가장자리를 선택

3 리본-바의 (Boundary 1) 아이콘을 선택한 후 WE의 Structure: D2-*를 선택한다.*

4 리본-바의 (Boundary 2) 아이콘이 선택된 상태에서 WE의 Structure: D12-*를 지정한다.**

5 리본-바의 (Edge Reinforcement System Settings) 아이콘을 클릭하면 Edge Reinforcement *Settings* 창이 나타나며, 이 창에서 아래와 같이 설정한 후 [OK] 버튼을 클릭하여 창을 닫는다.

[Cross Section tab]

- Section Type: FB
- Section Size: F 350x25

[Section Orientation tab]

- Position: On Edge - Centered
- Secondary Orientation: From Plate
- Mounting Face: Horizontal ***
- Load Point: Center

* 리본-바의 Boundary 1 상태에서 해당 위치를 지정하면 바로 Boundary 2 상태로 바뀐다(Boundary 1의 지정 여부를 확인할 시간이 없음). 다시 Boundary 1 아이콘을 클릭하면 확인할 수 있다.

** 현 모델 뷰 상태에서는 D12가 보이지 않음. 물론 WE에서 지정할 수 있음.

*** 이 난은 Icon 형태로 되어 있음

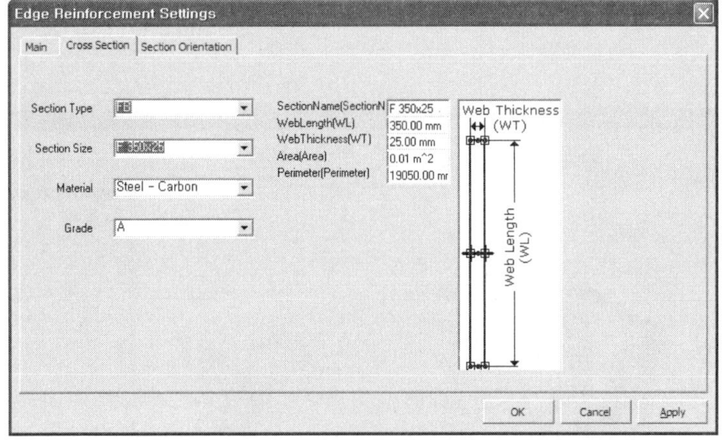

그림 2-1 *Edge Reinforcement Settings* 창의 Cross Section 탭

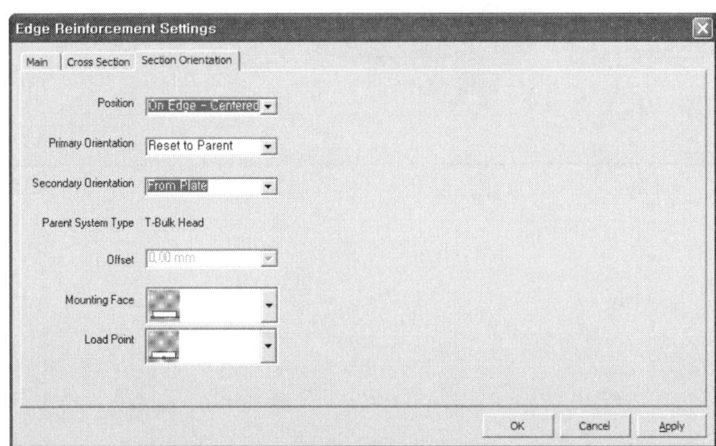

그림 2-2 *Edge Reinforcement Settings* 창의 Section Orientation 탭

6 리본-바의 Finish 버튼을 클릭한다.

작업결과 2.6.6 F30-*의 Port쪽 D2-*와 D12-* 사이의 가장자리(안쪽)에 보강재가 생성된다.

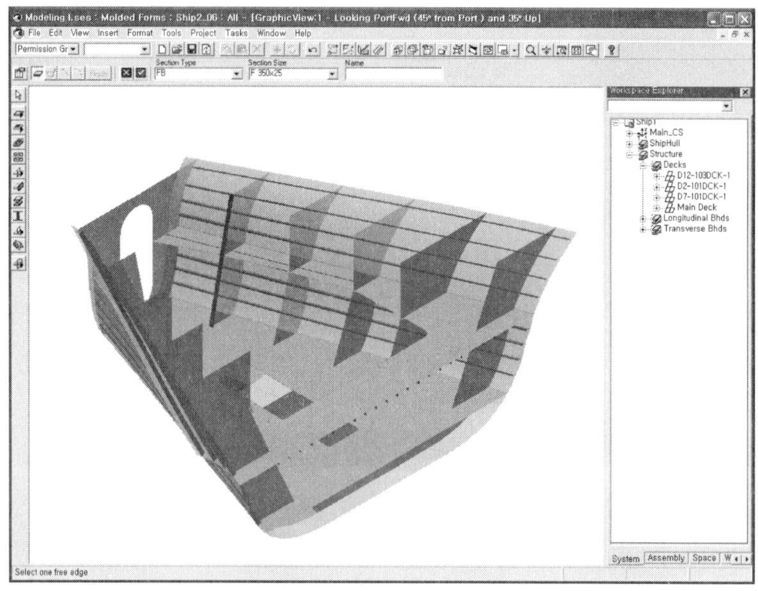

2.6.6 Edge Reinforcement 생성하기

다음과 같이 횡격벽 가장자리 및 Opening에 Edge Reinforcement를 생성하시오.

- 위치 : F30-*, F35-*, F40-*, F45-*, F50-*의 가장자리 및 F25-*의 Opening
  (Port 및 Starboard쪽 모두)
- 구간 : D2-*와 D12-* 사이
- 부재 : F 350x25
- 속성 : [실습 2.6.6]의 ⑤ 참조

과제결과

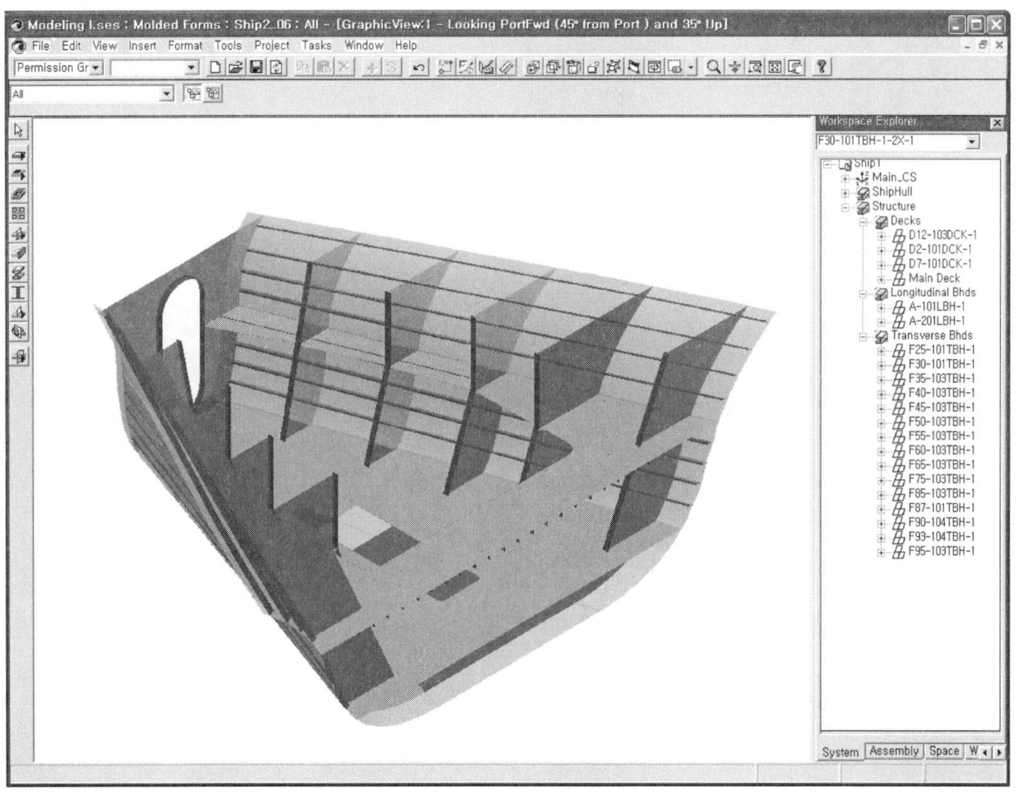

2.6.7 Tripping Stiffener

Tripping stiffener란 평판의 보강재 중 생성할 Stiffener의 양쪽 끝 중 적어도 한 쪽 끝이 다른 stiffener나 Edge reinforcement 또는 평판이나 모재 평판의 경계선과 연결된 stiffener를 말한다.

- F30-* 평판에 Tripping Stiffener 생성하기 1
- Stiffener의 부착면은 모재의 속성과 무관하게 방향을 지정하여 생성한다.

작업영역 Ship 2_06 F30-* 평판의 D2와 D7 사이 중 Port쪽을 확대한다.

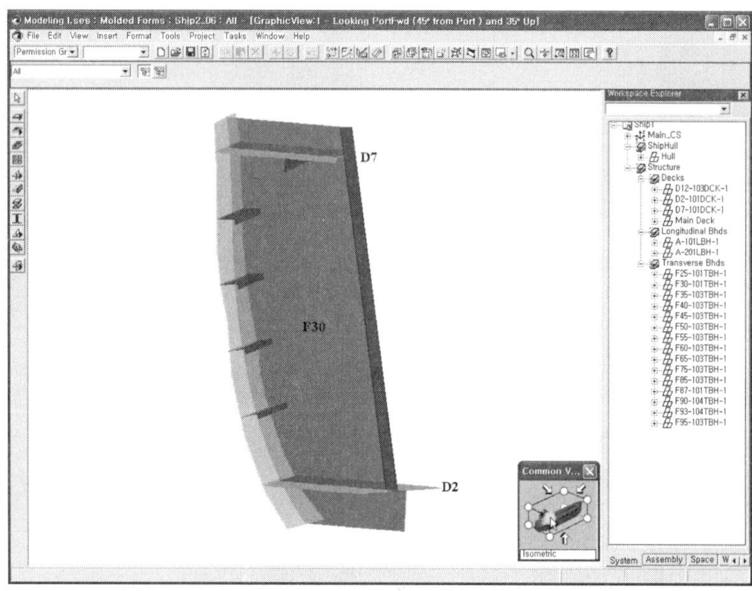

1 (Tripping Stiffener System) 도구를 선택한 후 WE의 Structure : F30-*을 선택한다.*

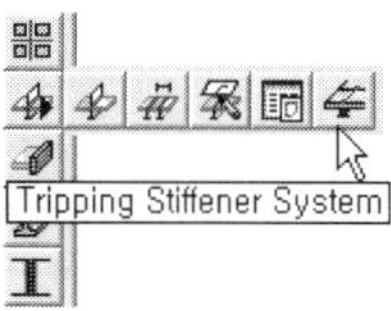

그림 1 Tripping Stiffener System 도구

* **F30-***을 지정하면 바로 다음 작업 상태(Select Starting Object)로 넘어감

2 리본-바의 (Select Starting Object) 아이콘이 선택된 상태에서 Connect Type: 난에 Connected를 선택하고, Hull에 부착된 stiffener 중에서 D7-* 바로 아래 것을 선택하면 선택한 stiffener 끝단부터 시작하는 선이 표시된다.

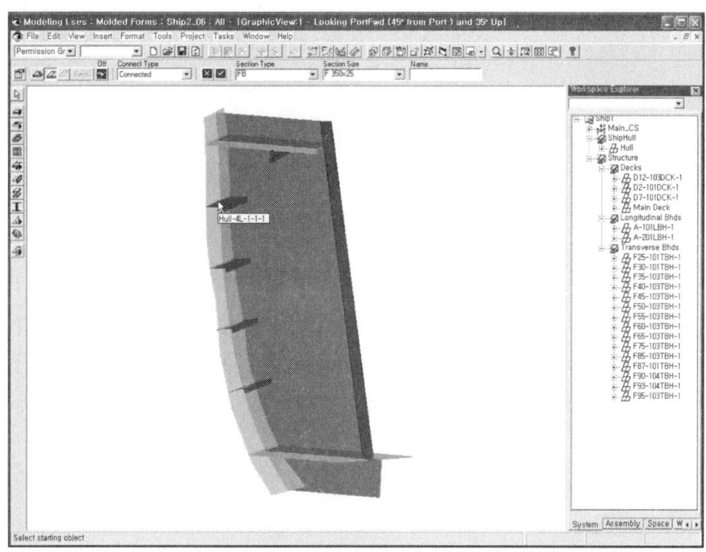

그림 2 시작점으로 Hull Stiffener System을 지정

3 리본-바의 (Select Ending Object) 아이콘이 선택된 상태에서 Connect Type: 난에 Parallel를 선택하고, F30-*의 가장자리와 만나는 점 중에서 "N(North)"가 표시되는 점에서 클릭한다.*

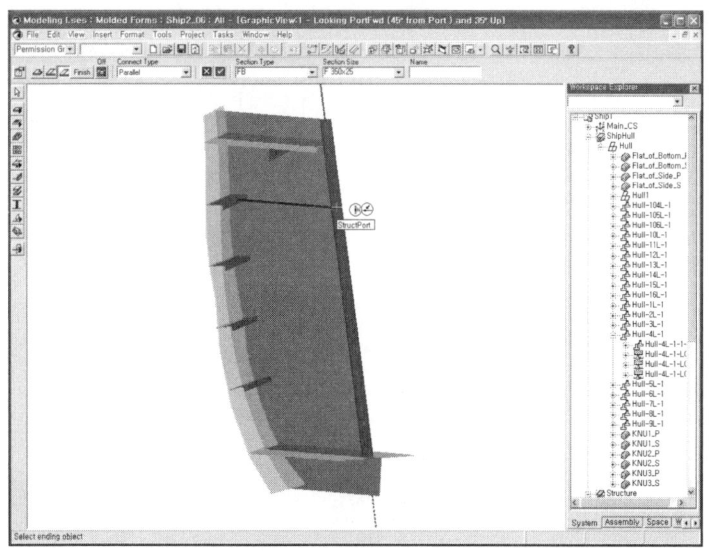

그림 3 끝점으로 "N" 방향의 가장자리를 지정

* "N" 표시는 선분의 방향이 N(Y축) 축과 평행하다는 표시임. 〈주의〉 "E"(X축) 방향이 아님

chapter 02

4 리본-바의 입력 난을 다음과 같이 설정한다.
Section Type : FB　　　　Section Size : F 150x19

5 리본-바의 (Tripping Stiffener Settings) 아이콘을 선택하면 *Tripping Stiffener Settings* 창이 나타나며, 이 창에서 Primary Orientation:을 Aft로 지정한 후 [OK] 버튼을 클릭하여 창을 닫는다.*

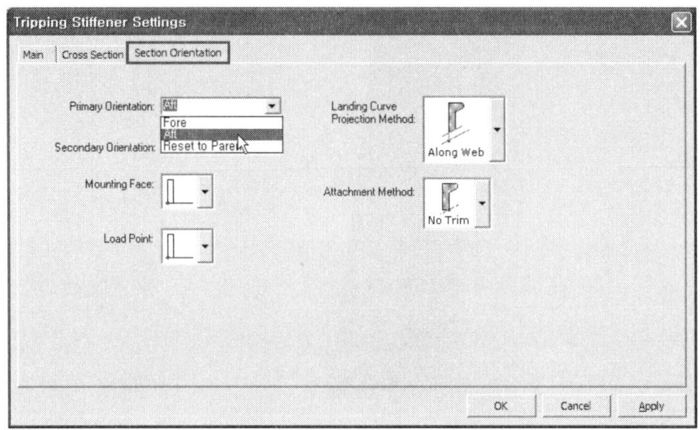

그림 4 *Tripping Stiffener Settings* 창의 Section Orientation 탭

6 리본-바의 Finish 버튼을 클릭한다.

작업결과 2.6.7-1 F30-* 평판의 선미쪽 면에 Hull Stiffener 끝에서 가장자리 보강재까지 Tripping Stiffener가 생성된다.

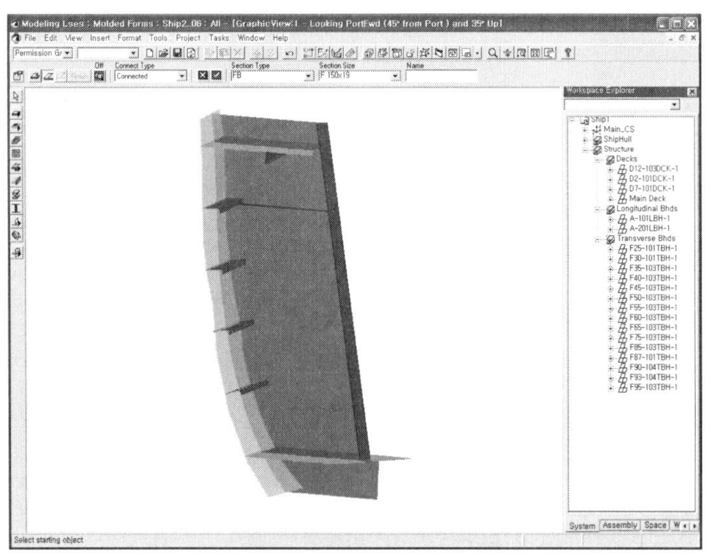

* F30-* 평판의 Primary Orientation은 Fore로 지정되어 있다. 따라서 이 값을 지정하지 않으면 선수 쪽 면에 생성된다.

실습 2.6.7-2 F30-* 평판에 Tripping Stiffener 생성하기 2

작업영역 Ship 2_06 (전 절에서 계속)

1 리본-바의 (Select Starting Object) 아이콘이 선택된 상태에서 D7-*의 Stiffener를 선택한다.*

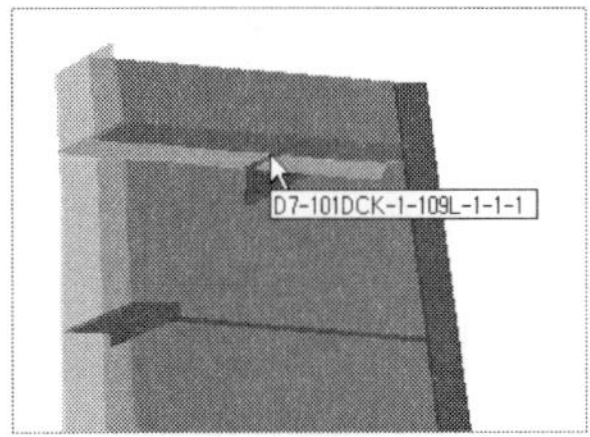

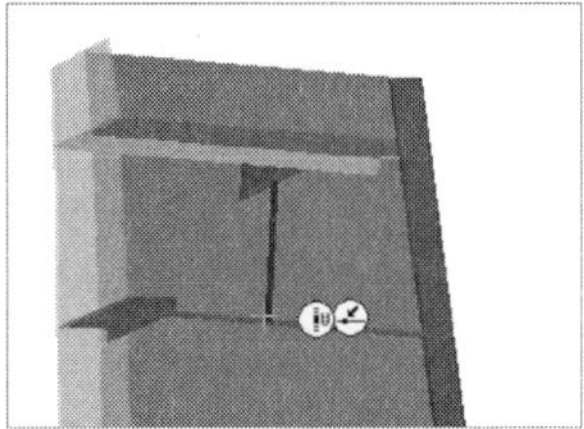

그림 8 수직 Stripping Stiffener의 시작점과 끝점

2 리본-바의 (Select Ending Object) 아이콘이 선택된 상태에서 직전에 설치한 Tripping Stiffener와 수직으로("U" 표시) 만나는 점에서 클릭한다.

3 리본-바의 Finish 버튼을 클릭한다.

작업결과 2.6.7-2 F30-* 평판의 선미쪽 면에 D7-*의 보강용 Stiffener에서 전 절에서 생성한 Stiffener까지 Tripping Stiffener가 생성된다.

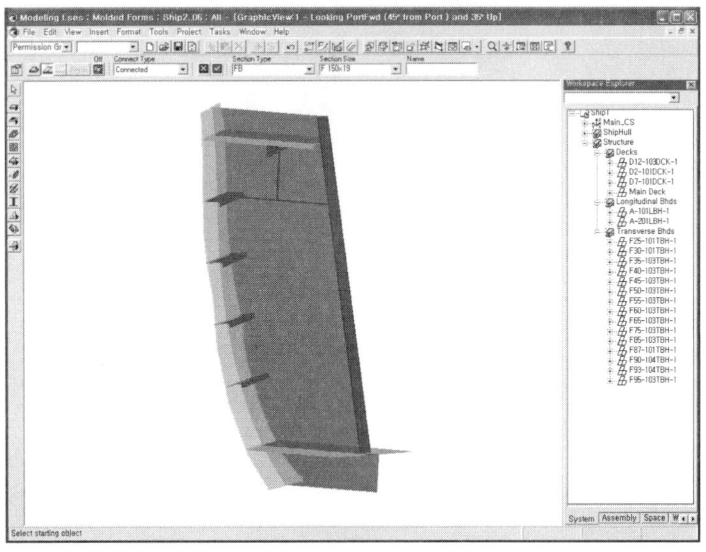

* 전 절의 작업을 한 경우에는 **Tripping Stiffener** 작업이 계속 진행 중이다. 따라서 **Select Starting Object** 아이콘이 선택된 상태부터 시작된다. 만일 작업을 처음부터 시작하는 경우에는 **Tripping Stiffener System** 도구를 선택하는 단계부터 시작하여야 한다.

과제 2.6.7-A Tripping Stiffener 생성하기 1

F30-* 평판의 하단에 선체의 보강재에 연결된 나머지 3개의 Tripping Stiffener를 [실습 2.6.7-1]을 참조하여 생성하시오.

과제결과

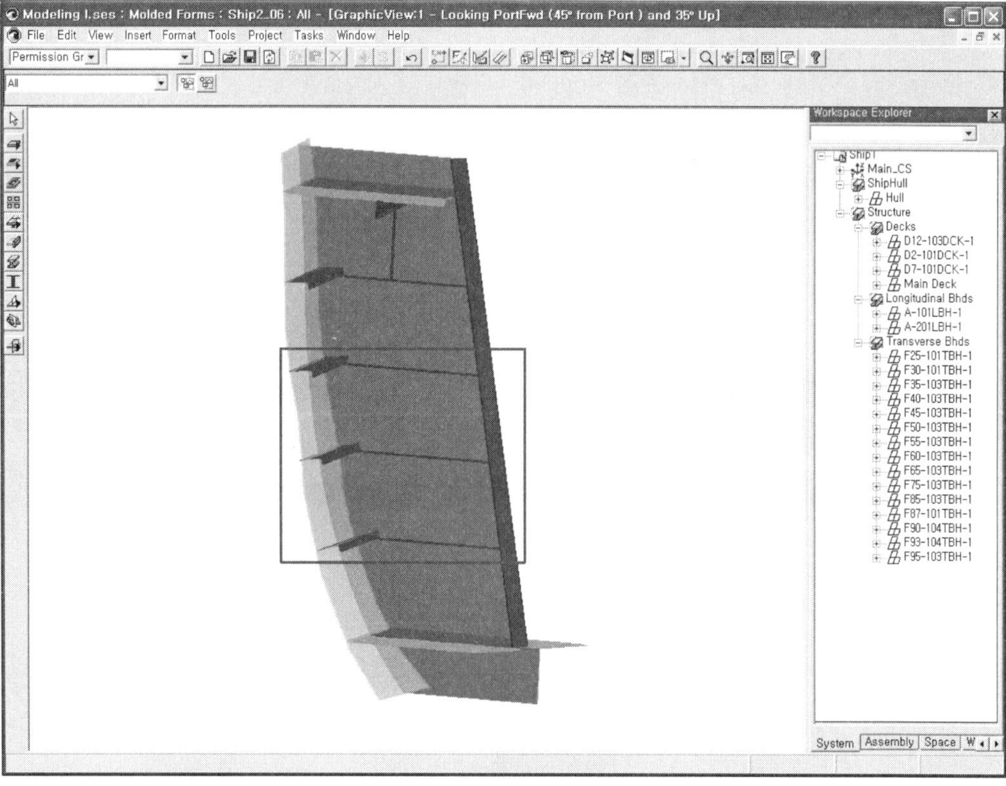

2.6.7-B Tripping Stiffener 생성하기 2

F30-* 평판과 동일하게 F35-* 평판에 Tripping Stiffener를 생성하시오.

과제결과

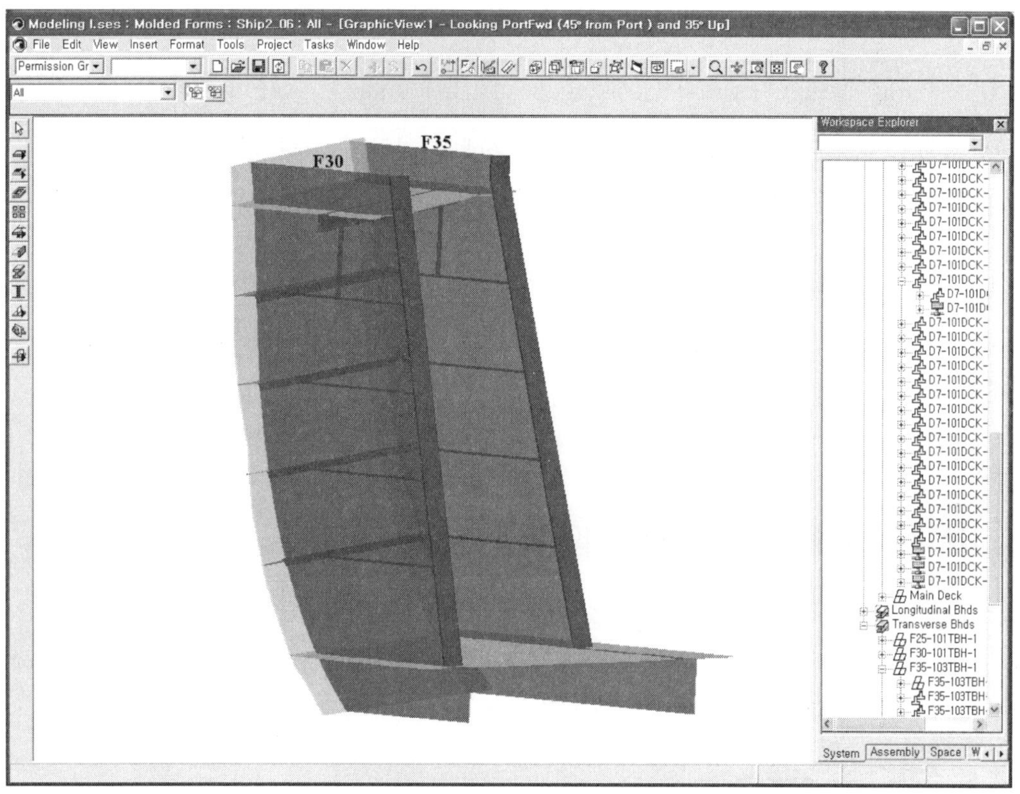

2.7 Seam

하나의 평판(또는 Profile)이 자재의 생산 규격보다 클 경우나 다른 평판과 서로 교차하는 경우에 그 자재는 복수 개의 평판(또는 Profile)으로 쪼개어야 한다.

이를 위하여 SM3D에서는 Seam과 Splitting 도구를 제공하고 있다.

평판(또는 Profile)이 다른 평판과 서로 교차하는 경우에는 교차하는 경계선을 따라 Splitting 작업을 할 수 있으나 하나의 평판(또는 Profile)인 경우에는 분리해야 할 경계선을 따라 Seam을 생성하고 다시 Seam 정보를 이용하여 Splitting 작업을 한다. 즉, Seam은 모재에 논리적 정보로 등록되며 물리적 분리하지 않는다. 물리적 분리는 Splitting 작업을 하여야 한다.

Seam의 종류는 Design seam과 Straking seam 및 Planning seam이 있다.

- Design seam : 속성이나 두께가 서로 다른 경우에 분리하기 위한 경계선
- Straking seam : 모재의 크기가 자재의 기본 크기보다 클 경우에 자재의 기본 크기에 맞추어 분리하기 위한 경계선
- Planning seam : 블록을 나누기 위한 블록 사이의 경계선
- Intersection seam : 데크와 격벽이 교차하는 부분과 같이 평판이 서로 교차하는 부분의 솔기를 따라 분리하는 경계선

2.7.1 Design Seams by 2D Sketch

생성된 하나의 평판 크기가 자재의 표준 크기보다 크거나 또는 서로 다른 두께의 평판을 사용해야 하는 경우에 분리할 위치의 경계선을 직접 2D geometry를 작성하고, 작성된 geometry에 맞추어 Seam 정보를 생성한다.

실습 2.7.1 D2-* 평판에 2D line을 작성하고, 그 선분에 맞춰 Seam을 생성한다.

작업영역 Ship 2_07 F25-*와 F55-* 사이의 D2-*을 우현-선수-상단에서 본 형태로 확대한다.

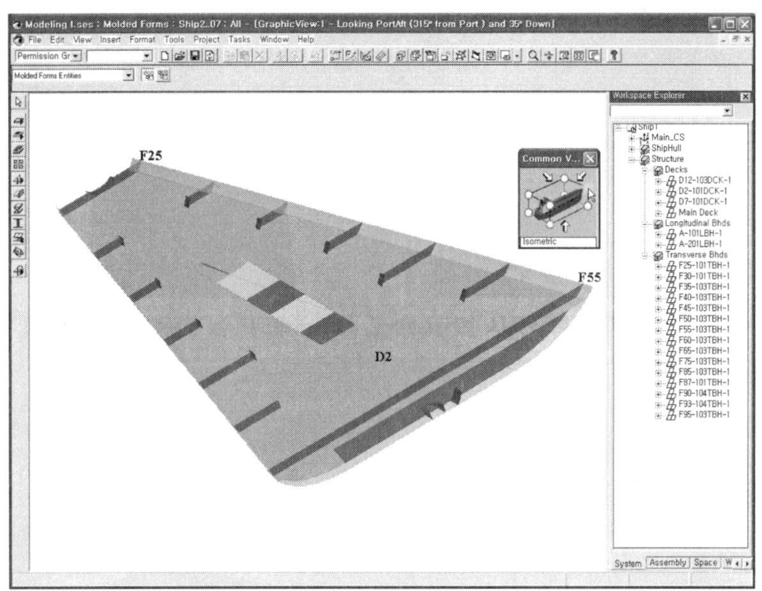

1 (Seam by 2D Sketch) 도구를 선택한 후 WE의 Structure: D2-*를 지정한다.

그림 1 Seam by 2D Sketch 도구

2 리본-바의 (Sketch Curve) 아이콘을 선택하면 리본-바의 내용이 바뀌며, 바뀐 리본-바에서 (Add Intersecting Item) 아이콘을 선택한 후 WE의 Main-CS: L0, F35, F50을 선택한다.

chapter 02

3 리본-바의 (Sketch 2D) 아이콘을 선택하면 Sketch 2D 창으로 바뀐다. *Sketch 2D* 창에서 그림과 같이 Seam으로 분리할 구역을 작성한 후 [Finish] 버튼을 클릭하여 창을 닫는다.

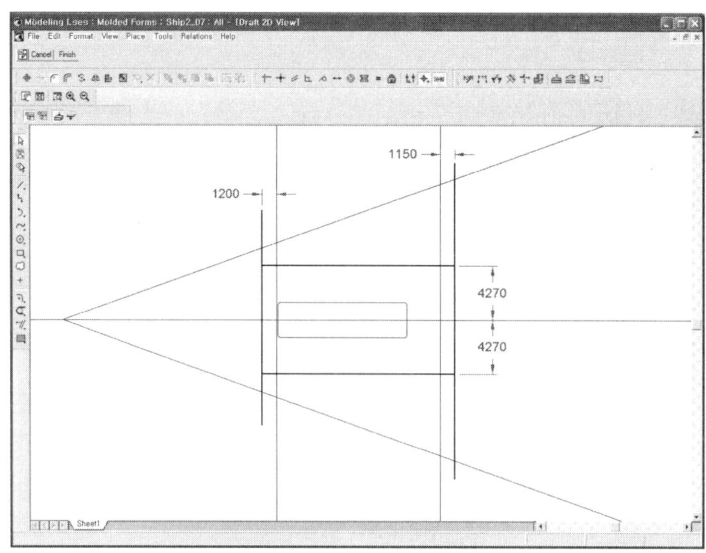

그림 2 **D2-*에** Seam으로 분리할 2D line

4 리본-바의 Finish 버튼을 클릭한다.

작업결과 2.7.1 D2-* 평판에 작성한 Geometry와 같은 위치에 Seam이 생성된다.*

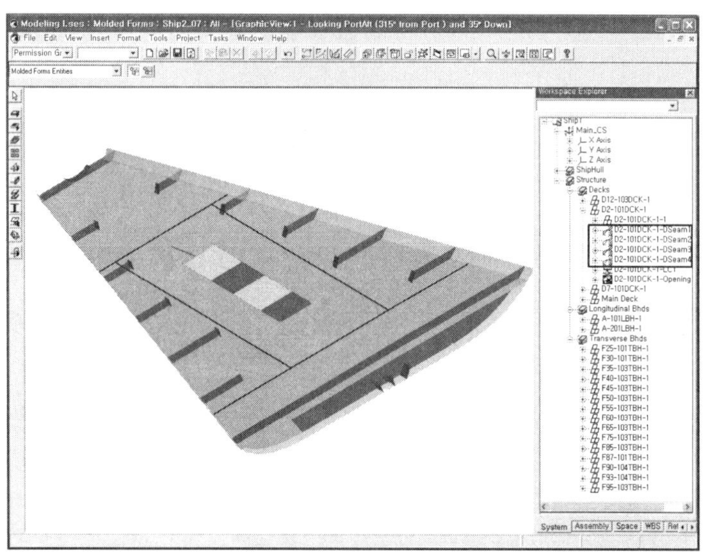

* 모델 뷰에서 Seam이 보이지 않는 경우에는 Surface Style Rule에서 Seams의 위치를 Decks 위로(우선) 이동 시키면 보인다.

2.7.2 Design Seams by Offset

생성된 평판을 자재의 표준 크기(폭)로 분리하는 경우와 같이 기준선으로부터 일정한 간격으로 복수개의 Seam을 동시에 생성할 수 있다.

실습 2.7.2 선체의 곡면에 기준선과 Offset 값으로 위치를 지정하여 Seam을 생성한다.

작업영역 Ship 2_07 선미에서 F60 사이를 Hull을 제외한 모든 객체를 감추기하고 확대한다.

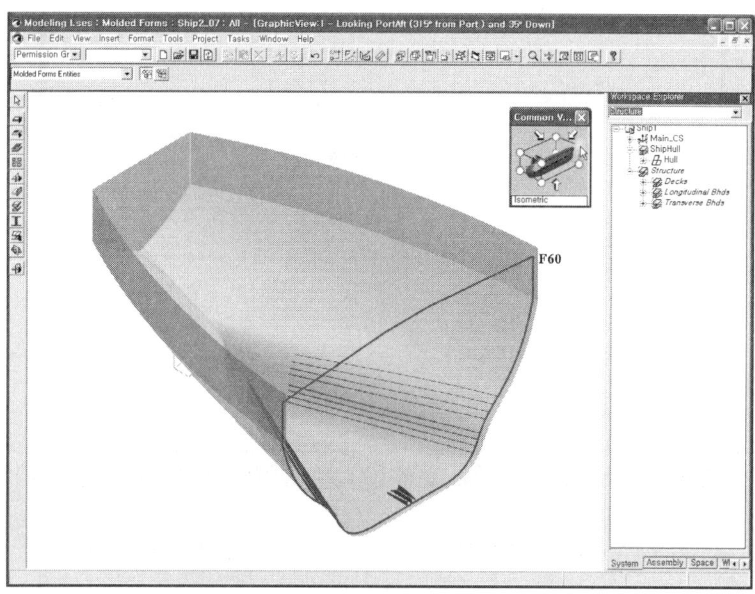

1 (Seam by Offset) 도구를 선택한 후 WE의 ShipHull : Hull을 지정한다.

그림 1 Seam by Offset 도구

2 리본-바의 (Base Curve) 아이콘을 선택한 후 WE의 Main_CS : F25를 지정한다.

3 리본-바의 (Offset) 아이콘을 선택하여 다음과 같이 리본-바의 입력란을 수정한 후 이격방향이 선미쪽(Fore)이 되는 위치에서 클릭한다.*

Offset : 4100(mm) 입력　Method : Longitudinal 선택

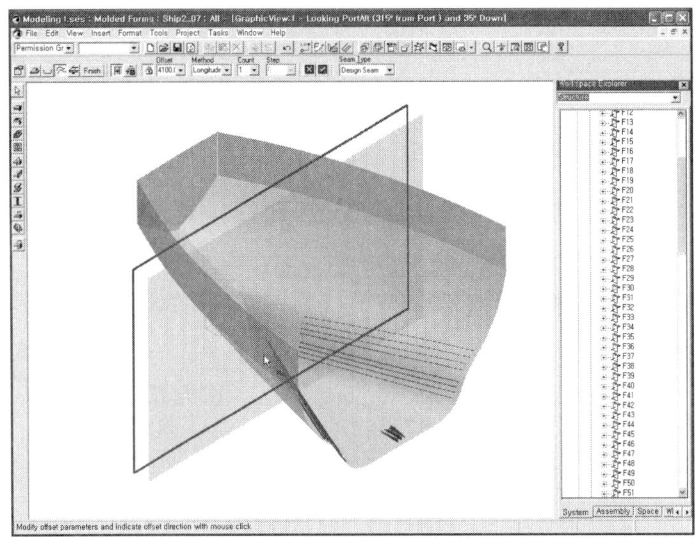

그림 2 이격 방향(적색 화살)이 선미쪽이 되는 지점에서 클릭한다.

4 리본-바의 Finish 버튼을 클릭한다.

작업결과 2.7.2 기준선인 F25로부터 선미쪽으로 4,100mm 떨어진 위치에 Hull 곡면을 따라 Seam이 생성된다.

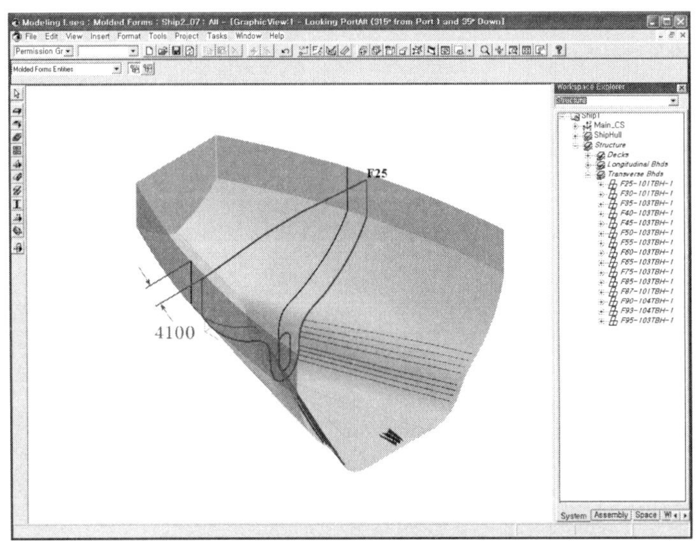

* 리본-바의 Method난을 지정하지 않은 상태에서는 이격 방향(화살 방향)이 마우스포인터의 위치에 따라 전후좌우로 바뀐다. 만일 Method난을 Longitudinal로 설정하면 화살 방향은 횡방향인 전후로만 바뀐다.

2.7.2 Offset을 이용한 Seam 생성하기

F25, F40 및 F55로부터 선미 방향으로 각 300mm 떨어진 위치의 선체의 곡면에 Seam을 생성하시오.

과제결과

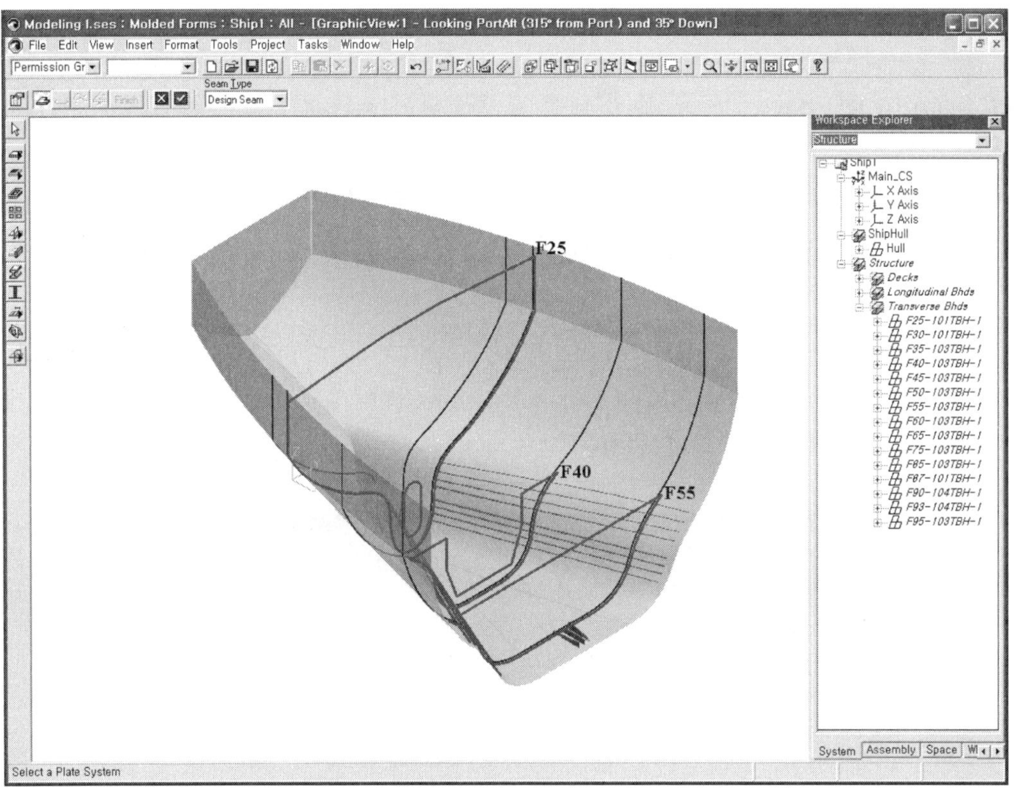

2.7.3 Design Seams using Boundary

Seam의 위치 정보(2D Geometry 또는 Offset 값)에 경계치(Boundary) 정보를 추가로 지정하여 생성할 수 있다.

실습 2.7.3 선체의 곡면에 Geometry로 위치를 지정하여 Seam을 생성한다.

작업영역 **Ship 2_07** (전 절에서 계속)

1 (Seam by 2D Sketch) 도구를 선택한 후 WE의 ShipHull : Hull을 지정한다.

2 리본-바의 (Sketch Curve) 아이콘을 선택하면 리본-바의 내용이 바뀌며, 바뀐 리본-바에서 (Sketching Plane) 아이콘을 선택한 후 WE의 Main_CS : L0을 선택한다.

3 리본-바의 (Sketch 2D) 아이콘을 선택하면 *Sketch 2D* 창이 나타나며, *Sketch 2D* 창에서 ACIS › DemoShip.sha 파일을 열고 Long Hull Seams [Elev] 탭에서 Geometry(선분 4개)를 복사한 후 [Finish] 버튼을 클릭하여 창을 닫는다.*

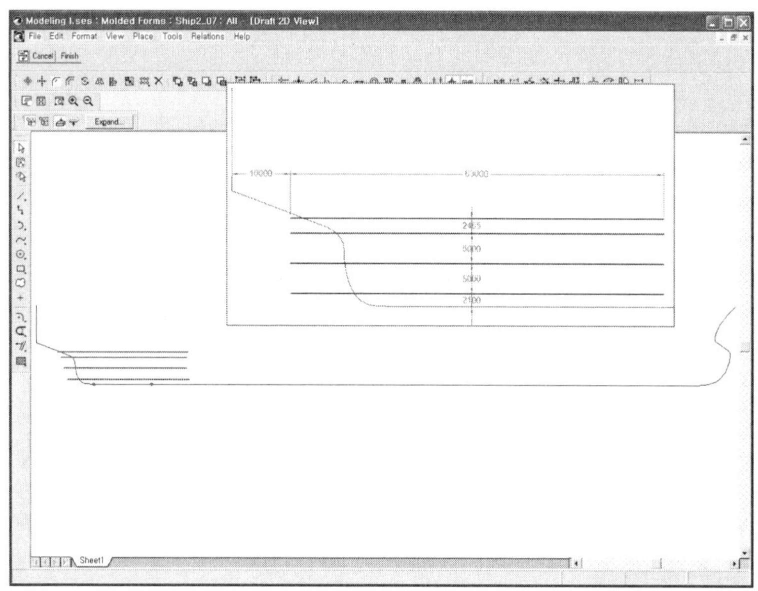

그림 1 Geometry를 복사한 결과

* **DemoShip.sha** 파일은 본 교재 출판사 홈페이지(http://www.kihanjae.com)의 자료실에서 다운 받을 수 있습니다.

4 리본-바의 (Boundary) 아이콘을 선택한 후 전 절에서 생성한 F25 및 F55의 선미쪽 Seam을 지정한다.

5 리본-바의 Finish 버튼을 클릭하면 Port쪽과 Starboard쪽에 선택 선분(녹색)이 표시된다. 이 중 Port 쪽을 선택한다.

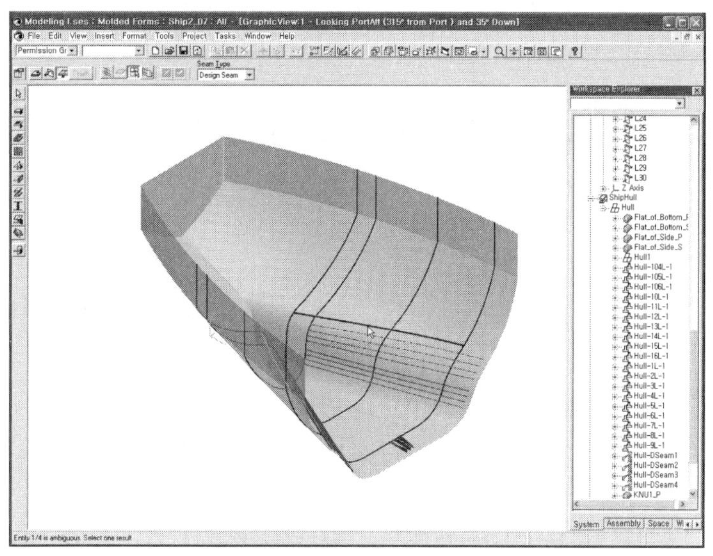

그림 2 Port쪽을 선택한 상태(자색으로 표시됨)

6 다시 리본-바의 Finish 버튼을 클릭한다.

작업결과 **2.7.3** Hull의 Port쪽 곡면에 작성한 선분과 일치하는 Seam이 생성된다.

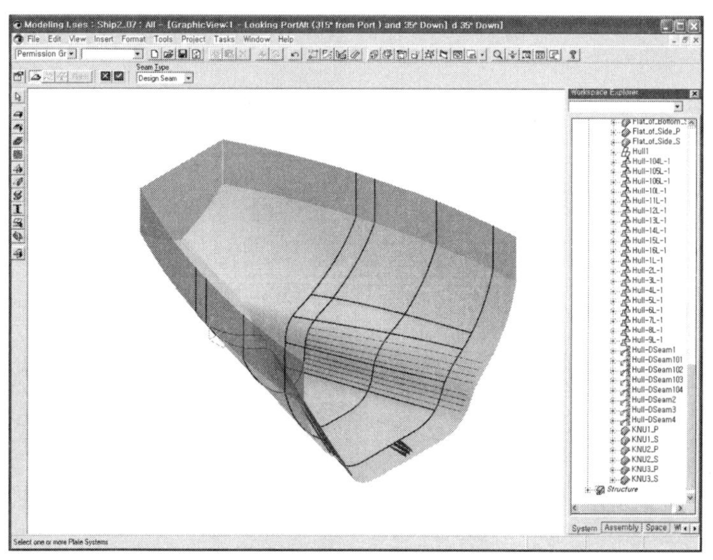

2.7.3 Hull에 Seam 생성하기

[실습 2.7.3]에서 생성한 Seam을 동일한 위치에 Starboard 쪽에도 생성하시오.

과제결과

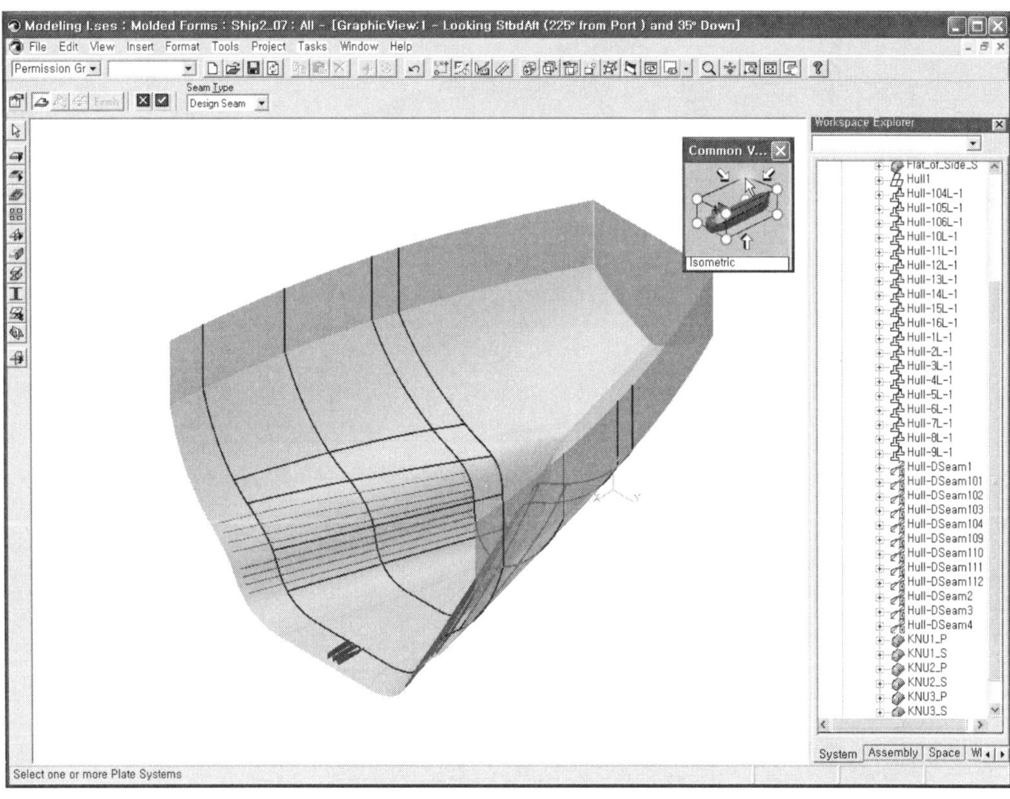

2.8 Splitting

분리작업(Splitting)은 Seam이나 객체가 서로 교차하는 경계선을 따라 물리적으로 분리하는 작업을 말하며, 분리작업을 실행하면 새로운 Subsystem으로 생성된다.

작업 방법은 분리할 대상을 모두 목록(Split List)으로 작성하고, 이 목록에서 분리작업 대상을 지정하여 분리한다.

2.8.1 Splitting Plate Systems

하나의 평판 또는 곡판을 Seam을 따라 물리적 분리 작업을 한다.

실습 2.8.1-1 [실습 2.7.1]에서 D2-* 평판에 작성한 Seam을 따라 분리(Split)작업을 한다.

작업영역 Ship 2_08 F25와 F55 사이의 D2-* 부분을 우현-선수-상단에서 본 형태로 확대한다.

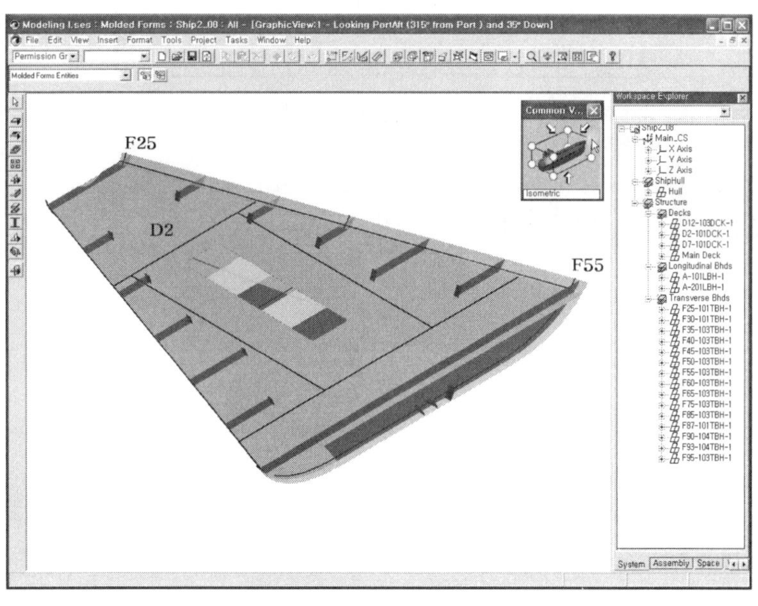

1 (Execute the actual Split) 도구를 선택한 다음 WE의 Structure: D2-*를 지정한다.

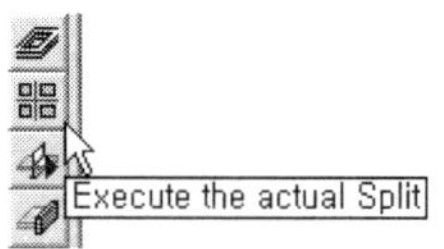

그림 1 Execute the actual Split 도구

2 리본-바의 (Select Systems(s)) 아이콘을 선택하면 *Split List* 창이 나타나며, 이 창에서 D2-*의 Seam만 선택한 후 [OK] 버튼을 클릭하여 창을 닫는다.*

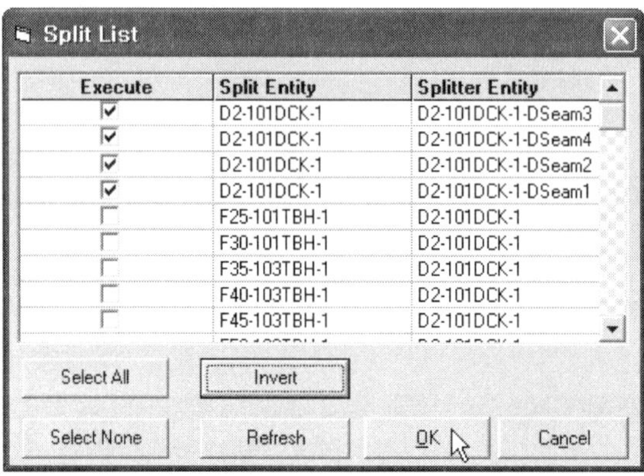

그림 2 *Split List* 창

2 리본-바의 Finish 버튼을 클릭한다.

* Split List 창의 Item을 선택하면 작업창의 모델 뷰에 분리 기준 또는 위치(Splitter Entity)는 노란색으로, 분리 대상(Split Entity)은 붉은색으로 표시된다.

작업결과 **2.8.1-1** D2-* 평판이 작성된 Seam을 따라 5개의 Subsystem으로 분리된다.*

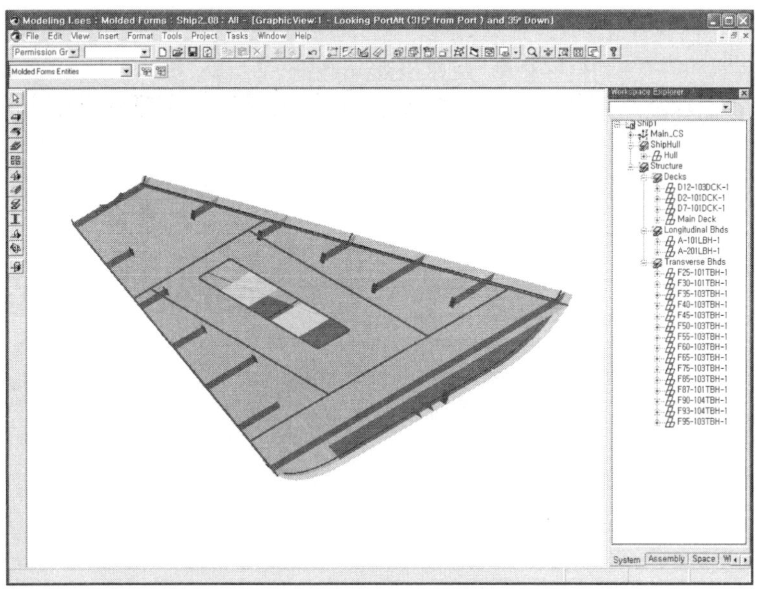

실습 2.8.1-2 전 절에서 분리한 평판의 속성을 변경하여 분리 여부를 확인한다.

작업영역 **Ship 2_08** (전 절에서 계속)

1 (Select) 도구를 선택한 다음 WE의 Structure : D2-*를 지정한다.

* 분리된 Subsystem은 독립적으로 관리된다. 즉, **D2-***의 최상위 속성에서 지정한 값은 Subsystem 전체에 값이 전달되지만 Subsystem에 개별적으로 지정한 값은 최상위 속성 값보다 우선하며, 다른 Subsystem에 전달되지 않는다. 예를 들면 개별 Subsystem의 철판 두께를 변경할 경우 해당 Subsystem 철판의 두께만 변경된다.

2 리본-바의 (Plate System Properties) 아이콘을 클릭하면 *Plate Plates System Settings* 창이 나타나며, 이 창의 [Material] 탭의 Actual Thickness가 15.00mm인 것을 확인한 후 창을 닫는다.

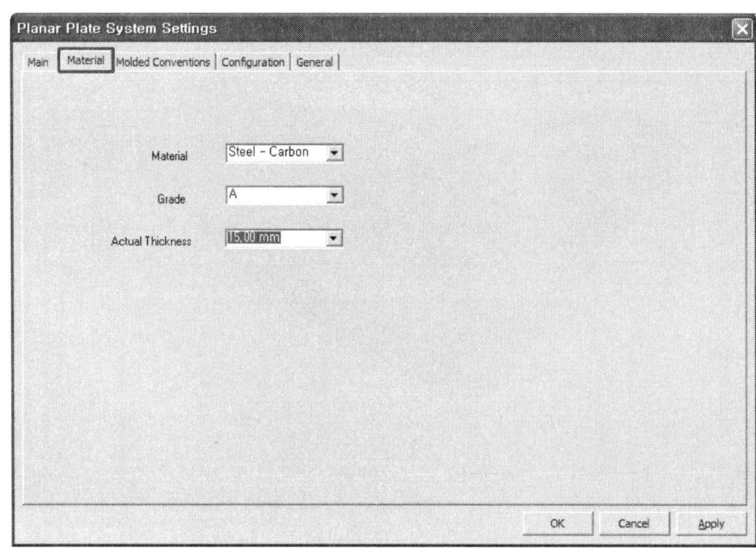

그림 1 **현재 D2-* 전체 평판의 두께**

3 다시 (Select) 도구를 선택한 다음 이번에는 WE에서 Structure: D2-*의 분리된 평판 중 중앙 부분(Opening이 있는 부분)을 선택한 후 리본-바의 (Plate System Properties) 아이콘을 클릭하여 나타나는 Plate Plates System Settings 창에서 Actual Thickness를 36.00로 수정하고 [OK] 버튼을 클릭하여 창을 닫는다.

4 다시 (Select) 도구를 선택한 다음 WE에서 Structure: D2-*(최상위)를 선택한 다음 Actual Thickness를 18.00mm로 수정한다.*

5 다시 Structure: D2-*의 중앙 부분 평판을 선택하여 Actual Thickness가 36.00m로 유지하고 있음을 확인한다.**

• • • •

* D2-* 평판 전체의 두께를 18.00mm로 수정한다.

** 결과적으로 Splitting 작업은 지정한 경계를 기준으로 물리적 분리를 하며, 분리된 부품은 서로 독립적으로 관리된다.

[실습2.7.2] 및 [실습2.7.3]에서 선체에 작성한 Seam을 따라 분리(Split)작업을 한다.

작업영역 **Ship 2_08** 선미에서 F60 사이의 Hull 부분을 확대한다(Hull 제외한 나머지 모든 객체는 감추기 한다).

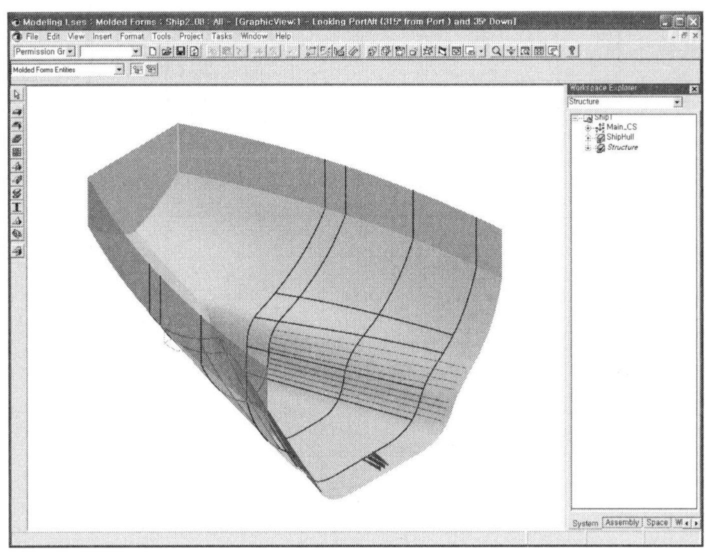

1 (Execute the Actual Split) 도구를 선택한 다음 WE의 ShipHull : Hull을 선택한다.

2 리본-바의 (Select Systems(s)) 아이콘을 선택하면 *Split List* 창이 나타나며, 이 창에서 Splitter Entity 난의 Title을 클릭하면 재배열(Sort) 된다.

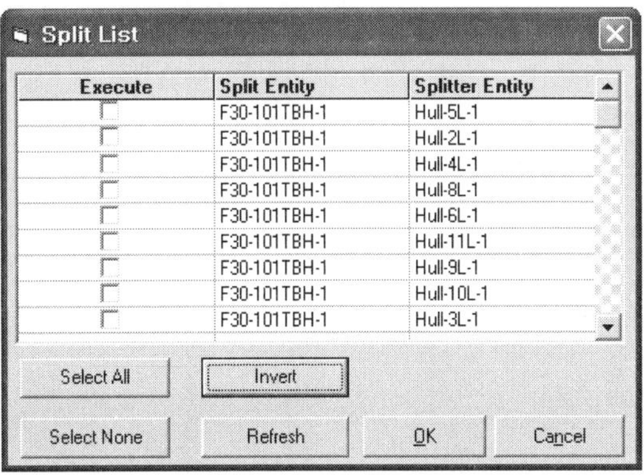

그림 1-1 Splitter Entity난의 재배열 전

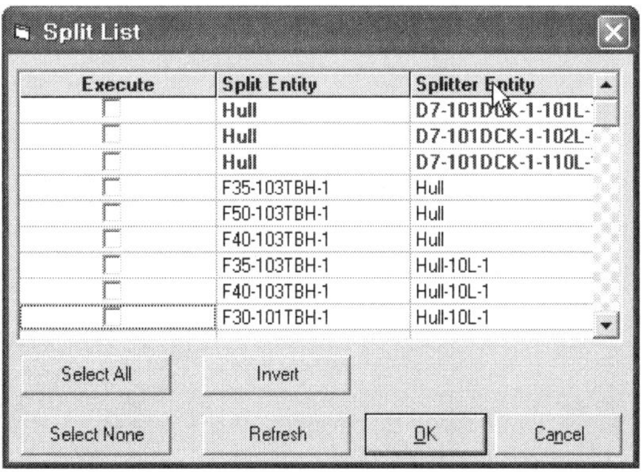

그림 1-2 Splitter Entity난의 재배열 후

chapter 02

3 *Split List* 창에서 Seam 부분만 선택한 후 [OK] 버튼을 클릭하여 창을 닫는다.

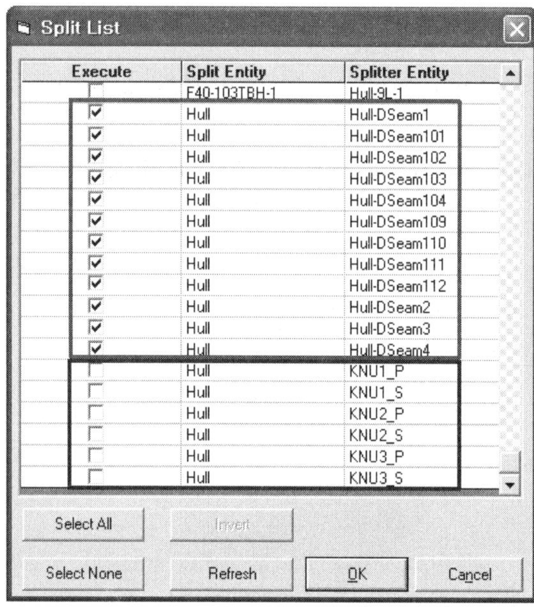

그림 2 분리 대상을 지정한 상태

4 리본-바의 Finish 버튼을 클릭한다.

작업결과 2.8.1-3 Hull 곡판이 Seam을 따라 Subsystem으로 분리된다.

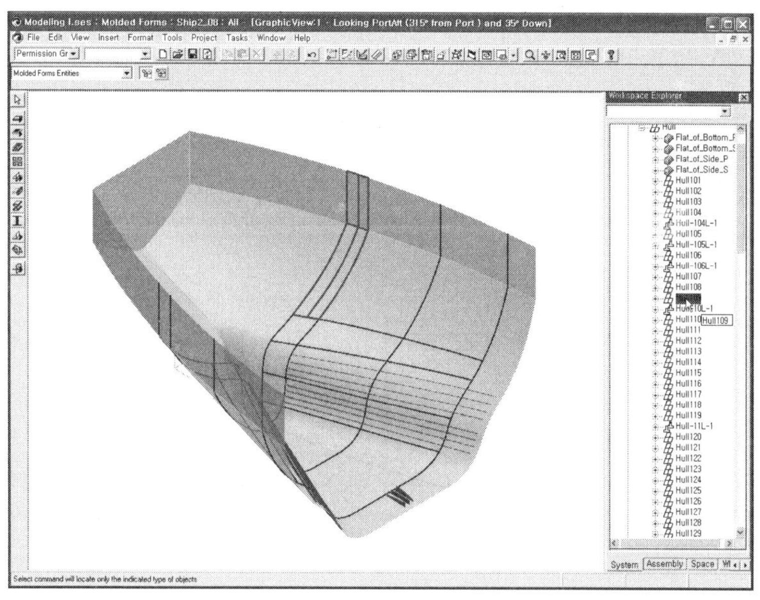

2.8.1 평판 분리하기

F30-*, F35-*, F40-*, F45-* 및 F50-* 평판을 D2-* 및 D7-*과 만나는 경계선을 기준으로 분리하시오.

[참고] 부재의 속성 중 Continuity 값이 "Continuous"인 부재와 "Intercostal"인 부재가 교차하는 경우에는 "Intercostal" 속성의 부재가 분리된다. 만일, 속성이 같은 경우에는 Priority 값이 작은 것이 우선한다. 즉, 큰 값의 부재가 분리된다.

과제결과 F30-*~F50-* Trans. 평판이 D2-*와 D7-*를 경계로 분리된다.

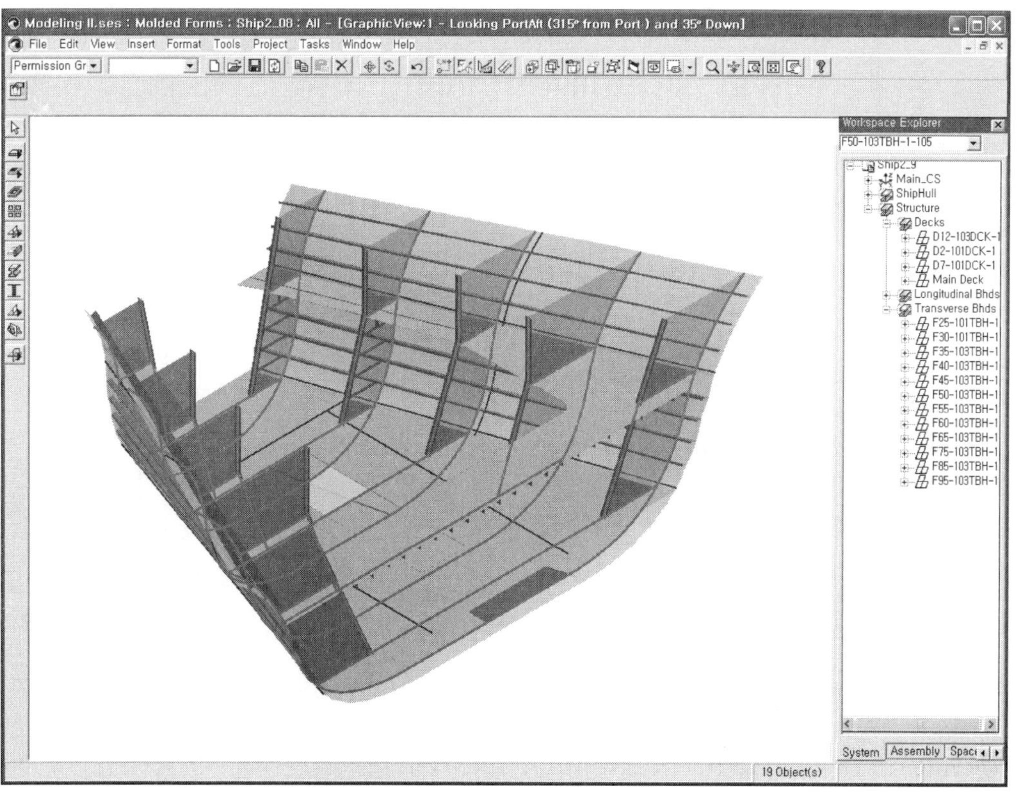

2.8.2 Splitting Profile Systems

평판에 보강재로 부착된 Profile은 평판의 분리와 별개로 분리작업을 해야 한다. 즉, Profile에 대해서도 별도의 Seam을 생성한 후 Splitting 작업을 한다.

실습 2.8.2-1 Profile 분리작업 실습하기 위하여 Profile과 Profile Seam을 생성한다.

작업영역 Ship 2_08 F85와 F95 사이를 우현-선미-상단에서 본 형태로 확대한다. 단, Main Deck은 감추기 한다.

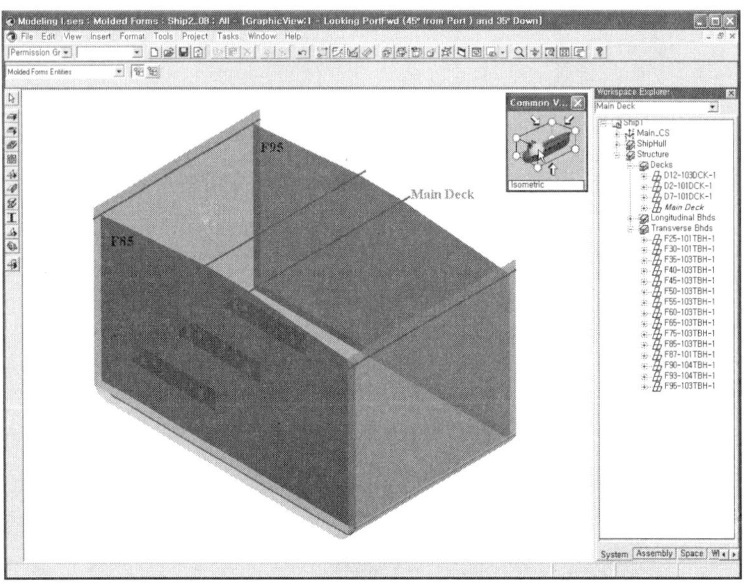

1 D20 위치에 L-10, L10 및 F85-*, F95-*를 경계로 하는 D20-*을 생성한다.*

[Main tab]

- Name Category : Deck
- Parent System : Decks
- Continuity : Continuous
- Tightness : Non-Tight

[Material tab]

- Actual Thickness : 10.00mm

* **Planar Plate System** 도구를 사용하여 생성(교재 2.2.2 참조)

[Molded Conventions tab]

- Thickness Direction : Above
- Primary Profile Orientation : Down

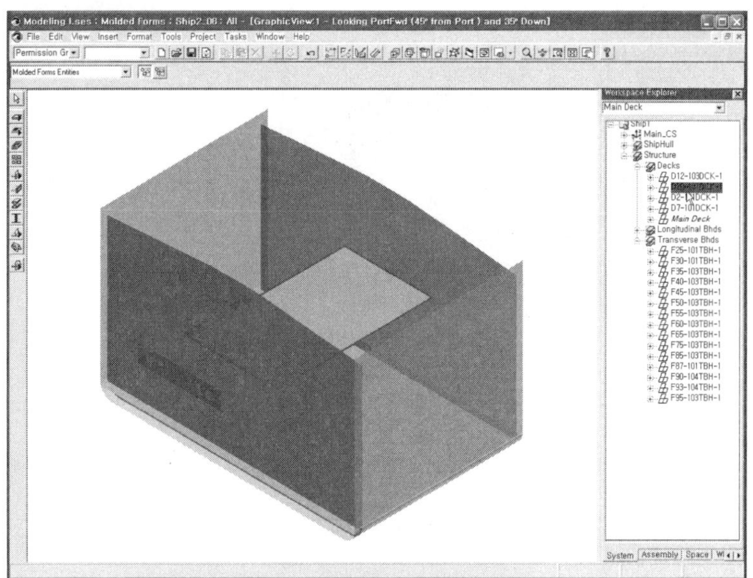

그림 1 D20-*을 생성한 결과

2 생성한 D20-*에 L-7, L-4, L0, L4, L7 위치에 Profile(Longitudinal Stiffener)을 생성한다.*

Section Type : UA

Section Size : UA 200x90x9/14

* **Stiffener Profile System by Intersection** 도구를 사용하여 생성(교재 2.6.1 참조)

3 생성한 D20-*의 F90 지점에 Seam을 생성*

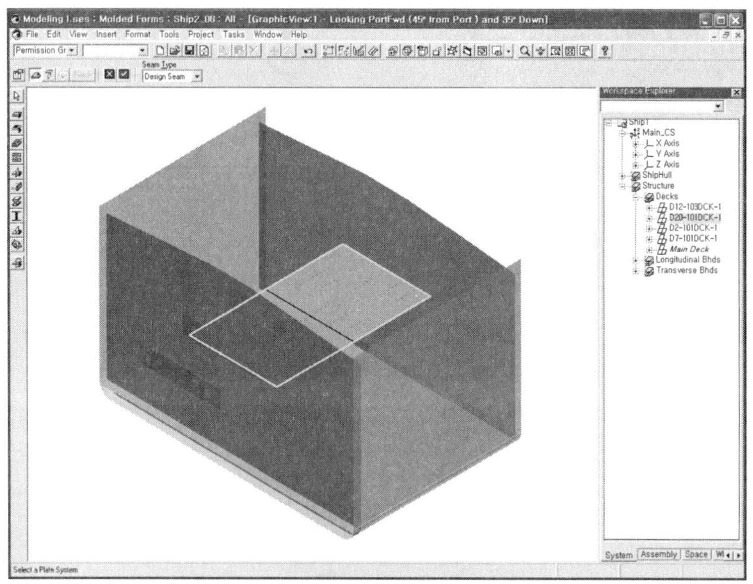

그림 2 **D20-*과 F90의 교차점에 Seam을 생성한 결과**

4 (Profile Seam) 도구를 선택한다.

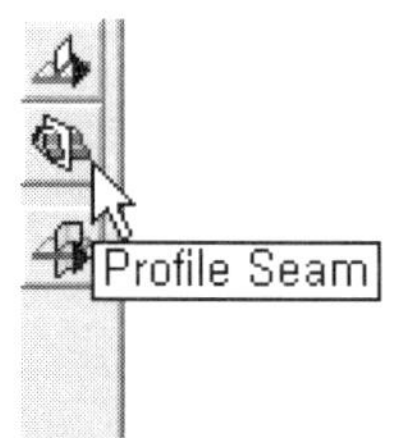

그림 3 Profile Seam 도구

* **Seam by Intersection** 도구를 사용하되 Intersecting Object로 Main_CS : **F90**을 지정

5 리본-바의 Select 난을 "Plate System"으로 지정된 상태에서 WE의 Decks : D20-*을 지정한다.*

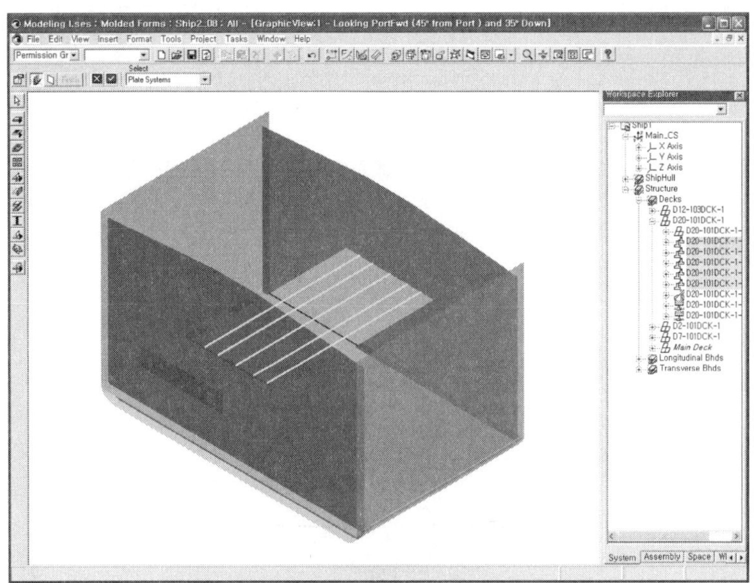

그림 4 **D20-***에 있는 모든 Profile이 선택된 상태

6 리본-바의 [아이콘] (References) 아이콘을 클릭한 다음 WE의 Main_CS : F90을 지정한다.

7 리본-바의 Finish 버튼을 클릭한다.

작업결과	2.8.2-1	• L85와 L95 사이의 D20 위치에 Deck 평판 D20-*가 생성된다. • D20-* 평판 아래쪽에 5개의 Stiffener가 생성된다. • D20-* 평판과 5개의 Stiffener에는 F90을 따라 Seam이 생성된다.

* **D20-***을 지정하면 D20-*에 있는 모든 Profile이 노란색으로 바뀐다.

chapter 02

실습 2.8.2-2 [실습 2.8.2-1]에서 생성한 Profile을 Seam을 따라 분리작업을 한다.

작업영역 Ship 2_08 전 절에서 생성한 D20-* 평판만 우현-선미-하단에서 본 형태로 확대한다.

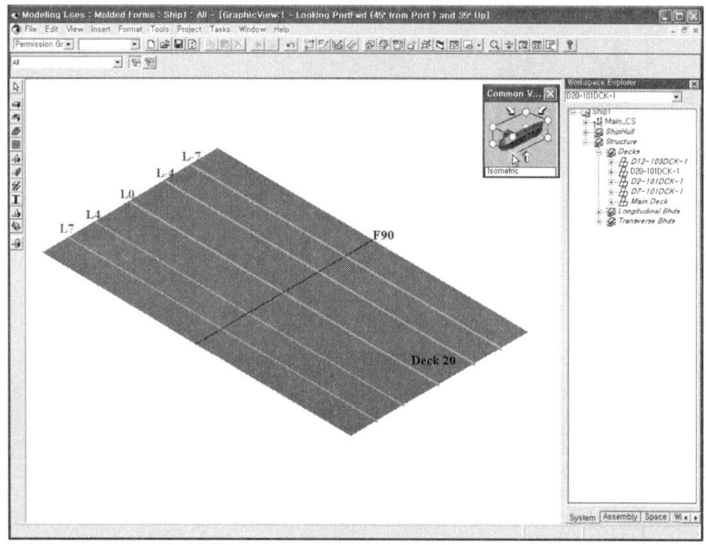

1 (Execute the Actual Split) 도구를 선택한다.

2 리본-바의 "Include Children" 체크박스를 선택한 상태에서 WE의 Structure: D20-*을 선택한다.

3 리본-바의 [아이콘] (Select Systems(s)) 아이콘을 선택하면 *Split List* 창이 나타난다. List의 내용을 확인한 다음 [OK] 버튼을 클릭하여 창을 닫는다.*

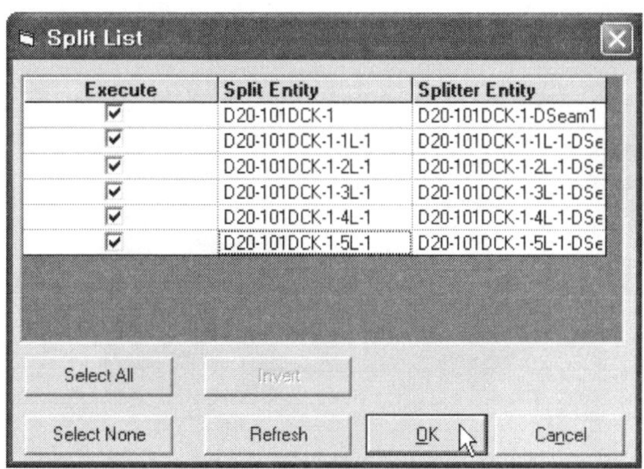

그림 1 Split List 내용

4 리본-바의 [Finish] 버튼을 클릭한다.

작업결과 2.8.2-2 D20-*에 부착된 보강재 모두가 작성한 Seam을 따라 분리된다.

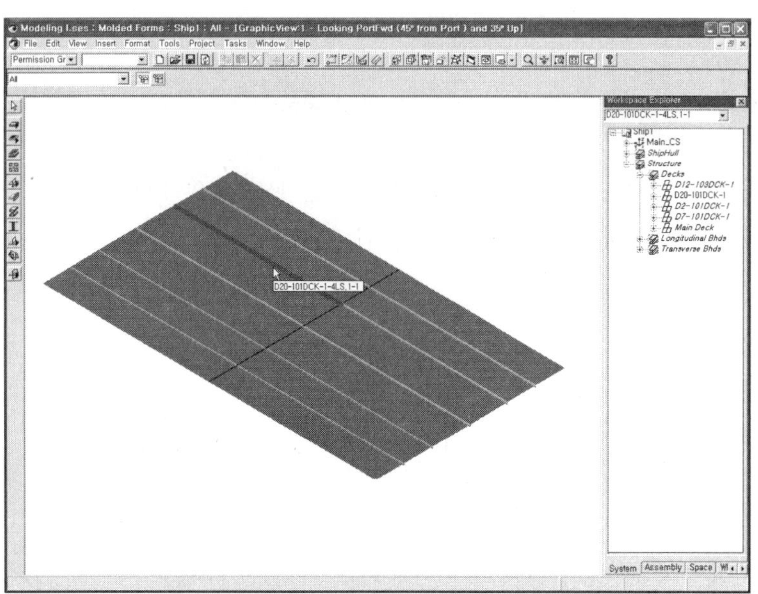

* 만일 List에 필요한 정보가 없는 경우에는 하단의 **[Refresh]** 버튼을 클릭하면 목록이 정상적으로 나타난다.

2.9 Bracket Plate Systems

Bracket의 종류는 [그림 1]과 같이 접하는 객체의 개수에 따라 2 Support(2S), 3 Support(3S), 4 Support(4S) 및 5 Support(5S)가 있다. 그림에서 번호는 생성 작업 때 지정할 객체의 순서에 해당한다.

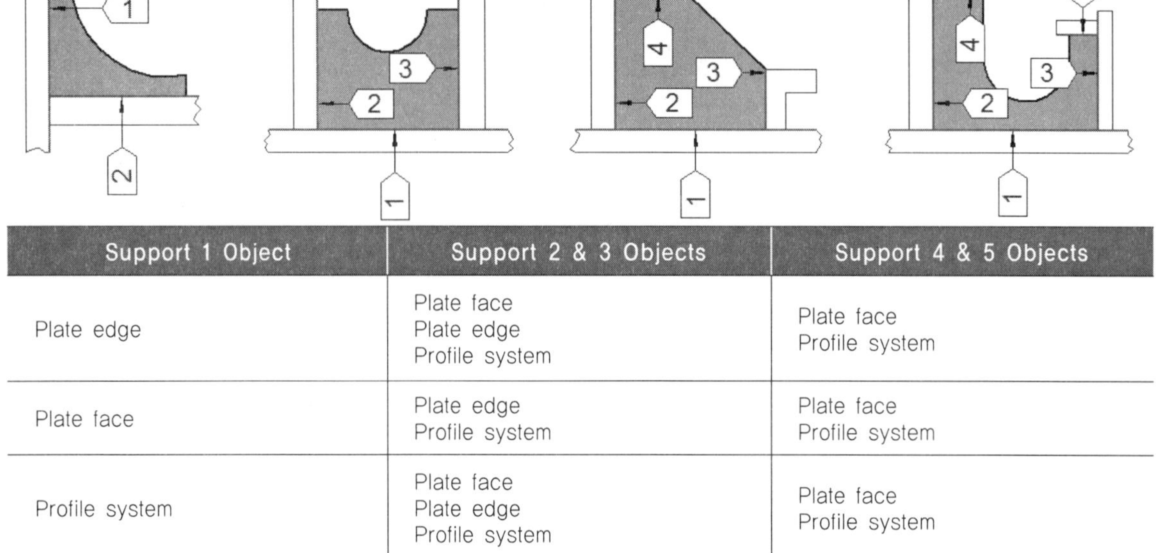

Support 1 Object	Support 2 & 3 Objects	Support 4 & 5 Objects
Plate edge	Plate face Plate edge Profile system	Plate face Profile system
Plate face	Plate edge Profile system	Plate face Profile system
Profile system	Plate face Plate edge Profile system	Plate face Profile system

그림 1 Bracket 종류

Bracket은 [그림 2]와 같이 평판의 보강재 위나 다른 Profile의 flange에 부착한다. 이 중 다른 Profile에 연결된 Bracket을 Tripping bracket라 한다.

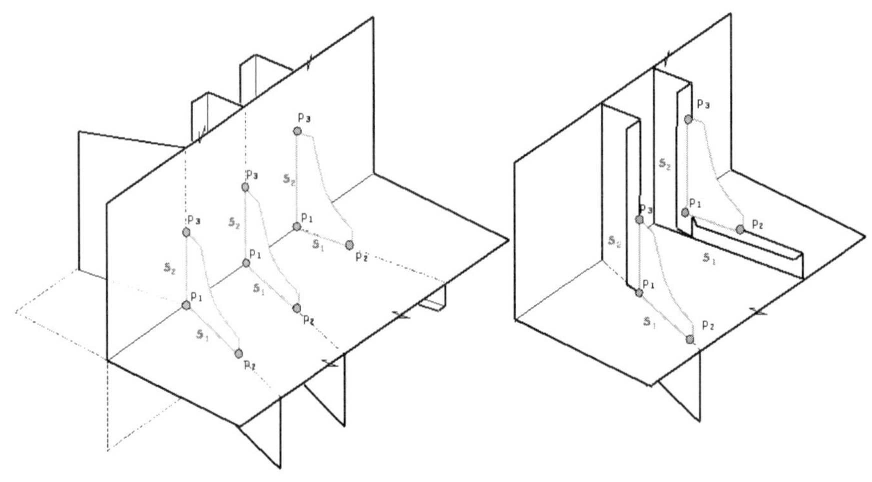

그림 2 Bracket의 부착 위치

2.9.1 Placing Brackets

2 Support Bracket은 통상 Profile과 평판 사이에 부착한다.

실습 2.9.1-1 D7-* 평판의 Stiffener와 F55-* 평판 사이에 Bracket을 생성한다(Type : 2SLL1Sup)

작업영역 Ship 2_09 ① 먼저 D7-*의 F55 부분을 우현-선미-상단에서 본 형태로 확대한다.

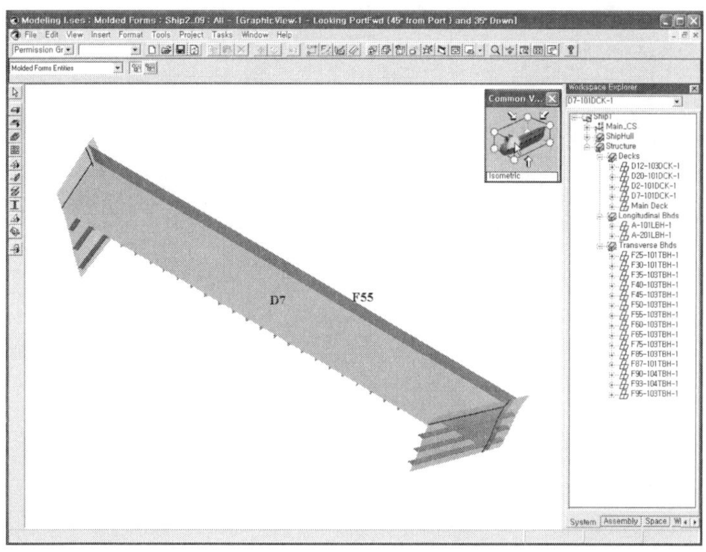

② 다시 우현-선미-하단에서 본 형태로 변경한다.

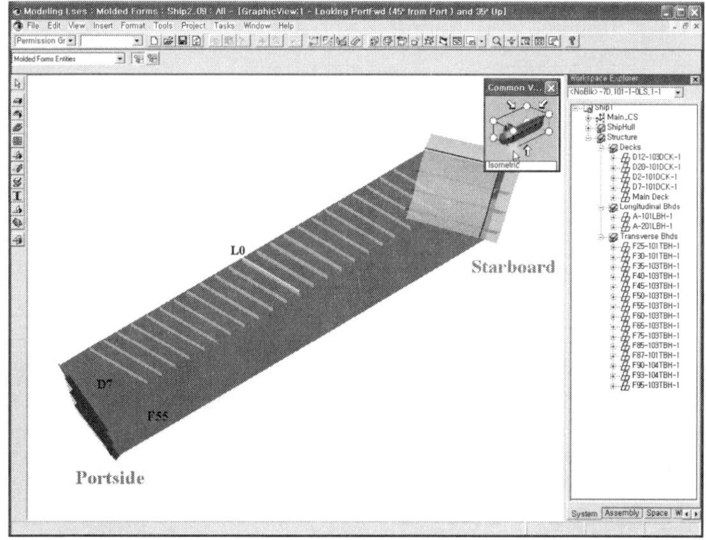

③ 최종 L0 위치의 Stiffener를 기준으로 Starboard 쪽을 확대한다.

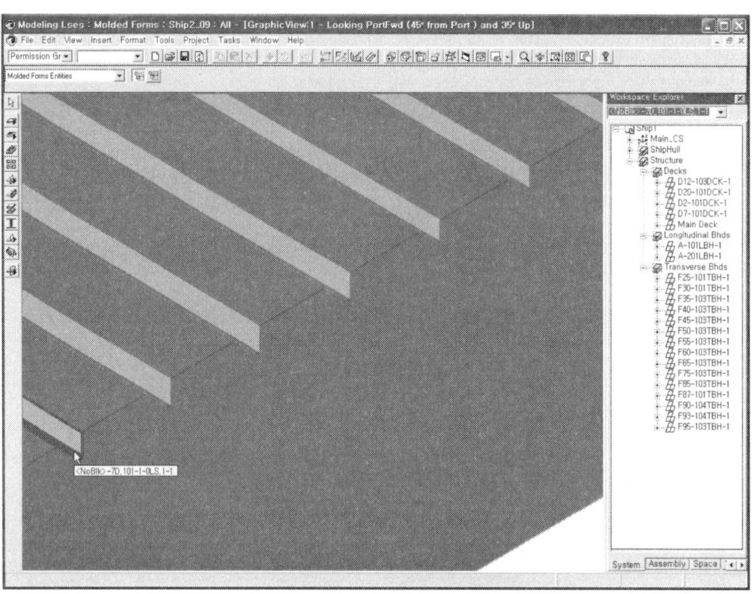

1 확장 도구 중 (Bracket Plate System) 도구를 선택한다.

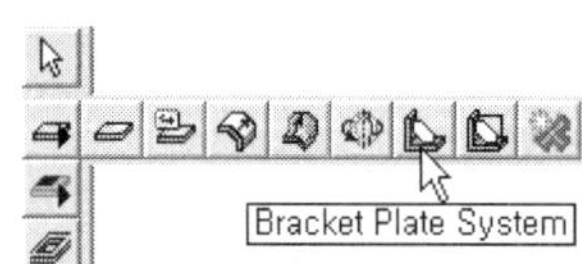

그림 1 Bracket Plate System 도구

2 리본-바의 (Select bracket and flange symbols) 아이콘이 선택한 후 Bracket Symbol 난의 More...를 선택하면 *Catalog Objects* 창이 나타난다.

3 *Catalog Objects* 창에서 Tripping Brackets › 2 Support Linear Free Edge Brackets › 2SL Lapped Brackets › 2SLL_1Lap 폴더에서 2SLL1Sup 400x400x50x50x50 파트를 선택한 후 [OK] 버튼을 클릭하여 창을 닫는다.

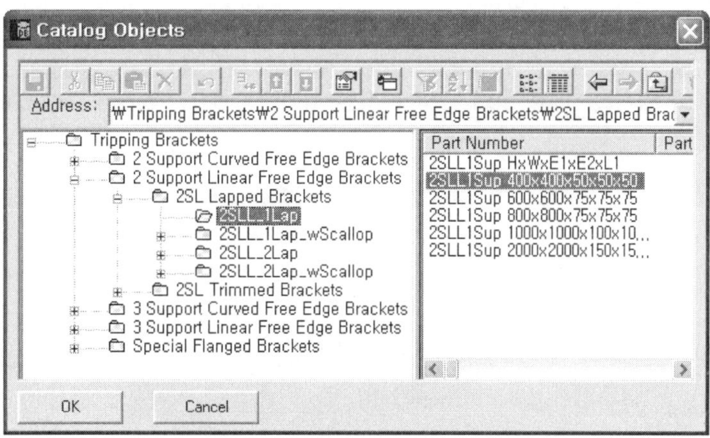

그림 2 *Catalog Objects* 창

4 바뀐 리본-바의 Parent System 난을 Longitudinal Bhds로 지정한다.

5 리본-바의 (Select Support 1) 아이콘이 선택된 상태에서 L0 선상의 Stiffener를 지정한다.*

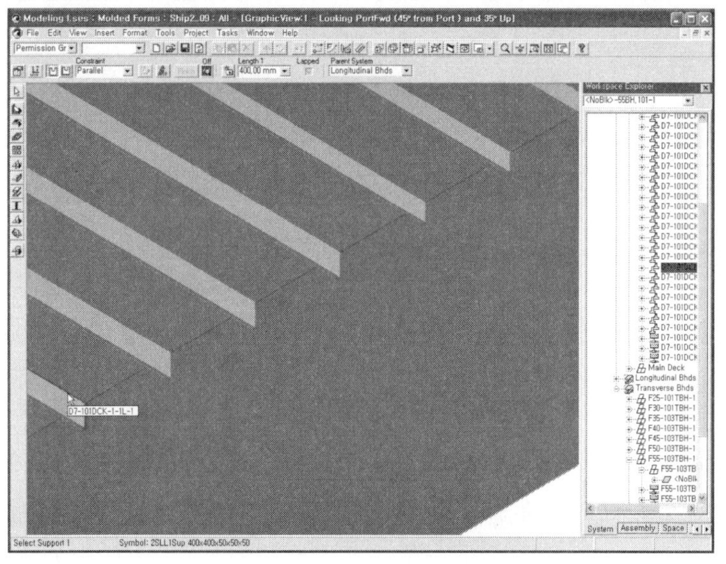

그림 3 Support 1 지정(Stiffener L0)

* 주의사항 : 작업창에서 객체를 직접 지정하여야 한다.

6 리본-바의 [icon] (Select Support 2) 아이콘을 선택한 후 F55-*를 지정하면 작업창에 Bracket이 표시된다(3개의 녹색 점으로 표시).*

7 리본-바의 Finish 버튼을 클릭한다.

작업결과 2.9.1-1 L0 위치의 Stiffener와 F55-* 평판 사이에 Bracket(Type : 2SLL1Sup)이 생성된다.**

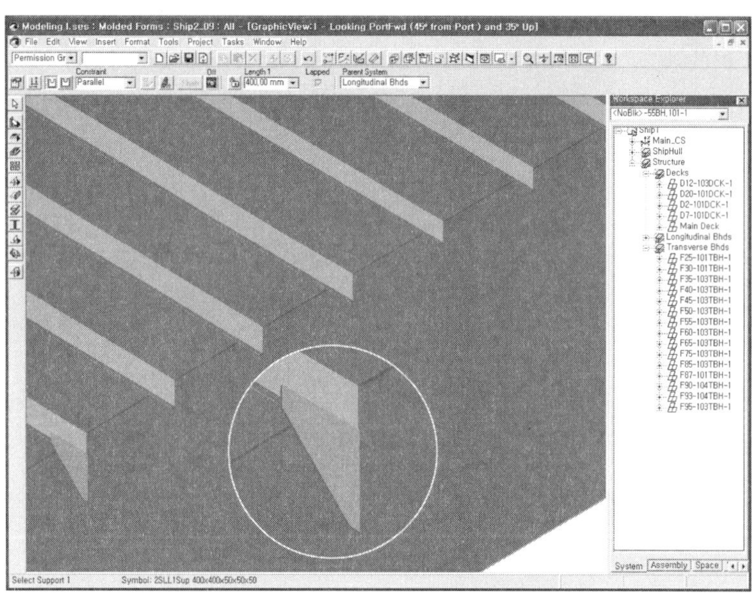

실습 2.9.1-2 D7-* 평판의 Stiffener와 F55-* 평판 사이에 다른 형태의 Bracket을 생성한다(Type : 2SLT).

작업영역 Ship 2_08 (전 절에서 계속)

1 리본-바의 [icon] (Select bracket and flange symbols) 아이콘이 선택된 상태에서 Bracket Symbol 난에서 More...를 선택하면 Catalog Objects 창이 나타난다.***

2 이 창에서 2SL Trimmed Brackets › 2SLT 폴더에서 2SLT 400x400x50x50 파트를 선택한 후 [OK] 버튼을 클릭하여 창을 닫는다.

* 주의사항 : 작업창에서 객체를 직접 지정하여야 한다.

** Deck 7의 속성에 의하여 Stiffener의 방향은 Inboard(안쪽) 방향이다. 따라서 Bracket은 Starboard 쪽에 만들어진다.

*** 전 절에서 연속작업 중이면 작업도구는 Bracket Plate System 작업 중인 상태이다.

3 리본-바의 [icon] (Select Support 1) 아이콘이 선택된 상태에서 L-1 선상의 Stiffener를 지정한다.

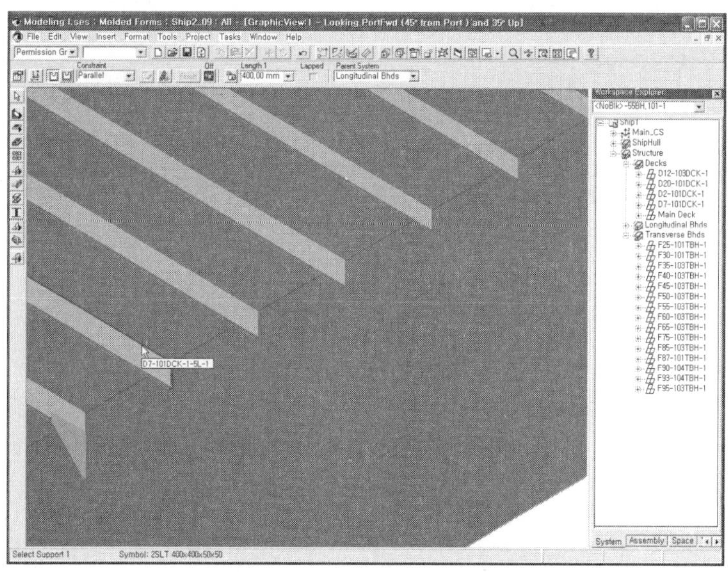

그림 1 Support 1 지정(Stiffener L-1)

4 리본-바의 [icon] (Select Support 2) 아이콘을 선택한 후 F55-*를 지정한다.

5 리본-바의 Finish 버튼을 클릭한다.

작업결과 2.9.1-2 L1 위치의 Stiffener flange와 F55-* 평판 사이에 Bracket(Type : 2SLT)이 생성된다.

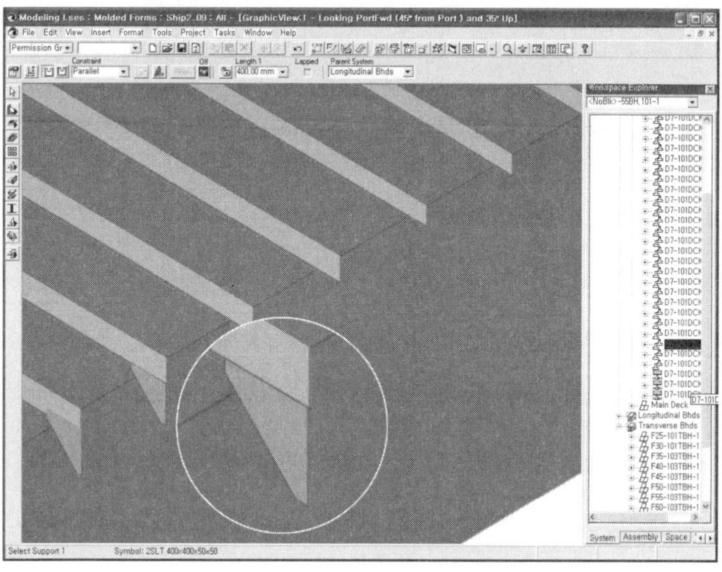

chapter 02

실습 2.9.1-3 D7-* 평판의 Stiffener와 F55-* 평판 사이에 다른 형태의 Bracket을 생성한다(Type : 2SLTScallop).

작업영역 Ship 2_09 (전 절에서 계속)

1 리본-바의 (Select bracket and flange symbols) 아이콘이 선택된 상태에서 Bracket Symbol 난에서 More...를 선택하면 *Catalog Objects 창*이 나타난다.

2 이 창의 2SL Trimmed Brackets > 2SLT_wScallop 폴더에서 2SLTScallop 400x400x 50x50x25 파트를 선택한 후 [OK] 버튼을 클릭하여 창을 닫는다.

3 리본-바의 (Select Support 1) 아이콘이 선택된 상태에서 L-2 선상의 Stiffener를 지정한다.

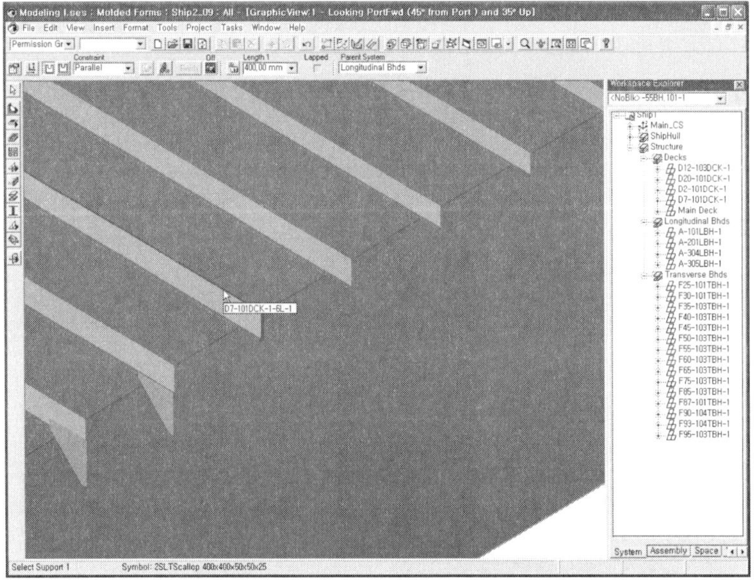

그림 1 Support 1 지정(Stiffener L-2)

4 리본-바의 (Select Support 2) 아이콘을 선택한 후 F55-*를 지정한다.

5 리본-바의 Finish 버튼을 클릭한다.

작업결과 **2.9.1-3** L2 위치의 Stiffener와 F55-* 평판 사이에 Bracket(Type : 2SLTScallop)이 생성된다.

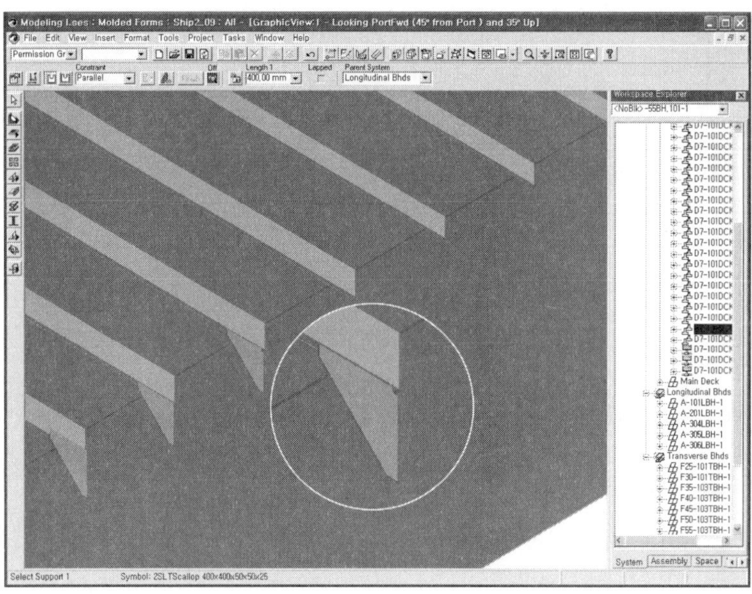

실습 2.9.1-4 D7-* 평판의 Stiffener와 F55-* 평판 사이에 다른 형태의 Bracket을 생성한다(Type : 2SCT)

작업영역 **Ship 2_09** (전 절에서 계속)

1. 리본-바의 (Select bracket and flange symbols) 아이콘이 선택된 상태에서 Bracket Symbol 난에서 More...를 선택하면 *Catalog Objects* 창이 나타난다.

2. 이 창에서 2SC Trimmed Brackets › 2SCT 폴더에서 2SCT 400x400x50x50x500 파트를 선택한 후 [OK] 버튼을 클릭하여 창을 닫는다.

3. 리본-바의 (Select Support 1) 아이콘을 선택한 상태에서 L-3 선상의 Stiffener를 지정한다.

4. 리본-바의 (Select Support 2) 아이콘을 선택한 후 선택한 후 F55-*를 지정한다.

5. 리본-바의 Finish 버튼을 클릭한다.

작업결과 2.9.1-4 L3 위치의 Stiffener와 F55-* 평판 사이에 Bracket(Type : 2SCT)이 생성된다.

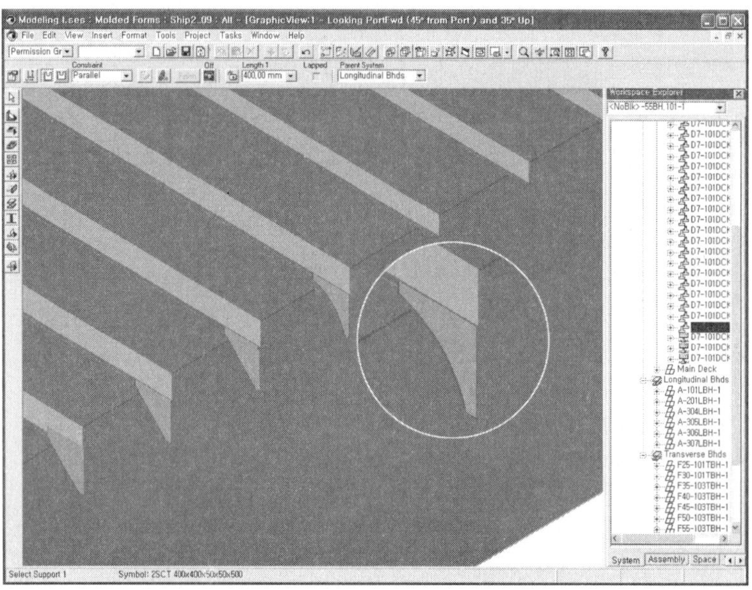

실습 2.9.1-5 D7-* 평판의 Stiffener와 F55-* 평판 사이에 Flange가 있는 Bracket을 생성한다(Type : 2SLT with Flange).

작업영역 Ship 2_09 (전 절에서 계속)

1. 리본-바의 (Select bracket and flange symbols) 아이콘이 선택된 상태에서 Bracket Symbol 난의 More...를 선택하면 *Catalog Objects* 창이 나타난다.

2. 이 창에서 2SL Trimmed Brackets > 2SLT 폴더에서 2SLT 400x400x50x50 파트를 선택한 후 [OK] 버튼을 클릭하여 창을 닫는다.

3. 다시 리본-바의 (Select bracket and flange symbols) 아이콘이 선택한 후 이번에는 Flange Symbol 난의 More...를 선택한 후 Flange Contours > FlangeContourGBa 폴더에서 Flange ContourGBa1 파트를 선택한 후 [OK] 버튼을 클릭하여 창을 닫는다.

4. 리본-바의 (Select Support 1) 아이콘을 선택한 상태에서 L-4 선상의 Stiffener를 지정한다.

5. 리본-바의 (Select Support 2) 아이콘을 선택한 후 F55-*를 지정한다.

6. 리본-바의 Finish 버튼을 클릭한다.

작업결과 2.9.1-5 L4 위치의 Stiffener와 F55-* 평판 사이에 Bracket(Type : 2SLT with Flange)이 생성된다.

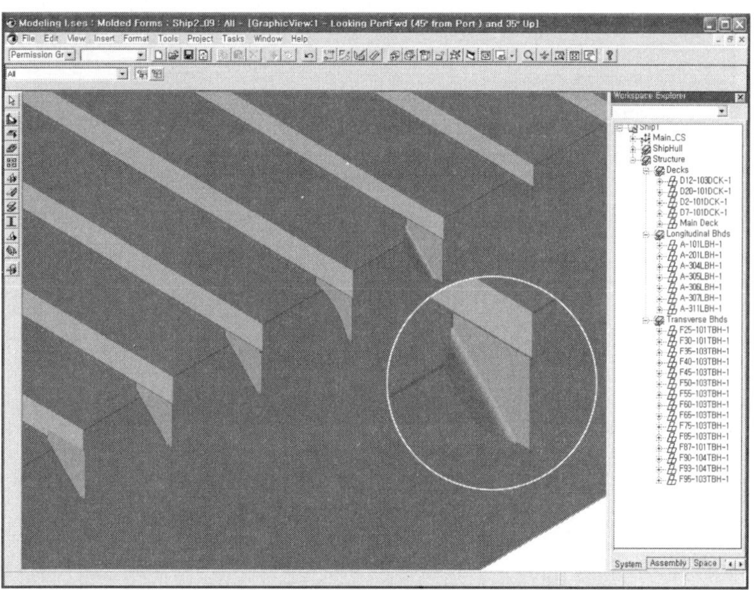

2.9.2 Placing Bracket by 2D Sketch

표준화(Catalog DB에 등록) 되지 않은 Bracket은 직접 Geometry를 그려 생성할 수 있다.

실습 2.9.2 D7-* 평판의 Stiffener와 F55-* 평판 사이에 생성할 모양의 Geometry를 그려 Bracket을 생성한다.

작업영역 Ship 2_09 (전 절에서 계속)

1. (Bracket Plate System) 도구를 선택한다.
2. 리본-바의 (Select bracket and flange symbols) 아이콘이 선택된 상태에서 Flange Symbol 난은 No Flange로, Bracket Symbol 난은 Sketched를 선택한다.
3. 리본-바의 (Select Support 1) 아이콘을 선택한 상태에서 L-5 선상의 Stiffener를 지정한다.
4. 리본-바의 (Select Support 2) 아이콘을 선택한 후 F55-*를 지정한다.
5. 리본-바의 (Resolve ambiguity/sketch boundary) 아이콘을 선택하면 리본-바의 내용이 바뀌며, 바뀐 리본-바에서 (Sketch 2D) 아이콘을 선택하면 *Sketch 2D* 창이 열린다.

6 Sketch 2D 창에 ACIS > DemoShip.sha 파일의 내용 중 Bracket Plate 탭의 내용을 복사한 후 [Finish] 버튼을 클릭하여 창을 닫는다.

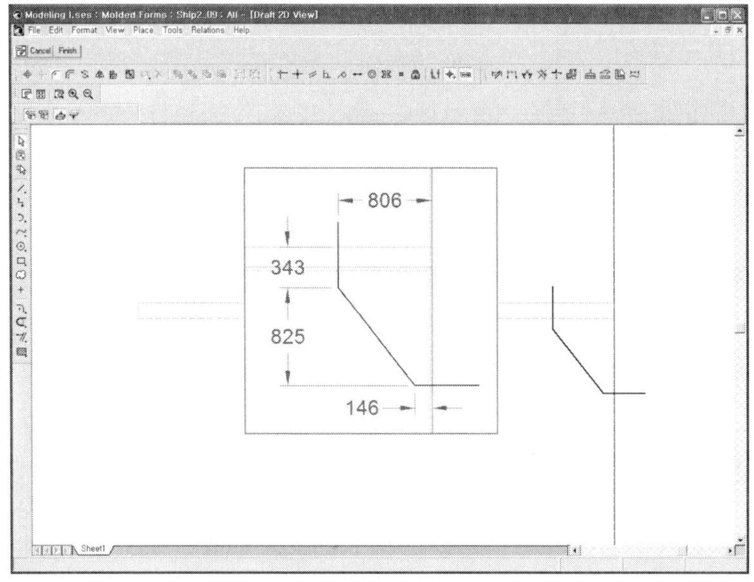

그림 1 *Sketch 2D*에 복사한 Geometry

7 리본-바의 Finish 버튼을 클릭한다.

작업결과 2.9.2 L5 위치의 Stiffener와 F55-* 평판 사이에 작성한 Geometry 형태의 Bracket이 생성된다.

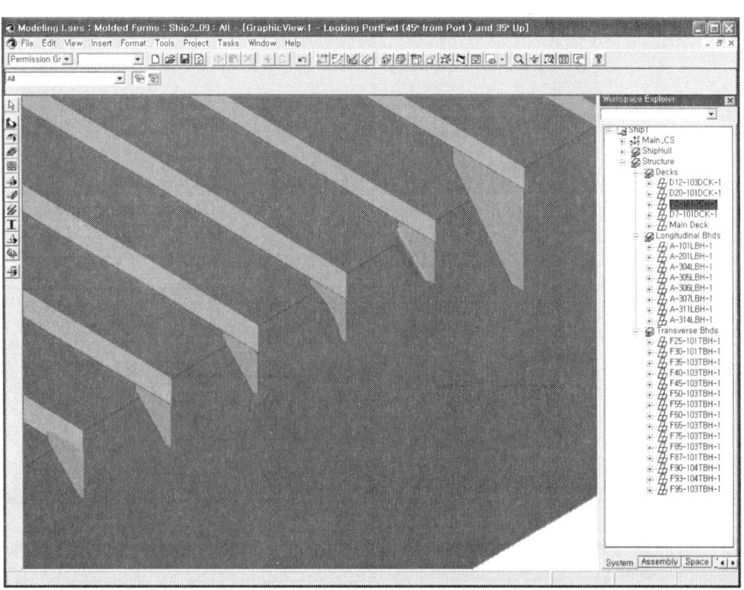

2.9.3 Placing Bracket System by Plane

두 평판 사이의 임의의 위치에 부착할 Bracket은 그 위치의 평면(Grid 축)을 지정하는 방법으로 생성한다.

실습 2.9.3 D12-* 평판과 F55-* 평판 사이에 Bracket을 생성한다.

작업영역 Ship 2_09 먼저 D12-*의 F55 부분을 우현-선미-상단에서 본 형태로 확대한다.

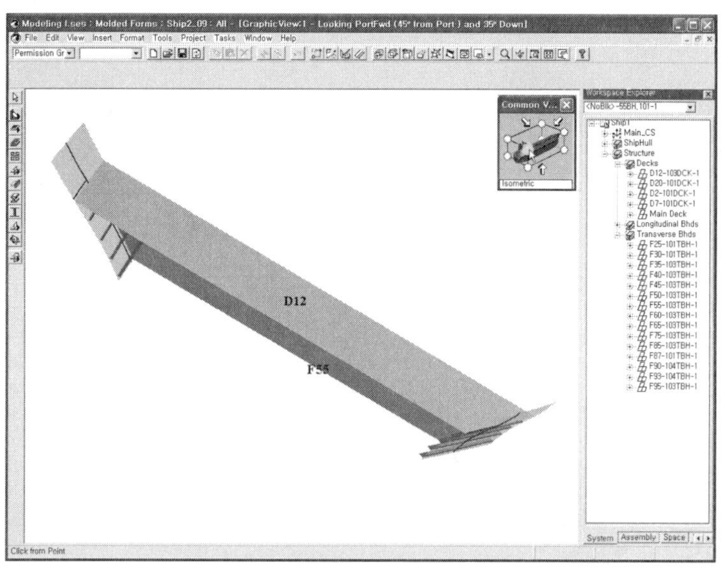

다시 우현-선미-하단에서 본 형태로 변경한다.

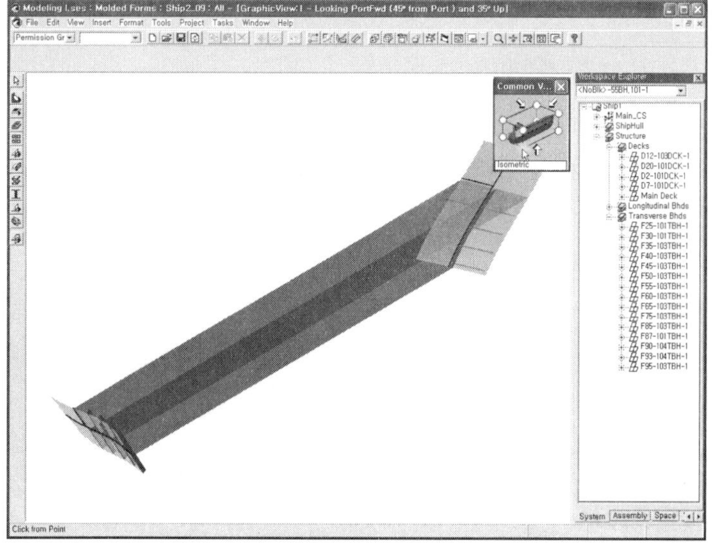

1 (Bracket System By Plane) 도구를 선택한다.

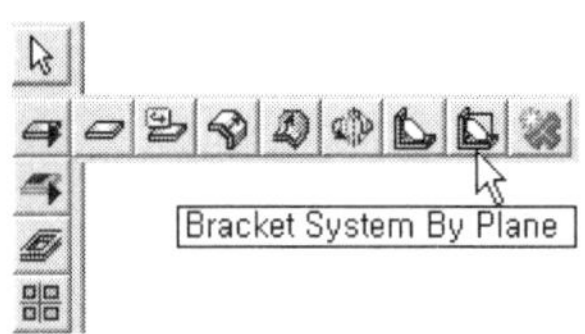

그림 1 Bracket System By Plane 도구

2 리본-바의 (Select Plane for Bracket) 아이콘이 선택된 상태에서 WE의 Main_CS:의 L0을 선택한다.

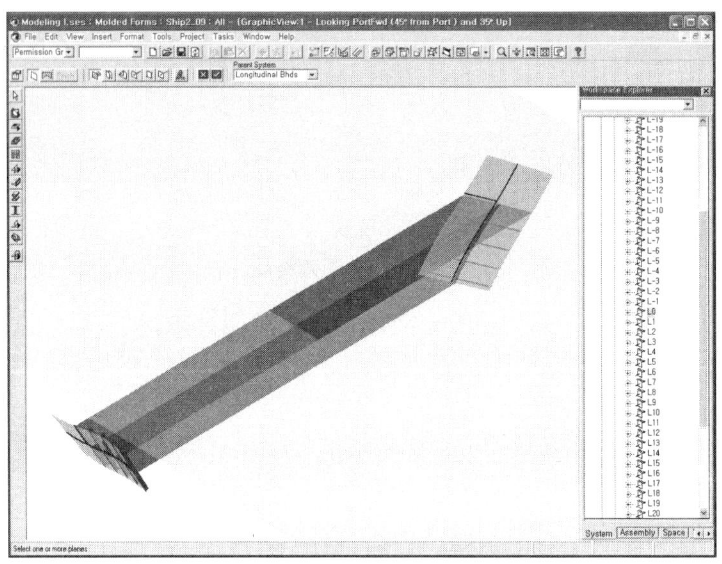

그림 2 Bracket Plane으로 L0을 지정한 상태

3 리본-바의 (Select Bracket Support) 아이콘을 선택한 후 Parent System 난을 Longitudinal Bhds로 지정하면 리본-바가 바뀌며, 바뀐 리본-바의 (Select Support 1) 아이콘을 선택한 상태에서 D12-*를 지정한다.

4 리본-바의 (Select Support 2) 아이콘을 선택한 후 F55-*를 지정한다.

5 (Accept) 아이콘을 클릭하면 Bracket Shape 난이 활성화 된다.

6 Bracket Shape 난을 BP2SLT 800x800x75x75로 지정하면 모델 뷰에 선택한 Bracket가 녹색으로 표시된다.

7 리본-바의 Finish 버튼을 클릭한다.

작업결과 **2.9.3 평판 D12-*와 F55-* 사이의 L0 위치에 Bracket이 생성된다.**

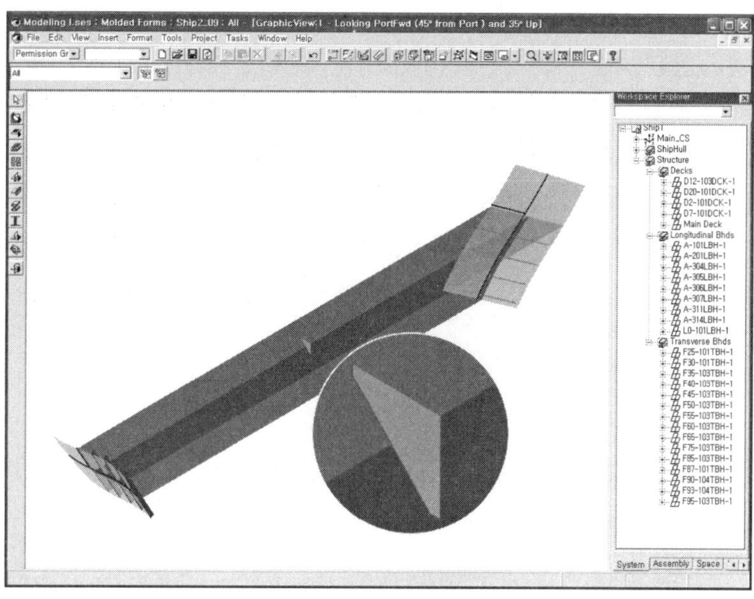

2.10 Copy by Family

대 부분의 선박은 좌우 대칭인 구조를 가진다. 또 부분적으로 유사한 구조인 블록도 많이 있다. 이런 경우에 같은(또는 유사한) 구조의 블록은 복사하여 작업하면 작업 시간을 줄일 수 있을 뿐 아니라 오작도 줄일 수 있다.

SM3D에서는 모델을 복사(Create)하는 기능과 복사한 모델을 비교하여 변경된 내용으로 수정(Modify)하는 기능 및 삭제(Delete)하는 기능으로 구분하여 작업한다.

그 외에도 복사 구간에 요소가 중복되어 있을 경우에 중복된 요소는 한번만 복사하는 기능(Overlapping)과 지정한 평명을 기준으로 대칭(Symmetry) 복사하기 기능도 있다.

또, 기준면으로부터 Range Growth Value 값의 범위 이내의 요소만 복사함으로써 복사 대상의 범위를 지정할 수 있다.

2.10.1 Creating Plate Systems for Exercises

실습 2.10.1 시스템 복사 실습을 위하여 필요한 객체(Deck, Long. 및 Trans. Bhds 등)를 생성한다.

작업영역 Ship 2_10

- F75와 F85 사이를 우현-선미-상단에서 본 형태로 확대하되 Main Deck은 감추기 한다.
- Surface Style Rule의 Long. Bhds. 색상을 Translucent Orange로 변경한다.

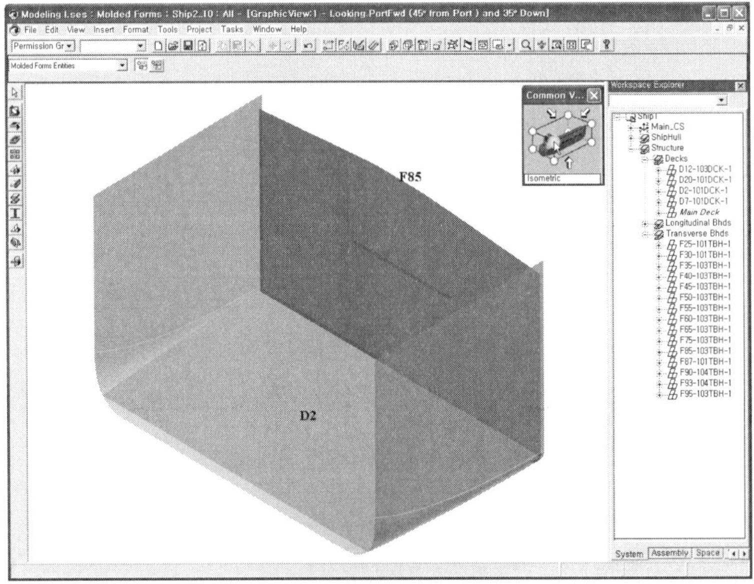

1 L20 위치에 다음의 내용을 참조하여 Longitudinal Bulkhead를 생성한다.*

Boundary : Hull, Main Deck, F75-*, F85-*

[Main tab]

- Name Category : Longitudinal Bulkhead
- Parent System : Longitudinal Bhds
- Continuity : Continuous
- Tightness : Non-Tight

[Material tab]

- Actual Thickness : 15.00mm

[Molded Conventions tab]

- Thickness Direction : Outboard

2 D16 위치 중 Port 쪽에 다음의 내용을 참조하여 Deck 16을 생성한다.**

Boundary : Hull, F75-*, F85-*, L20-*

[Main tab]

- Name Category : Deck
- Parent System : Decks

[Material tab]

- Actual Thickness : 15.00mm

3 F77 위치 중 Port 쪽에 다음의 내용을 참조하여 Transverse Bulkhead 생성한다.

Boundary : Hull, Main Deck, L20-*

[Main tab]

- Name Category : Transverse Bulkhead
- Parent System : Transverse Bhds
- Continuity : Intercostal

[Material tab]

- Actual Thickness : 15.00mm

* 교재 "2.2.2 Creating Single Planar Plate" 참조

** 첫 Finish 버튼을 클릭하면 "Entity 1/1 is ambiguous. Select one result" 메시지가 나타난다. 이 때 Port 쪽을 선택한 후 다시 Finish 버튼을 클릭하면 된다.

[Molded Conventions tab]

- Secondary Orientation Vertical Profiles : Outboard

4 F77-*의 L22 위치에 다음의 내용을 참조하여 Vertical Stiffener를 생성한다. *

Section Type : B

Section Size : BPL 230x11

Continuity : Continuous

Secondary Orientation : Outboard

5 F77-*의 D4, D8, D12, D20 위치에 다음의 내용을 참조하여 Horizontal Stiffener를 생성한다.**

Section Type : B

Section Size : BPL 180x9.5

6 F77-*에 다음의 내용을 참조하여 Opening을 생성한다.***

References : D4, D8, D12, D16, L22

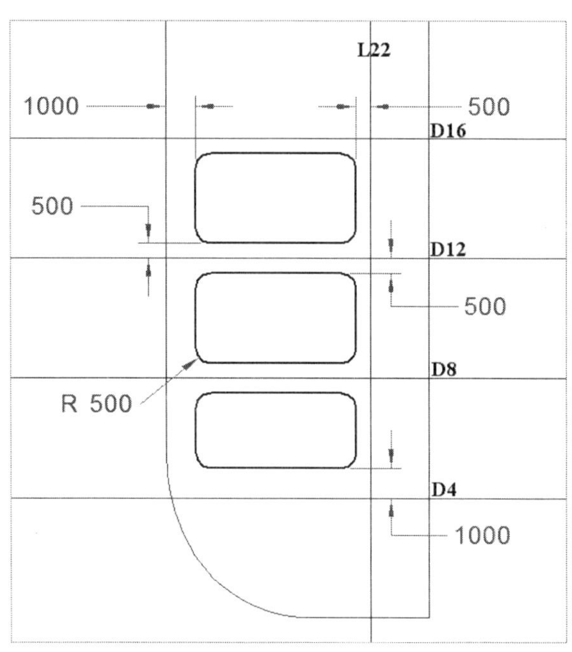

그림 F77-*의 Opening Geometry

* 교재 "2.6.1 Creating Stiffeners by Intersection" 참조

** D4, D8, D12 및 D20 위치는 Main_CS plane에서 동시에 지정

*** 교재 "2.5.2 Creating Multiple Openings" 참조

작업결과	2.10.1	▪ 그림과 같이 Port쪽에 D16-*, L20-* 및 F77-* 평판이 생성된다. ▪ F77-* 평판에는 3개의 Opening과 5개의 Stiffener가 있다.

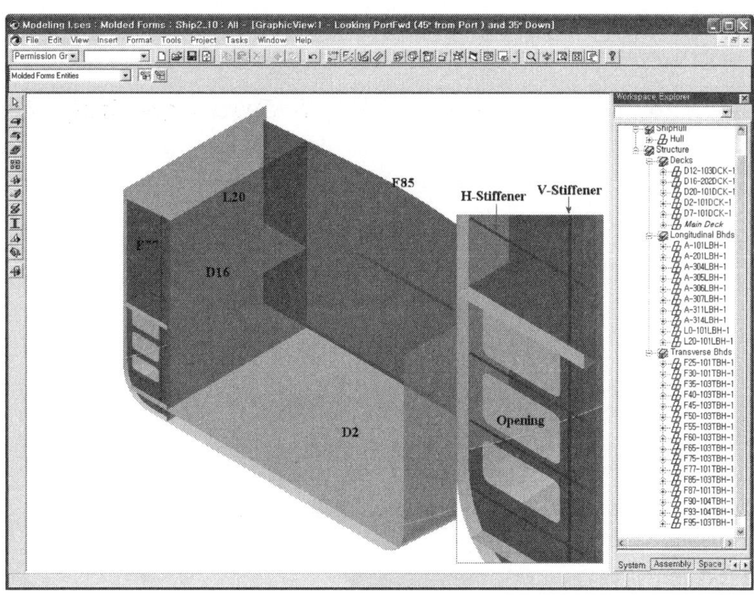

2.10.2 Creating Copy Command (Similar Family)

복사 작업은 먼저 복사할 내용의 명령어를 생성하여 Family Command list에 등록한 후 명령어를 선택하면 그 내용을 참조하여 복사한다. 따라서 복사 작업은 먼저 복사할 내용의 명령어를 생성하여야 한다.

실습 2.10.2 복사할 내용의 명령어를 Family 창의 목록에 등록한다.

작업영역 Ship 2_10 (전 절에서 계속)

1 메인 메뉴의 Edit › Copy by Family 메뉴를 선택하면 *Select Copy Family* 창이 나타난다.

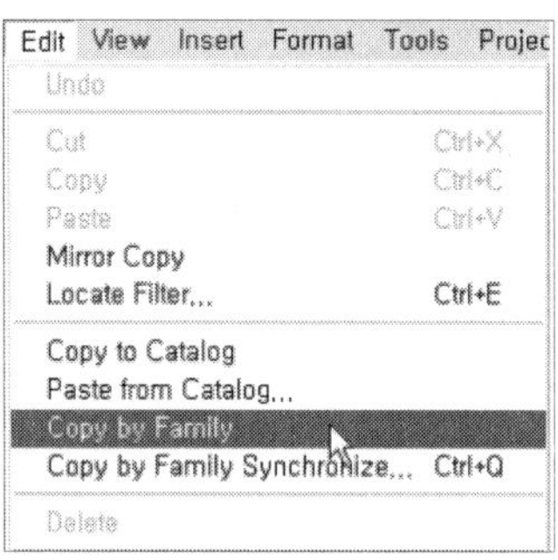

그림 1 Copy by Family 메뉴

2 *Select Copy Family* 창에서 (Create New Similar Family) 아이콘을 선택하면 *New Similar Family* 창이 나타난다.

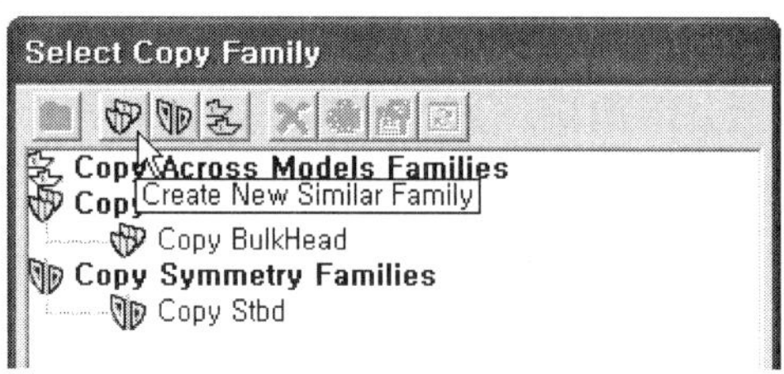

그림 2 *Select Copy Family* 창

3 *New Similar Family* 창에서 먼저 [Insert group] 버튼을 두 번 클릭하여 .G3 및 .G4를 추가한 후 각 field에 다음과 같이 지정한 후 [OK] 버튼을 클릭하면 *Select Copy Family* 창으로 되돌아간다.*

- Name : Copy F77 to F79, F81, F83(입력)
- Option Button : Standard(선택)
- .G1 : F77(입력) Check Box : Check
- .G2 : F79(입력)
- .G3 : F81(입력)

* **.G1 ~ .G4** 입력란에 값을 입력하면 타이틀이 입력한 값으로 바뀐다.

▪ .G4 : F83(입력)

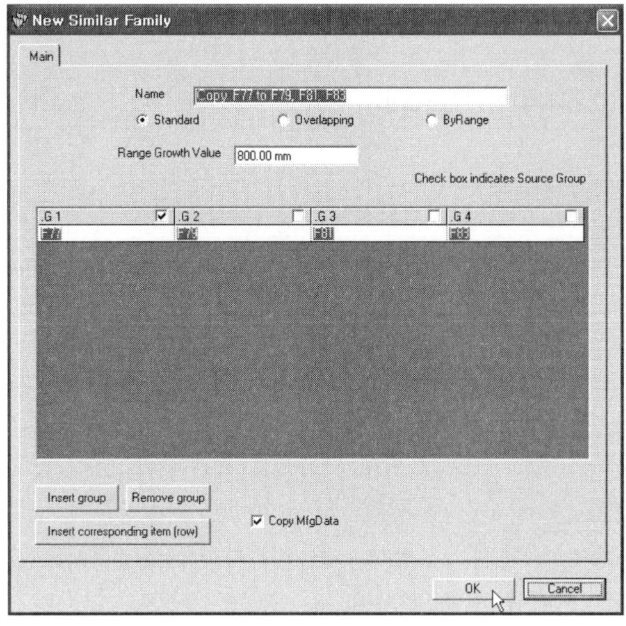

그림 3 *New Similar Family* 창

4 되돌아온 *Select Copy Family* 창에 Copy F77 to F79, F81, F83 목록이 추가되어 있다. 하단에 있는 [Close] 버튼을 클릭하면 창이 닫힌다.

작업결과 **2.10.2 생성한 목록이 Select Copy Family 창의 목록에 등록된다.**

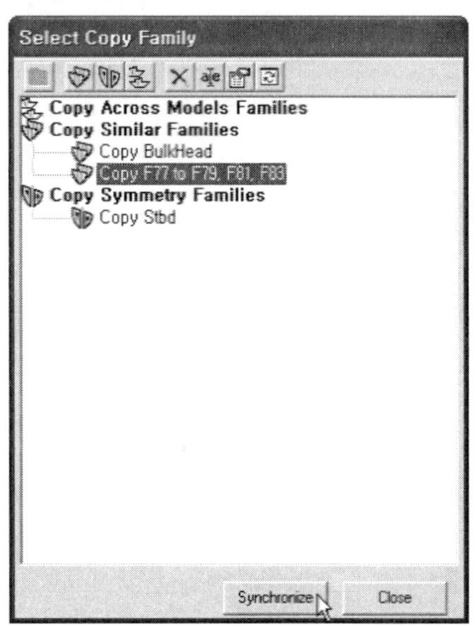

chapter 02

2.10.3 Copy Similar(Create)

실습 2.10.3 [실습 2.10.2]에서 생성한 Family 창의 명령을 사용하여 모델을 복사한다.

작업영역 Ship 2_10 (전 절에서 계속)

1. 메인 메뉴의 Edit › Copy by Family 메뉴를 선택하면 *Select Copy Family* 창이 나타난다.*

2. *Select Copy Family* 창에 추가된 목록("Copy F77 to F79, F81, F83")을 선택한 후 [Synchronize] 버튼을 클릭하면 창이 닫히며 선택한 목록의 내용이 리본-바에 표시된다.

3. 리본-바의 Target Group 난에서 Multiple...을 선택하면 *Select Target Group* 창이 나타나며, 이 창에서 복사될 대상을 선택한 후 [OK] 버튼을 클릭하여 창을 닫는다.

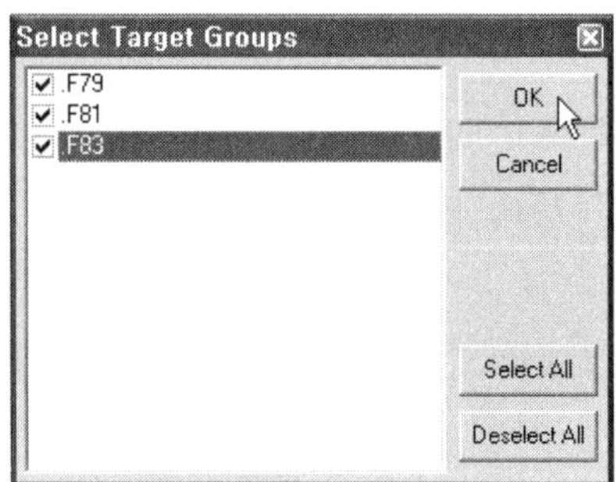

그림 5 복사될 대상을 지정

4. 리본-바의 [아이콘] (Create target group copy) 아이콘을 클릭한다.**

5. 리본-바의 Finish 버튼을 클릭하면 복사 대상을 모의 시험한 후 결과에 대한 *View Log* 창이 나타난다.

* 만일 전 절에서 계속 작업 중이면 ③부터 실행하면 된다.

** 이 아이콘을 클릭하면 **F77-***에서 복사할 대상이 전부 노란색으로 표시된다.

6 *View Log* 창에서 [Okay] 버튼을 클릭한다.

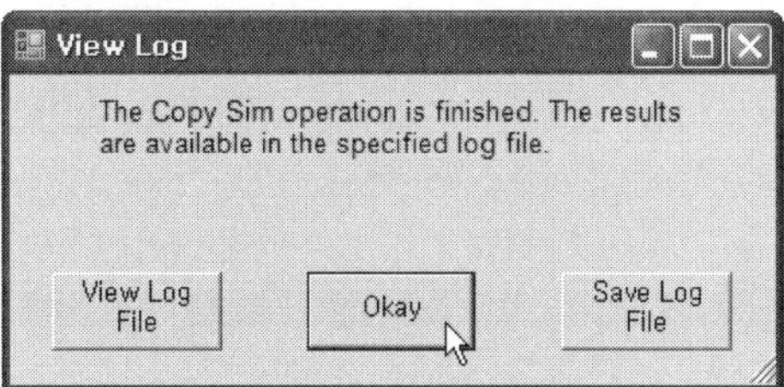

그림 6 *View Log* 창

작업결과 2.10.3 F77-* 평판과 동일한 평판이 F79, F81 및 F83 위치에 복사된다.

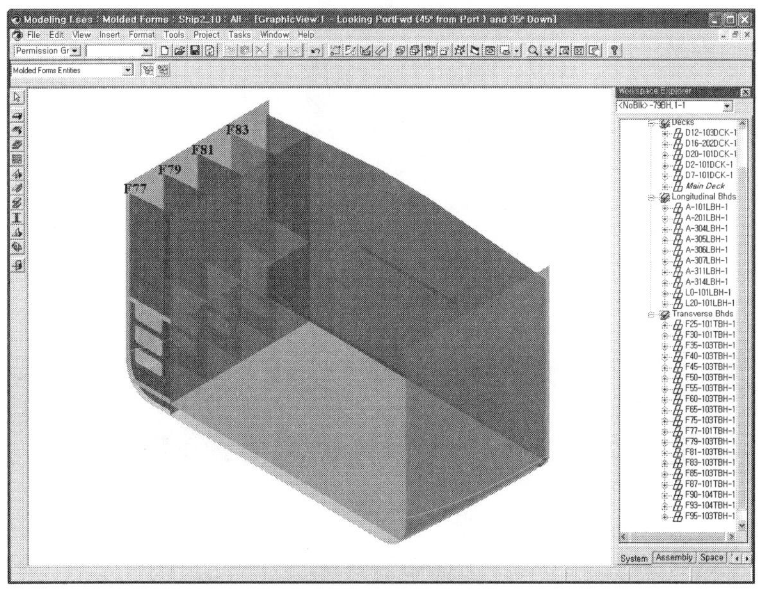

2.10.4 Copy Similar (Range Growth Value)

모델 목록을 작성할 때 기준점을 중심으로 복사 영역의 폭(Growth Range)을 지정한다. 즉, 이 폭의 영역 안에 있는 요소만 복사의 대상이 된다.

실습 2.10.4 Growth Range에 따라 복사되는 내용이 다르게 되는 것을 확인한다.

작업영역 Ship 2_10

전 절에서 작업한 모델을 F77과 F83 사이의 Port쪽만 확대한다. 단, Main Deck 및 L20-*는 감추기 한다.

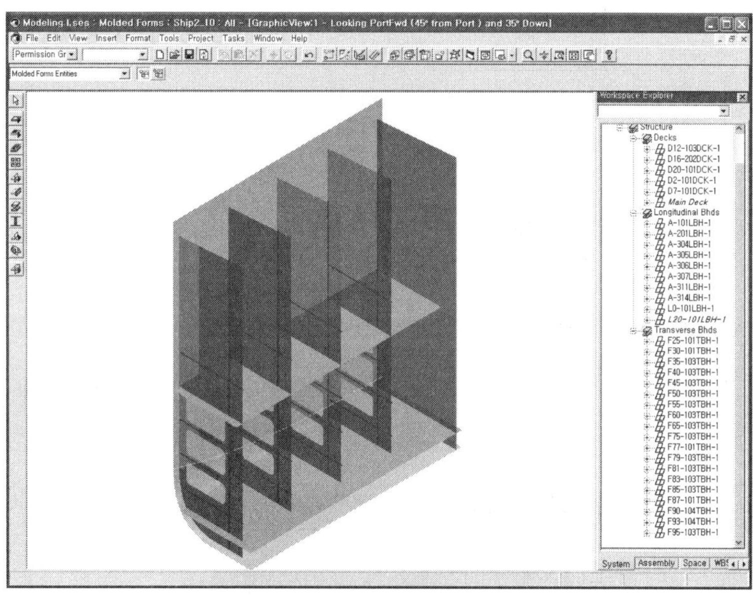

1 F77-*의 D22 위치에 Horizontal Stiffener(Section Size BUT 880x200) 생성 *

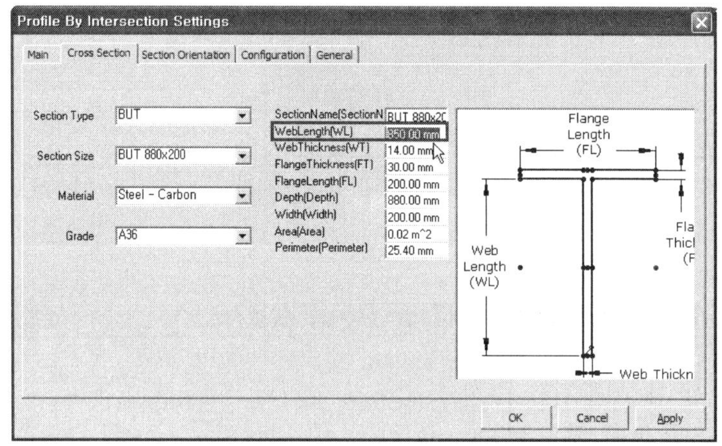

그림 1 생성할 Profile의 속성 창

* 생성할 Profile의 Web Length가 850.00mm임을 확인한다.

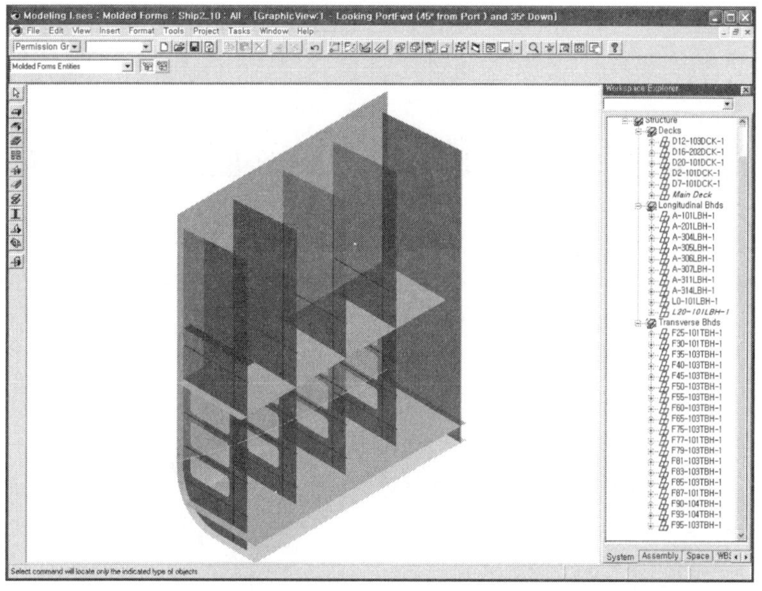

그림 2 **F77-***의 D22 위치에 Stiffener(BUT 880x200)를 생성한 결과

2 메인 메뉴의 Edit › Copy by Family 메뉴를 선택하면 *Select Copy Family* 창이 나타난다. 이 창에서 전 절에서 새로 등록한 목록("Copy F77 to F79, F81, F83")을 선택한 후 리본-바의 (Edit Family Definition) 아이콘을 클릭하면 *Similar Family Properties* 창이 나타난다.

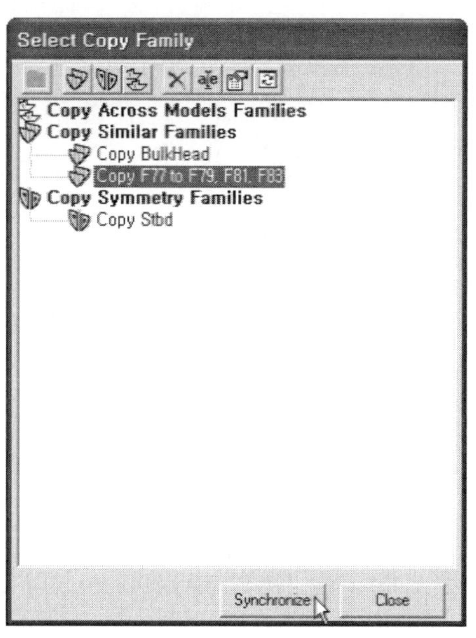

그림 3 *Select Copy Family* 창

3 *Similar Family Properties* 창의 Range Growth Value 값이 800.00mm로 설정되어 있음을 확인한 후 [OK] 버튼을 클릭하여 창을 닫는다.

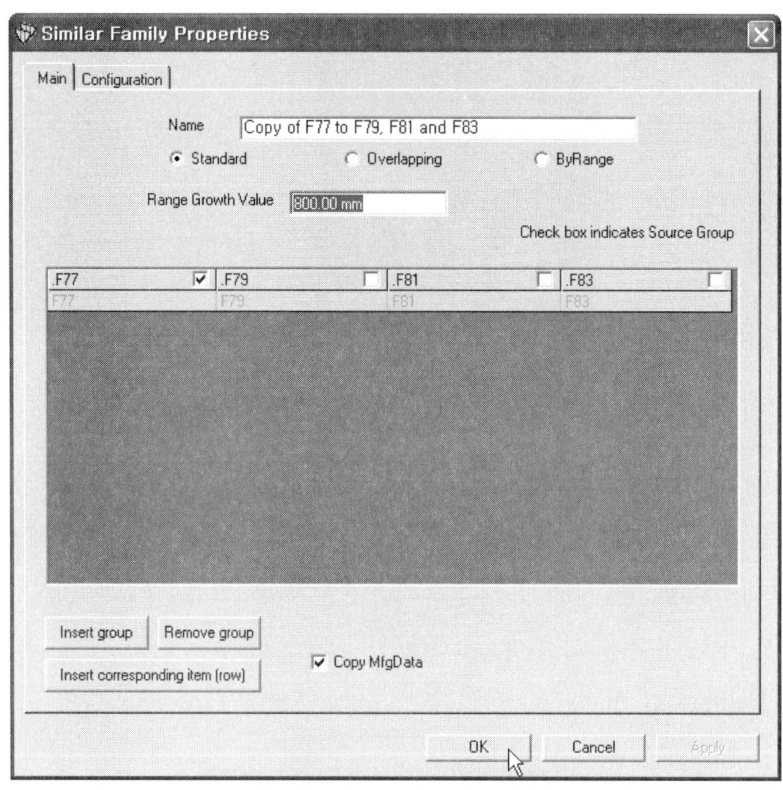

그림 4 *Similar Family Properties* 창

4 되돌아온 *Select Copy Family* 창에서 목록 "Copy F77 to F79, F81, F83"을 지정하고 [Synchronize] 버튼을 클릭한다.

5 리본-바의 Source Group: 난은 .F77로, Target Group: 난은 Multiple...로 지정한다.

6 리본-바의 (Create target group copy) 아이콘을 클릭하여 복사를 실행한다.

작업결과 2.10.4-1 새로 생성한 Stiffener는 지정한 범위(800mm)보다 크기 때문에 복사되지 않는다.

7 다시 메인 메뉴의 Edit › Copy by Family 메뉴를 선택한 후 *Select Copy Family* 창에서 목록 "Copy F77 to F79, F81, F83"의 속성 중 Range Growth Value를 900.00mm로 수정한 후 [OK] 버튼을 클릭하여 창을 닫는다.

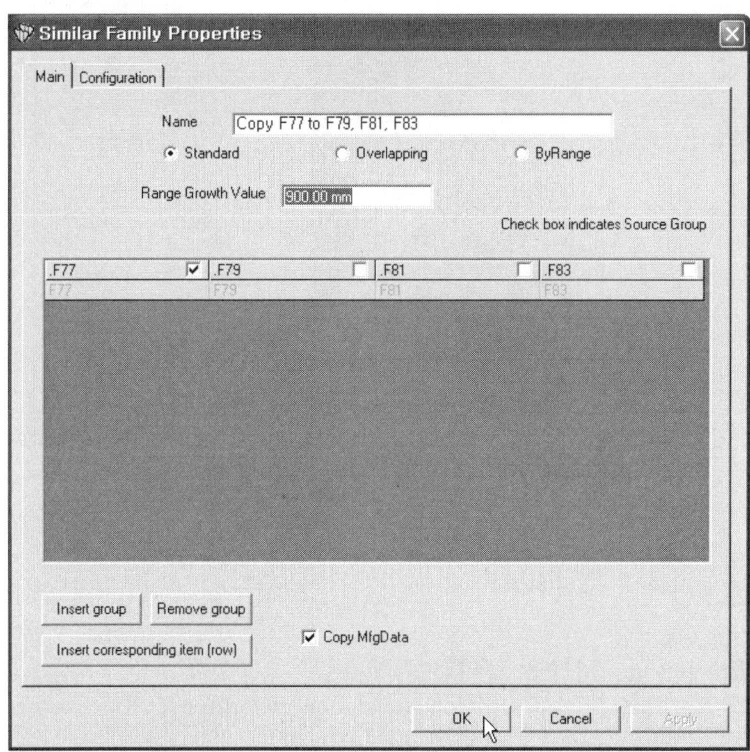

그림 5 *Similar Family Properties* 창(900.00mm로 수정)

8 되돌아온 *Select Copy Family* 창에서 "Copy of F77 to F79, F81, F83"을 지정한 상태에서 [Synchronize] 버튼을 클릭한다.

9 리본-바의 (Create target group copy) 아이콘을 클릭한다.*

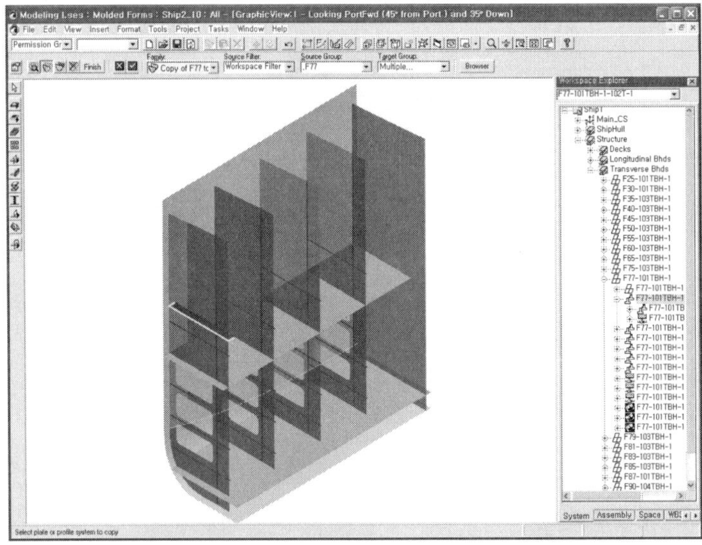

그림 6 복사 대상인 요소는 노란색으로 표시된다.

10 리본-바의 Finish 버튼을 클릭한다.

11 View Log 창에서 [Okay] 버튼을 클릭한다.

작업결과 2.10.4-2 새로 생성한 Stiffener가 범위 안에(900mm) 속하므로 복사된다.

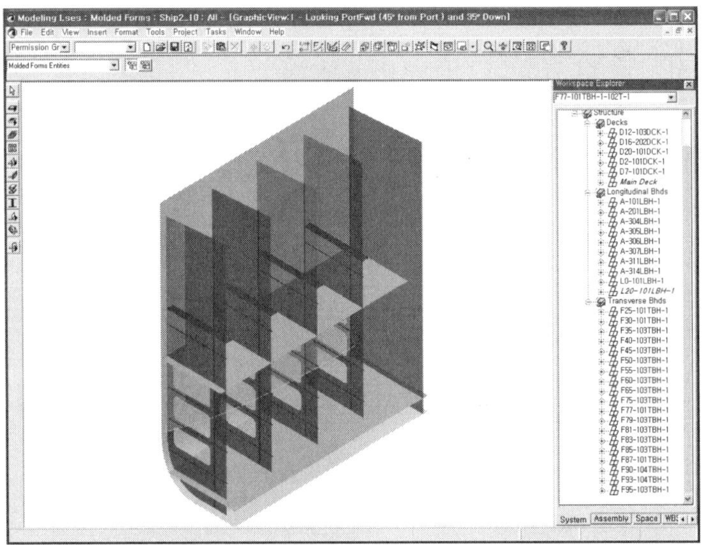

* 복사 대상인 요소는 노란색으로 표시된다.

2.10.5 Copy Similar (Modify)

모델 복사 기능은 새로 생성(Create)하여 복사하는 기능과 양쪽 모두 생성되어 있으나 속성이 서로 다른 요소에 대해서 특성을 수정(Modify) 기능 및 원본에 삭제된 요소에 대해서 삭제(Delete)하는 기능으로 구분되어 있다.

복사 대상을 비교하여 요소의 서로 다른 속성을 수정한다.

작업영역 **Ship 2_10** (전 절에서 계속)

1. F77-*의 Vertical Stiffener Profile의 자재를 BPL 250x12로 수정한다.*

2. 메인 메뉴의 Edit › Copy by Family 메뉴를 선택하면 *Select Copy Family* 창이 나타난다. 이 창에서 전 절에서 생성한 목록 "Copy F77 to F79, F81, F83"을 선택하고 [Synchronize] 버튼을 클릭한다.

3. 리본-바의 Target Group: 난을 .F79로 지정한 후 (Modify target group copy) 아이콘을 클릭한다.**

* Select 도구를 사용하여 WE에서 Profile의 최상위 목록을 선택한 후 리본-바의 Section Size: 난을 수정한 후 **[Finish]** 버튼을 클릭한다.

** Target Group이 Multi로 설정된 Filter도 개별 지정이 가능하다. 즉, **.F79, .F81** 및 **.F83** 중에서 **.F79**에만 복사한다.

4 *View Log* 창에서 [Okay] 버튼을 클릭하면 수정 대상만 노란색으로 표시된다.

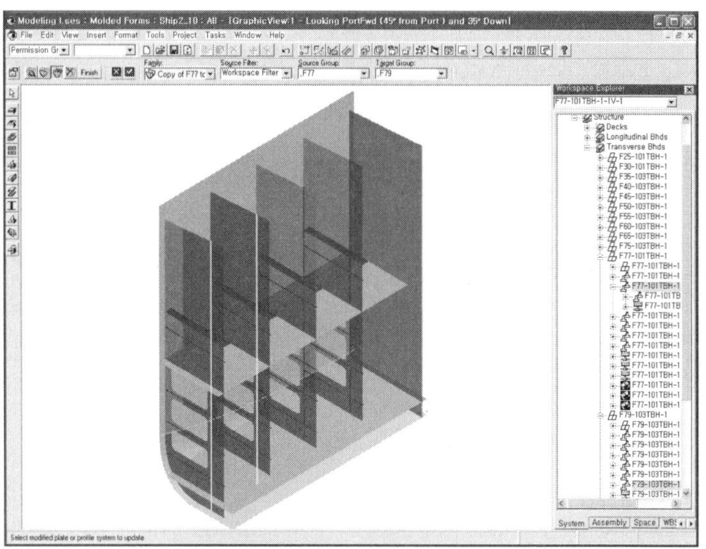

그림 1 복사 대상만 노란색으로 표시

5 리본-바의 Finish 버튼을 클릭한다.

6 *View Log* 창에서 [Okay] 버튼을 클릭한다.

작업결과 2.10.5 수정한 F77-* 평판의 Vertical Stiffener 속성(사양)을 F79-* 평판으로 복사(수정)한다.

2.10.5 모델 수정 복사하기

F81-* 및 F83-*을 F77-*과 비교하여 서로 다른 내용을 복사(수정)하시오.

과제결과 Vertical Stiffener의 속성을 F81-* 및 F83-* 평판으로 복사(수정)한다.

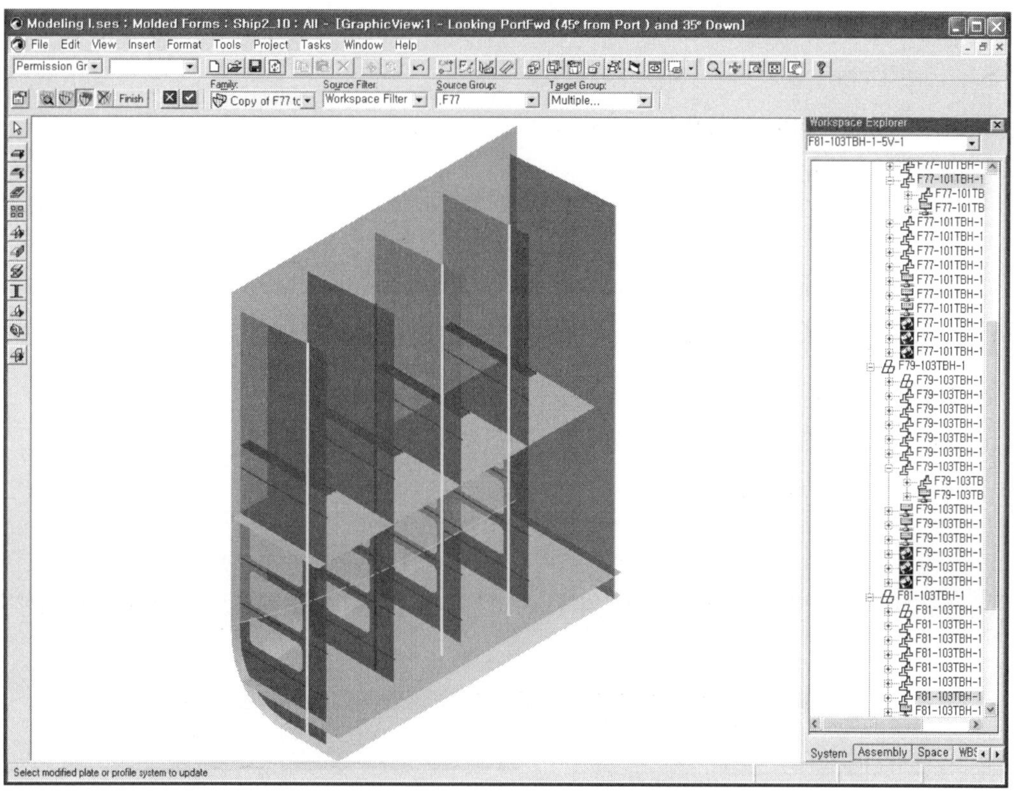

2.10.6 Copy Similar (Delete)

기존에 복사한 내용 중 원본에서 삭제된 요소를 복사본에서도 삭제하는 기능을 말한다.

실습 2.10.6-1 삭제복사 실습을 위하여 F77-* 평판에 4개의 H. Stiffener와 1개의 V. Stiffener를 생성한다.

작업영역 Ship 2_10 (전 절에서 계속)

1 F77-*의 D24, D26, D28 및 D30 위치에 Horizontal Stiffener Profile을 생성한다.

- Section Type : B
- Section Size : BPL 180x9.5
- Continuity : Intercostal

2 F77-*의 L26 위치에 Vertical Stiffener Profile을 생성한다.

- Boundary : Main Deck 및 D16-*
- Section Type : B
- Section Size : BPL 230x11
- Continuity : Continuous

작업결과 2.10.6-1A F77-* 평판의 D7 위쪽으로 4개의 H. Stiffener와 1개의 V. Stiffener가 생성된다.

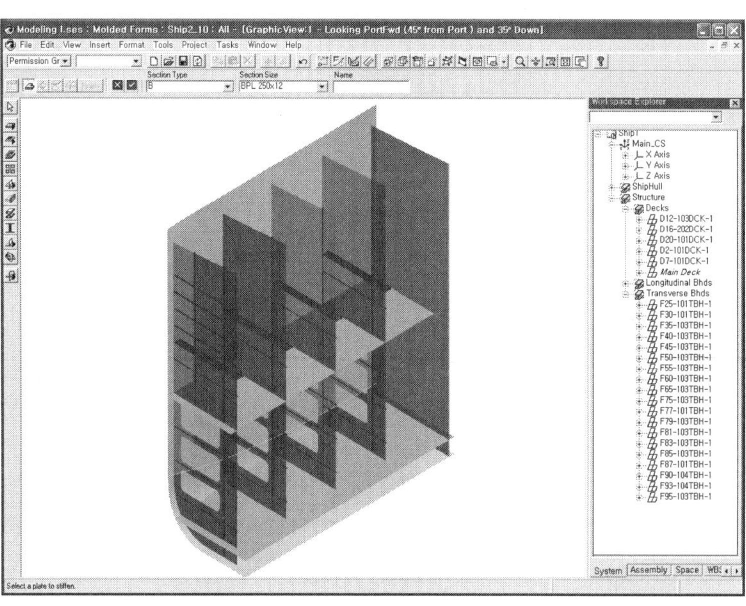

3 메인 메뉴의 Edit › Copy by Family 메뉴를 선택하면 *Select Copy Family* 창이 나타나며, 이 창에서 목록 "Copy F77 to F79, F81, F83"을 지정한 상태에서 [Synchronize] 버튼을 클릭한다.

4 리본-바의 Target Group: 난을 .F79로 지정한다.

5 리본-바의 (Create target group copy) 아이콘을 클릭한다.

6 리본-바의 Finish 버튼을 클릭한다.*

7 *View Log* 창에서 [Okay] 버튼을 클릭한다.

작업결과 2.10.6-1B **새로 생성한 5개의 Stiffener가 F79-* 평판에 복사(생성)된다.**

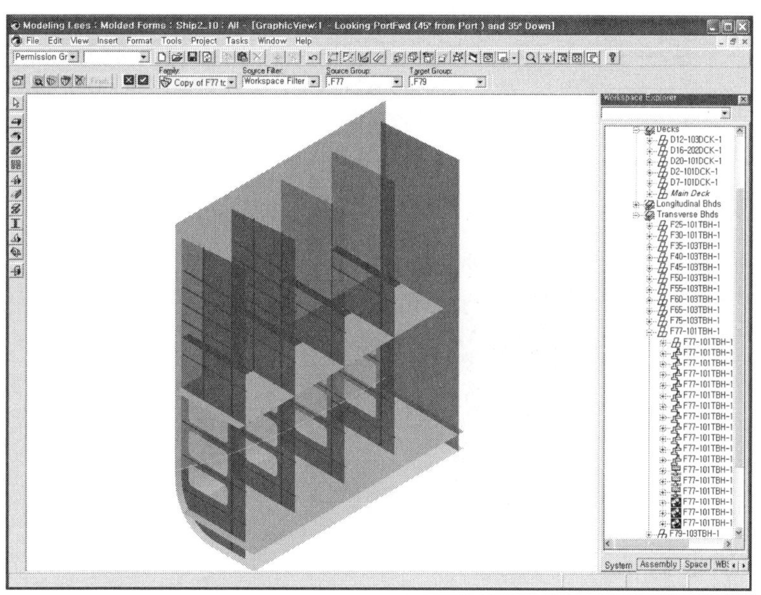

* 만일 **F77-***에 새로 생성한 Stiffener가 선택되지 않는 경우에는 리본-바의 Find and correlate objects 아이콘을 클릭하여 정보를 수정한 후 작업하면 된다.

실습 2.10.6-2 삭제복사를 실행하여 원본의 요소 중 삭제된 요소를 복사본에도 삭제한다.

작업영역 Ship 2_10 (전 절에서 계속)

1. F77-*의 새로 생성한 Stiffener 중 D24 및 D28 위치에 있는 것을 삭제한다.

2. 다시 메인 메뉴의 Edit › Copy by Family 메뉴를 선택한다.

3. *Select Copy Family* 창에서 "Copy F77 to F79, F81, F83"을 선택한 후 [Synchronize] 버튼을 클릭한다(Target Group은 F79로 지정).

4. 리본-바의 (Delete target group copy) 아이콘을 클릭하면 삭제 대상이 노란색으로 표시된다.

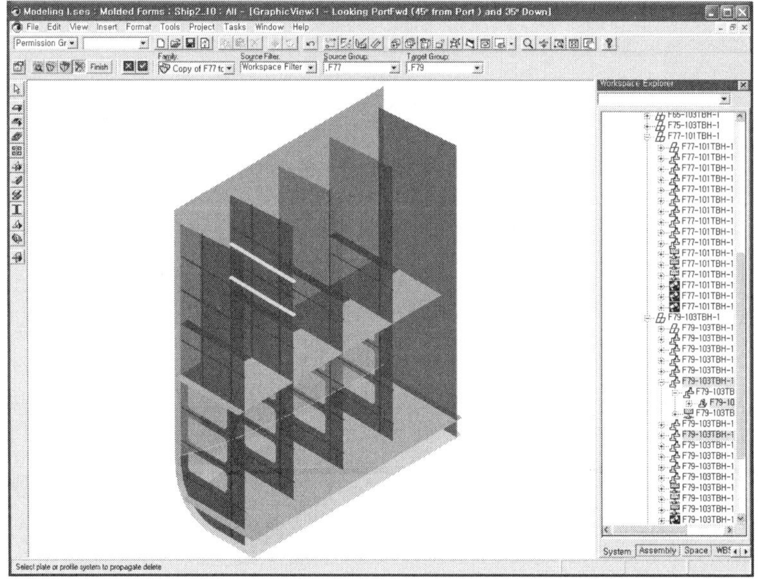

그림 1 삭제 대상이 지정된 상태

5. 리본-바의 Finish 버튼을 클릭한다.*

6. *View Log* 창에서 [Okay] 버튼을 클릭한다.

• • • •

* 만일 **F77-***에 새로 생성한 Stiffener가 선택되지 않는 경우에는 리본-바의 Find and correlate objects 아이콘을 클릭하여 정보를 수정한 후 작업하면 된다.

작업결과 2.10.6-2 F79-* 평판의 H. Stiffener 2개가 삭제된다.

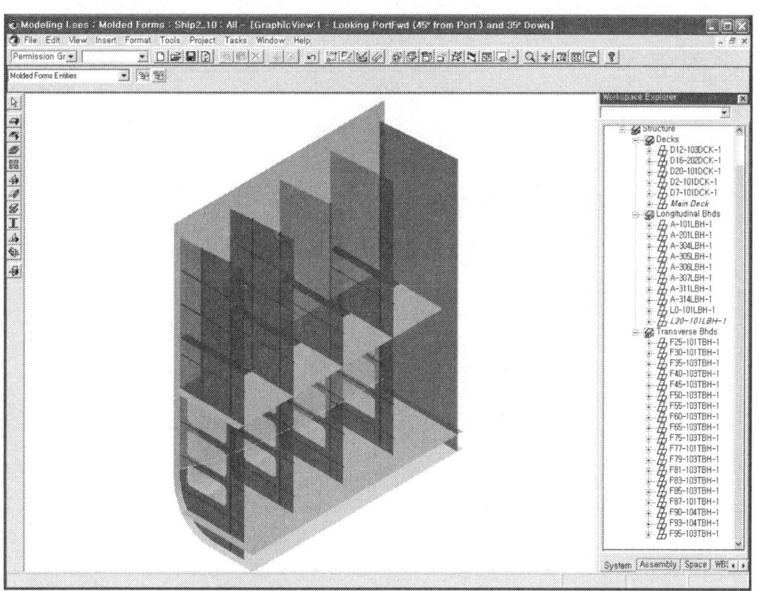

2.10.7 Copy Similar (By Range)

모델 복사 기능에는 구간을 지정하여 구간 안의 모든 요소를 복사하는 기능이 있다. 단, 구간의 경계면에서는 Range Growth Value 값을 적용한다.

실습 2.10.7-1 구간복사 실습을 위하여 객체를 수정(삭제 및 추가)한다.

작업영역 Ship 2_10 (전 절에서 계속)

1. Transverse Bulkhead F81-* 및 F83-*을 삭제한다.

2. Transverse Bulkhead F77-* 및 F79-* 사이의 L25 위치에 Longitudinal Bulkhead 생성한다.
   - Boundary : Main Deck, D16-*, F77-*, F79-*
   - Name Category 및 Parent System : Longitudinal Bhds
   - Actual Thickness : 15.00mm

작업결과 2.10.7-1 F77-*과 F79-* 사이에 L25-* 평판이 추가되고, F81-* 및 F83-*는 삭제된다.

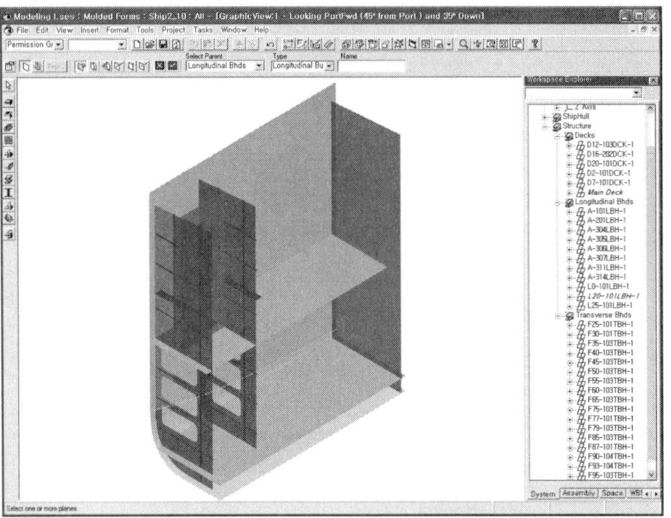

실습 2.10.7-2 구간복사를 사용하여 지정한 구간 사이의 모델을 복사한다.

작업영역 Ship 2_10 (전 절에서 계속)

1 메인 메뉴의 Edit > Copy by Family 메뉴를 선택한다.

2 *Select Copy Family* 창에서 (Create New Similar Family) 아이콘 클릭한다.

3 다음과 같은 새로운 메뉴를 등록한 후 [OK] 버튼을 클릭한다.*

- Name : Copy F77-F79 to F81-F83(입력)
- Option Button : ByRange(선택)

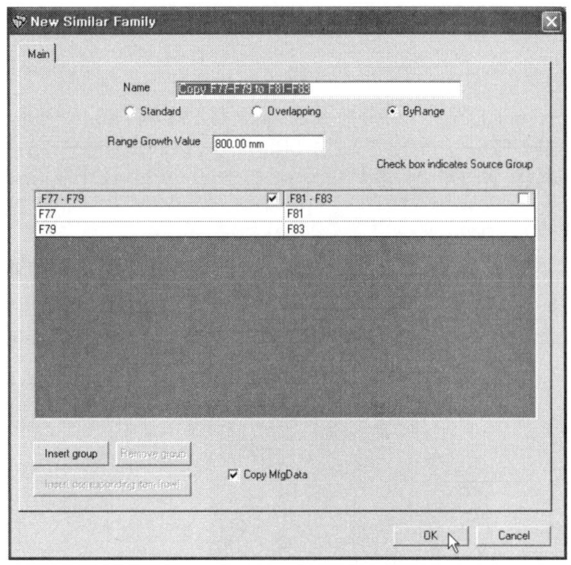

그림 1 *New Similar Family* 창

4 새로 등록한 Family를 선택한 후 [Synchronize] 버튼을 클릭한다.**

5 리본-바의 (Create target group copy) 아이콘을 선택한다.***

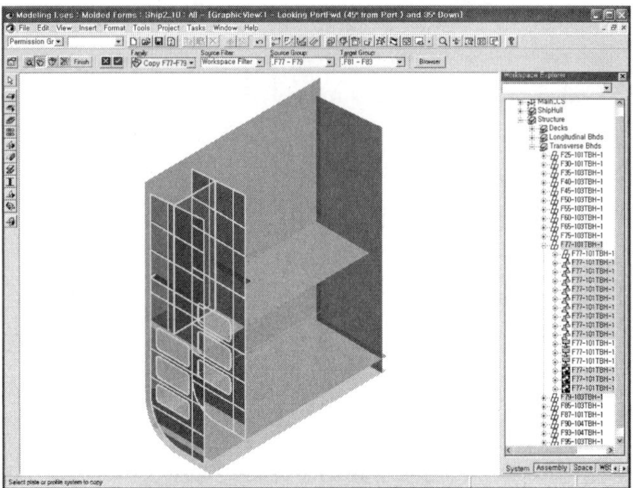

그림 2 새로 등록한 Family로 선택된 요소

* New Similar Family 창에서 ByRange 옵션을 지정하면 Family 등록난이 2개씩 확장된다. 확장된 등록 난에 범위를 입력하면 타이틀이 입력한 범위로 변경된다.

** 리본-바의 Source Group 난에는 .F77-F79로, Target Group 난에는 .F81-F83으로 지정된다.

*** ByRange로 등록된 Family이므로 **F77-***과 **F79-*** 사이의 모든 것(**L25-*** 포함)이 선택된다. 그러나 새로 등록한 Family의 Range Growth Value를 **800.00mm**로 등록하였으므로 **F79-***의 Stiffener(BUT 880x200)는 포함되지 않는다.

6 리본-바의 Finish 버튼을 클릭한다.

7 *View Log* 창에서 [Okay] 버튼을 클릭한다.

작업결과	2.10.7-2	• F77-*과 F79-* 사이에 모든 요소가 F81과 F83 사이에 복사된다. • 그러나 F79-* 평판에 있는 BUT 880x200 profile은 F83-* 평판에 복사되지 않는다. (목록을 정의할 때 범위(Range Growth Value)가 800mm로 지정되어 있음)

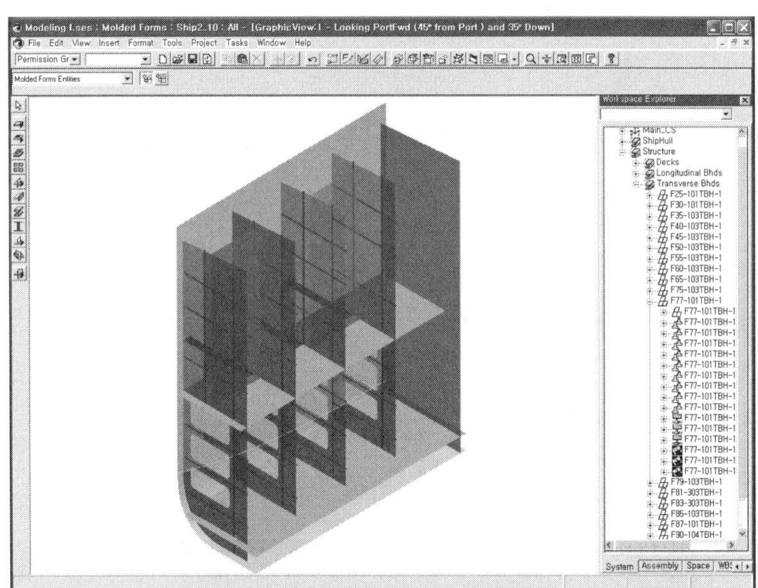

2.10.8 Copy Similar (Overlapping)

모델 구간복사에서 복사될 구간이 중복되는 경우에 중복되는 요소에 대해서는 한 번만 복사하는 기능을 말한다.

실습 2.10.8 구간중복복사를 사용하여 구간 사이의 요소를 복사하되 중복되는 요소는 한 번만 복사한다.

작업영역 Ship 2_10 (전 절에서 계속)

※ 전 절에서 생성한 F81과 F83 사이의 모든 요소를 삭제한다(만일 전 절에서 계속 실습 중이면 되돌리기(Ctrl-Z)를 하면 된다).

1 메인 메뉴의 Edit › Copy by Family 메뉴를 선택한다.

2 *Select Copy Family* 창에서 (Create New Similar Family) 아이콘 클릭한다.

3 다음과 같은 새로운 메뉴를 등록한 후 [OK] 버튼을 클릭한다.*

- Name : Copy F77-F79 to F79-F81 and F81-F83(입력)
- Option Button : Overlapping(선택)
- Range Growth Value : 900.00mm(입력)

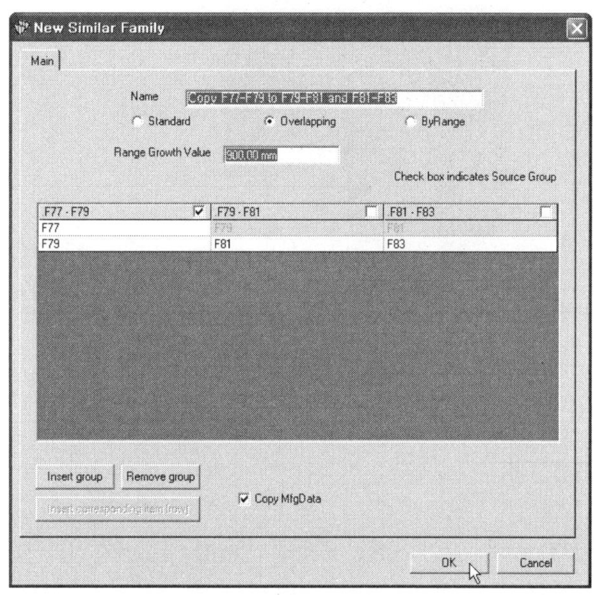

그림 1 *New Similar Family* 창

4 새로 등록한 Family를 선택한 후 [Synchronize] 버튼을 클릭한다.

5 리본-바의 Target Group:을 Multiple...로 지정한다.

6 리본-바의 (Create target group copy) 아이콘을 선택한다.

7 리본-바의 Finish 버튼을 클릭한다.

8 *View Log* 창에서 [Okay] 버튼을 클릭한다.

• • • •

* *New Similar Family* 창에서 [Insert group] 버튼을 클릭하여 새로운 Family 입력을 추가한 후 등록한다. 등록은 먼저 앞쪽의 입력 난에 범위를 입력하면 다음 입력난의 시작점으로 표시된다.

작업결과 2.10.8
- F77-*과 F79-* 사이에 모든 요소가 F79와 F81 사이, F81과 F83 사이에 각각 복사된다.
- 그러나 F77-* 평판은 한 번씩만 복사된다.

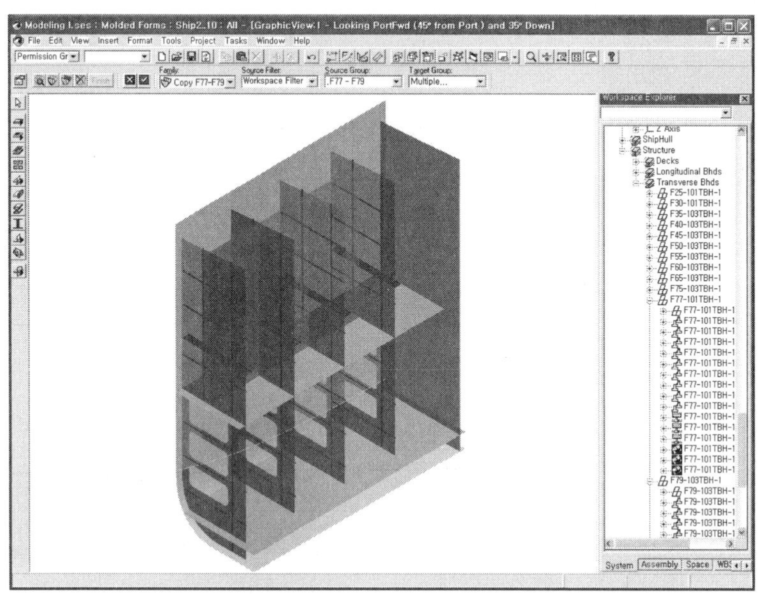

2.10.9 Copy Symmetry

이 작업은 작업창(Workspace)에 있는 모든 요소를 Center Line(Y=0 평면)을 기준으로 대칭 복사한다. 따라서 작업창에는 반드시 복사할 대상만 있어야 한다.

실습 2.10.9-1 **대칭복사 실습을 위한 새로운 모델 뷰 필터를 만들어 모델을 불러온다.**

작업영역 Ship 2_10

1 메인 메뉴의 File › Define Workspace 메뉴를 선택한다.*

* 이 메뉴 대신 단축키인 **Ctrl+W**를 사용해도 된다.

2 *Define Workspace* 창의 Filter : 난에서 Create New Filter...를 선택한다.

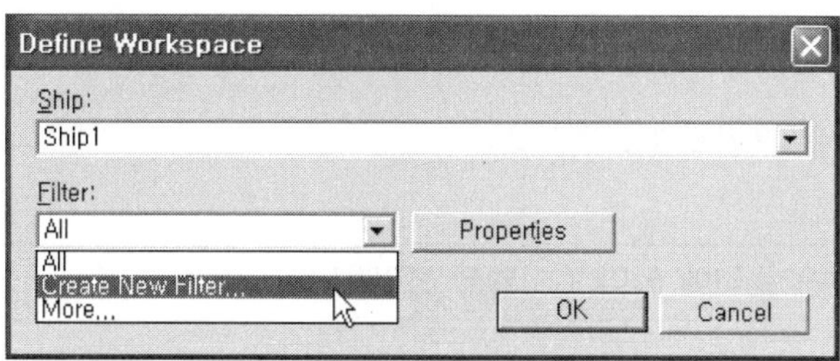

그림 1 *Define Workspace* 창

3 *New Filter Properties* 창에서 다음과 같이 지정한 후 [OK] 버튼을 클릭한다.*

- Name : Copy port to starboard(입력)
- Select items :
  ◇ Main_CS
  ▫ Structure › Decks › D16-*
  ▫ Structure › Longitudinal Bhds › L20-*, L25-*(3개)
  ▫ Structure › Transverse Bhds › F77-*, F79-*, F81-*, F83-*

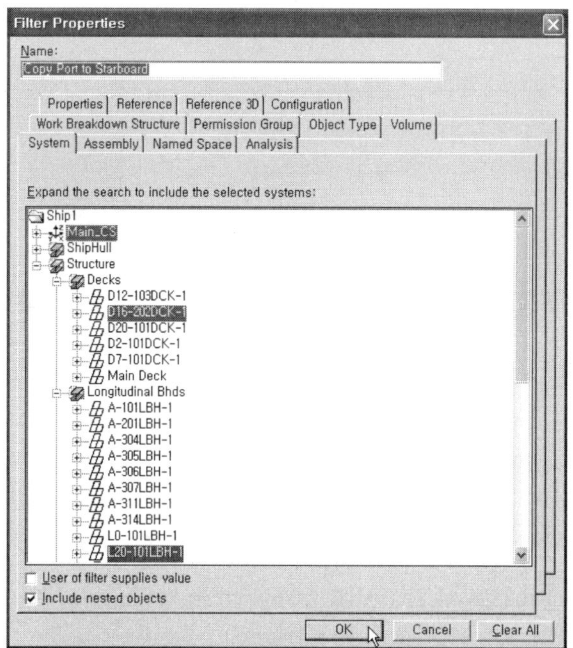

그림 2 *Filter Property* 창

* Ctrl키를 누르고 있는 상태에서 마우스로 선택하여야 중복하여 선택할 수 있다.

4 되돌아온 *Define Workspace* 창의 Filter : 난을 새로 생성한 Filter를 선택한 후 [OK] 버튼을 클릭한다.

5 모델 뷰가 좌측 상단에 위치하도록 조정한다.

작업결과 2.10.9-1 새로운 필터에 의하여 모델을 불러온다.

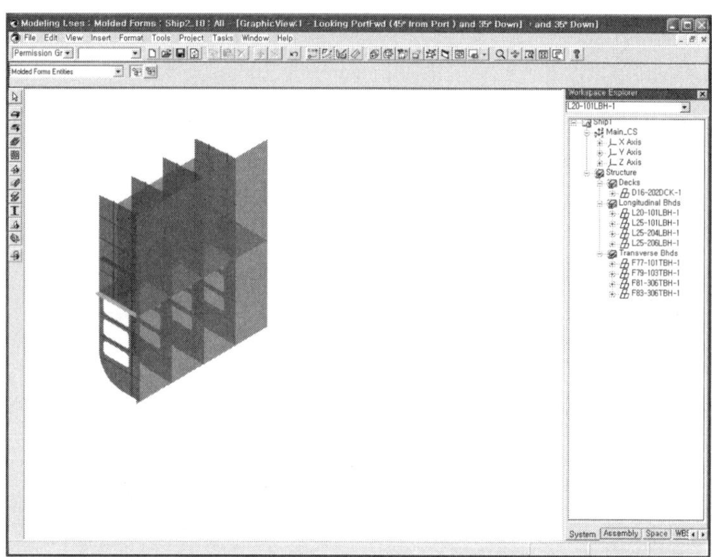

실습 2.10.9-2 대칭복사 명령어를 생성하고, 이 명령어를 이용하여 Port쪽의 요소를 Starboard쪽에 대칭 복사한다.

작업영역 Ship 2_10 (전 절에서 계속)

1 메인 메뉴의 Edit › Copy by Family 메뉴를 선택한다.

2 *Select Copy Family* 창에서 (Create New Symmetry Family) 아이콘을 선택한다.

3 *New Symmetry Family* 창에서 다음과 같이 설정한 후 [OK] 버튼을 클릭한다.

- Name : Copy F77-F83(입력)
- Symmetry Plane : Main_CS *(WE에서 지정)
- Port Group Name : Port(입력)
- Source Group(선택)
- Starboard Group Name : Starboard(입력)

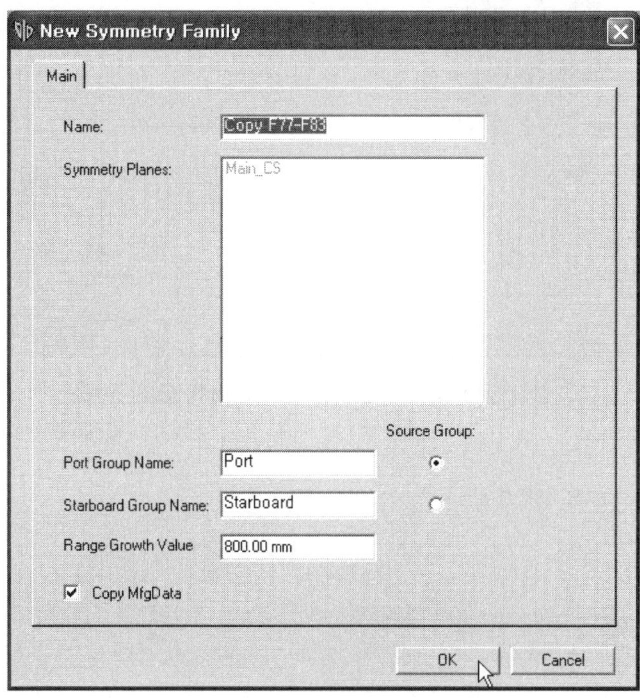

그림 1 *New Symmetry Family* 창

4 되돌아온 *Select Copy Family* 창에서 새로 생성한 Family를 선택한 후 [Synchronize] 버튼을 클릭한다.

* WE에서 Main_CS를 클릭하면 이 난에 등록된다.

5 리본-바의 (Create target group copy) 아이콘을 선택한다.*

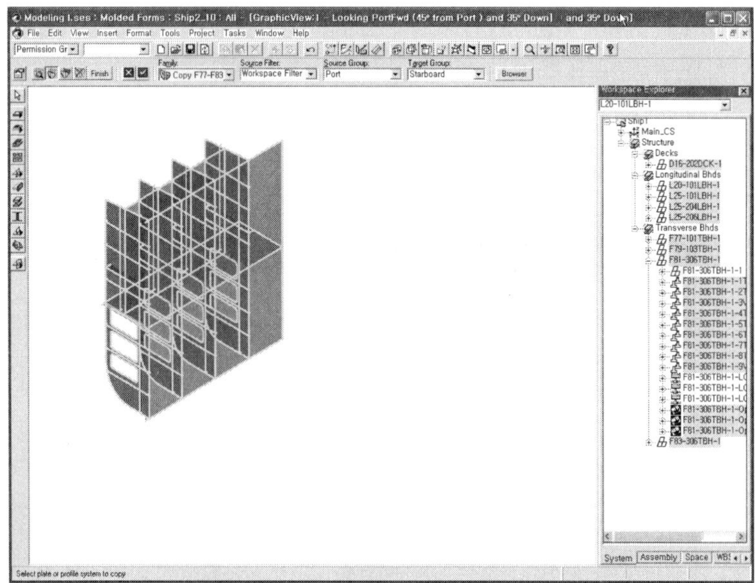

그림 2 복사 대상이 선택된 상태(Port쪽 요소 전체)

6 리본-바의 Finish 버튼을 클릭한다.

7 *View Log* 창에서 [Okay] 버튼을 클릭한다.

8 Workspace Filter에 복사한 Starboard 쪽의 요소를 추가한다.**

* 복사 대상 전체가 노란색으로 표시된다.

** 현재의 Workspace Filter에는 새로 복사된 Starboard 쪽의 요소가 등록되어 있지 않음. 따라서 Refresh(F5) 하면 복사된 내용이 사라진다. Refresh 후에 Starboard 쪽의 요소도 보이게 하려면 Define Workspace Filter에 복사한 요소를 포함시켜 새로 읽어야 한다.

작업결과 2.10.9-2 목록에서 지정한 Port쪽의 모든 요소가 Starboard쪽에 대칭 복사된다.

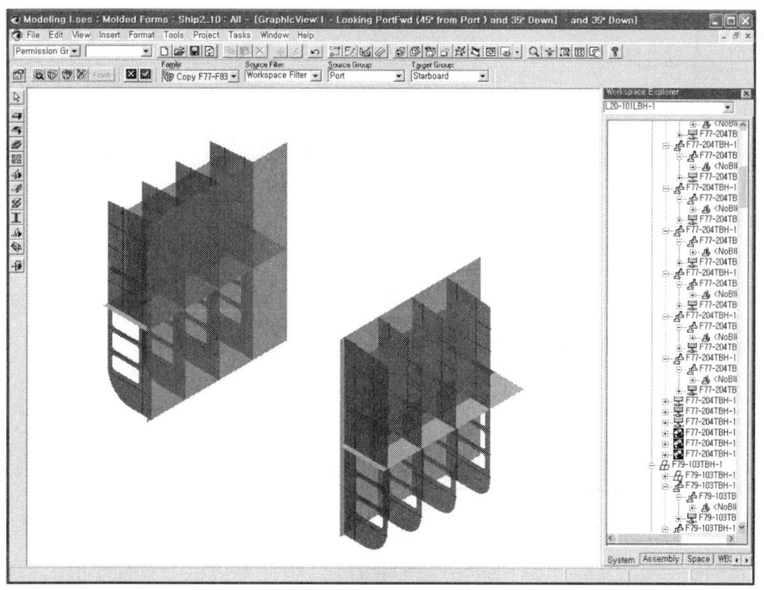

2.10.10 Copy/Paste

생성한 모델 중 개별 요소를 복사(Copy & Paste)하는 방법 중 하나로 요소의 속성 값 중 모재나 위치를 수정하여 복사할 수 있다.

예를 들면 평판에 부착한 보강재(Stiffener)와 동일한 속성의 보강재를 같은 평판의 다른 위치나 아니면 다른 평판에 복사할 수 있다. 물론 복사된 보강재의 속성은 동일하나 위치와 크기는 지정한 모재의 크기나 새로 지정한 경계치에 따른다.

실습 2.10.10-1 복사/붙이기 메뉴 실습을 위한 Profile을 생성한다.

작업영역 Ship 2_10 (전 절에서 계속)

1 (Stiffener Profile System by Intersection) 도구를 선택한다.

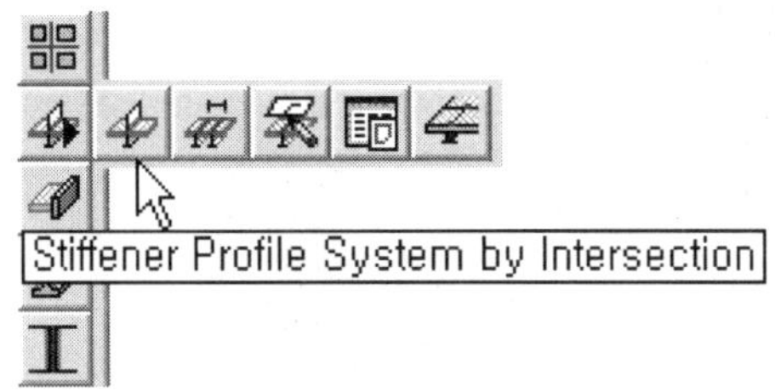

그림 1 Stiffener Profile System by Intersection 도구

2 리본-바의 (Plate System) 아이콘이 선택된 상태에서 Port쪽의 L20-*을 지정한다.

3 리본-바의 (Landing Curve Definition) 아이콘을 선택한 후 WE의 Main_CS : D22를 지정한다.

4 리본-바의 (Profile By Intersection Settings) 아이콘을 선택하여 다음과 같이 지정한 후 [OK] 버튼을 클릭한다.

[Cross Section tab]

- Section Type : B
- Section Size : BPL 250x12

[Section Orientation tab]

- Primary Orientation : Inboard

5 리본-바의 Finish 버튼을 클릭한다.

작업결과 2.10.10-1 L20-* 평판의 D22 위치에 Stiffener가 생성된다. *

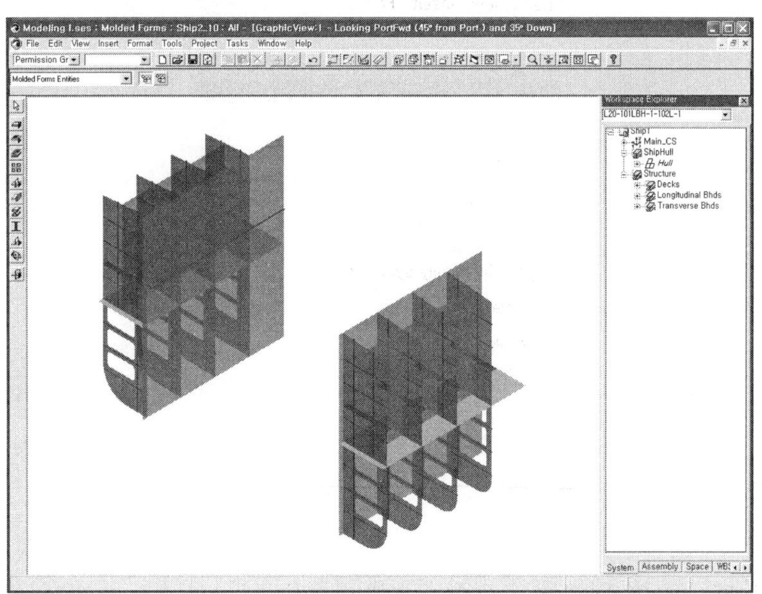

실습 2.10.10-2 복사/붙이기 메뉴를 사용하여 요소를 복사한다.

작업영역 Ship 2_10 (전 절에서 계속)

1 (Select) 도구를 선택한 후 전 절에서 생성한 Stiffener를 선택한다.

* 정의된 Workspace에는 새로 복사된 Starboard 쪽의 요소가 등록되어 있지 않음. 따라서 Refresh(F5) 하면 복사된 내용이 사라진다. Starboard 쪽의 요소도 보이게 하려면 Define Workspace Filter에 복사한 요소를 포함시켜야 한다.

2 메인 메뉴의 Edit › Copy 메뉴를 선택한다.*

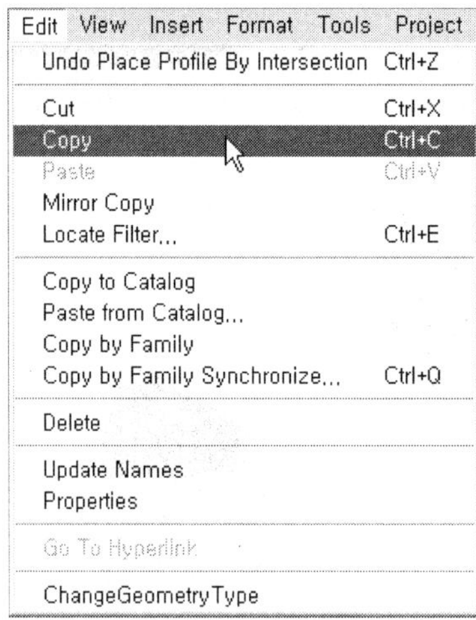

그림 1 Copy 메뉴

3 메인 메뉴의 Edit › Paste 메뉴를 선택하면 Paste 창이 나타난다.**

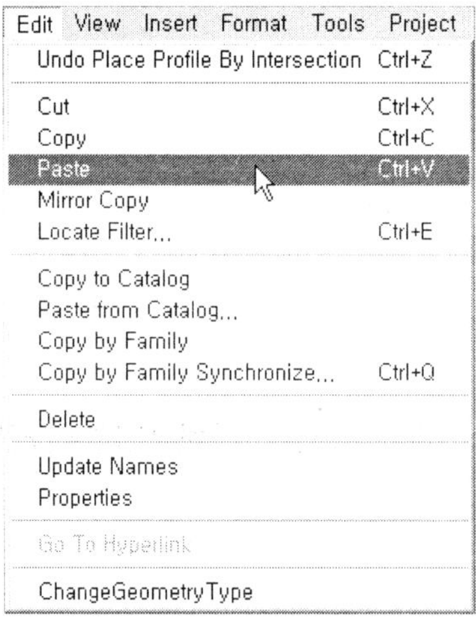

그림 2 Paste 메뉴

* 이 메뉴 대신 **Ctrl-C**키를 사용해도 됨

** 이 메뉴 대신 **Ctrl-V**키를 사용해도 됨

4 Paste 창에서 "Select an Intersection for the Landing Curve" 난을 WE의 Main_CS : D23을 선택하여 D23으로 수정한 후 [OK] 버튼을 클릭한다.*

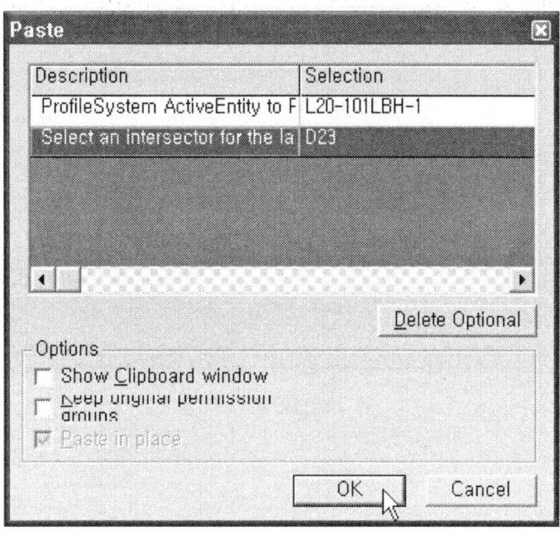

그림 3 *Paste* 창

5 리본-바의 Finish 버튼을 클릭한다.

작업결과 2.10.10-2 L20-* 평판의 D22 위치에 있는 Stiffener가 D23 위치에 복사된다.

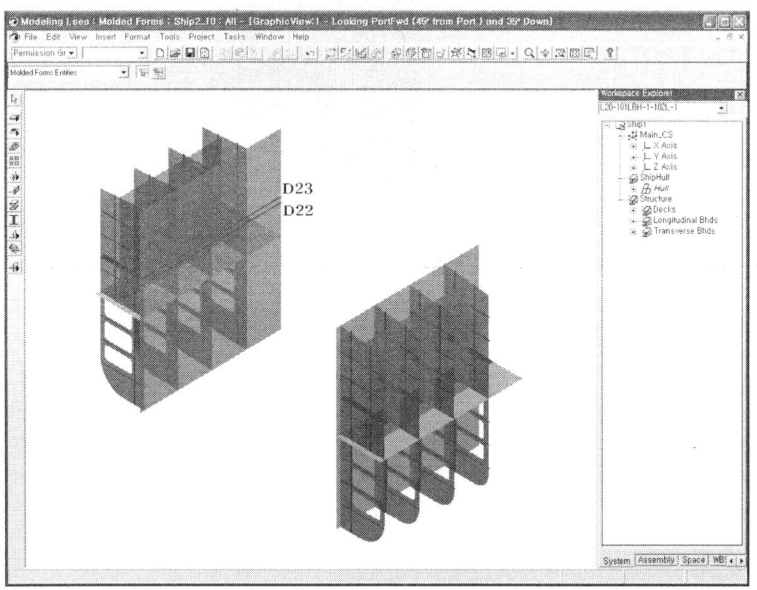

* WE의 Main_CS : D23을 선택하면 자동으로 수정된다.

2.10.10 Copy/Paste 복사하기

[실습 2.10.10-1]에서 생성한 Stiffener를 Starboard 쪽에 있는 D16-*에 Copy & Paste 방법으로 복사하시오.

- 위　치 : L-27
- 경계치 : F77-*과 F83-* 사이(Starboard 쪽)

과제결과

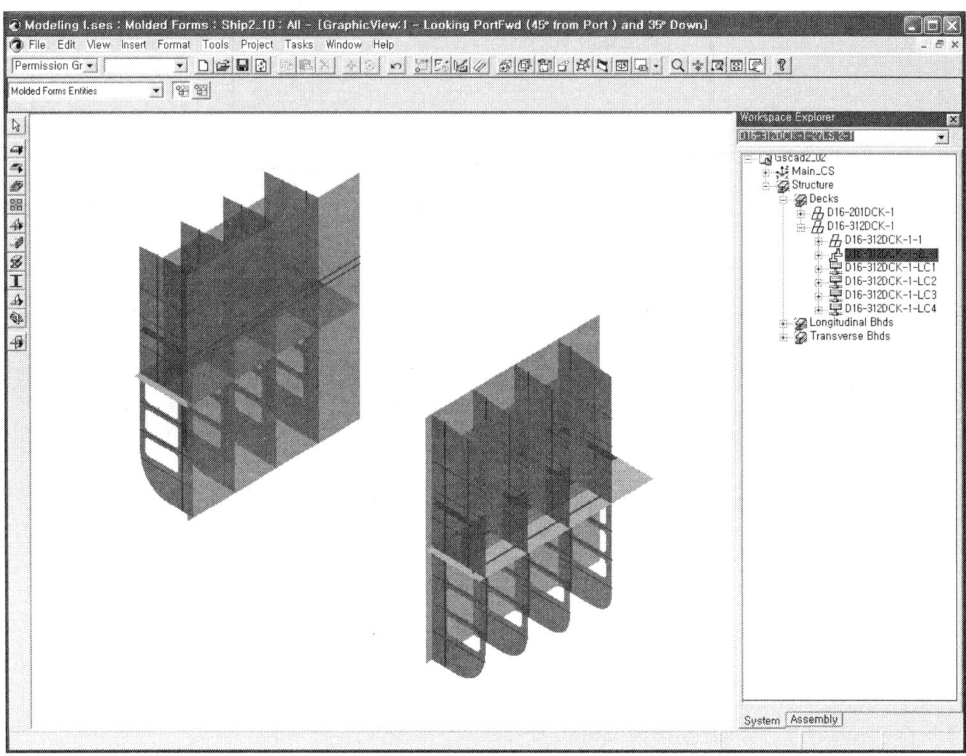

2.10.11 Mirror Copy

생성한 모델 중 개별 요소를 대칭 평면을 지정하여 복사(Copy & Mirror Copy)하는 방법을 말한다.

예를 들면 Port쪽에 추가로 생성한 보강재를 동일한 위치의 Starboard쪽에도 생성해야 할 경우에 L0 평면을 기준으로 Mirror copy 시키면 된다.

반사복사 실습을 위한 기준 평판을 생성한다.

작업영역 **Ship 2_10** (전 절에서 계속)

1. (Planar Plate System) 도구를 선택한다.
2. 리본-바의 (Define Plane) 아이콘이 선택된 상태에서 WE의 Main_CS : `L0`을 선택한다.
3. 리본-바의 (Define Boundaries) 아이콘을 선택한 후 다음과 같이 지정한다.
   Main_CS plane : `D0, D5, F75, F85`
4. 리본-바의 Finish 버튼을 클릭한다.

작업결과 2.10.11-1 반사복사의 기준이 될 Long. 평판 L0-*가 생성된다.*

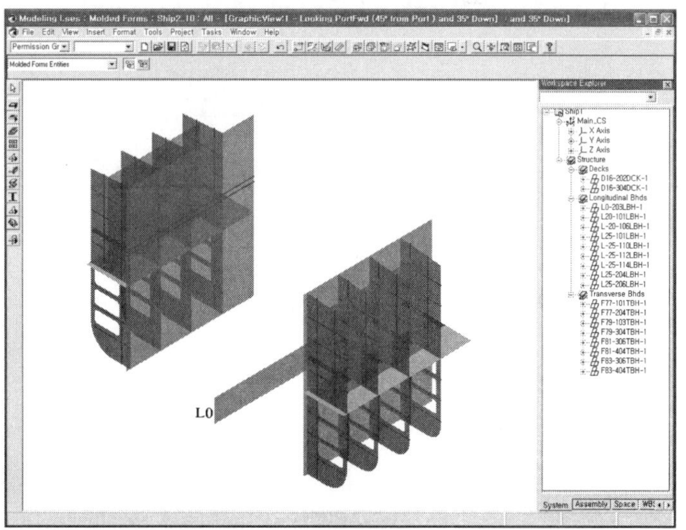

* 전 절에서 계속 작업 중인 경우에는 Filter에 L0-*가 등록되어 있지 않으므로 Refresh(F5) 했을 경우에는 나타나지 않는다. 따라서 Filter값을 수정해 주어야 한다. 이 **L0-***는 Mirror Copy의 기준 평면으로 사용된다.

실습 2.10.11-2 반사복사 메뉴를 사용하여 요소를 복사한다.

작업영역 **Ship 2_10** (전 절에서 계속)

1 (Select) 도구를 선택하여 전 절에서 생성한 L20-*의 Stiffener Profile 2개를 선택한다.

2 메인 메뉴의 Edit › Mirror Copy 메뉴를 선택한다.

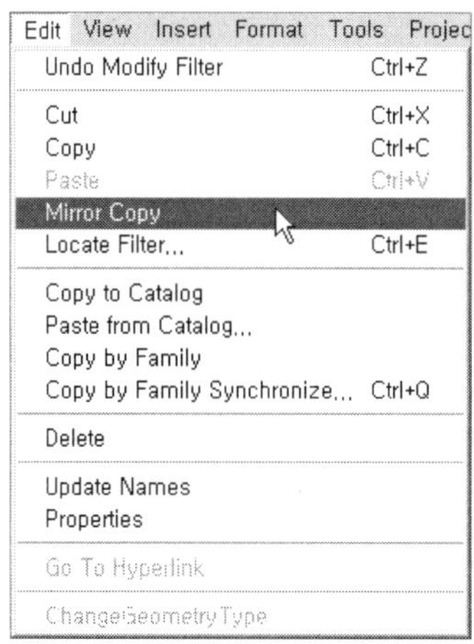

그림 1 Mirror Copy 메뉴

3 리본-바의 Direction 아이콘 중 (ZX-Plane) 아이콘을 선택한다.*

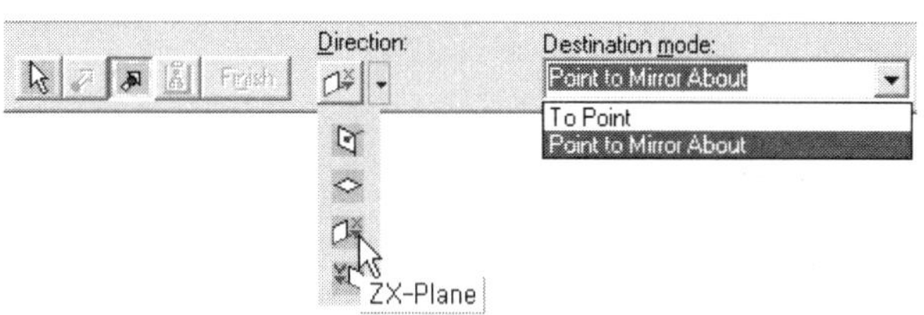

그림 2 Mirror Copy의 리본-바

* ZX 평면을 Mirror 평면으로 지정한다. 결과적으로 Y축으로 거울반사 되어 복사된다.

4 리본-바의 Destination mode: 난을 Point to Mirror About로 지정한 후 L0-*를 지정하면 *Parent or Related Object* 창이 나타난다.*

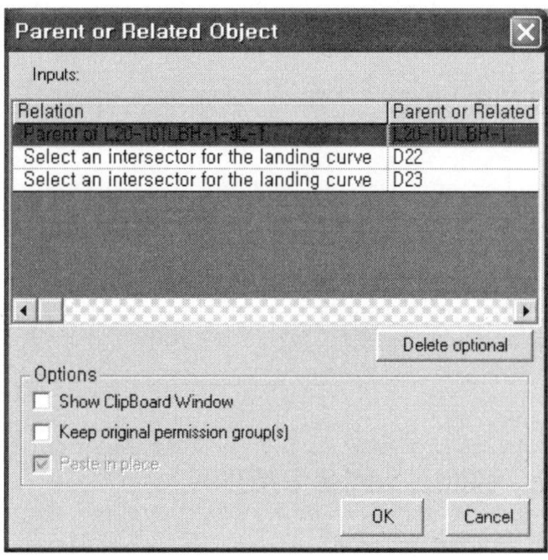

그림 3 *Parent or Related Object* 창

5 *Parent or Related Object* 창의 Parent of L20-* 난을 Starboard 쪽에 대응하는 Bulkhead(L-20-*)를 지정한 후 [OK] 버튼을 클릭한다.**

6 리본-바의 Finish 버튼을 클릭하면 복사 대상이 자홍색(magenta)으로 표시된다.

7 다시 리본-바의 Finish 버튼을 클릭한다.

작업결과 **2.10.11-2 Port쪽의 Stiffener 2개가 Starboard쪽에 반사복사 된다.**

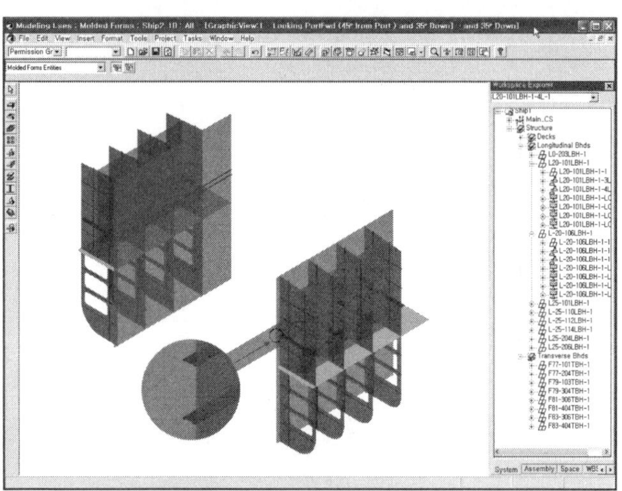

* 작업창에서 L0-*를 지정하여야 한다.

** WE에서 마우스 포인터를 이동하면 작업창에 해당하는 요소가 적색으로 표시되며, 선택하면 자동으로 복사된다.

chapter 02

2.10.12 Copy To/From Catalog

일련의 객체 집합 정보를 카탈로그 DB에 등록시킨 후 카탈로그 정보를 이용하여 복사하는 방법을 말한다.

카탈로그 DB에 등록되는 정보는 객체의 종류와 속성이며 위치나 크기는 복사할 때 새로 지정할 수 있다.

앞 절에서 설명한 복사 방법과 차이점은 등록된 카탈로그 정보는 액세스할 수 있는 모든 사용자가 사용할 수 있다.

예를 들면 부서원 중 한 사람이 등록하면 나머지 모든 부서원이 사용할 수 있다.

실습 2.10.12-1 목록복사 실습용 목록(Catalog)을 등록한다.

작업영역 Ship 2_10 F75와 F95 사이를 확대하고 Hull, Main Deck, D2-* 및 D20-*은 감추기 한다.*

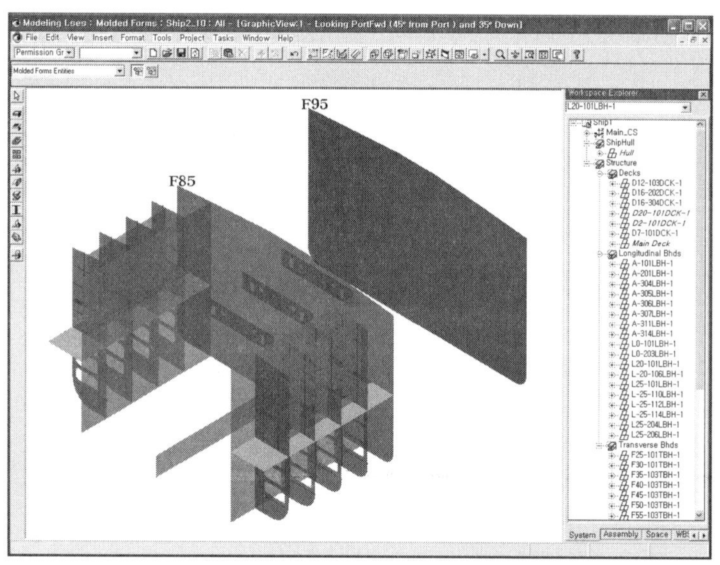

* 전 절에서 계속 작업 중인 경우 Define Workspace Filter를 All로 지정하여 모델을 새로 불러와야 한다.

1 (Select) 도구를 선택한 후 L20-*의 평판 및 L20-*에 있는 2개의 Stiffener를 선택한다.*

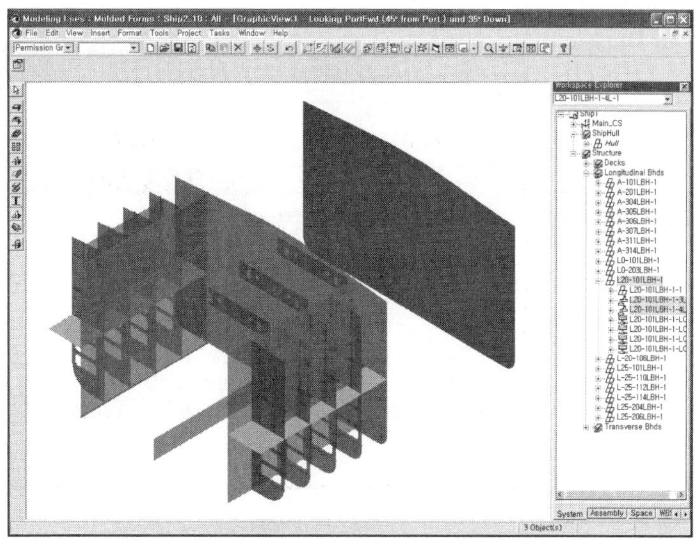

그림 1 L20-* 및 2개의 Stiffener를 선택한 상태

2 메인 메뉴의 Edit › Copy to Catalog 메뉴를 선택한다.

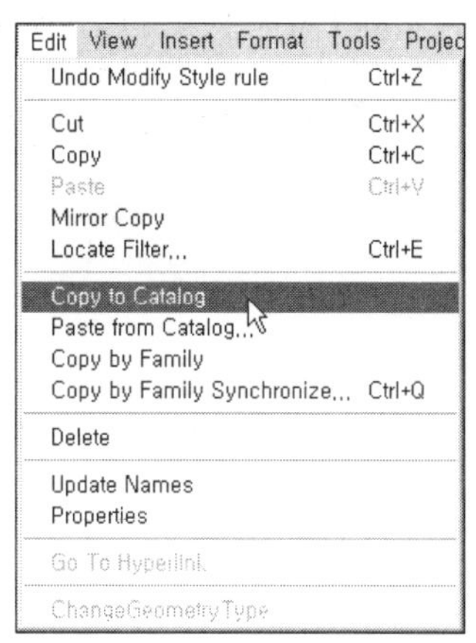

그림 2 Copy to Catalog 메뉴

3 리본-바의 Name : 난에 "BhdStiffeners"를 입력하고 Enter키를 누른 후 작업창의 임의의 위치에서 클릭을 하면 *Define Prompts* 창이 나타난다(Type : 난이 Conveyer System으로 지정되어 있음을 확인할 것**).

* WE에서 L20-*의 평판과 Stiffener를 지정한다.

** Default로 Catalog DB의 이 항목에 등록된다. 만일 다른 항목에 등록할 경우에는 Type : 난에서 More...를 선택하면 위치를 지정할 수 있다.

4 *Define Prompts* 창에서 Selection 항목 중 L20의 Description 항목을 "Select an offset plane"로 선택한 후 [OK] 버튼을 클릭한다.

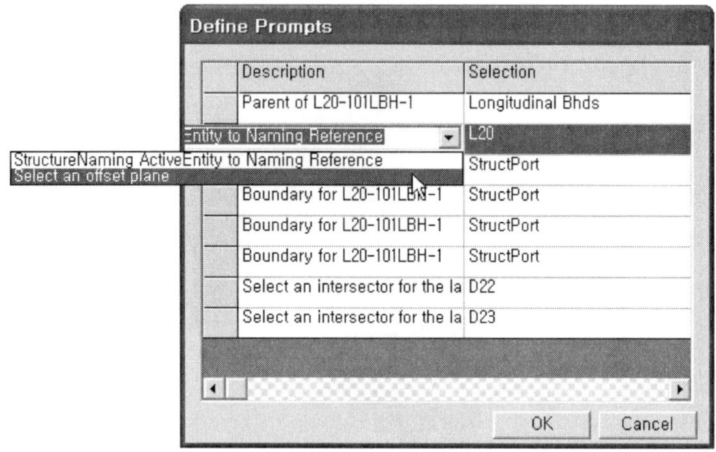

그림 3 *Define Prompts* 창

5 리본-바의 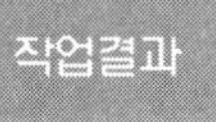 버튼을 클릭한다.

작업결과	2.10.12-1	• "BhdStiffeners" 이름의 새로운 목록(Catalog)이 등록된다. • 등록된 목록은 주 메뉴의 Tasks>Catalog 메뉴를 선택하면 확인할 수 있다. (SM3DTrain_CDB>Modules>Equipment>Conveyor System에 등록되어 있다)

실습 2.10.12-2 전 절에서 등록한 Catalog를 사용하여 객체 그룹을 복사한다.

작업영역 **Ship 2_10** (전 절에서 계속)

1 메인 메뉴의 Edit › Paste from Catalog 메뉴를 선택하면 *Modules* 창이 나타난다.

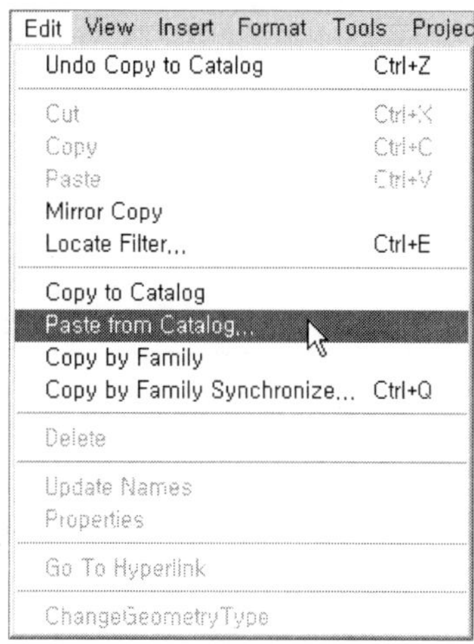

그림 1 Paste from Catalog 메뉴

2 *Modules* 창에서 새로 등록한 Catalog(BhdStiffeners)를 선택한 후 [OK] 버튼을 클릭하면 *Place Macro* 창이 나타난다.

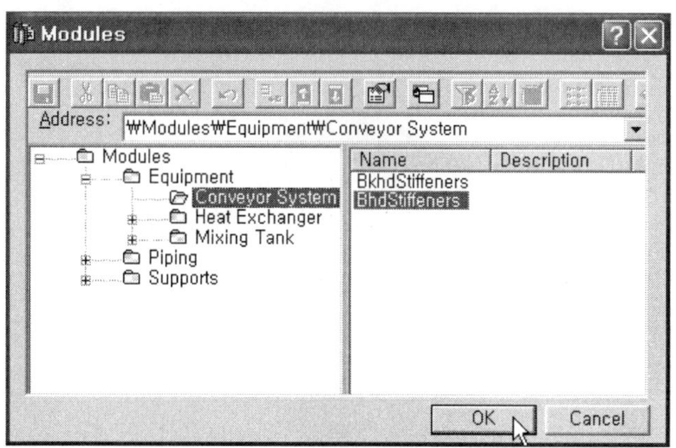

그림 2 *Modules* 창

3 *Place Macro* 창의 Selection 항목 중 F75-*와 F85-*를 각각 F85-*와 F95-*로 수정한 후 [OK] 버튼을 클릭한다.*

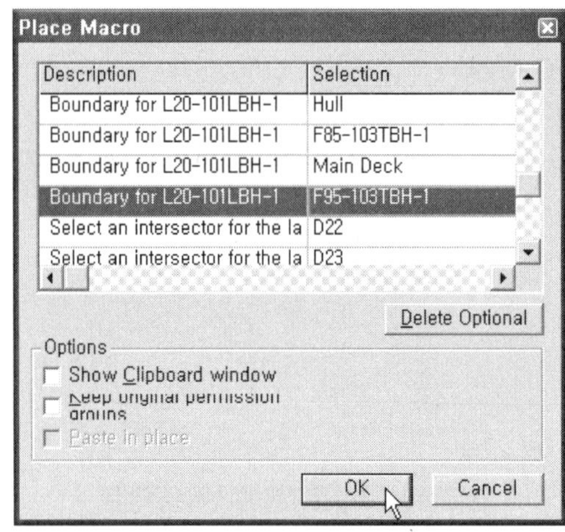

그림 3 *Place Macro* 창

4 마우스를 작업창의 임의의 위치에서 클릭하면 등록된 Catalog의 내용이 표시된다.

5 다시 마우스를 임의의 위치에서 클릭하면 작업을 완료한다.

작업결과 2.10.12-2 등록된 목록의 내용에 따라 Long. 평판(Stiffener 포함)과 같은 속성의 평판이 F85와 F95 사이에 복사된다.

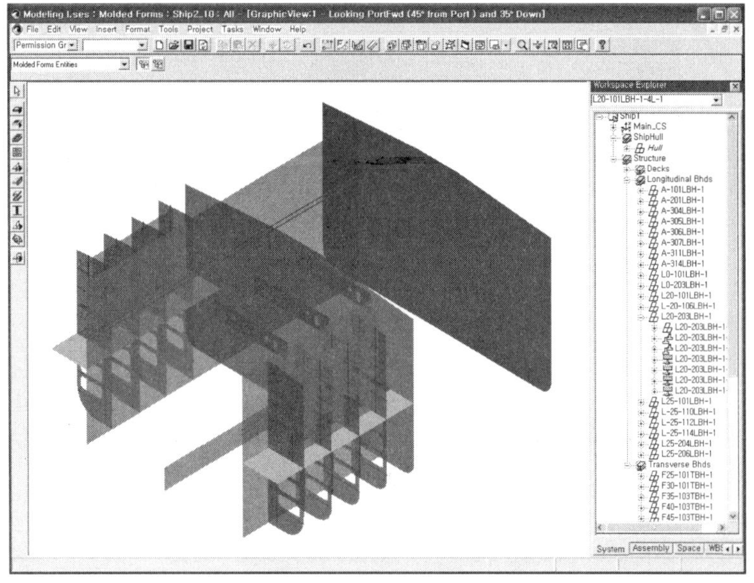

* WE에서 마우스 포인터를 이동하면 해당 요소가 적색으로 표시되며, 선택(클릭)하면 자동으로 등록(수정)된다.

SM3D 03

Modeling II

chapter 03 Modeling II

선체에 대한 모델이 완성되면 제조업체의 작업장 환경과 생산 일정 등을 고려하여 구획(Block)을 나누어야 한다.

SM3D에서 구역의 단위는 블록(Block)과 어셈블리(Assembly)로 대분한다.

- **Block** : 최상위 블록(B0)의 하부 분할 구역을 말하며, 어셈블리나 세부 블록으로 구성되어 있다.
- **Assembly** : 기본 조립한 생산 단위(예를 들면 Pipe의 Spool 등)를 말하며 Structure Part, Equipment, Outfitting Part 등으로 구성되어 있다.

블록은 작업자에 의하여 분할/병합할 수 있으며 정의된 구역에 완전하게 포함되는 부품(Part)은 자동으로 해당 구역에 할당되나 UnAssigned Part로 분류된다. 그러나 2개 이상의 구역에 걸쳐진 부품은 해당 불록을 모두 포함하는 상위 블록에 UnAssigned Part로 분류된다.

물론 정의된 블록에 관계없이 새로운 블록을 생성하고 부품을 할당할 수 있다.

블록을 나누어 부품을 할당한 후에는 각 부품에 대한 실제 제작 정보를 생성하여야 한다. 예를 들면 Seam 위치에서 평판의 절단면 형태나 Stiffener 형태를 지정하여 실제 제작 정보 생성, Slot과 Clip 생성 등을 말하며, 이 작업을 Detailing 작업이라 한다.*

본 장에서는 완성된 선체 모델에 대하여 구획을 나누고 각 부품에 세부사항(Detailing)을 작성한다. 또한 부품이 서로 접한 부분의 경계면 처리 작업도 설명한다.

* 정상적으로 Detailing 작업이 완료되면 WE의 아이콘이 **적색**으로 표시된다.

3.1 Planning

Planning 작업이란 선박을 블록으로 나누고 부품을 해당 구역의 블록으로 할당하는 작업을 말한다.

만일 부품이 해당 블록 안에 완전히 포함되는 경우에는 자동으로 할당되나 두 블록 이상 걸쳐져 있는 경우에는 블록 경계면을 기준으로 부품을 분리작업을 한 후 할당한다.

물론 특정한 부품에 대해서는 별도의 어셈블리(Assembly)를 지정할 수도 있다.

3.1.1 작업 환경 설정

실습 3.1.1 선체의 블록 나누기 작업을 위하여 작업 환경을 설정하고, Planning 작업 도구를 기동한다.

작업영역 Ship 3_01 **Surface Style Rule** : Profiles, Hull, Decks, Trans., Longs., Seams 순으로 배열한다.

1 주 메뉴의 Tasks › Planning 메뉴를 선택하면 작업도구가 바뀐다.

2 WE의 하단에 있는 탭 중 Assembly 탭을 선택한 후 Object list 중 B0를 지정하면 선체 전체가 하나의 블록으로 되어있는 것을 확인할 수 있다.

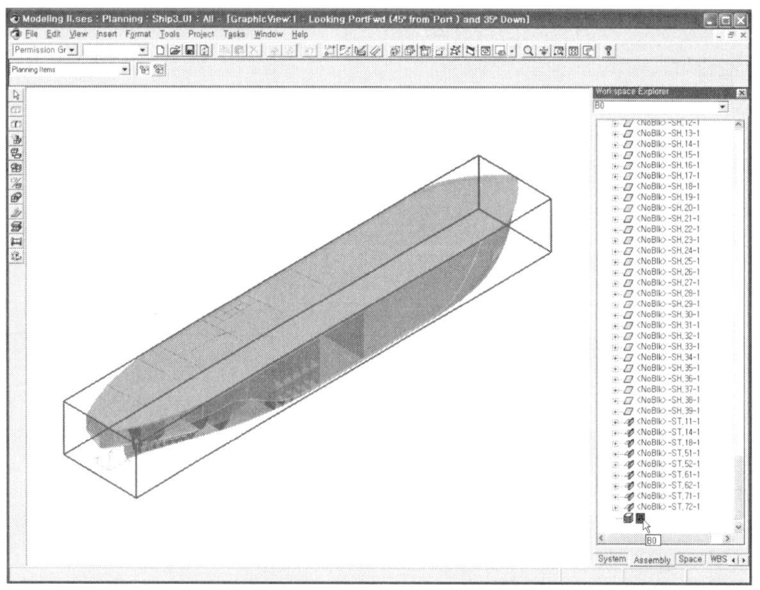

그림 1 현재 block B0의 상태

3 만일 B0가 보이지 않는 경우에는 다음과 같이 Define Workspace Filter를 수정하면 된다.

- 주 메뉴 File > Define Workspace(또는 Ctrl+W) 메뉴를 클릭하여 *Define Workspace* 창을 불러낸다.
- *Define Workspace* 창의 Filter 난에서 All을 지정한 후 [Properties] 버튼을 클릭하면 *Filter Properties* 창이 나타난다.

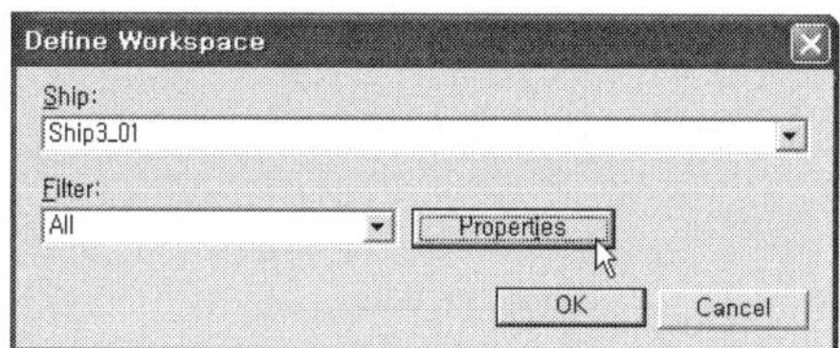

그림 2 *Define Workspace* 창

- *Filter Properties* 창에서 Assembly 탭을 선택한 후 B0를 지정하고 [OK] 버튼을 클릭하여 창을 닫는다.

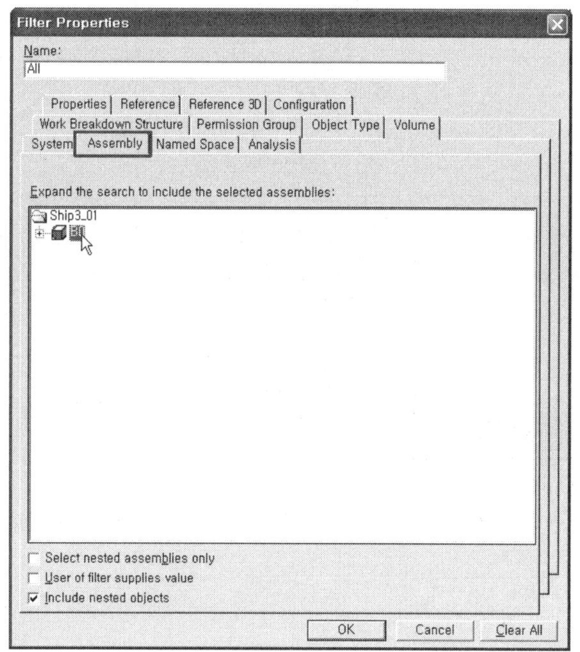

그림 3 *Filter Properties* 창

- 다시 WE의 Assembly 탭을 선택하여 확인한다.

chapter 03

3.1.2 Split Planning Blocks

블록은 격자 시스템(Main_CS)의 좌표를 지정하여 나누며 지정한 좌표축에 따라 횡/종/수평 방향으로 나누어진다.

나누어진 블록은 상위 블록의 하부(Nest) 또는 수평(Flat) 구조로 만들 수 있다.

선체를 길이(X축) 방향으로 6개의 대블록으로 나눈다.

작업영역 **Ship 3_01** (전 절에서 계속)

1 WE의 Assembly 탭에서 B0의 Popup 메뉴 중 Block Properties 메뉴를 선택하면 *Block Properties* 창이 나타난다.

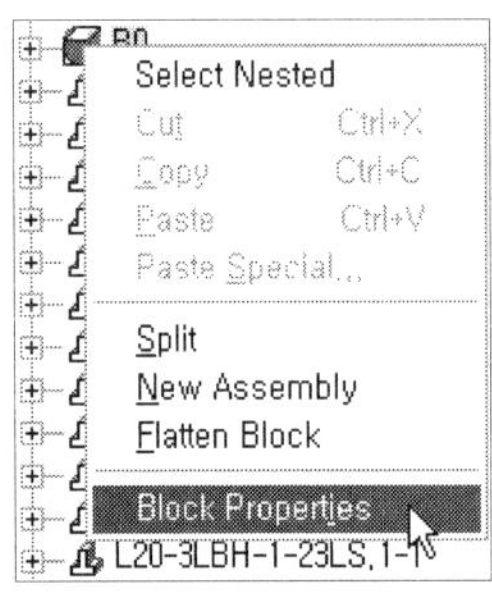

그림 1 B0의 Popup 메뉴
(Block Properties 메뉴)

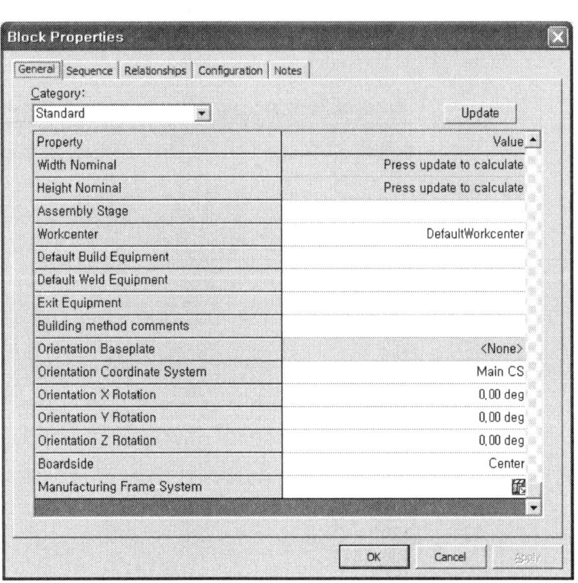

그림 2 *Block Properties* 설정 창

2 *Block Properties* 창에서 다음과 같이 지정한 후 [OK] 버튼을 클릭하여 창을 닫는다.

- Category : Standard
- Manufacturing Frame System : Main_CS*

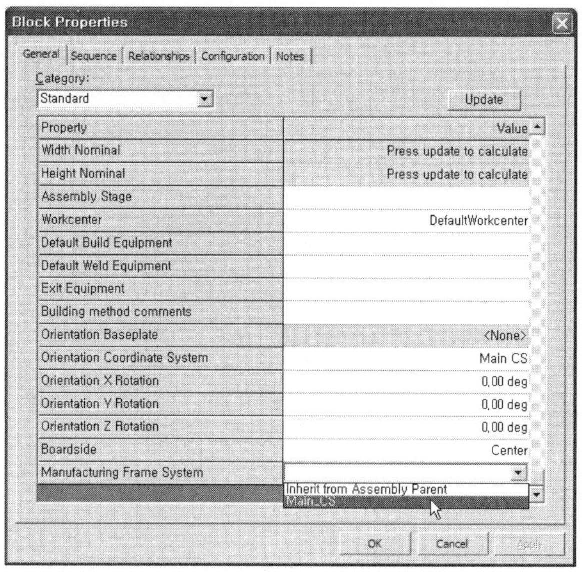

그림 3 Manufacturing Frame System을 Main_CS로 지정

3 (Split Block) 도구를 선택한다.

4 리본-바의 (Select Blocks to Split) 아이콘이 선택한 후, WE의 B0를 지정한다.

* 이 후 작업한 모든 블록의 Coordinate System은 Main_CS를 기준으로 작성된다.

5 리본-바의 [icon] (Select Cutting Planes) 아이콘을 선택한 후 [icon] (Coincident Plane) 아이콘이 선택된 상태에서 WE의 System 탭에서 다음의 Frame을 지정한다.

- Main_CS : F61, F66, F76, F86, F96

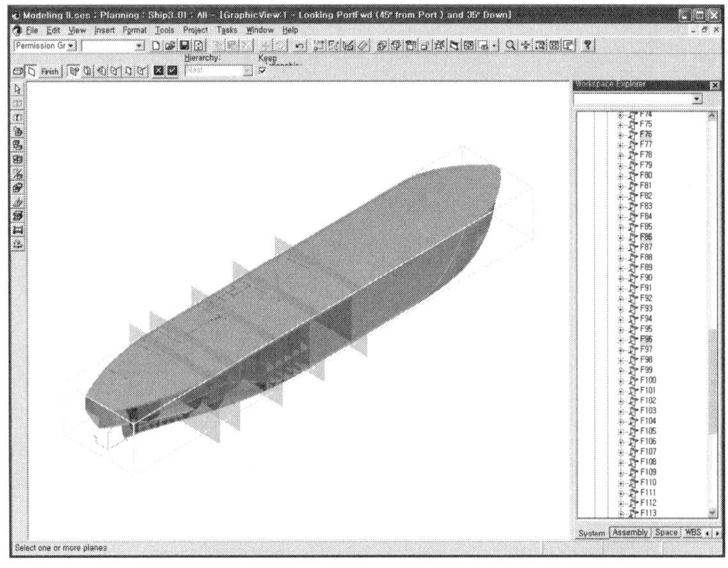

그림 4 블록의 구획을 F61, F66, F76, F86 및 F96으로 지정한 상태

6 리본-바의 Finish 아이콘을 클릭한다.

작업결과 3.1.2-1 선체가 지정한 Frame을 기준으로 6개의 블록으로 나누어진다.

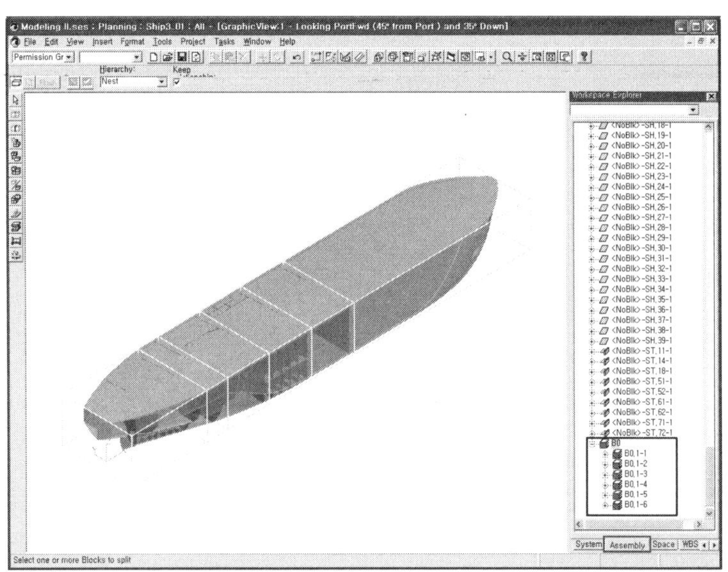

실습 3.1.2-2 전 절에서 나눈 대블록 중 선미쪽의 블록(B0.1-6)을 높이(Z축) 방향으로 Offset 값을 사용하여 소블록으로 나눈다.

작업영역 **Ship 3_01** 선미 부분을 우현에서 본 형태로 확대한다.

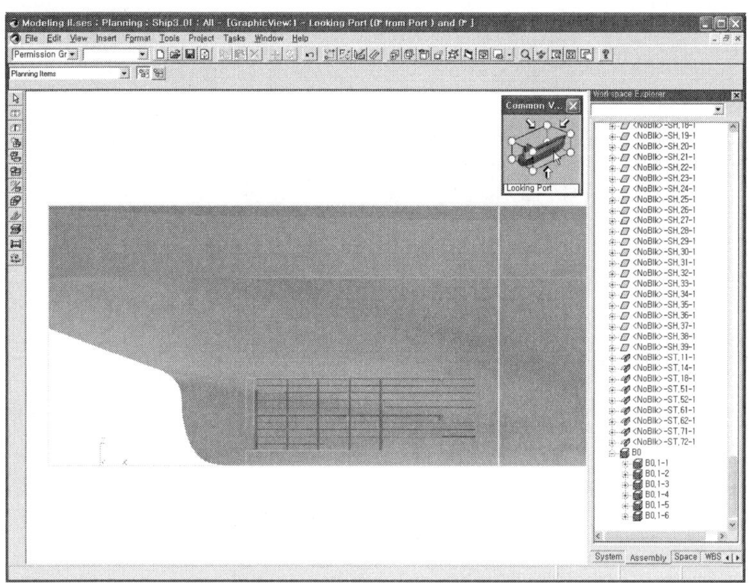

1 (Split Block) 도구를 선택한다.*

• • • •

* 일반적으로 SM3D의 작업도구는 앞에서 작업한 도구를 계속 사용하도록 설계되어 있다. 따라서 전절에서 계속 실습하는 경우에는 전 절의 작업이 완료한 이후 이 도구(Split Block)가 선택된 상태가 된다. 따라서 이 단계는 생략하고 바로 분리할 블록을 선택하면 된다.

2 리본-바의 (Select Blocks to Split) 아이콘이 선택된 상태에서 WE에서 선미 블록(B0.1-6)을 지정하고 리본-바의 (Accept) 아이콘을 클릭한다.

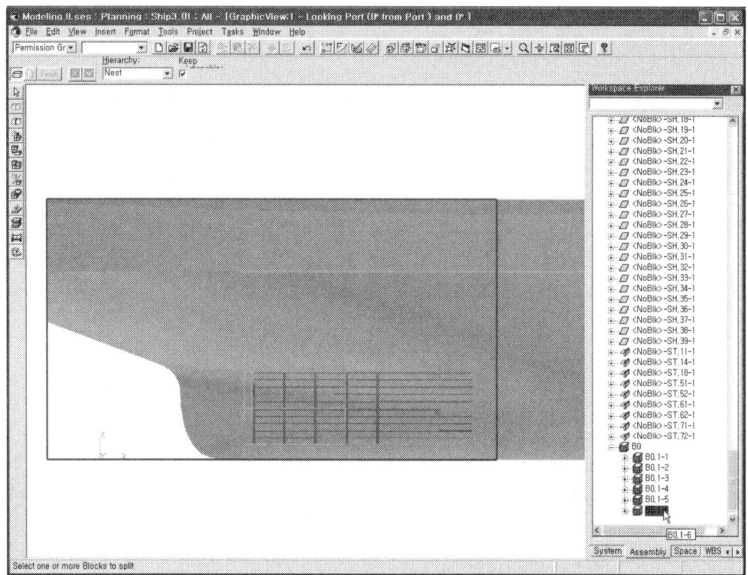

그림 1 분리할 블록(B0.1-6)을 지정한 상태

3 리본-바의 (Select Cutting Planes) 아이콘을 선택한 후 변경된 리본-바에서 (Offset from Plane) 아이콘을 선택한다.

4 리본-바의 Offset 난에 200(mm)을 입력한다.*

5 WE의 System 탭에서 Main_CS : D12를 지정한다.**

6 리본-바의 Finish 아이콘을 클릭한다.

* Offset 값은 양수 및 음수 값을 사용할 수 있으며, 설정한 좌표축의 방향을 지정한다. 예를 들면 X축은 선수 방향이 +, Y축은 Port 방향이 +, Z축은 위쪽 방향이 + 값이다.

** D12(노란색 선) 위 쪽 200(mm) 위치에 분리선(적색)이 표시된다. 이것은 Offset 값으로 +200을 지정하였기 때문이다.

작업결과 3.1.2-2 블록 B0.1-6이 D12로부터 Offset 값(200mm) 만큼 떨어진 위치에서 소블록으로 나누어진다.

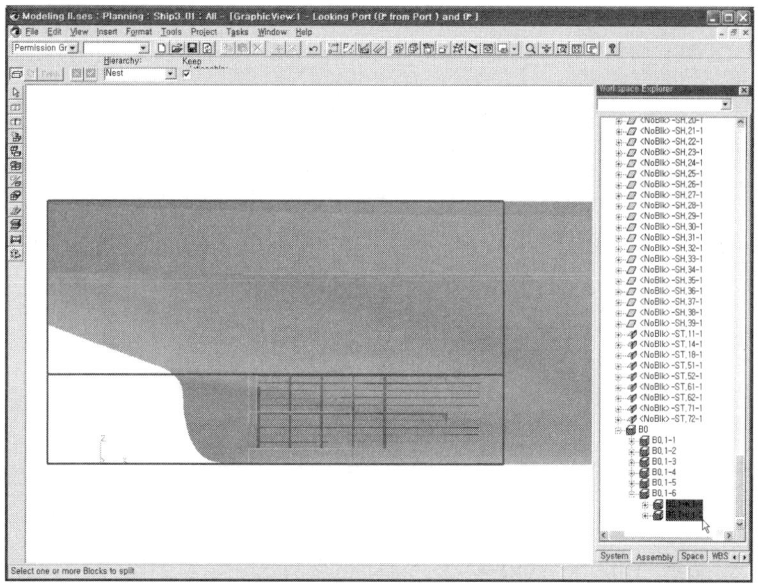

실습 3.1.2-3 소블록 B0.1-2.1-2를 다시 폭(Y축) 방향으로 나눈다.

작업영역 Ship 3_01 선미 부분을 우현-선미-상단에서 본 형태로 확대한다.

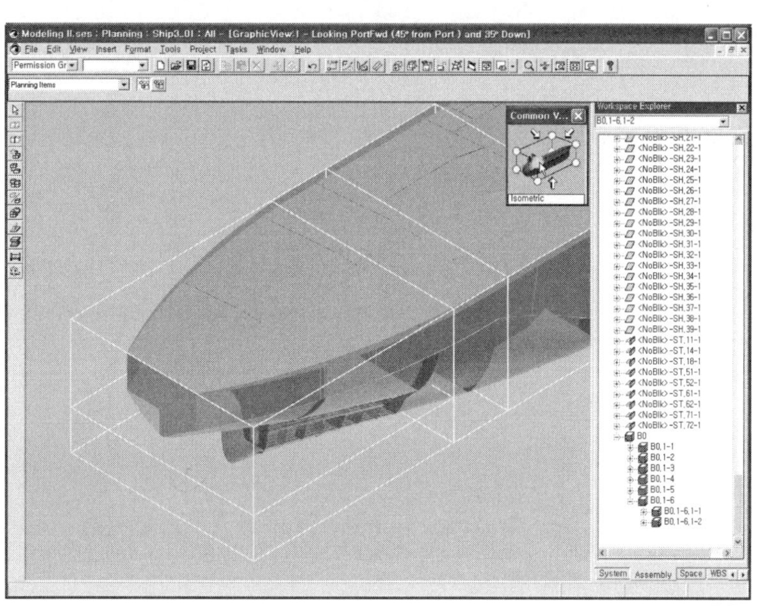

1 (Split Block) 도구를 선택한다.

2 리본-바의 (Select Blocks to Split) 아이콘이 선택된 상태에서 선미의 하단 블록(B0.1-6,1-2)을 지정하고 리본-바의 (Accept) 아이콘을 클릭한다.

3 리본-바의 (Select Cutting Planes) 아이콘과 (Coincident Plane) 아이콘을 선택한 후 WE의 System 탭에서 Main_CS : L0를 지정한다.

4 리본-바의 Finish 아이콘을 클릭한다.

작업결과 3.1.2-3 블록 B0.1-6,1-2가 지정한 위치(L0)에서 좌 • 우로 분리된다.

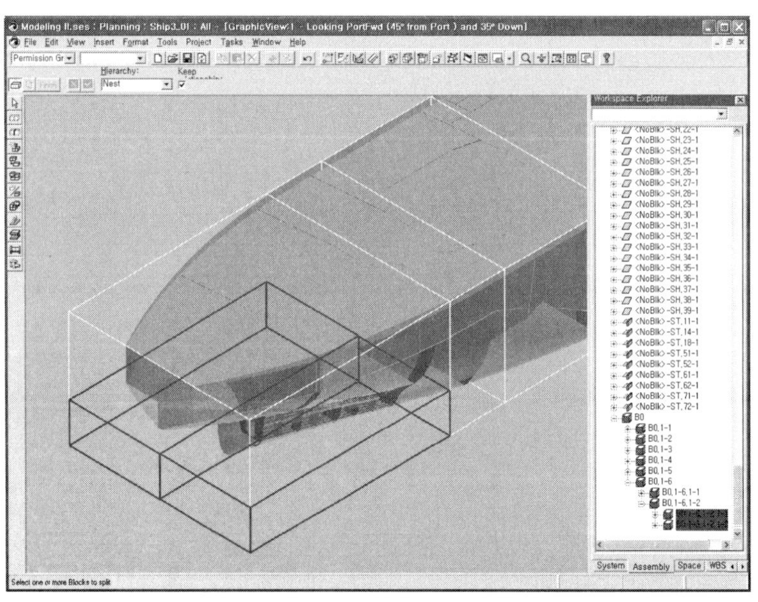

실습 3.1.2-4 복수개의 블록을 동시에 수평 계층(하부 계층이 아님)으로 나눈다.

작업영역 Ship 3_01 (전 절에서 계속)

1 (Split Block) 도구를 선택한다.

2 리본-바의 (Select Blocks to Split) 아이콘이 선택된 상태에서 선미 하단의 2개 블록 <B0.1-6, 1-2,1-1> 및 <B0.1-6,1-2,1-2>을 동시에 지정하고 리본-바의 (Accept) 아이콘을 클릭한다.

3 리본-바의 Hierarchy 난을 Flat으로 지정한다.*

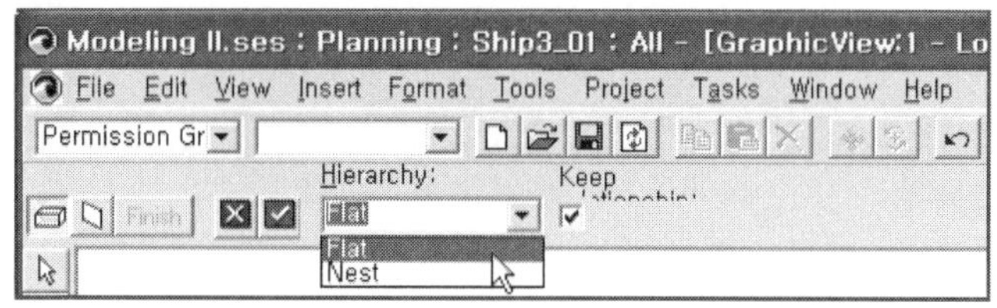

그림 1 Hierarchy option

4 리본-바의 (Select Cutting Planes) 아이콘을 선택하고 바뀐 리본-바에서 (Offset from Plane) 아이콘을 선택하면 다시 리본-바 내용이 바뀐다. 바뀐 리본-바의 Offset 난에 -300(mm)을 입력한다.**

그림 2 Offset option

5 WE의 System 탭에서 Main_CS : F40을 지정한다.

6 리본-바의 Finish 아이콘을 클릭한다.

* Nest로 지정하면 하부 구조로 나누어지며, Flat로 지정하면 수평 계층으로 나누어진다.

** Offset 값이 음수(-값)인 경우는 선택한 좌표축의 - 방향을 의미한다.

chapter 03

작업결과 3.1.2-4 선택한 블록 2개가 같은 계층으로 동시에 나누어진다.

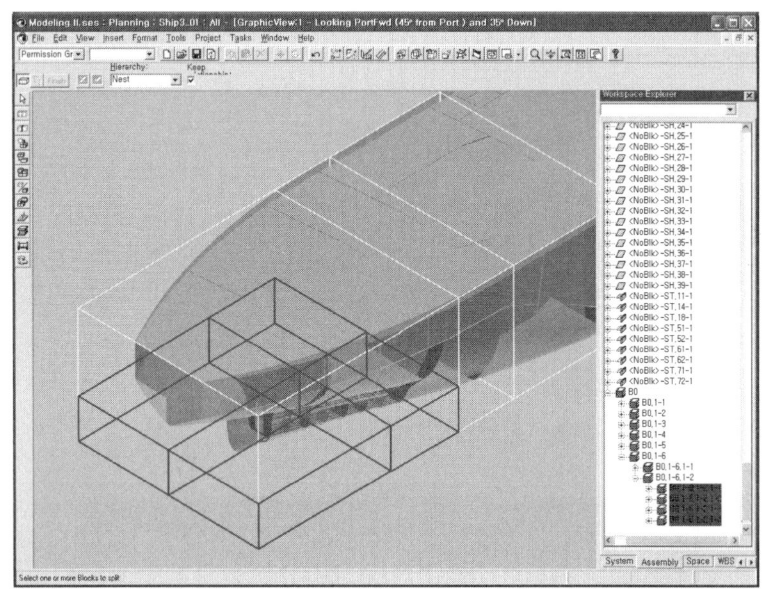

3.1.3 Block Assignment

SM3D에서 객체들을 자동으로 설정한 블록에 할당하는 기능을 제공한다.

설정한 블록의 영역 안에 있는 객체들은 일단 해당 블록에 UnAssigned Part로 할당된다. 그러나 2개 이상의 블록에 걸쳐져 있는 객체들은 해당 블록의 공통 상위 블록에 할당된다. 따라서 이 부품은 다시 수작업으로 할당하여야 한다.

실습 3.1.3 모델의 모든 객체(요소)를 생성한 블록으로 자동 배치한다.

작업영역 Ship 3_01 (전 절에서 계속)

1 (Select) 도구를 선택한다.

2 메인 메뉴 중 Tools › Block Assignment 메뉴를 선택하면 *Block Assignment* 창이 나타난다.*

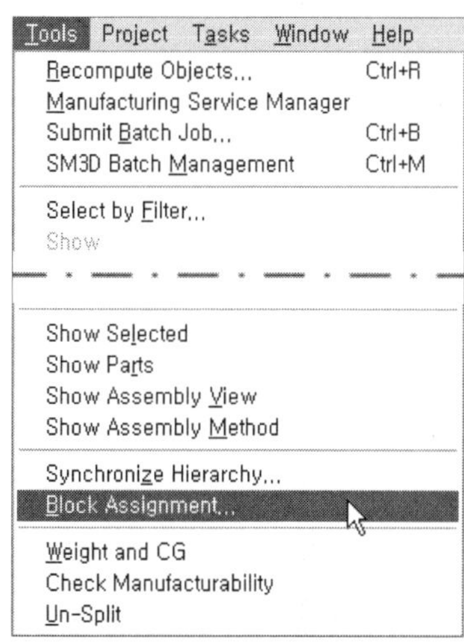

그림 1 Block Assignment 메뉴

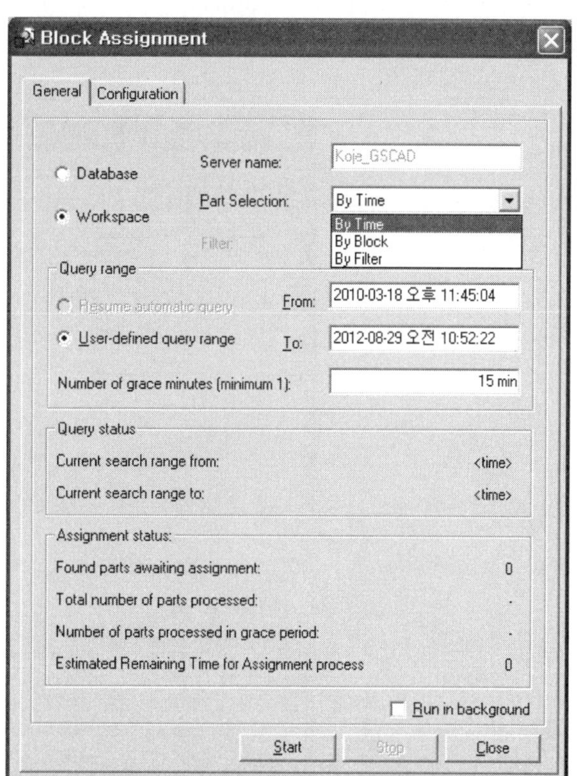

그림 2 *Block Assignment* 창

* Block Assignment는 모델의 정보량에 따라 시간이 걸린다(창이 나타날 때까지 기다릴 것).

3 *Block Assignment* 창에서 작업 대상을 Database로, Part Selection을 By Block으로, Block은 B0로 지정한 후 하단에 있는 [Start] 버튼을 클릭하면 작업 진행 상황이 표시되며, 최종 작업완료 메시지가 나타난다.

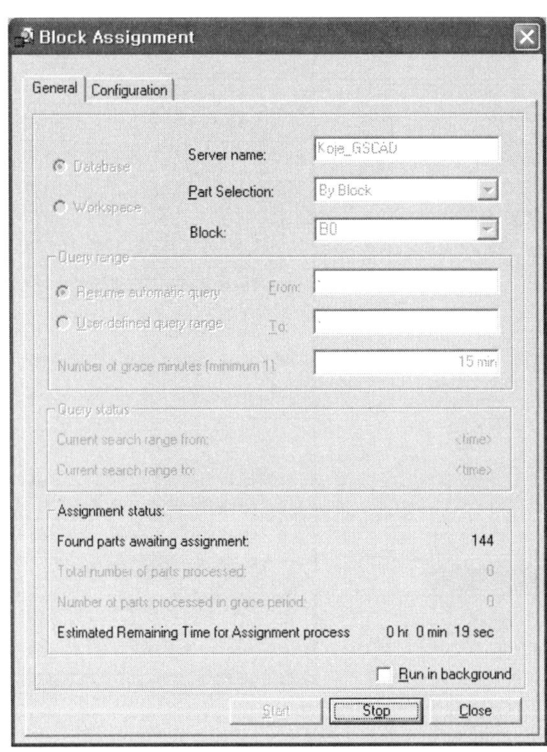

그림 3 작업 진행 상태 표시

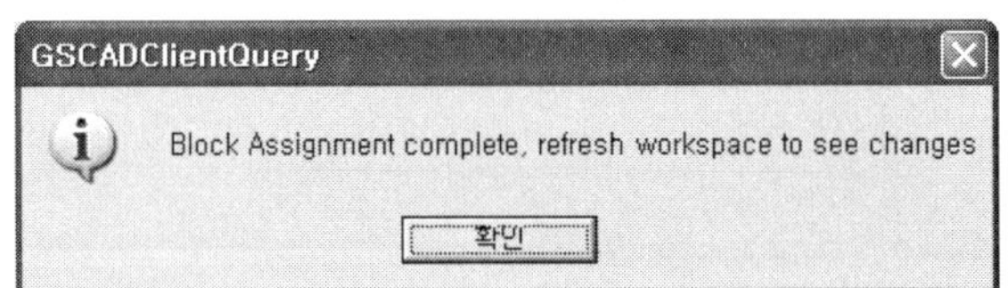

그림 4 작업 완료 메시지 창

4 작업을 완료되면 F5(Refresh)를 눌러 WE의 내용을 갱신한다.

작업결과	3.1.3	• 모델의 객체가 위치에 따라 구획된 블록으로 배치된다. • 배치된 객체는 일단 해당 블록의 하부에 UnAssigned Parts로 할당된다. • 그러나 2개 이상의 블록에 걸쳐진 객체는 상위 블록에 UnAssigned Parts로 배치된다.

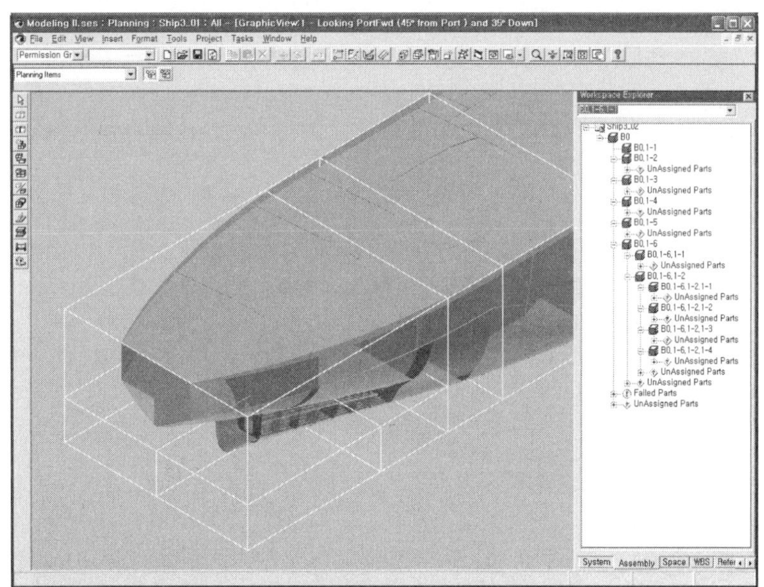

3.1.4 Managing Block Intersections

블록을 서로 독립된 장소에서 별도로 제작하는 경우에 2개 이상의 블록에 걸쳐져 있는 부품은 블록의 경계면을 기준으로 분리하여야 한다.

Managing Block Intersections란 블록의 경계면을 기준으로 부품을 분리(Split)하는 작업을 말하며, 분리된 부품은 자동으로 해당 그룹에 할당된다.

실습 3.1.4 2개 이상의 블록에 걸쳐진 객체를 구획 정보에 따라 분리(Split)하고, 각각에 블록을 할당한다.

작업영역 Ship 3_01 F25와 F45 사이의 D7 하단 부분을 우현-선미-상단에서 본 형태로 확대한다.

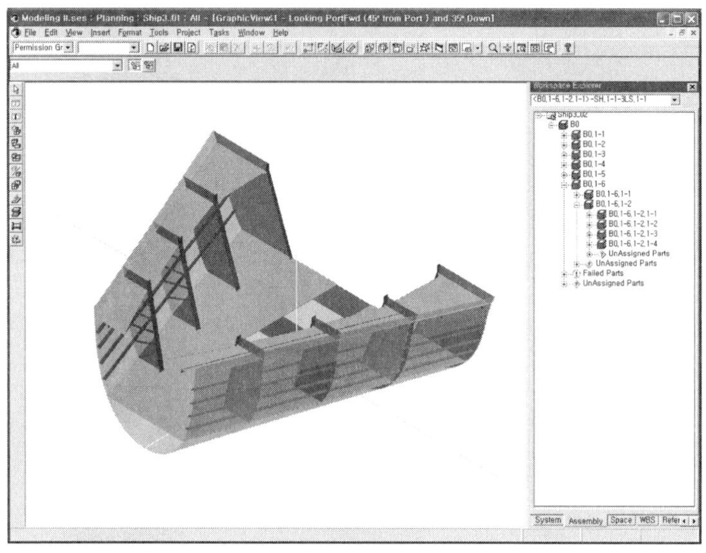

1 (Manage Block Intersections) 도구를 선택한다.

2 Deck D7-*과 D7-*에 설치한 Longitudinal Profile 2개(좌 • 우현쪽 각 1개씩) 및 선체의 외판에 설치한 Longitudinal Profile 8개(좌 • 우현 각 4개씩)를 선택한다.*

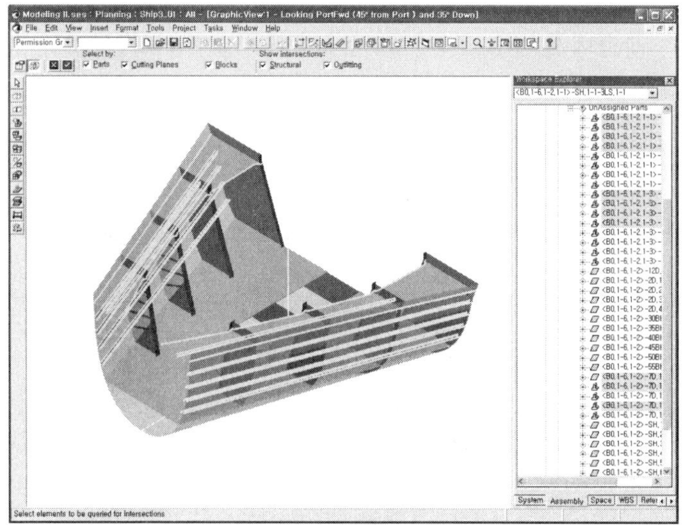

그림 1 D7-*과 Profile(2개) 및 Hull Profile(8개)을 선택한 상태

* 현재 선택한 부품은 모두 상위 블록인 B0.1-6.1-2에 UnAssigned Parts로 할당되어 있다.

3 리본-바의 (Manage Block Intersections) 아이콘을 선택하면 *Manage Block Intersections* 창이 나타난다.

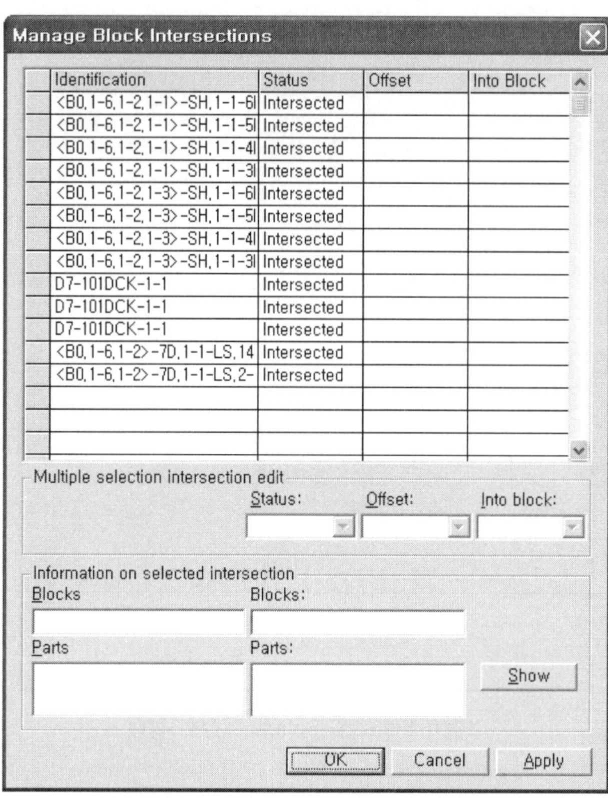

그림 2 *Manage Block Intersections* 창

4 *Manage Block Intersections* 창에 있는 모든 부품(part)을 선택한다.

5 Status 난을 Split로 지정한다.*

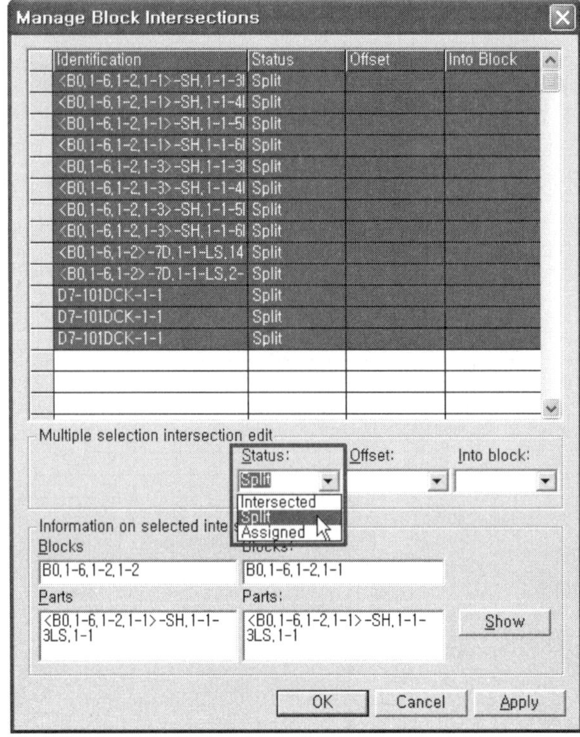

그림 3 Status를 Split로 지정한 상태

6 [OK] 버튼을 클릭한다.**

• • • •

* *Manage Block Intersections* 창의 List 목록은 Title 제목을 클릭하면 해당 item 순으로 재배열 한다.

** 선택한 부품의 개수 및 분리할 위치의 개수에 따라 작업 시간이 걸린다.

작업결과 3.1.4 선택한 객체가 구획 정보에 따라 분리되어 해당 블록의 UnAssigned Parts에에 배치된다.

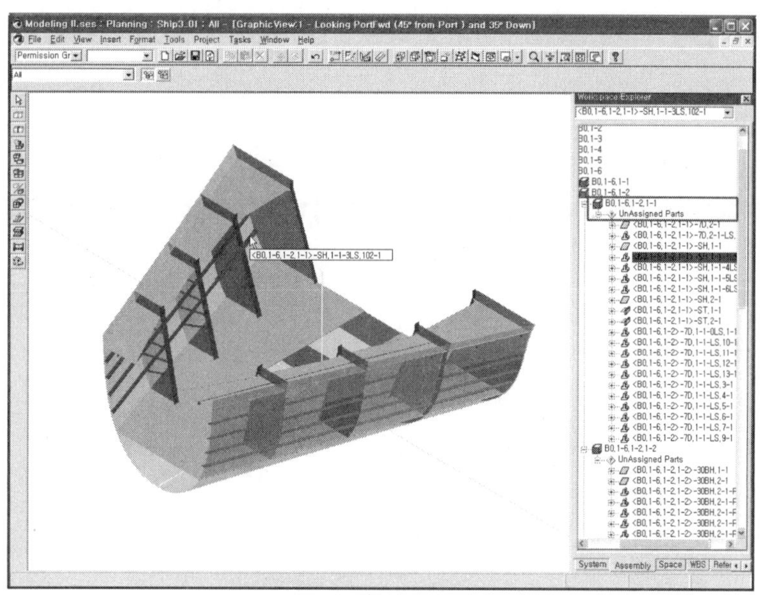

B0.1-6.1-2.1-1에 할당된 부품

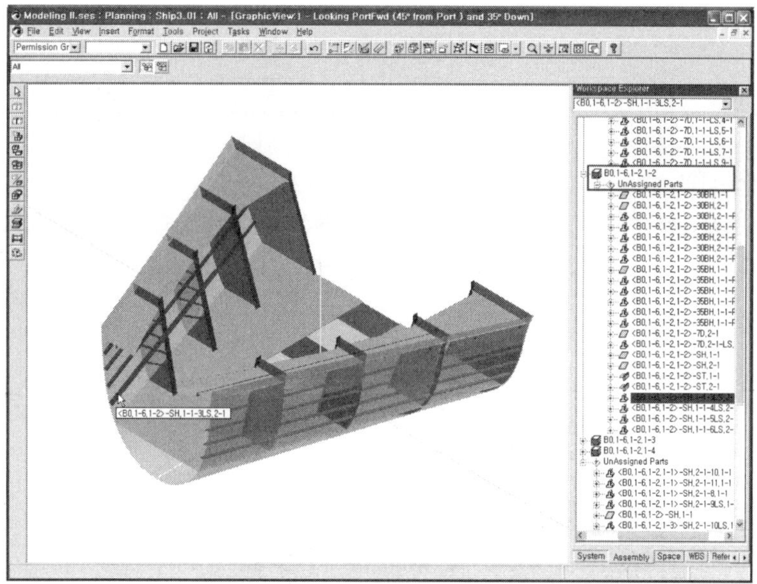

B0.1-6.1-2.1-2에 할당된 부품

과 제 3.1.4 블록 분리하기

Deck D2-*의 선미쪽 4개 평판을 정의된 구획을 기준으로 분리하고, 분리된 평판을 해당 블록에 배치하시오.

과제결과 ■ 현재 상태

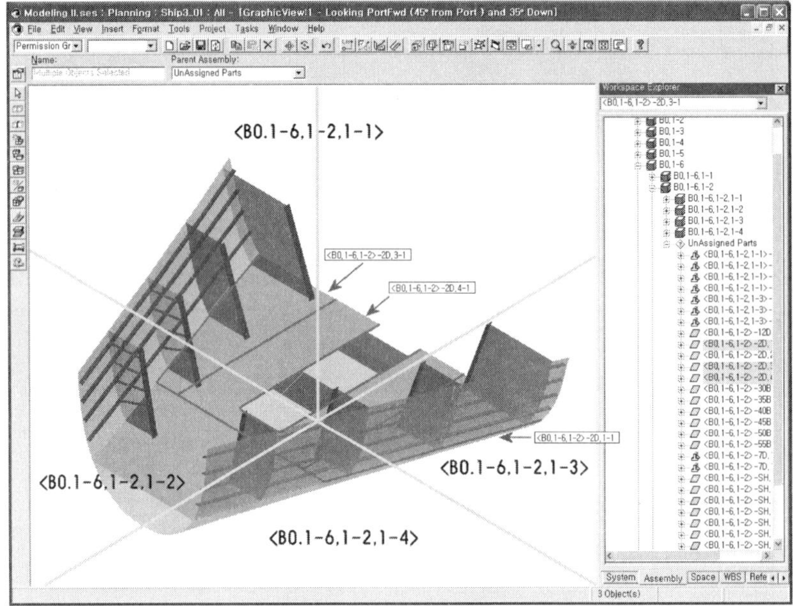

■ 작업 결과

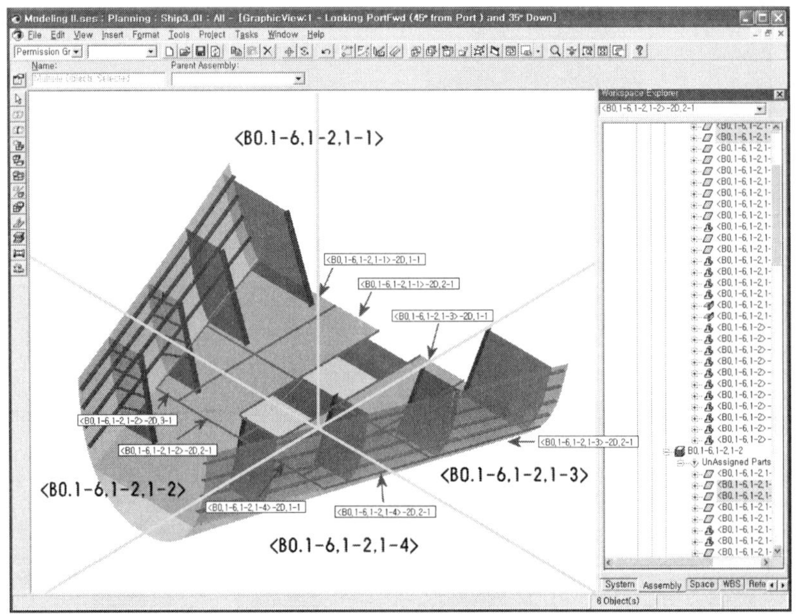

3.1.5 Creating Assemblies

블록을 나누고 부품 할당을 한 후에는 실제 제작을 위하여 제작단위로 묶어야 한다.

이와 같은 제작단위를 Assembly라 하며, 통상 소조립, 중조립, 대조립으로 구분한다. 즉, 소조립 단위가 모여 중조립을 만들고 중조립 단위가 모여 대조립을 만든다. 따라서 대조립, 중조립 및 소조립은 계층(Hierarchy) 구조로 만들어야 한다.

실습 3.1.5-1 조립 단위인 Assembly를 만들고 객체를 선택하여 배치한다.

작업영역	Ship 3_01

- F25와 F40 및 D2와 D7 사이의 Port쪽을 우현-선미쪽에서 본 형태로 확대한다.
- 회전 도구를 사용하여 D2와 D7 사이가 잘 보이도록 회전시킨다.

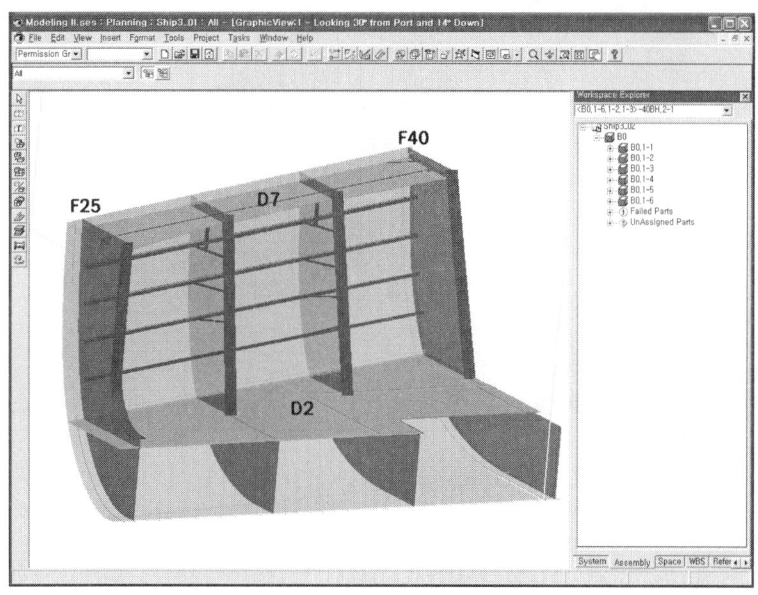

1 (New Block Assembly) 도구를 선택한다.

2 리본-바의 [icon] (Select Sub-Assemblies and Parts)가 선택된 상태에서 다음의 부품을 선택한다.*

- Hull Plate 및 Profile : 1개 + 4개
- Deck D7-* 및 Profile : 1개 + 1개
- Trans. Bhds. D2와 D7 사이의 F30-* 및 F35-* Plate : 2개

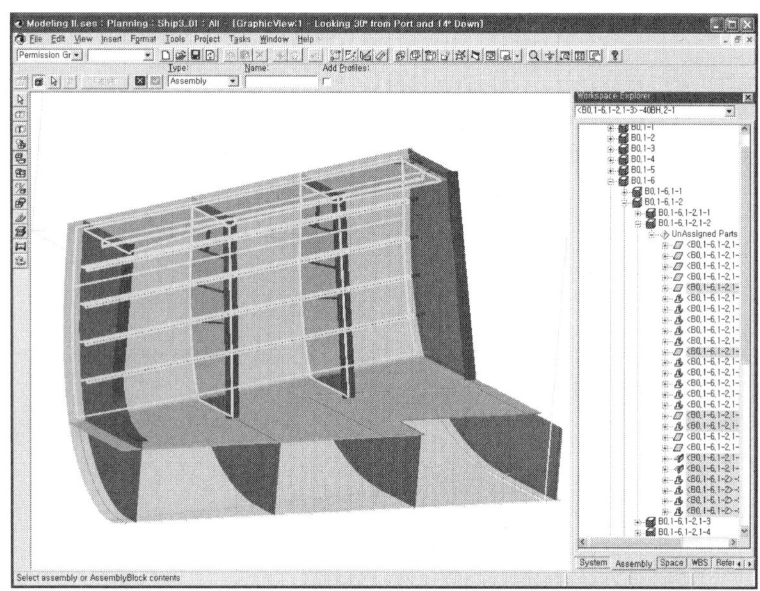

그림 1 부품을 선택한 상태

3 리본-바의 [icon] (Accept) 아이콘을 클릭한다.

4 리본-바의 [icon] (Select Parent Assembly or Block) 아이콘이 선택된 상태에서 WE의 <B0.1-6,1-2,1-2>를 지정한다.

5 리본-바의 Name 난에 "Assembly 1"을 입력한다.

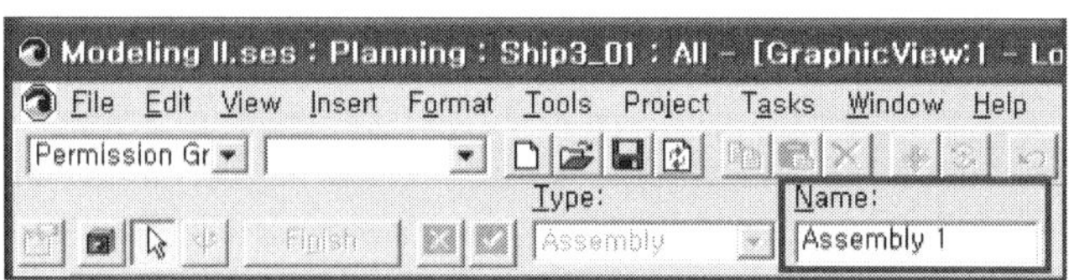

그림 2 Name을 Assembly 1로 지정

6 리본-바의 Finish 를 클릭한다.

• • • •

* 현재 블록 B0.1-6.1-2.1-2의 UnAssigned Parts에 할당되어 있다.

작업결과 **3.1.5-1** 선택한 부품(Part)이 지정한 위치(B0.1-6.1-2.1-2)에 "Assembly 1" 이름으로 그룹화 되어 배치된다.*

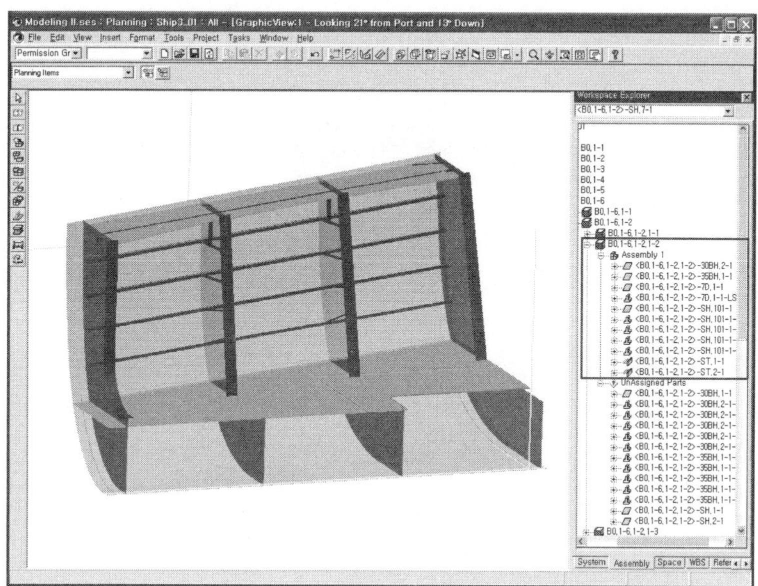

실습 3.1.5-2 F30-* 평판 중 D2와 D7 사이 부분을 전 절에서 생성한 "Assembly 1"의 하부 그룹으로 배치한다.

작업영역 **Ship 3_01** (전 절에서 계속)

1. (New Block Assembly) 도구를 선택한다.

* F30-* 및 F35-* 평판에 부착된 Stiffener는 선택하지 않았으므로 아직 UnAssigned Parts에 남아있다.

2 Port 쪽의 Transverse Bulkhead F30-*과 F30-*에 부착된 Tripping Stiffener(5개)를 지정한다.

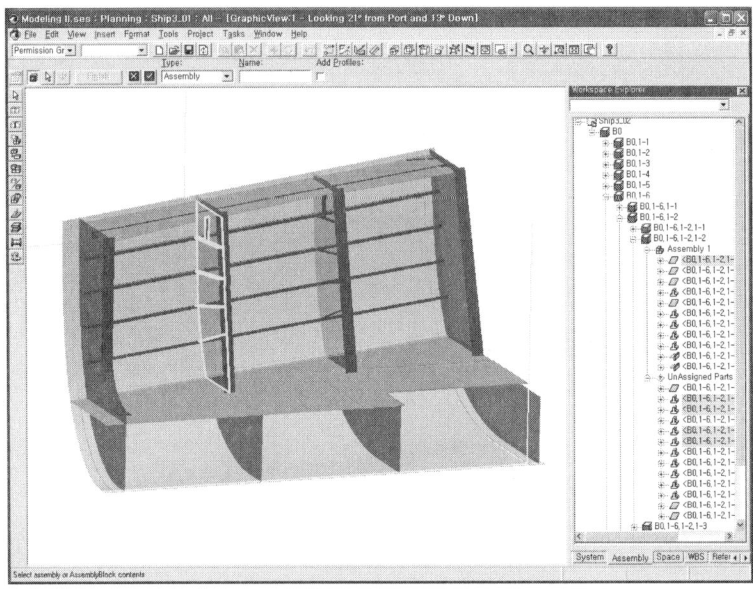

그림 1 할당할 부품을 선택한 상태

3 리본-바의 (Accept) 아이콘을 클릭한다.

4 (Select Parent Assembly or Block) 아이콘이 선택된 상태에서 WE의 Assembly 1을 지정한다.

5 리본-바의 Name 난에 "Sub Assembly 1"을 입력한다.

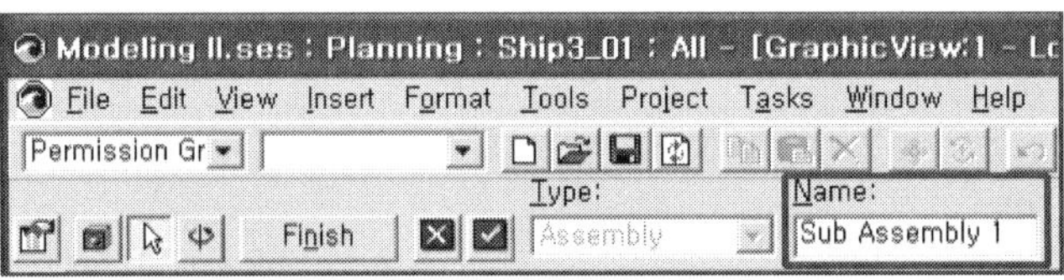

그림 2 Name을 Sub Assembly 1로 지정

6 리본-바의 Finish 를 클릭한다.

작업결과 3.1.5-2 F30-* 평판과 부품이 "Assembly 1"의 하부에 "Sub Assembly 1" 이름으로 배치된다.*

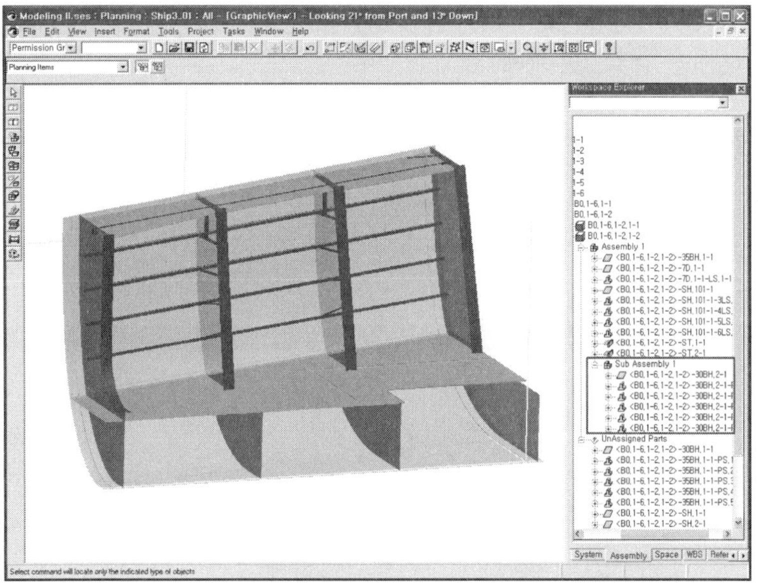

참고 Planning Task 상태에서는 WE에서 Drag 기법으로 직접 이동시켜 블록을 할당할 수도 있다.

* F30-*의 평판은 "Assembly 1"에서 "Sub Assembly 1"로 재배치된다.

3.1.5-1 Assembly 생성하기 1

F35-* 평판 중 D7 아래 부분과 부착된 Tripping Stiffener 모두(5개)를 "Assembly 1"의 하부 구조인 "Sub Assembly 2" 이름으로 재배치하시오.

과제결과

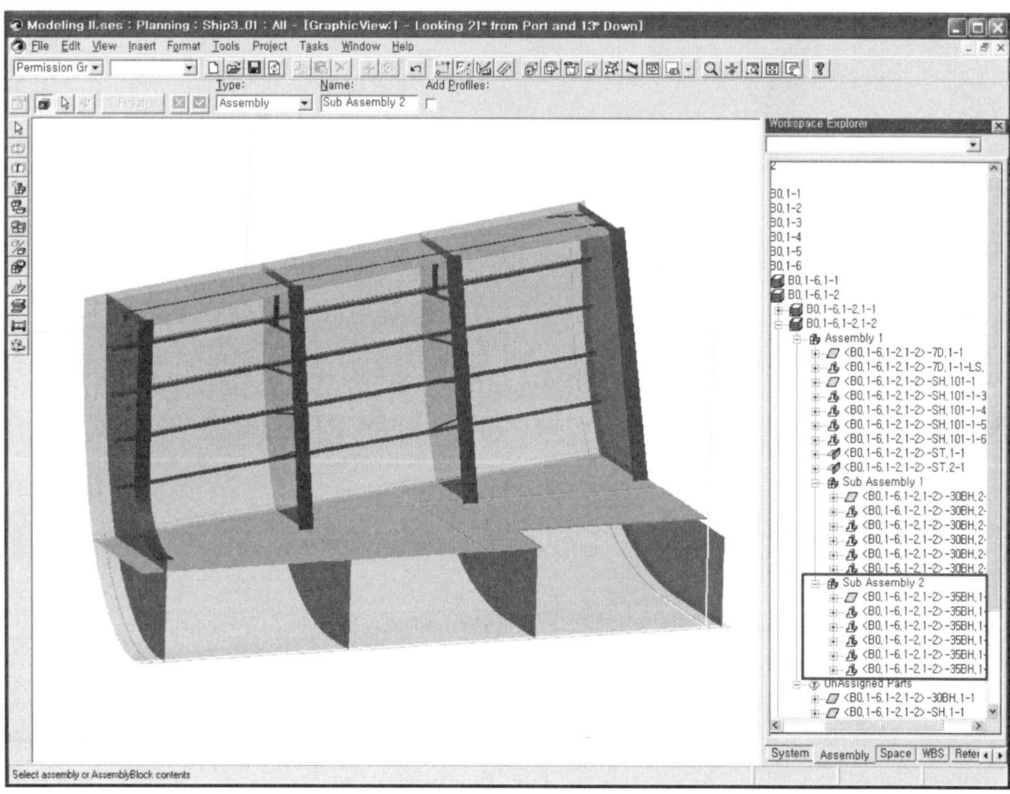

3.1.5-2 Assembly 생성하기 2

D7-* 평판 중 Port쪽의 F25와 F40 사이의 평판과 Long. Stiffener를 “Assembly 1”의 하부 구조인 “Sub Assembly 3” 이름으로 재배치하시오.

과제결과

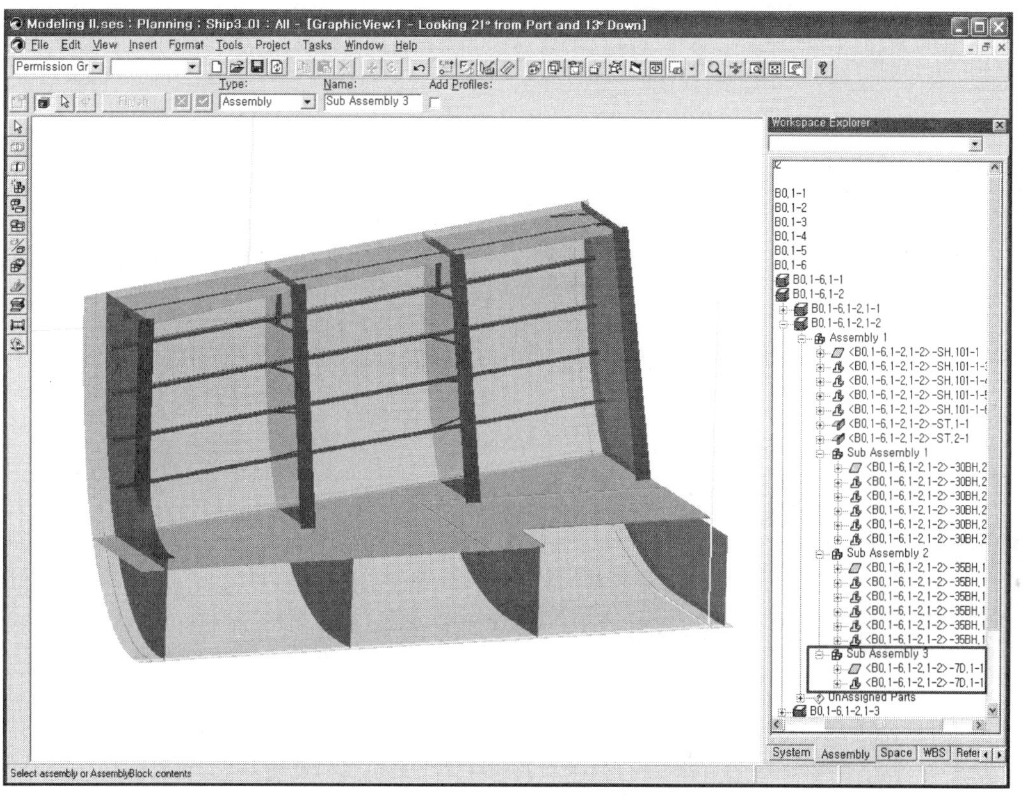

3.2 Detailing

블록 할당까지 끝낸 부품 및 조립단위를 실제 제작하기 위해서는 각 부품에 대한 상세 정보가 필요하다.

예를 들면 평판 절단면 형태(Bevel)와 모서리처리(Chamfer), Profile의 끝 모양(End cut), 각 부품이나 조립단위 사이의 연결정보 등이 필요하다. 또, 평판을 통과하는 Profile에 대해서는 평판에 Slot을 생성하여야 하며 그에 따른 Clip도 생성하여야 한다.

이와 같이 실제 부품 제작에 필요한 모든 정보를 생성하는 작업을 Detailing이라 한다.

정상적으로 작업이 완료된 부품은 WE의 아이콘이 적색으로 표시된다.

3.2.1 Detail Plate

평판의 절단면은 철판의 두께와 연결 형태에 맞는 단면 형태로 절단하여야 하며, 기본적으로 결정되어 있으나 작업자가 직접 수정할 수도 있다.

Detail Plate 작업이란 평판의 절단면 형태를 평판의 두께와 연결할 부품에 맞추어 지정하는 작업을 말한다.

Deck 평판을 구획정보(Seam)에 따라 분리작업을 하고, 단면처리를 하여 실제 제작할 수 있는 정보를 생성한다.

작업영역 Ship 3_02 F25와 F55 사이의 D2-* 부분을 우현-선수-상단에서 본 형태로 확대한다.

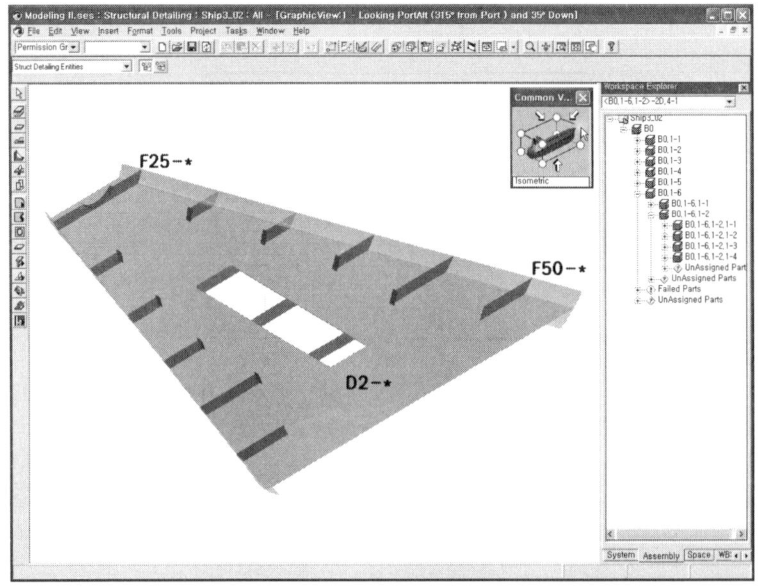

1 먼저 작업을 주 메뉴의 Tasks › Structural Detailing로 바꾼다.

그림 1 Structural Detailing 메뉴

2 (Execute Detailing) 도구를 선택한다.

3 리본-바의 (Select objects for Detailing) 아이콘이 선택된 상태에서 Deck D2-*의 분할된 모든 평판을 지정한다.

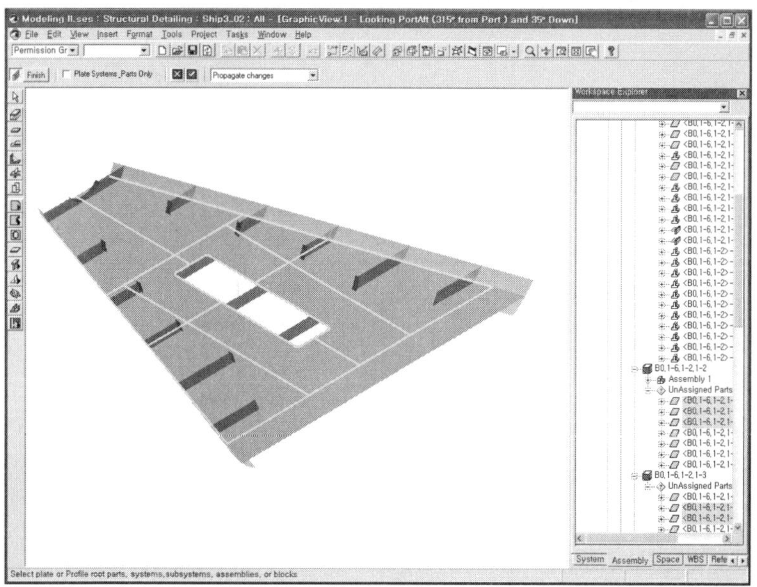
그림 1 작업 대상(D2-*의 선미쪽 10개의 평판)을 지정한 상태

4 리본-바의 Finish 아이콘을 클릭하면 작업 진행 상태 창이 나타나며, 작업이 종료되면 자동으로 창이 닫히며, WE에서 선택한 부품은 적색으로 표시된다.

그림 2 작업 진행 상태 창

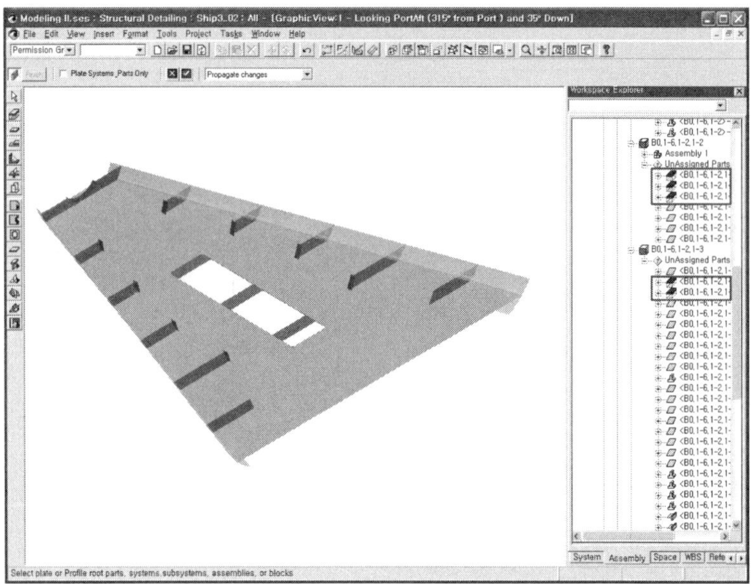

그림 3 Detailing 작업이 끝난 상태

작업결과 3.2.1-1 평판이 정의된 구획에 따라 분리되며, 절단면 형태, 연결 정보 등이 생성된다.

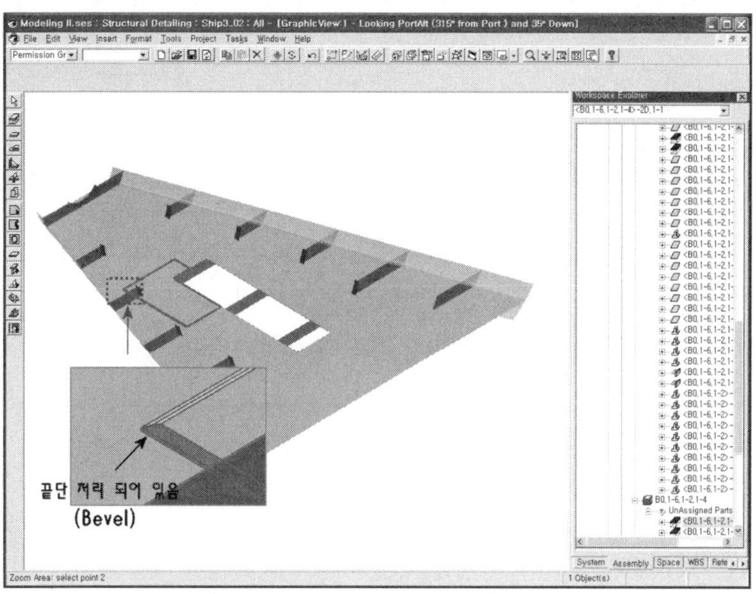

실습 3.2.1-2 평판의 단면 형태는 속성 창을 통하여 수정할 수 있다.

작업영역 Ship 3_02 (전 절에서 계속)

1  (Select) 도구를 선택한다.

2 Locate Filter를 "Features"로 변경한다.

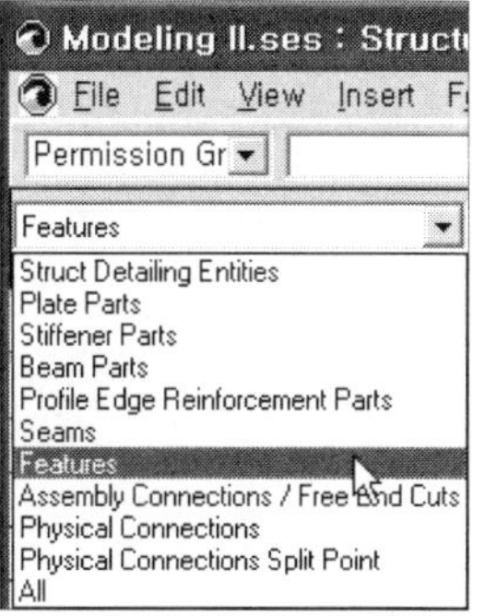

그림 1 Locate Filter

3 수정할 평판의 가장자리를 선택한다.

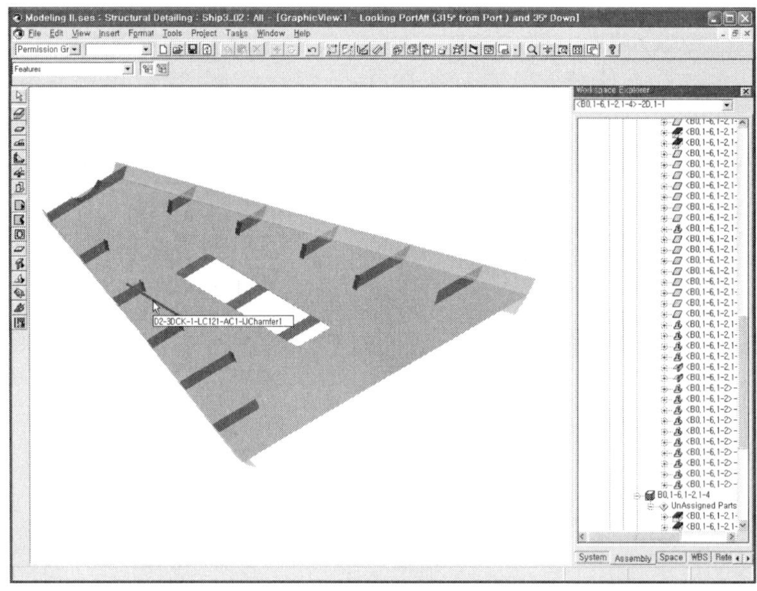

그림 2 수정할 평판의 가장자리(Feature)를 선택한 상태

4 리본-바의 (Edit Properties) 아이콘을 클릭하여 속성 창을 불러낸다.

작업결과 3.2.1-2A 선택한 평판의 끝단면 형태를 수정할 수 있다.

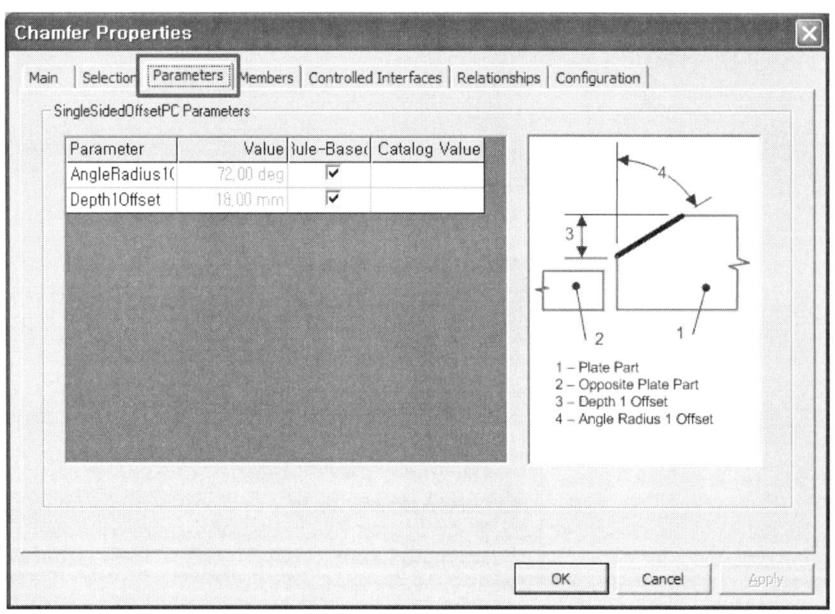

5 Locate Filter를 "Physical Connections"로 변경한다.

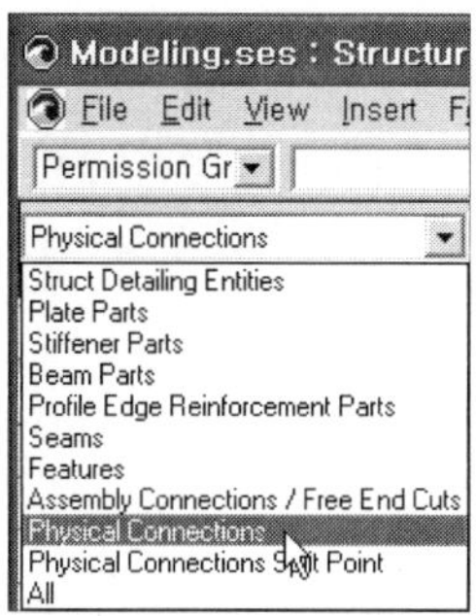

그림 3 Locate Filter

6 수정할 평판의 가장자리를 선택한다([그림 2]에서 지정한 위치).

7 리본-바의 (Edit Properties) 아이콘을 클릭하여 속성 창을 불러낸다.

작업결과 3.2.1-2B 선택한 평판의 연결 형태를 수정할 수 있다.

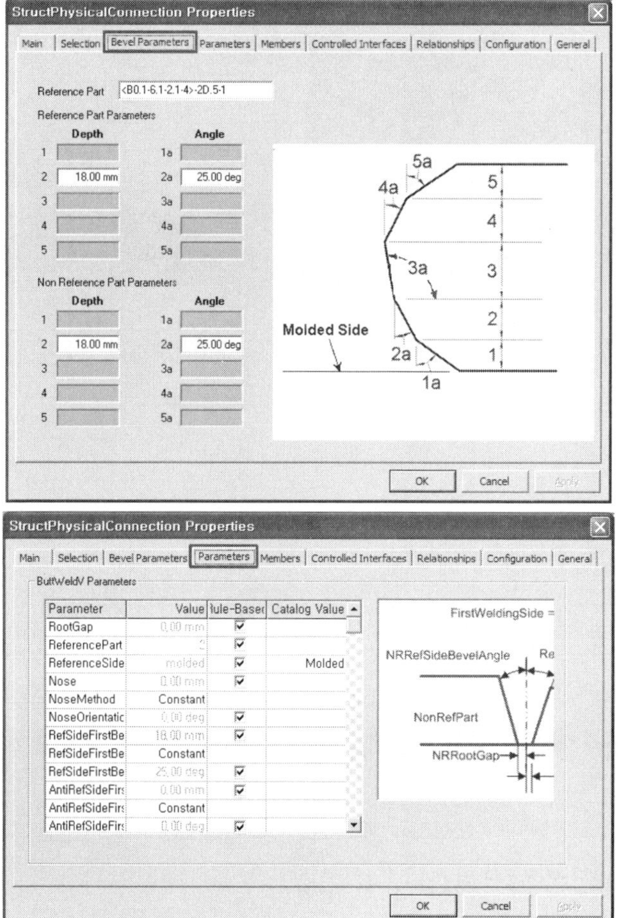

3.2.2 Detail Assembly

조립단위(Assembly)에서 부품을 서로 조립할 때 구조적 문제점이 발생한다.

예를 들면 평판을 뚫고 지나가는 Profile이 있는 경우에는 평판에 Slot을 만들어야 하며, 또한 Clip도 생성하여야 한다. 또 평판이 서로 직교하는 경우에 평판의 모서리 처리(Chamfer)도 해주어야 한다.

실습 3.2.2-1

Detailing 작업을 통하여 평판(Plate)과 보강재(Profile)가 교차하는 부분에 보강재에 맞는 Slot과 Clip을 생성한다.

작업영역 Ship 3_02

Port쪽 Hull에 부착된 Long. Stiffener 중 하나와 F35-* 평판이 교차하는 부분을 확대한다. 현재 교차한 부분의 F35-* 평판에는 Slot이나 Clip이 없음을 확인한다.

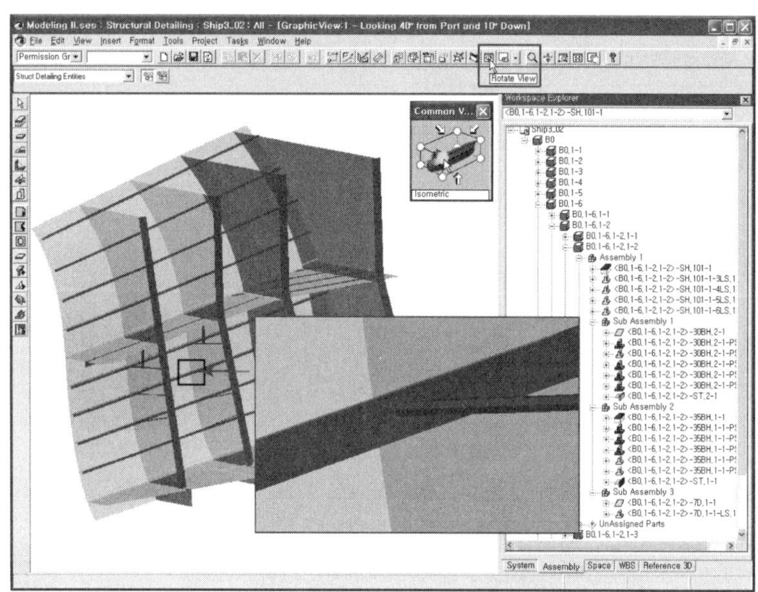

1 (Execute Detailing) 도구를 선택한다.

2 리본-바의 (Select objects for Detailing) 아이콘이 선택된 상태에서 WE의 Assembly 탭에서 <B0.1-6,1-2,1-2> 블록에 있는 Assembly 1을 선택한다.

3 리본-바의 Finish 아이콘을 클릭한다.

작업결과 3.2.2-1

- "Assembly 1"에 포함된 모든 부품과 교차하는 평판에 Slot과 Clip가 생성된다.
- 생성된 Clip은 구획이 할당되지 않는 <NoBlk>-CL.로 등록된다.

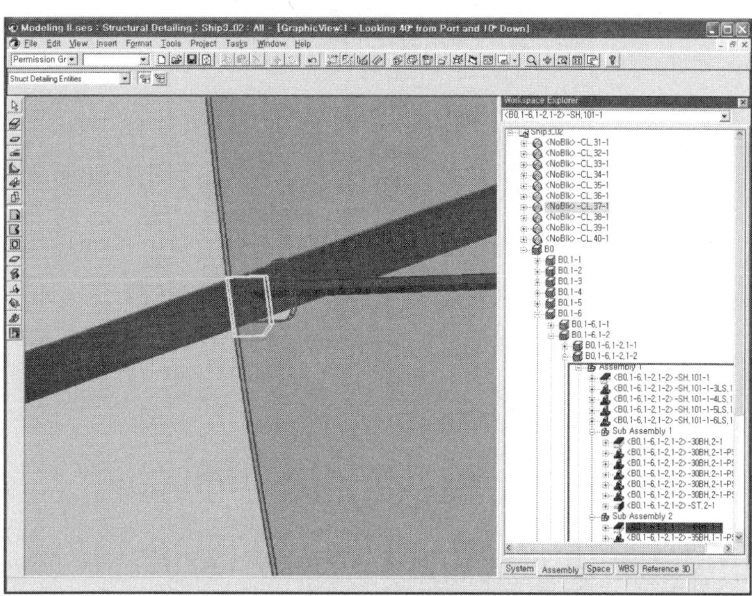

실습 3.2.2-2 Detailing 작업에 의해 생성된 Clip을 블록을 할당한다.

작업영역 **Ship 3_02** (전 절에서 계속)

1 주 메뉴의 Tasks › Planning 메뉴를 선택한다.

2 주 메뉴의 Tools › Block Assignment... 메뉴를 선택한다.

3 *Block Assignment* 창에서 Database를 선택하고 Part Selection은 By Filter로, Filter는 All로 지정한 후 하단의 [Start] 버튼을 클릭한다.*

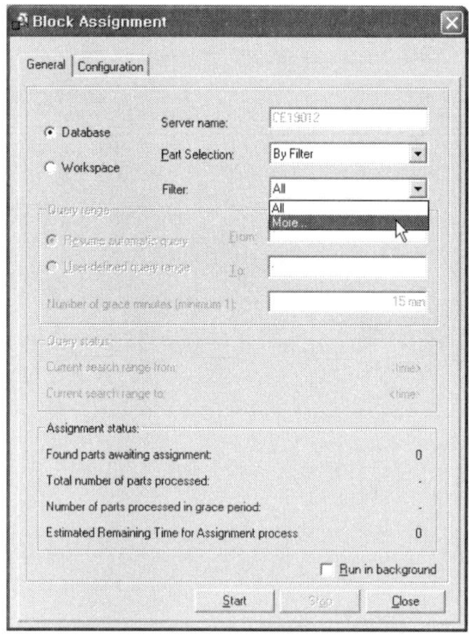

그림 1 *Block Assignment* 창

작업결과 3.2.2-2

- 모든 Clip의 위치가 정의된 구획의 블록으로 이동된다. 그러나 UnAssigned Parts에 배치되어 있으며, Detail 작업을 하지 않은 상태로 있다(아이콘이 적색이 아님).
- WE에서 Drag & Drop 기법으로 블록을 배치할 수 있다.

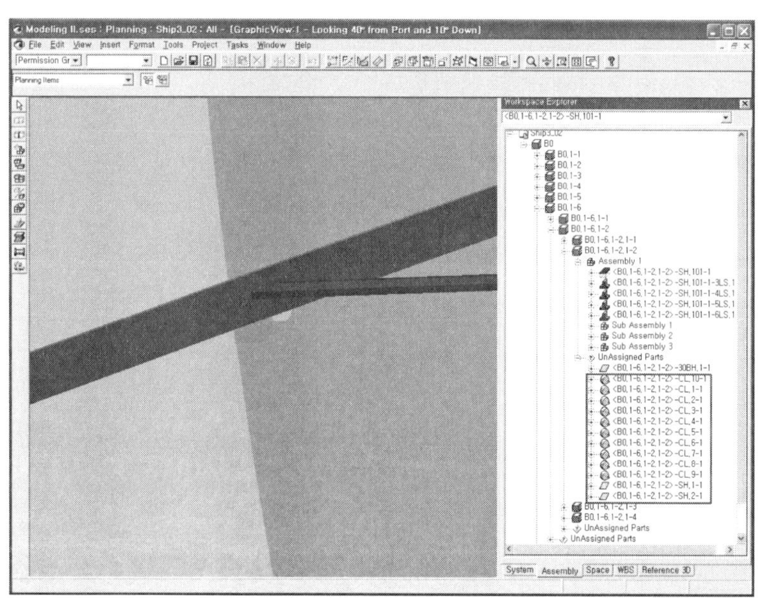

* Filter를 지정할 때는 **More...**를 선택하면 Select Filter 창이 나타나며, 이 창에서 Filter를 지정할 수 있다.

실습 3.2.2-3 Slot과 Clip 형태가 모재의 속성을 변경하면 자동으로 수정되는 것을 확인한다.

작업영역 **Ship 3_02** (전 절에서 계속)

1. 주 메뉴의 Tasks › Structure Detailing 메뉴를 선택한다.
2. Locate Filter를 All로 지정한다.
3. WE의 하단에 있는 System 탭을 선택한다.
4. (Select) 도구를 사용하여 Transverse Bulkhead F35-*를 선택한다.
5. 리본-바의 Edit Properties 아이콘을 선택한다.*
6. 속성창의 Main 탭에서 Tightness를 Water Tight로 변경한 후 하단의 [OK] 버튼을 클릭하면 속성 변경에 따른 작업을 완료한 후 창이 닫힌다.

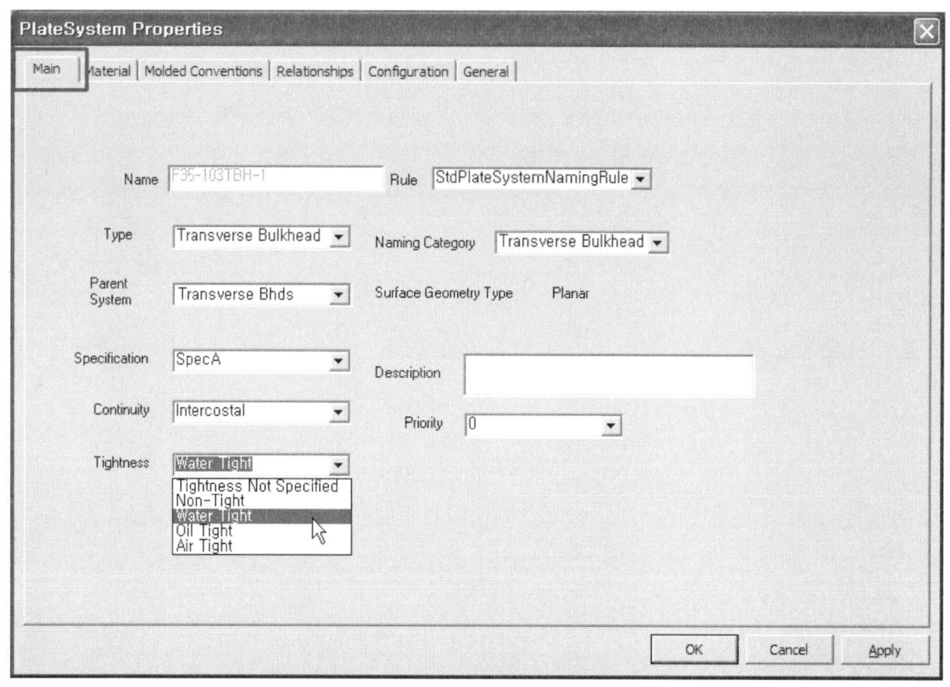

그림 1 F35-*의 속성 창

* 속성 창을 불러내는 방법은 WE에서 Popup 메뉴를 사용하여 불러낼 수도 있다.

작업결과 3.2.2-3 모재의 속성을 수밀형으로 변경함에 따라 Slop과 Clip 형태가 바뀐다.

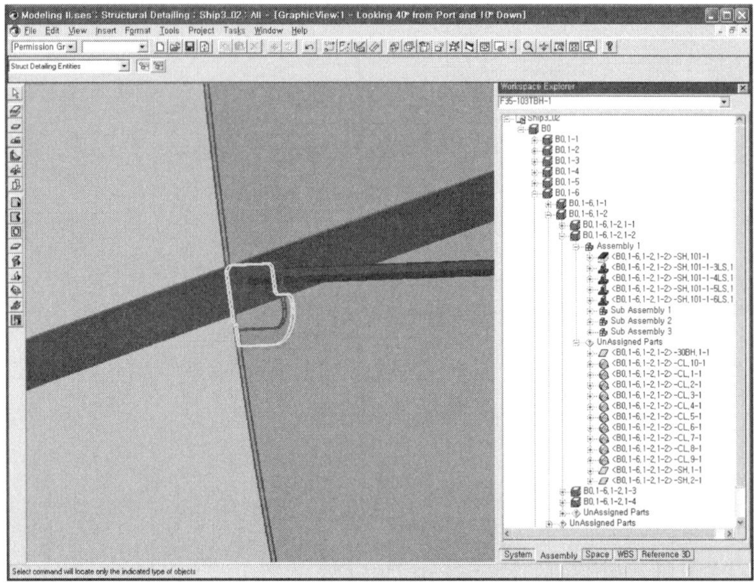

3.3 Features

평판이 서로 교차하는 부분(예를 들면 Deck과 Trans. Bhds가 교차하는 경계선 중 선체 외판쪽 모서리 부분)에 배수구(Drain hole)나 배기구(Vent hole)를 만들어야 되는 부분이 있다.

이런 구멍을 Feature라 하며, 평판의 모서리에 생성한 것을 Corner Feature라 하고 가장자리(경계면)에 생성한 것을 Edge Feature라 한다. 물론 Geometry를 작성하여(Sketched Feature) 생성할 수도 있다.

3.3.1 Corner Features

실습 3.3.1-1 평판의 가장자리 중 모서리 부분에 Corner Feature를 생성한다.

작업영역 Ship 3_03 F30-* 평판과 D2-* 평판의 경계부분을 확대한다.

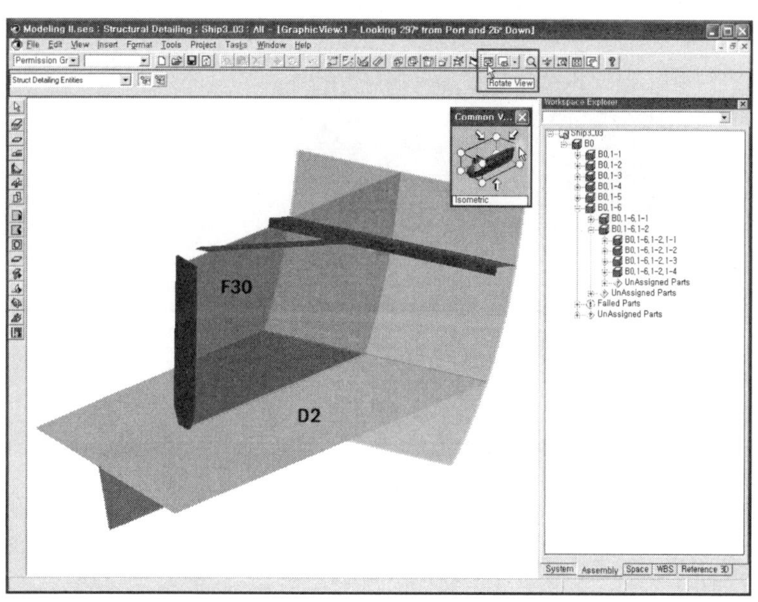

1 확장 도구 중에서 (Place Coner Features) 도구를 선택한다.

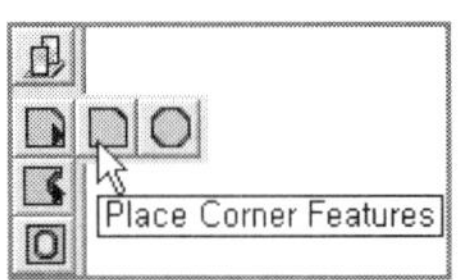

그림 1 Place Coner Features 도구

2 리본-바의 (Select Part/Coner) 아이콘이 선택된 상태에서 F30-*의 가장자리(Edge) 부분을 지정한다.

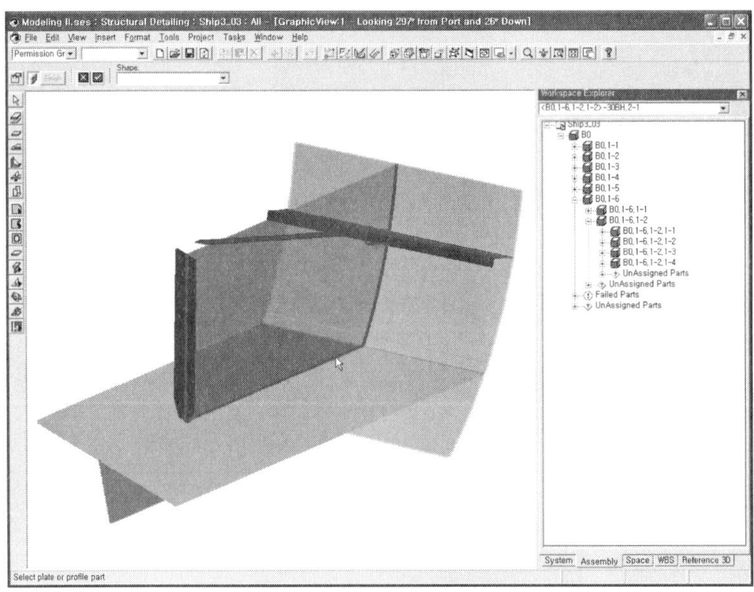

그림 2 F30-*의 가장자리를 지정한 상태

3 F30-*의 가장자리를 지정하면 리본-바의 Shape: 난이 LongScallop Along Corner로 지정되면서 D2-*와 Hull이 만나는 부분이 모서리처리 상태를 보여준다(노란색으로 보여준다).

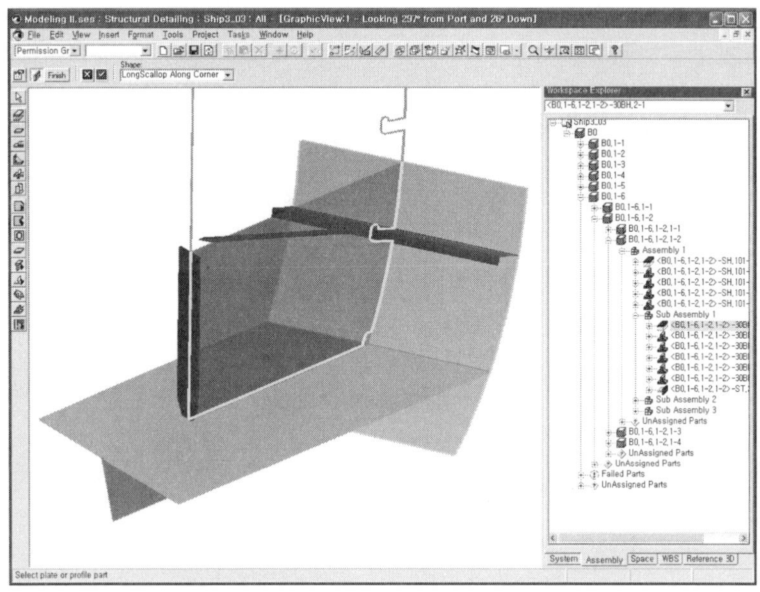

그림 3 모서리처리를 미리 보여준 상태(노란색으로 표시)

4 리본-바의 Finish 아이콘을 클릭한다.

작업결과 **3.3.1-1** F30-* 평판의 모서리가 기본 값(Default)으로 지정된 형태로 수정된다.

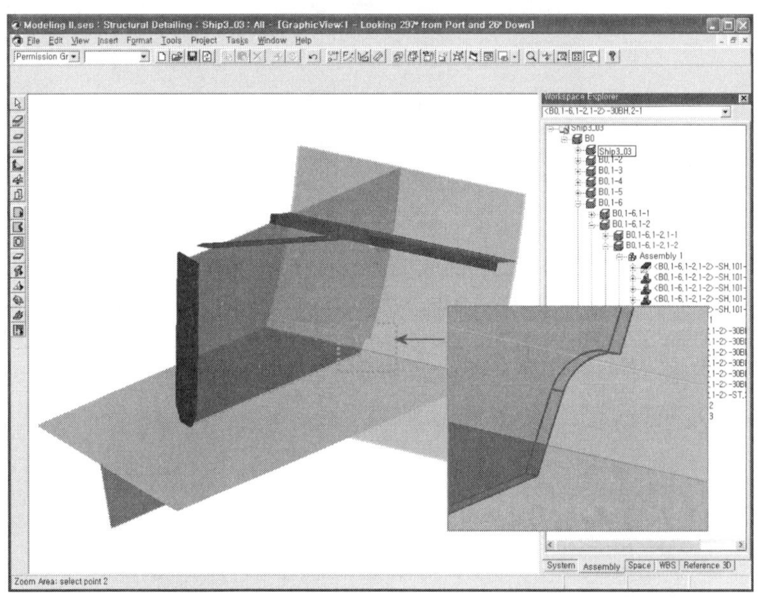

실습 3.3.1-2 전 절에서 작업한 Corner Feature 형태를 변경한다.

작업영역 Ship 3_03 (전 절에서 계속)

1 Locate Filter를 Features로 지정한다.

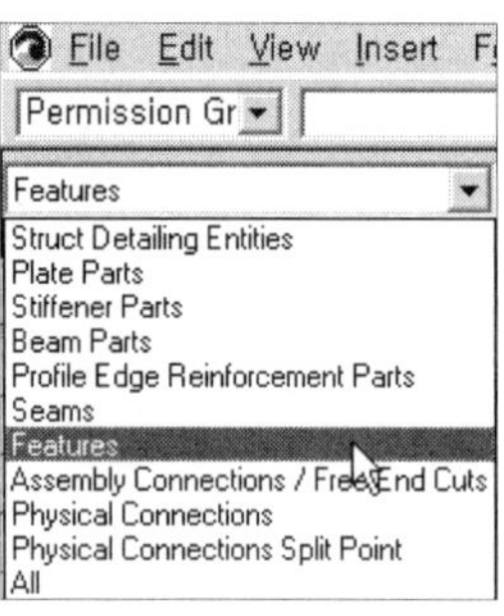

그림 1 Locate Filter 지정

2 전 절에서 작업한 Corner Feature를 지정한다.

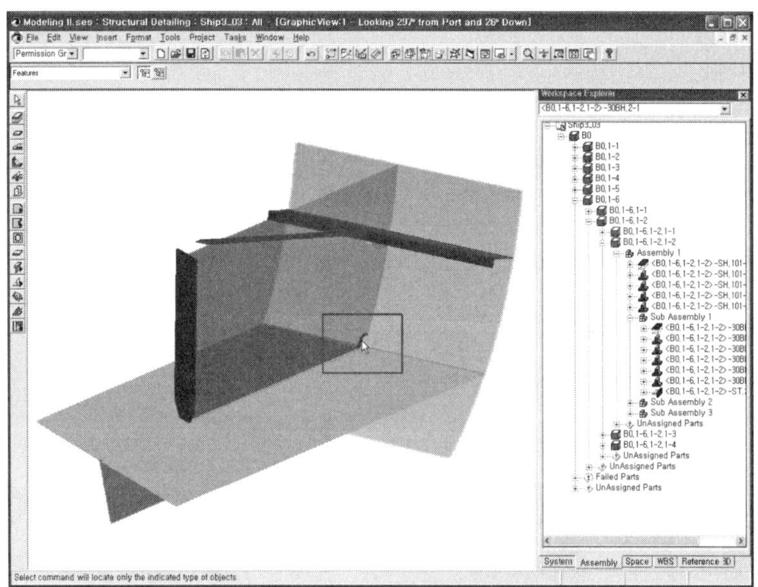

그림 2 수정 대상 Feature를 지정한 상태

3 리본-바의 Shape를 CrackArrest Along Corner로 지정한다.

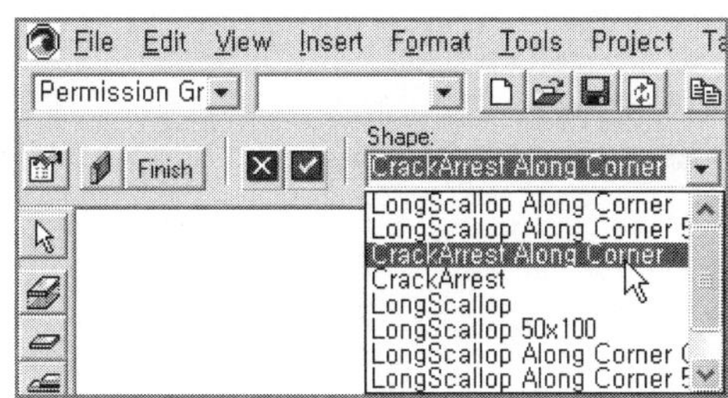

그림 3 Shape를 CrackArreat Along Corner로 지정

4 리본-바의 Finish 아이콘을 클릭한다.

작업결과 3.3.1-2 **지정한 Corner Feature가 CrackArrest Along Corner로 수정된다.**

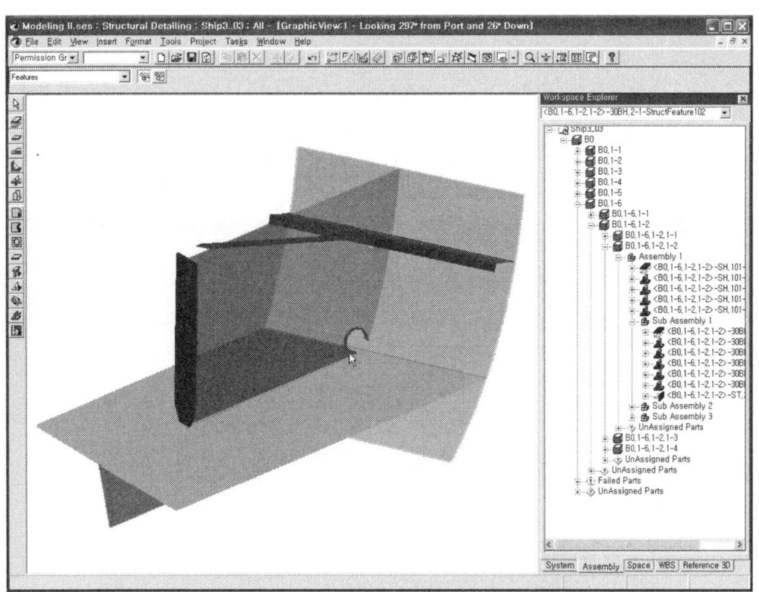

3.3.2 Edge Features

실습 3.3.2-1 평판의 가장자리 중 임의의 위치에 Feature를 생성한다. 위치 지정은 Offset을 사용한다.

작업영역 Ship 3_03 (전 절에서 계속)

1 F30-*의 Reinforcement bar를 감추기 한다.

2 확장 도구 중 (Place Edge Features) 도구를 선택한다.

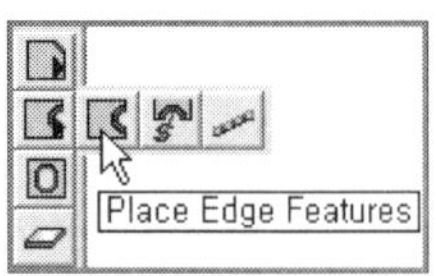

그림 1 Place Edge Features 도구

3 리본-바의 (Select Edge) 아이콘이 선택된 상태에서 F30-*의 D2-* 경계선(가장자리) 중에서 선수 쪽의 경계선을 선택한다. *

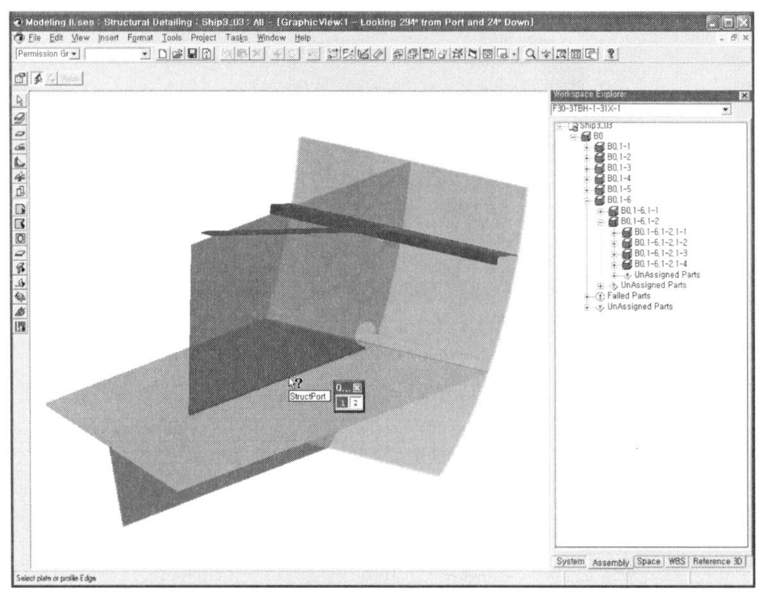

그림 2 Forward 쪽의 경계선을 선택

* F30-*의 가장자리는 철판의 두께만큼의 간격으로 2개가 있다. 이 중 선수 쪽의 가장자리를 지정한다. 정확하게 지정하기 위해서 PickQuick 기능을 이용하면 된다.

4 리본-바의 Method를 Offset으로 지정하면 리본-바의 모양이 바뀐다.

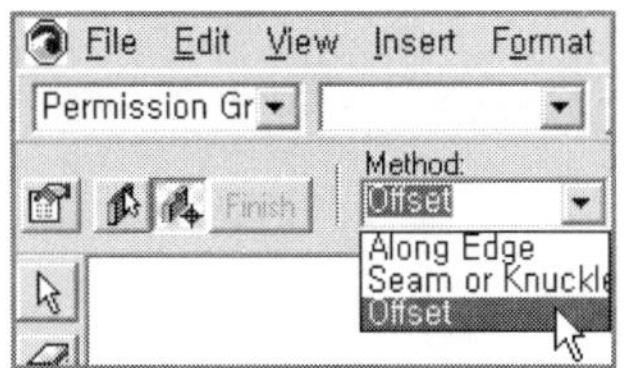

그림 3 리본-바의 Method 난

5 Offset의 기준점으로 F30-*의 안쪽 가장자리 위치를(그림에서 ①) 클릭하면 Please enter valid Offset 메시지 창이(그림에서 ②) 나타나며, 이 창에서 [확인] 버튼을 클릭하여 닫은 후 리본-바의 Offset 값을 1,000으로(그림에서 ③) 입력한다.

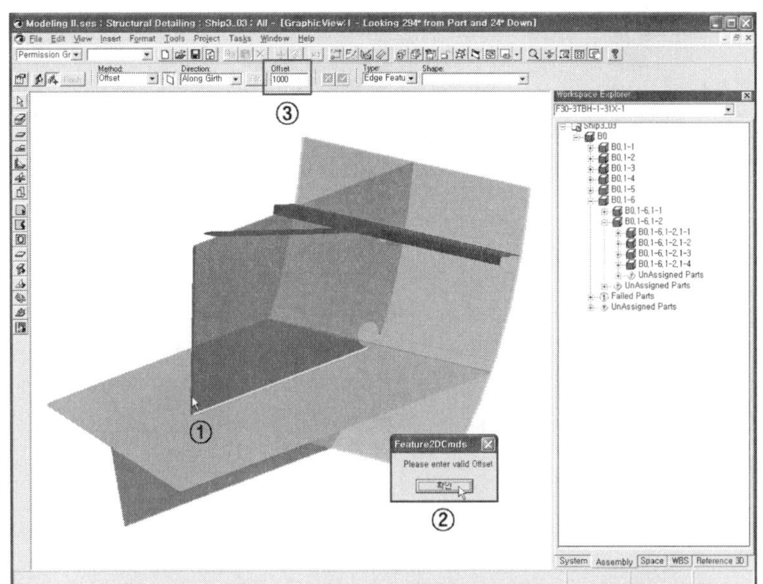

그림 4 Offset 기법으로 위치를 지정한 상태

6 리본-바의 Finish 아이콘을 클릭한다.

작업결과 3.3.2-1 지정한 위치에 기본 값인 Half Round Edge Feature가 생성된다.

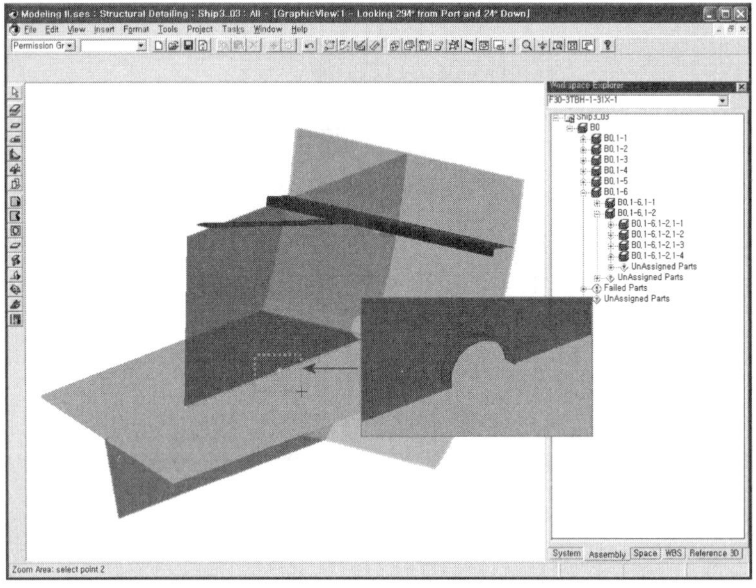

실습 3.3.2-2 전 절에서 작업한 Edge Feature 형태를 변경한다.

작업영역 **Ship 3_03** (전 절에서 계속)

1 Locate Filter를 Features로 지정한다.

2 (Select) 도구를 사용하여 전절에서 작업한 Edge Feature를 선택한다.

3 리본-바의 (Edge Feature Properties) 아이콘을 클릭한다.

4 *Edge Feature Properties* 창의 Selection 탭에서 최하단(2번째)에 있는 Results를 Ellipse 320x 100x200으로 지정한 후 우측에 있는 [Valid] 버튼을 클릭하면 작업창의 Edge Feature가 지정한 형태로(녹색으로 표시) 수정된다. [OK] 버튼을 클릭하여 창을 닫는다.

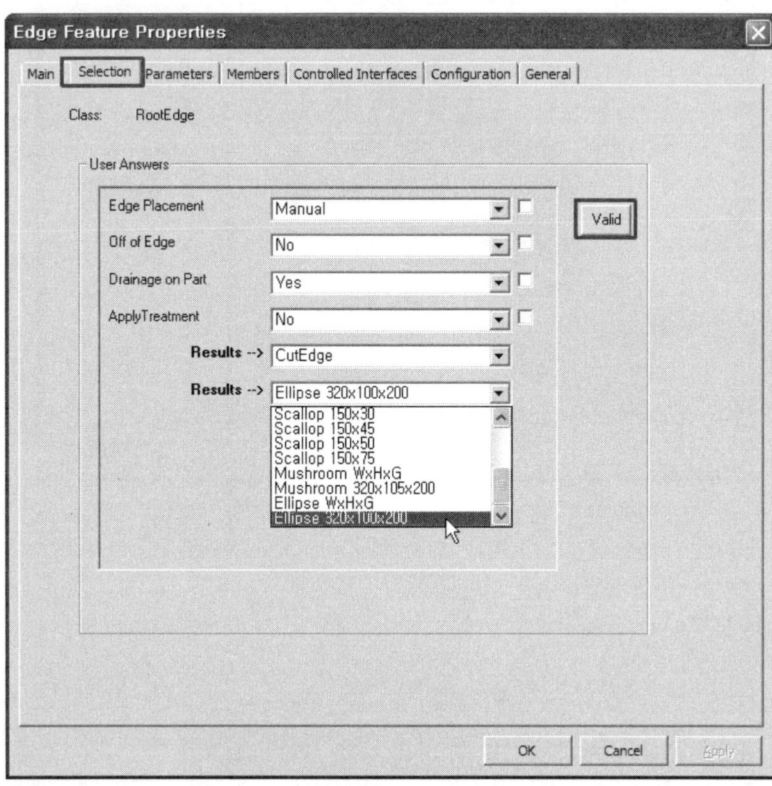

그림 1 *Edge Feature Properties* 창

5 리본-바의 Finish 아이콘을 클릭한다.

작업결과 3.3.2-2 지정한 Edge Feature 형태가 다른 형태로 수정된다.

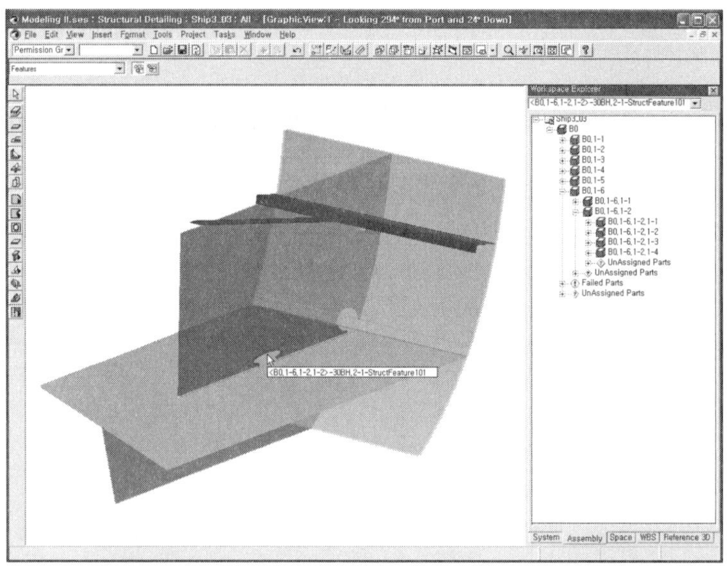

3.3.3 Sketched Features

실습 3.3.3

- 평판에 Geometry를 작성하여 Feature를 생성한다.
- F30-* 평판으로 실습하기 위해서 먼저 D7-* 평판 사이의 분리(Detailing)작업을 한다.

작업영역 Ship 3_03 F30-* 평판 중 D7 상단 부분을 우현-선수-상단에서 본 형태로 확대한다.

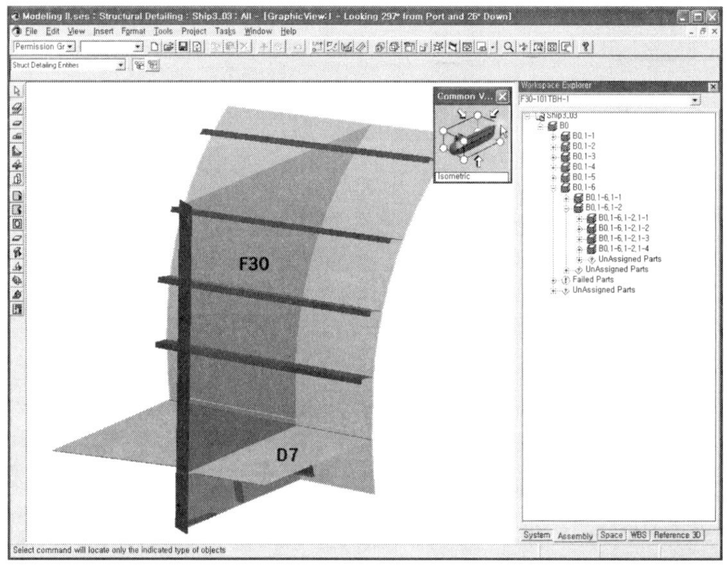

1 (Execute Detailing) 도구를 사용하여 F30-*의 Detailing 작업을 한다.*

2 (Place Sketched Features) 도구를 선택한 후 작업 대상으로 F30-*의 D7 윗부분을 지정한다.

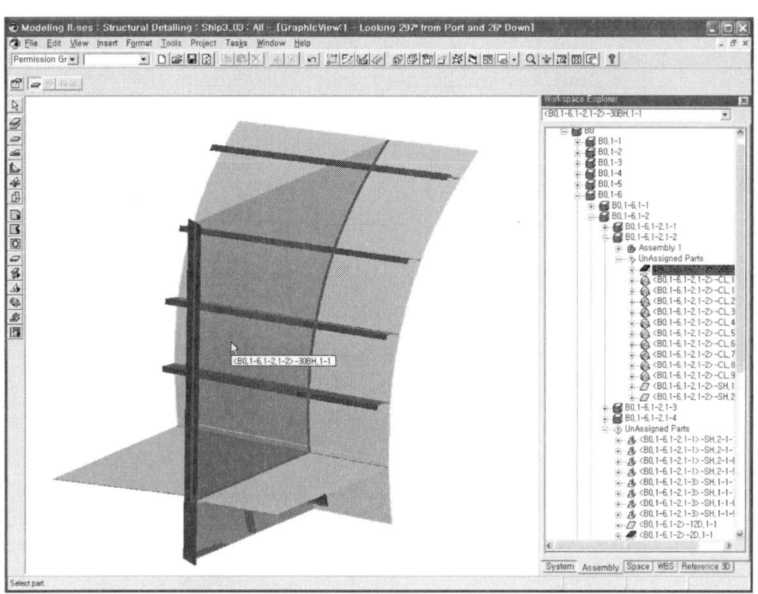

그림 1 작업 대상(F30-* 중 D7의 위 부분)을 지정한 상태

3 작업 대상을 지정하면 리본-바의 내용이 바뀌며, 바뀐 리본-바에서 (Add Intersection Item) 아이콘을 클릭하고 WE의 System 탭에서 Main_CS : L5를 선택한다.

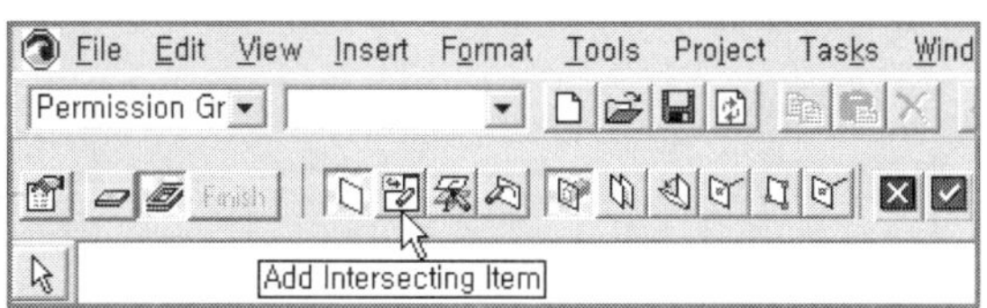

그림 2 Add Intersection Item 아이콘

* 본 교재의 실습 내용에서는 아직 F30-*과 D7-* 사이의 분리작업을 하지 않은 상태이다. Detailing 작업을 하면 F30-*이 D7-*과 교차하는 위치에서 분리된다. Detailing 작업은 본 교재 3.2를 참조.

4 리본-바의 [icon] (Sketch 2D) 아이콘을 클릭하면 Draft 2D View 창이 나타나며, 이 창에서 오려낼 형태의 Geometry를 작성한 후 [Finish] 버튼을 클릭하면 창이 닫힌다.*

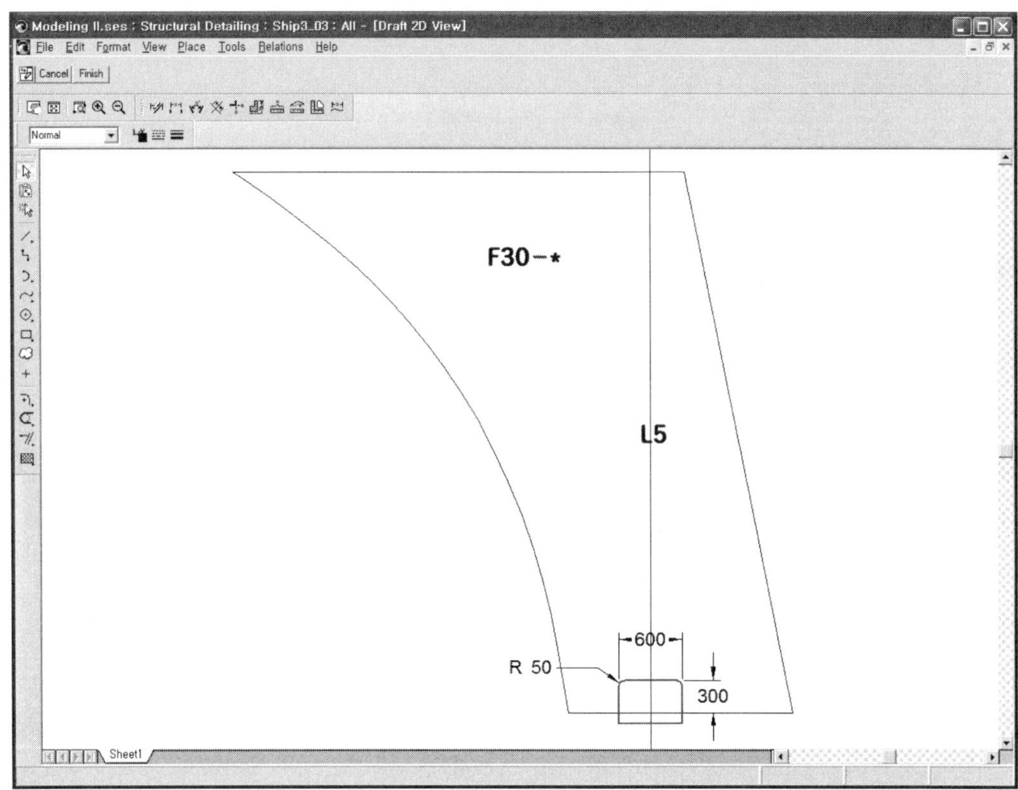

그림 3 Geometry 작성

5 리본-바의 Finish 아이콘을 클릭한다.

* F30-*은 Detailing 작업에 의하여 D7 위치에서 분리되어 있다. 따라서 Geometry를 작성할 때 아래쪽 부분은 경계선 밖까지 작성하여도 실제 작업은 해당 평판에서만 이루어진다.

작업결과 3.3.3 작성한 Geometry 형태로 가장자리에 Sketched Feature가 생성된다.

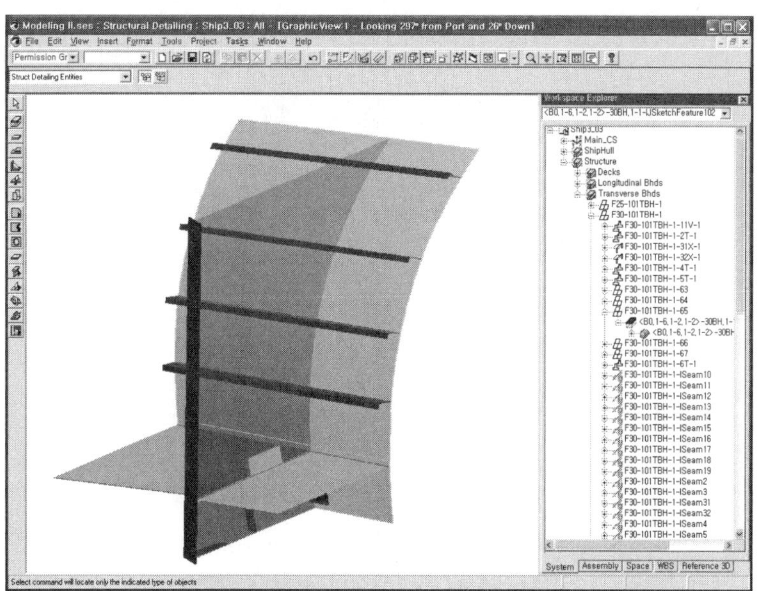

과제 3.3.3 Sketched Feature 생성하기

다음의 도면을 참조하여 F30-* 평판에 Sketched Feature를 생성하시오.

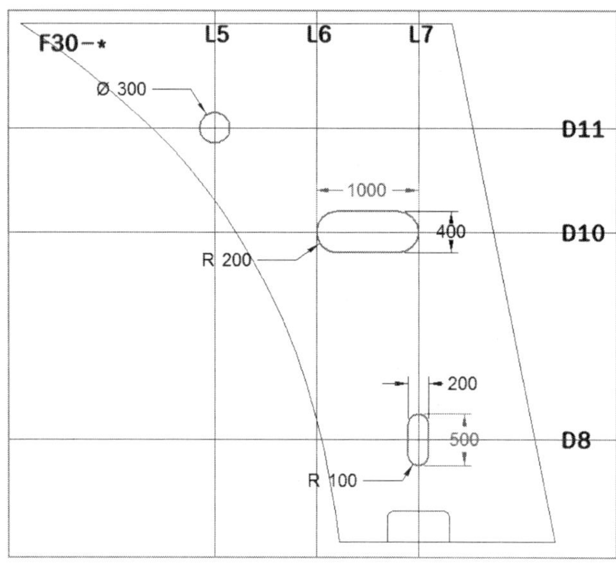

[참조 도면]

과제결과

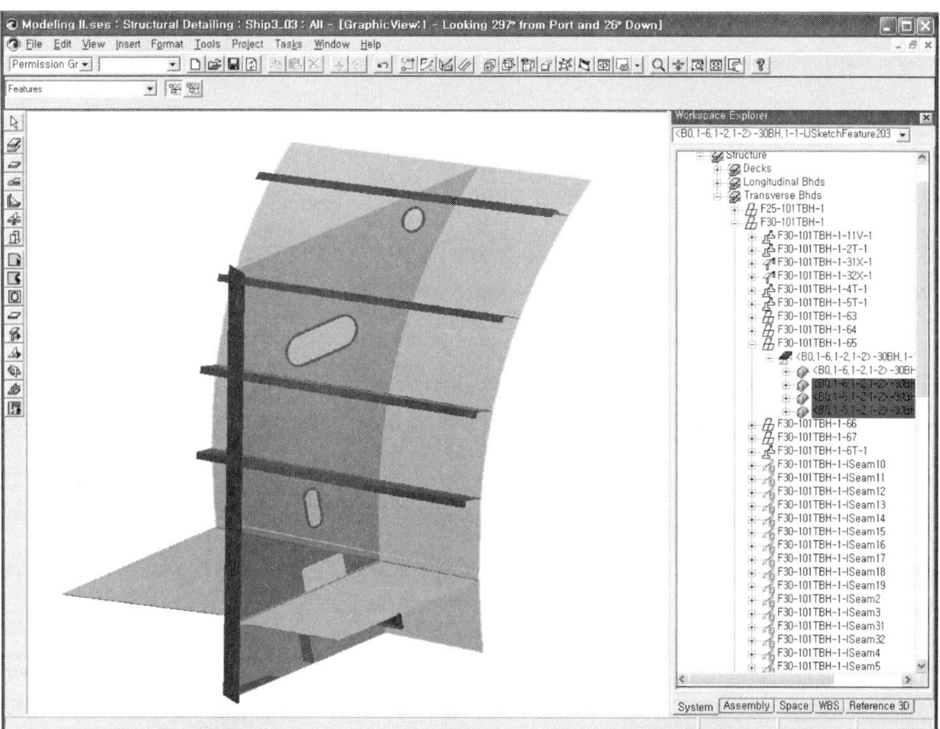

3.4 Standalone Parts

SM3D에서 생산설계의 작업 순서는 기본 모델링 작업(Task : Molded Form)을 완료한 다음 구획 작업(Task : Planning)을 한 후 Detailing 작업을 통해 평판의 절단면 형상(Bevel type)이나 Slot 또는 Stiffener의 끝단면 형상(End cut) 등을 고려한 실 자재 정보를 생성한다.

그러나 Detailing 작업을 한 후에도 부분적으로 부품을 추가해야 할 경우가 발생한다. 이 부품은 별도의 Detailing 작업을 하지 않고 바로 끝단 처리가 된 형태로 생성되어야 한다.

이와 같이 생성할 부품이 다른 부품과 연결되지 않은 독립된 형태로 생성하는 부품을 Standalone Part라 하며, 기본 값(Default)에 의해 끝단 처리가 된 형태로 생성된다.

3.4.1 Place Stiffener Profile Part

실습 3.4.1 평판의 임의의 위치에 Standalone Stiffener Part를 생성한다.

작업영역 Ship 3_04 (단, 모델 뷰는 전 절과동일)

1 (Place Stiffener Profile Parts) 도구를 선택한다.

2 리본-바의 (Select Plate Systems and Parts) 아이콘이 선택된 상태에서 D7-*의 평판을 지정한다.*

3 리본-바의 (Landing Curve) 아이콘을 선택한 후 WE의 System 탭에서 Main_CS : L5를 지정한다.

4 리본-바의 (Boundaries) 아이콘을 선택하고 Main_CS : F29 및 F31을 지정한다.

5 리본-바의 Section Type:을 B로, Section Size:를 BPL 180x9.5로 지정하고 리본-바의 (Accept) 아이콘을 클릭한다.

6 리본-바의 Finish 아이콘을 클릭한다.

* WE에서 D7-* 정보에는 평판(아이콘 로 표시)과 보강재(아이콘 로 표시) 및 연결정보(아이콘 로 표시) 등이 있다. 이 중 평판정보를 선택한다(작업창에서 지정하면 자동으로 평판정보가 선택된다.).

chapter 03

작업결과 3.4.1 D7-* 평판의 지정한 위치(길이 포함)에 끝단이 처리된 Stiffener가 생성된다.

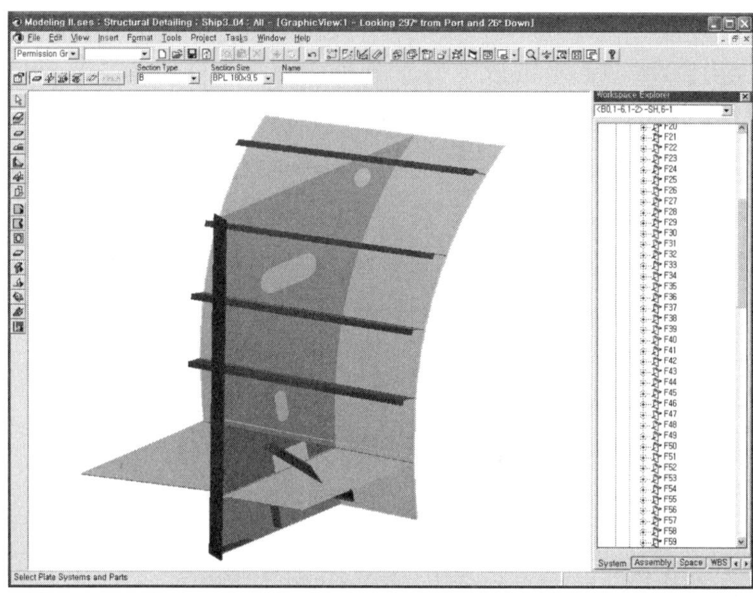

3.4.2 Place Edge Reinforcement Profile Part

실습 3.4.2 평판에 Standalone Edge Reinforcement Part를 생성한다.

작업영역 Ship 3_04 (전 절에서 계속)

1 확장 도구 중 (Profile EdgeReinforcement Part) 도구를 선택한다.

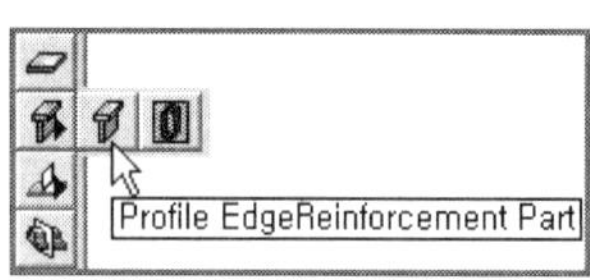

그림 1 Profile Edge Reinforcement Part 도구

2 리본-바의 (Pick Edge) 아이콘이 선택된 상태에서 작업 대상의 가장자리를 선택한다(전 절에서 작업한 Opening의 상단 수평 가장자리를 선택한다).

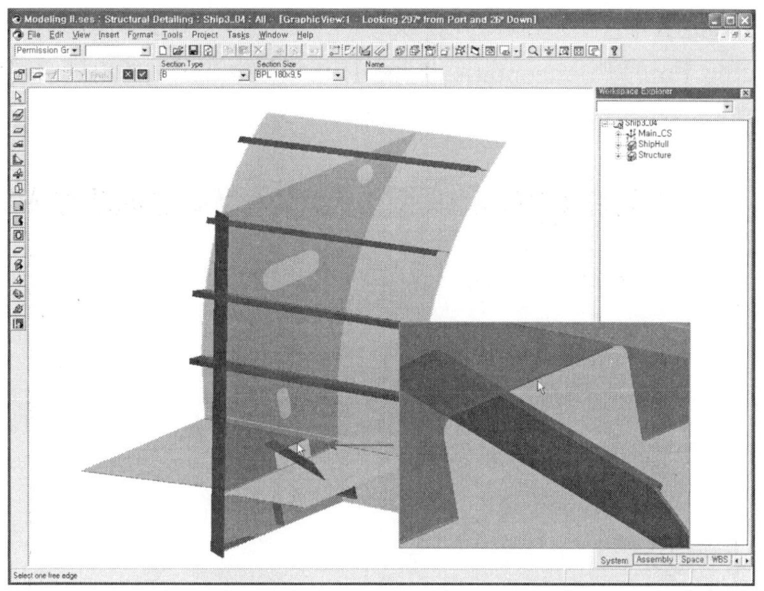

그림 2 작업 대상 가장자리를 지정한 상태

3 리본-바의 (Edge Reinforcement System Settings) 아이콘을 클릭한다.

4 Cress Section 탭에서 Section Type을 FB로, Section Size를 F 100x14로 선택한다.

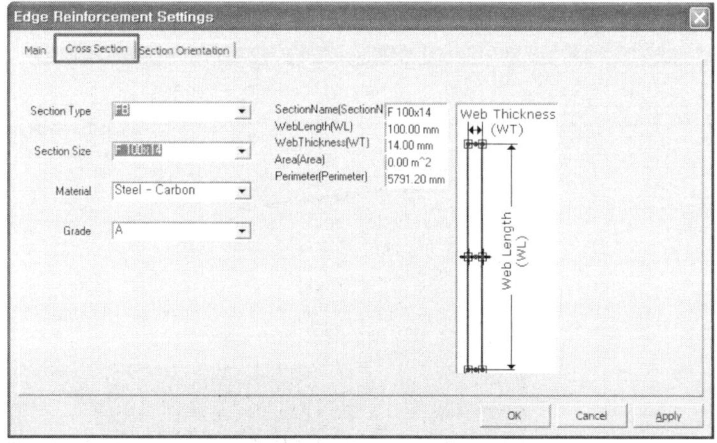

그림 3 *Edge Reinforcement System Settings* 창의 Cross Section 탭

5 Section Orientation 탭에서 Position을 On Edge - Centered로, Secondary Orientation을 From Plate로, Mounting Face를 Horizontal로, Load Point를 Center로 지정한 후 [OK] 버튼을 클릭하면 창이 닫힌다.*

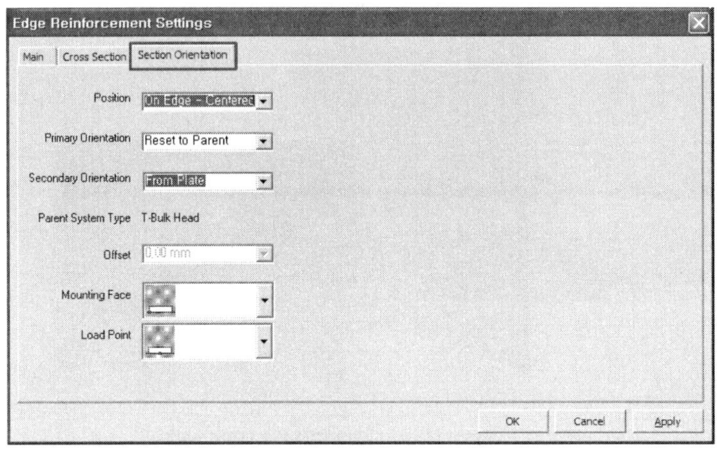

그림 3 *Edge Reinforcement System Settings* 창의 Section Orientation 탭

6 리본-바의 [Finish] 아이콘을 클릭한다.

작업결과 3.4.2 F30-* 평판의 Edge Feature 가장자리에 끝단이 처리된 Edge Reinforcement가 생성된다.

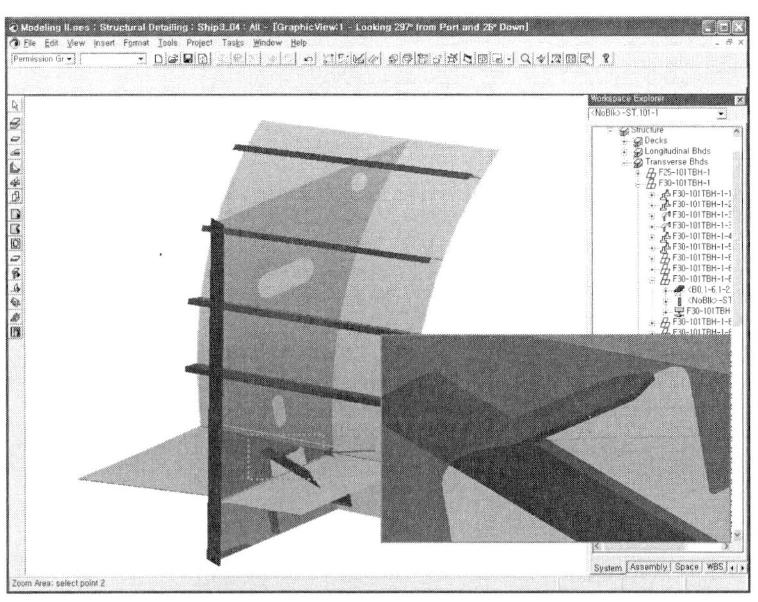

* Mounting Face 및 Load Point는 아이콘으로 표시되어 있다.

3.4.2 가장자리 보강재 생성하기

F30-* 평판의 Sketched Feature 중 중앙에 있는 Feature에 끝단이 처리된 보강재를 생성하시오. 보강재 종류는 F 150x22를 사용하시오.

과제결과

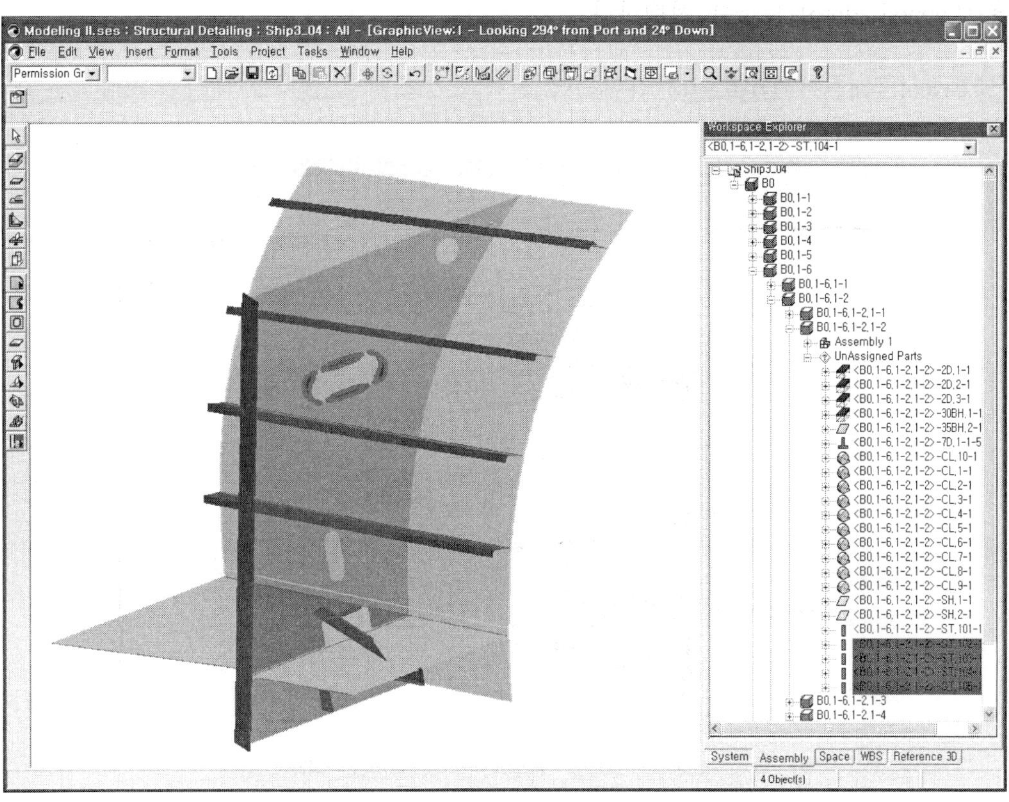

3.4.3 Place Lapped Plate Part

실습 3.4.3 평판에 작성한 Geometry와 같은 모양의 겹침 평판(Lapped Plate)을 생성한다.

작업영역 **Ship 3_04** (전 절에서 계속)

1. (Lapped Plate) 도구를 선택한다.
2. (Select Lapped-To Parts) 아이콘이 선택된 상태에서 설치할 대상인 F30-*을 지정한다.

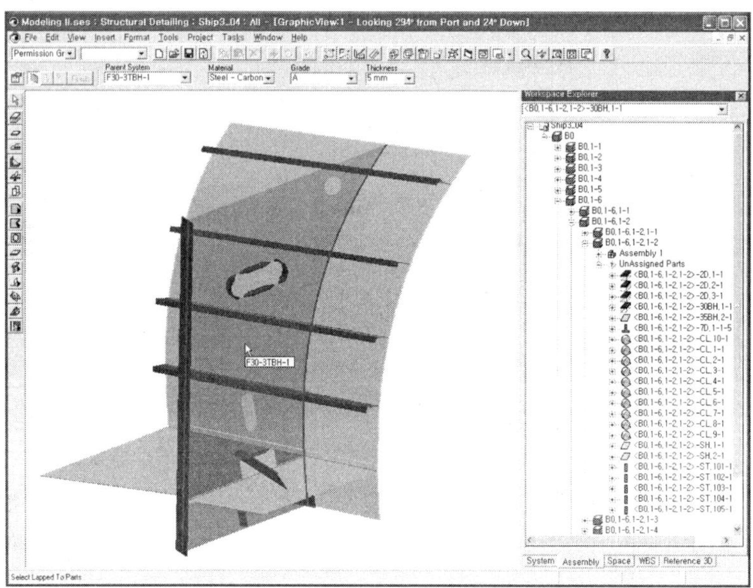

그림 1 설치할 대상(F30-*)을 지정한 상태

3 리본-바의 (Boundary Curve) 아이콘을 선택하면 리본-바가 바뀌며, 바뀐 리본-바에서 (Add Projection item) 아이콘을 선택하고 F30-* 중 D7의 윗부분의 가장자리를 지정한다.

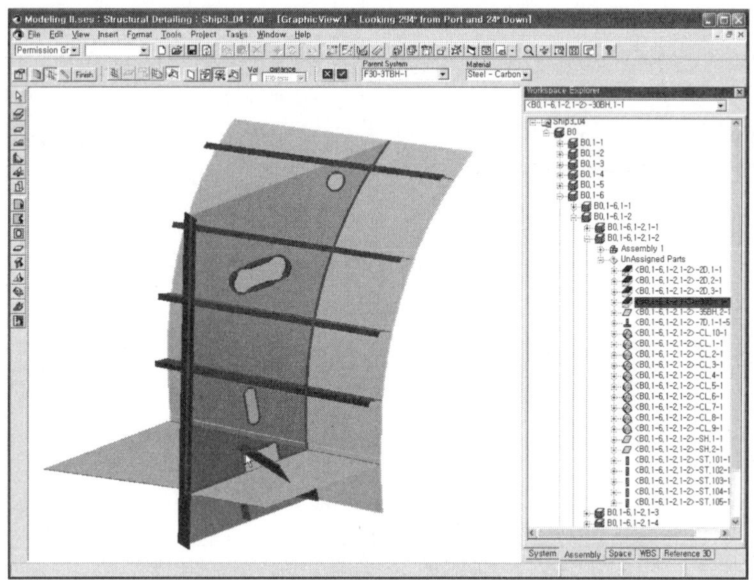

그림 2 설치할 위치의 가장자리를 지정한 상태

4 리본-바의 (Sketch 2D)를 선택하면 *Draft 2D View* 창이 열린다. 이 창에서 Lap Plate 형태의 Geometry를 작성한 다음 [Finish] 버튼을 클릭하여 창을 닫는다.

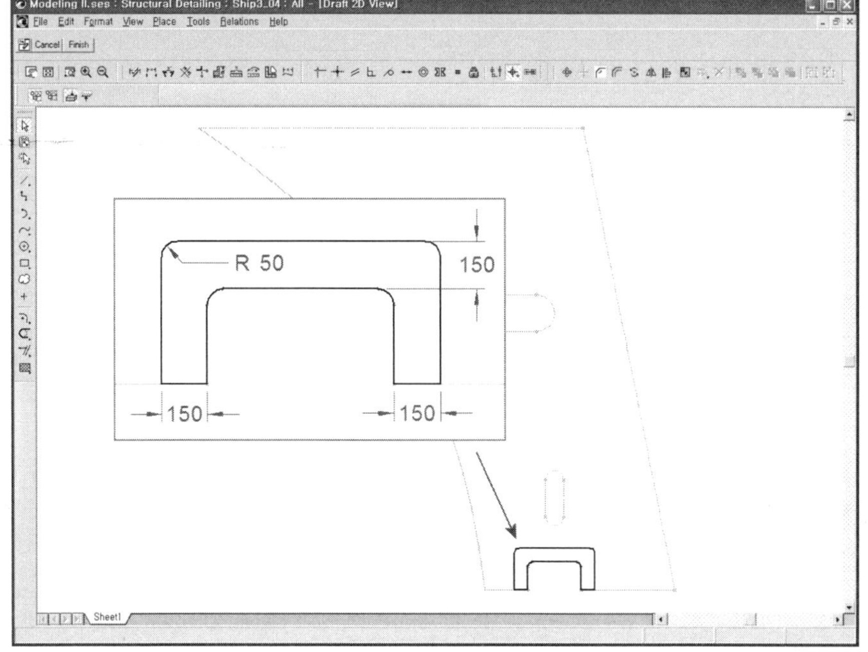

그림 3 생성할 Lap Plate의 Geometry

5 리본-바의 (Select Side of Plate) 아이콘을 선택한 후 Common Views 도구로 Locking Port로 전환하면 커서의 위치에 따라 화살표가 Fore 또는 Aft로 바뀐다. 화살표가 Fore 방향의 위치에서 클릭하면 생성될 부품의 방향이 확정되면서 색상이 노란색으로 표시된다.

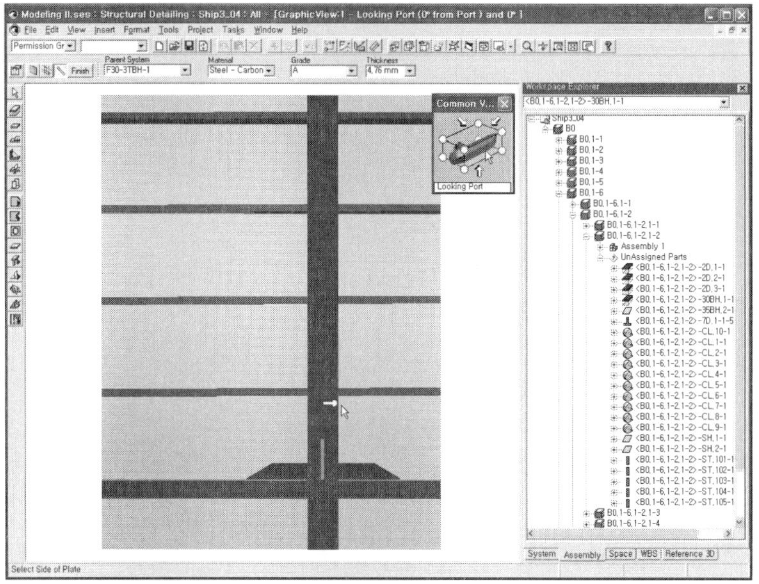

그림 4 부품의 부착 방향을 지정

6 리본-바의 Thickness를 10mm로 지정한다.

7 리본-바의 Finish 아이콘을 클릭한다.

작업결과 3.4.3 F30-* 평판의 Feature 둘레에 작성한 Geometry와 같은 모양의 겹침 평판이 생성된다.

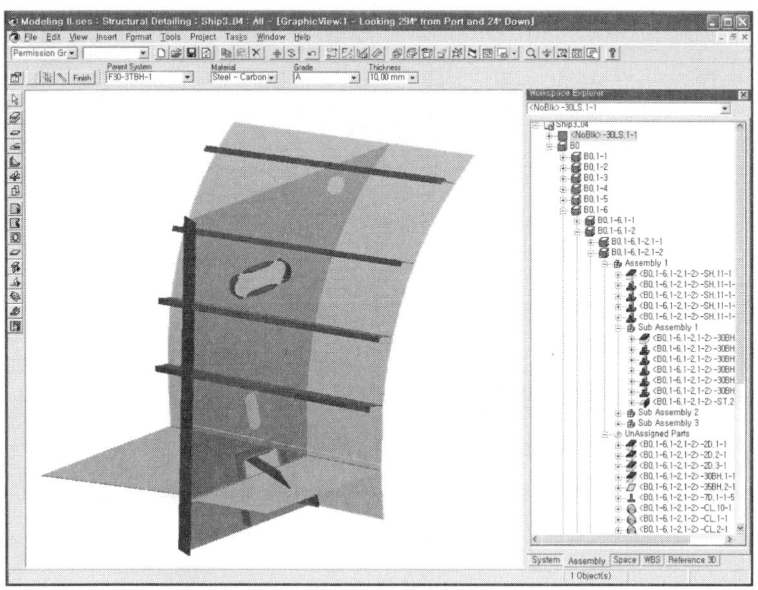

3.4.4 Edge Treatments

실습 3.4.4 생성된 보강재의 가장자리 형태를 수정한다.

작업영역 Ship 3_04 (전 절에서 계속)

1 (Place Edge Treatment) 도구를 선택한다.

2 전 절에서 생성한 Lapped Plate의 가장자리를 선택한다.

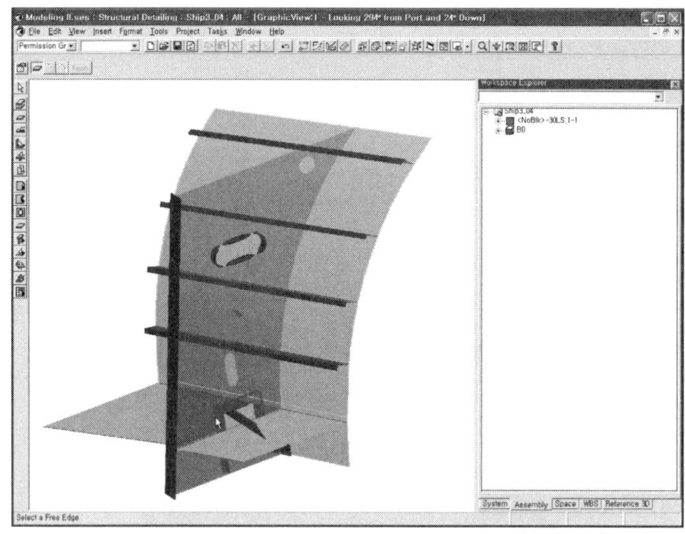

그림 1 작업 위치를 지정한 상태

3 리본-바의 (Accept) 아이콘을 클릭한다.*

4 리본-바의 (Edge Treatment Properties) 아이콘을 선택하면 속성창이 나타난다. 이 창의 Section 탭에서 먼저 Edge Treatment의 check box(그림에서 ①)를 해제하고 Grind를 Bevel(그림에서 ②)로 변경한 후 [Valid] 버튼(그림에서 ③)을 클릭하면 Results 값이 바뀐다.

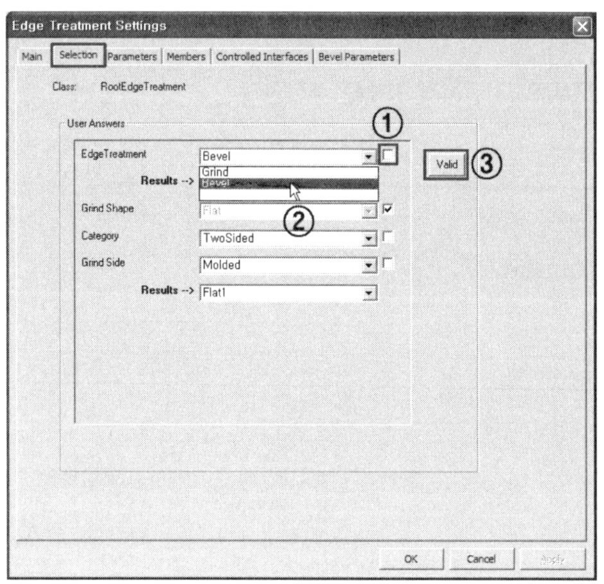

그림 2 속성 창의 Section 탭

* Accept를 하지 않으면 속성 창에서 Main만 나타난다.

5 속성 창의 Bevel Parameters 탭에서 파라미터를 수정할 수 있다. 속성을 수정한 후 [OK] 버튼을 클릭하면 창이 닫힌다.

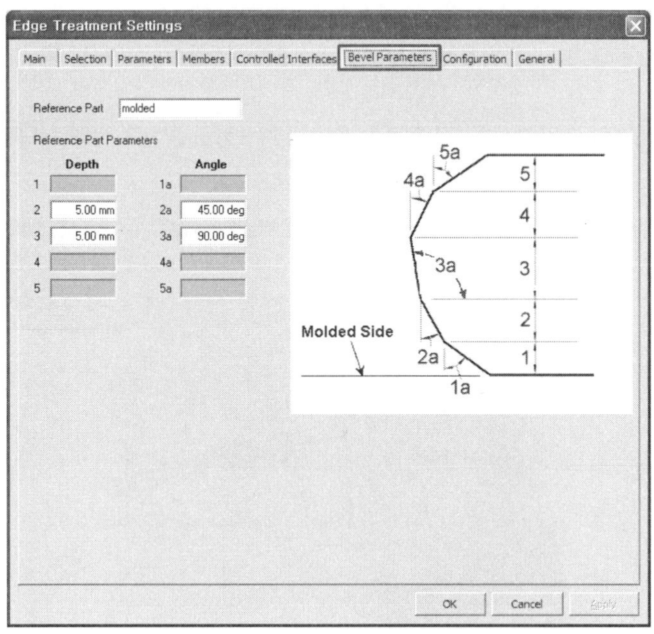

그림 3 속성 창의 Bevel Parameters 탭

6 리본-바의 Finish 아이콘을 클릭한다.

작업결과 **3.4.4 WE에 가장자리 형태 정보가 추가된다.**

3.4.5 Place Bracket Part

실습 3.4.5-1 평판 사이의 임의의 위치에 Standalone Bracket을 생성한다.

작업영역 Ship 3_04 F35-* 평판 중 D2 부분을 우현-선수-상단에서 본 형태로 확대한다.

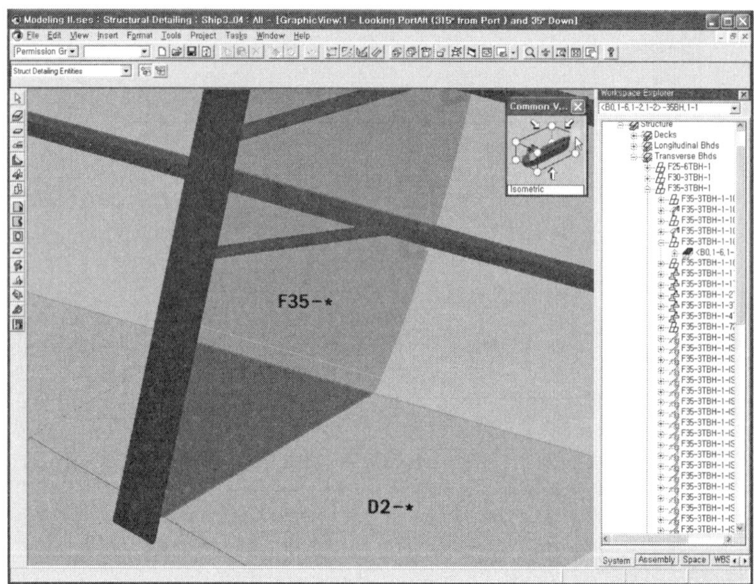

1 (Place Bracket Parts) 도구를 선택한다.

2 리본-바의 [icon] (Select Plane for Bracket) 아이콘이 선택된 상태에서 설치할 위치로 Main_CS : L5를 지정한다.

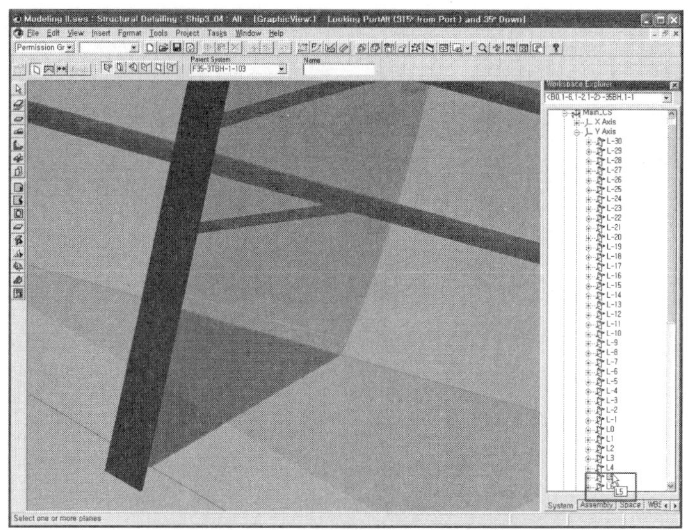

그림 1 Bracket을 설치할 위치(L5)를 지정한 상태

3 리본-바의 [icon] (Select Bracket Supports)를 선택하면 리본-바의 모양이 바뀌며, [icon] (Support1) 아이콘이 선택된다. Bracket이 설치될 부품 중 첫 번째로 F30-*을 지장한다. 이 때 방향도 같이 지정해 주어야 한다. 방향은 선수 쪽으로 지정한다.*

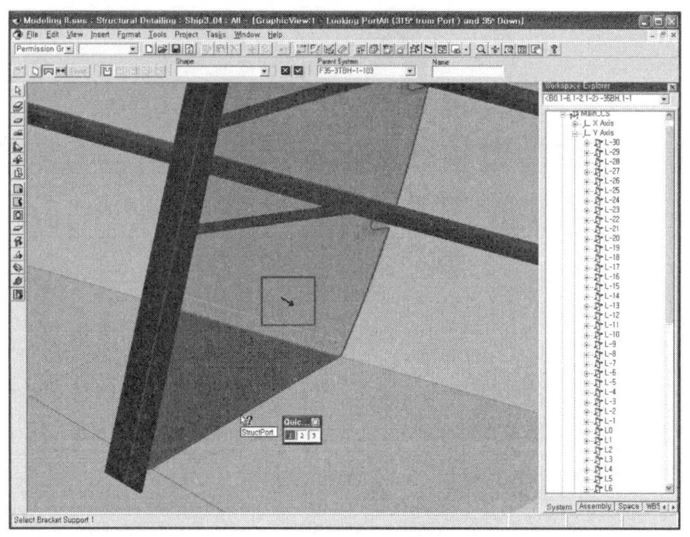

그림 2 Bracket이 부착될 첫 번째 부품(F30-*)을 지정

* 부착될 부품의 방향을 지정하는 방법으로 PickQuick을 사용하면 된다. 즉, 커서를 일정 시간 머물고 있으면 PickQuick 기호(**물음표 모양**)가 나타나며, 이 때 클릭하면 PickQuick 테이블이 나타난다. 이 테이블의 번호를 선택하면 정확하게 방향을 선택할 수 있다.

4 리본-바의 (Support 2) 아이콘을 선택한 후 D2-*를 지정한다. 이때도 위쪽 방향이 되도록 지정한다.

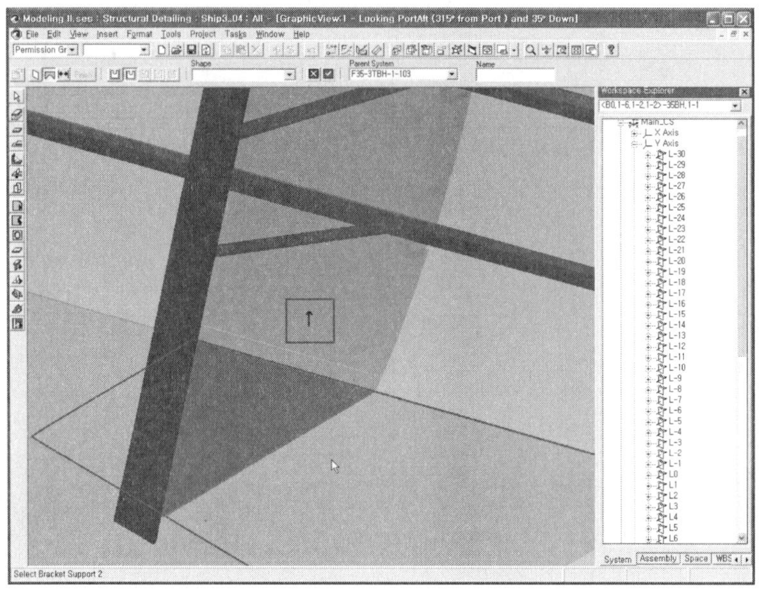

그림 3 Bracket이 부착될 두 번째 부품(D2-*)을 지정

5 리본-바의 (Accept) 아이콘을 클릭하면 Default로 지정된 Bracket 형태가 표시(녹색)된다.

6 리본-바의 (Plate System Properties) 아이콘을 클릭한 후 속성 창의 Material 탭에서 Actual Thickness를 10.00mm로 지정한 후 [Ok] 버튼을 클릭하여 창을 닫는다.

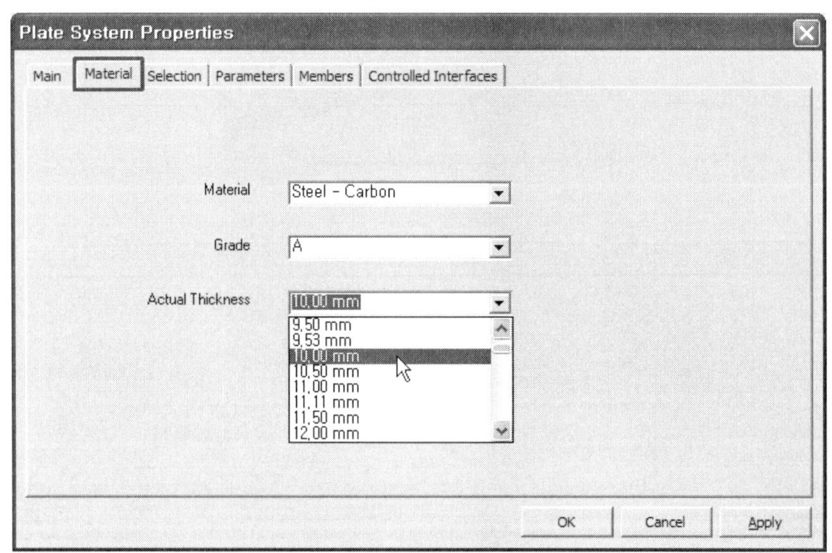

그림 4 속성 창

7 리본-바의 Finish 버튼을 클릭한다.

작업결과 3.4.5-1 평판 사이의 지정한 위치에 Bracket이 생성된다.

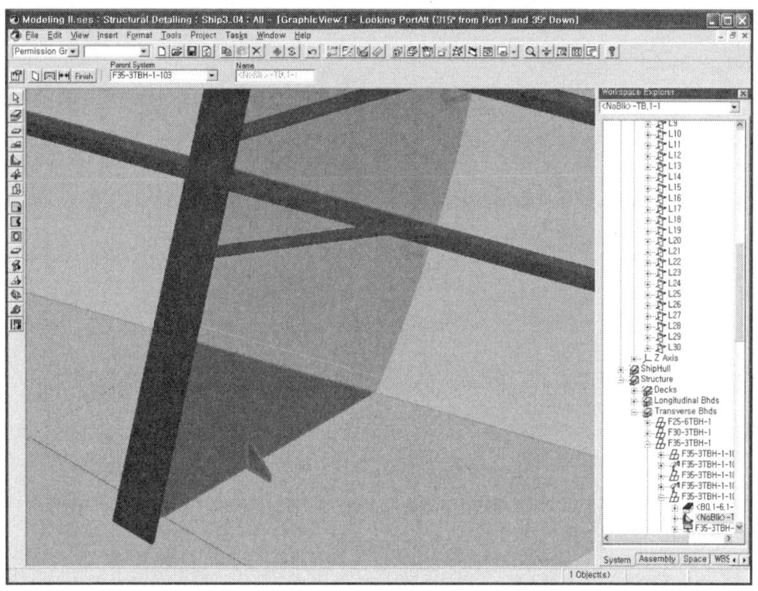

실습 3.4.5-2

- 지금까지 추가로 생성한 모든 부품들은 아직 구역(블록)이 할당되지 않은 상태이다.
- 본 교재 다음 실습(3.5 Detailed Planning)을 위하여 생성한 모든 부품을 해당 구역의 블록으로 배치한다.

작업영역 Ship 3_04 (전 절에서 계속)

1 Task를 Planning으로 바꾼다.

2 주 메뉴 중 Tools › Block Assignment... 메뉴를 선택하면 *Block Assignment* 창이 나타난다.

3 *Block Assignment* 창에서 Part Selection 난은 By Block으로, Block 난은 B0로 지정하고 하단의 [Start] 버튼을 클릭하여 실행한다.

4 작업이 완료되면 F5(Refresh) 버튼을 클릭하여 WE의 내용을 확인한다.

작업결과 3.4.5-2 새로 생성된 모든 부품이 해당 블록으로 배치된다.

3.5 Detailed Planning

선체의 모델링을 완료한 후에 실제 제조하기 위해서는 다음과 같은 추가적인 작업이 필요하다.

먼저 각 그룹별로 부품의 조립 순서(Assembly Sequencing)를 지정하여야 하며 조립 단위별로 묶는 작업(Merging Assemblies)도 필요하다. 이 때 선체는 대부분 좌우 대칭 구조이므로 대칭 복사(Mirroring Assembly) 작업도 필요하다.

현재 제조하고 있는 선박은 모두 용접에 의하여 부품을 연결하고 있으므로 이에 필요한 용접부위의 정보(Planning Joints)도 생성하여야 하며 용접의 방향(Horizontal, Vertical, Overhead 등)을 고려한 작업 방향(Manufacturing Orientation)도 지정해 주어야 한다.

이와 같이 실제 제작에 필요한 세부 정보를 생성하는 작업을 Detailed Planning이라 한다.

3.5.1 Assembly Sequencing

대형 선박의 각 부품은 크기나 무게가 중기를 사용해야 이동할 수 있을 정도로 크고 무겁다. 따라서 부품의 조립 순서가 중요하다.

Assembly Sequencing이란 조립단위별로 분리된 부품의 조립 순서를 지정하는 것을 말한다.

- D20-* 평판에 "Assembly Unit 1" 이름의 Assembly 그룹을 생성하고 부품을 할당한다.
- 생성한 그룹에 대하여 부품의 조립 순서를 지정한다.

작업영역 Ship 3_05 D20-* 평판만 확대한다(나머지는 모두 감추기 한다.).

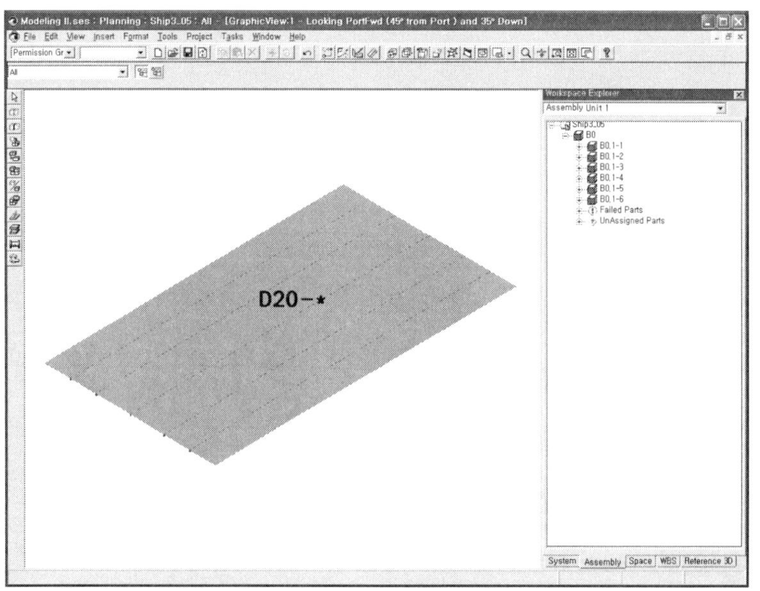

1 Task를 Planning으로 변경한다.

2 (New (Block) Assembly)도구를 선택한 후 리본-바의 (Selects Sub-Assemblies and Parts) 아이콘을 선택한 상태에서 D20-* 평판의 부품 중 선미쪽 평판과 Stiffener 5개를 선택한다.

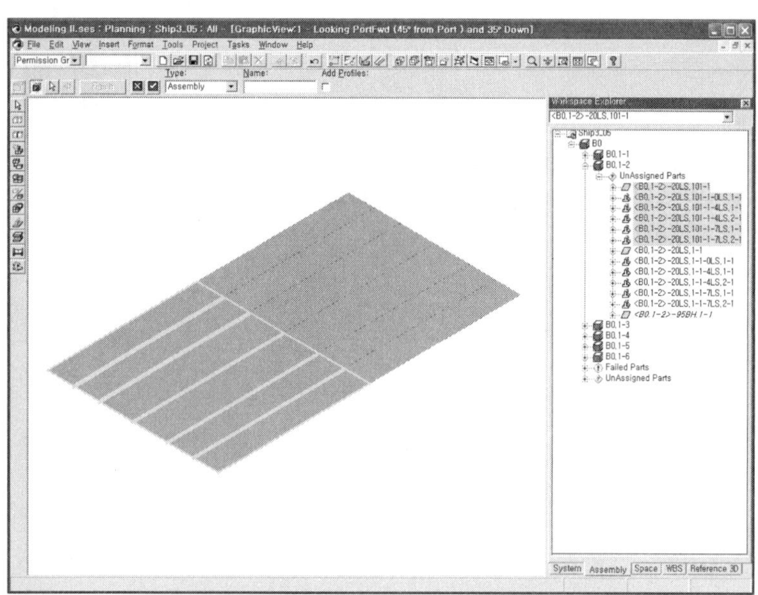

그림 1 선미쪽 평판과 Stiffener를 선택한 상태

3 리본-바의 (Select parent Assembly or Block) 아이콘을 선택한 후 WE의 B0.1-2 블록을 지정한다.

4 리본-바의 Name;난에 "Assembly Unit 1"을 입력한다.

5 리본-바의 Finish 아이콘을 클릭한다.

작업결과 3.5.1-1 선택한 부품이 B0.1-2 블록의 하부에 "Assembly Unit 1" 이름의 Assembly 그룹으로 배치된다.

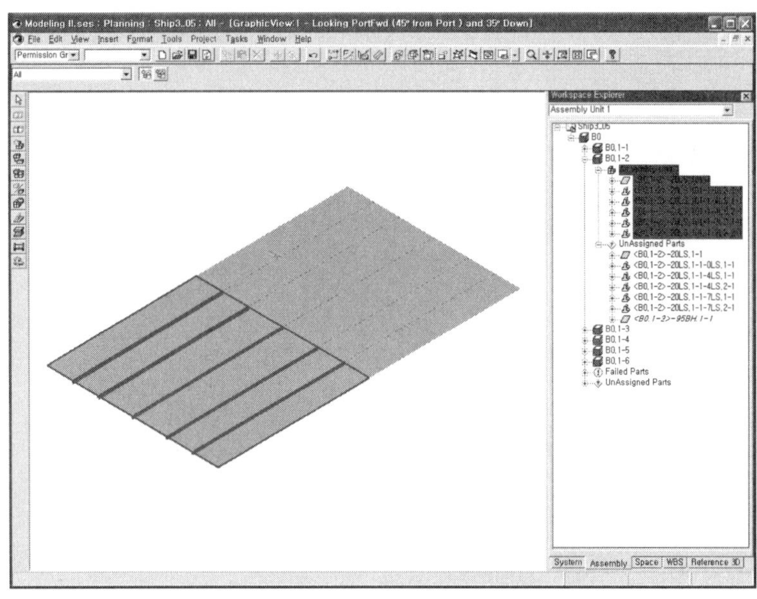

6 (Sequence) 도구를 선택한 후 리본-바의 (Select Assembly and Block) 아이콘이 선택된 상태에서 WE의 Assembly Unit 1을 선택하면 리본-바가 바뀐다.

7 리본-바의 (Assign Sequence) 아이콘을 클릭한 후 선택한 Assembly Unit 1의 조립 순서대로 부품을 선택한다.*

8 리본-바의 Finish 아이콘을 클릭한다.

9 (Select) 도구를 선택한 후 WE의 Assembly Unit 1을 선택하고 리본-바의 (Assembly Properties) 아이콘을 선택하면 *Assembly Properties* 창이 나타난다.

10 *Assembly Properties* 창의 Sequence 탭에서 Name 난의 목록에 조립 순번이 매겨져 있는 것을 확인한다.

* 조립 순서는 평판을 먼저 선택한 후 Port 쪽의 Stiffener부터 순서대로 지정한다.

작업결과 **3.5.1-1(최종) Assembly Unit 1 그룹의 조립 순서를 확인한다.**

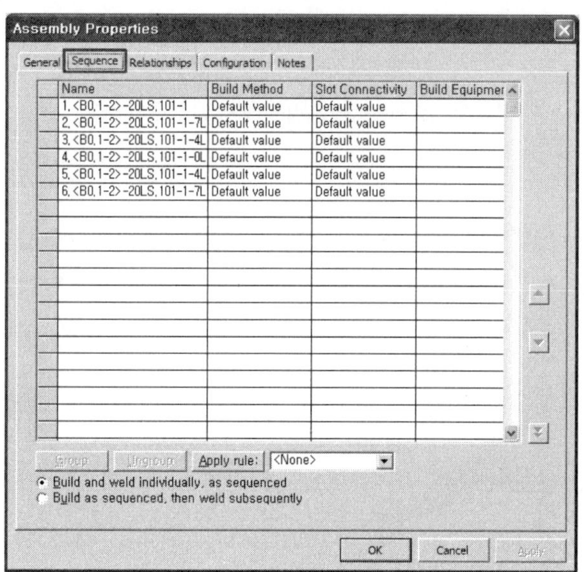

chapter 03

3.5.1 조립순서 지정하기

- Deck D20-* 중 선수쪽 평판과 Stiffener 5개를 B0.1-2 블록에 "Assembly Unit 2" 이름으로 할당하시오.
- 생성한 그룹에 대하여 부품의 조립순서를 지정하시오.

과제결과

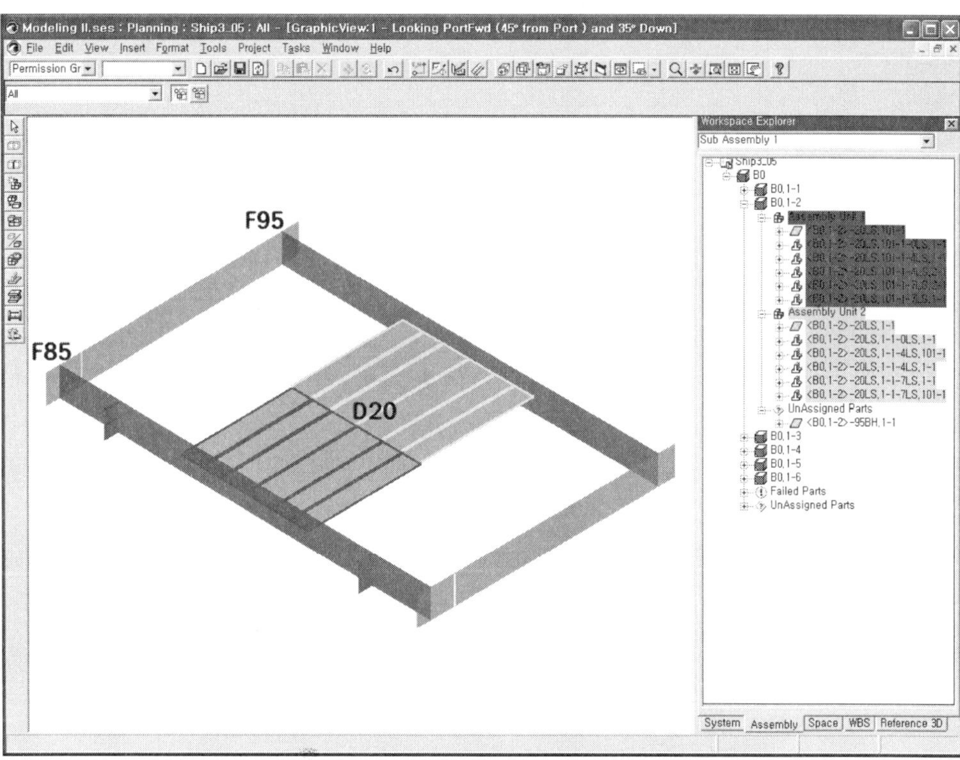

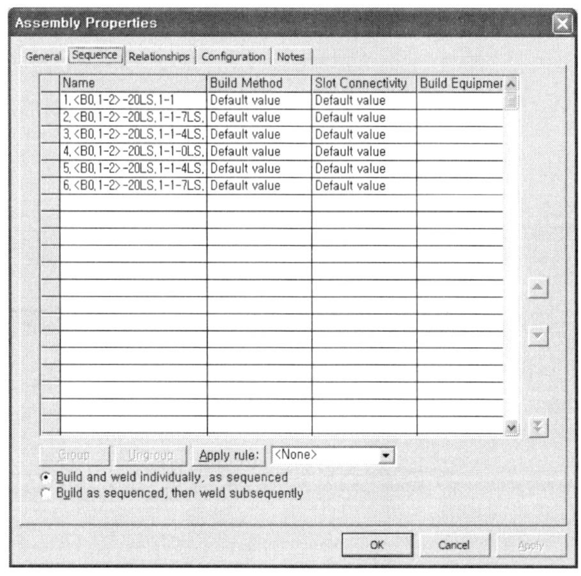

실습 3.5.1-2 "Assembly 1" 그룹에 할당된 부품의 조립 순서를 Assembly Properties 창의 목록에서 직접 지정한다.

작업영역 Ship 3_05 F25와 F40 및 D2와 D7 사이를 우현-선미-상단에서 본 형태로 확대한다.

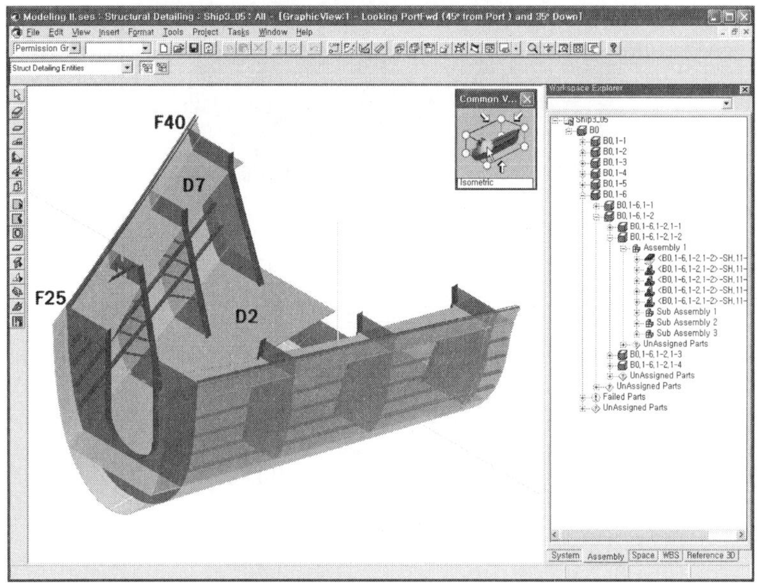

1. Locate Filter를 All로 지정한다.

2. (Select) 도구를 선택한 후 WE의 Assembly 1을 선택한다.

3 리본-바의 (Edit Properties) 아이콘을 선택하면 *Assembly Properties* 창이 나타난다. 이 창의 Sequence 탭을 선택하여 목록 전체를 선택한 후 우측-하단에 있는 (Sequence) 버튼을 클릭하면 목록의 Name 난에 조립순서 번호가 생성된다.

그림 1 *Assembly Properties* 창

4 목록 중 하나를 선택하면 우측의 Move-Up/Down 버튼을 사용하여 순서(위치)를 변경할 수 있다. Hull Plate를 최상위 배치하고 나머지도 그림을 참조하여 재배치한 후 [OK] 버튼을 클릭하면 창이 닫힌다.

작업결과 3.5.1-2 선택한 그룹에 대하여 조립순서를 직접 지정(수정)할 수 있다.

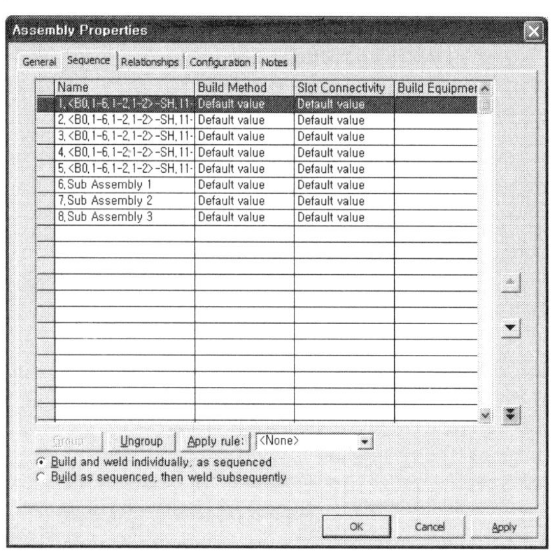

실습 3.5.1-3

- "Sub Assembly 1" 블록(그룹)에 할당된 부품의 조립 순서를 지정한다.
- 지정한 조립순서를 모델 뷰로 확인한다.

작업영역 (전 절에서 계속)

1 (Select) 도구를 선택하여 전 명령을 해제한 후 Sub Assembly 1을 선택하고 (Edit Properties) 아이콘을 클릭하여 *Assembly Properties* 창을 불러낸다.

2 Sub Assembly 1의 조립순서를 재배치한 다음 [OK] 버튼을 클릭하여 창을 닫는다.*

3 (Select) 도구를 선택한 후 Sub Assembly 1을 지정한다.

4 주 메뉴의 Tools › Show Assembly Method를 선택한다.

5 리본-바의 (Back/Forward, To Start/To End) 버튼을 클릭하여 정의한 조립순서를 작업창에서 이미지로 확인할 수 있다. 마지막 단계에서 리본-바의 우측에 있는 [CLOSE] 버튼을 클릭하면 종료한다.

작업결과 3.5.1-3 지정한 "Sub Assembly 1"의 조립순서를 작업창에서 모델 뷰로 확인할 수 있다.

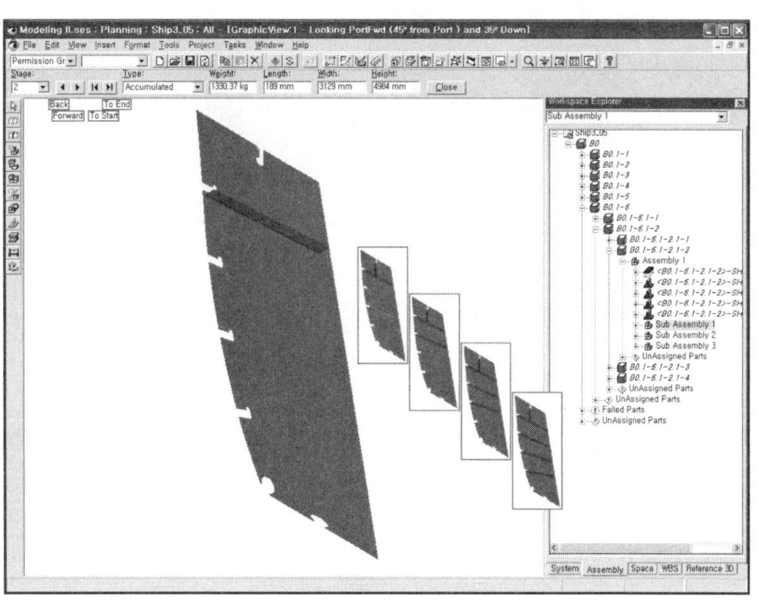

* Sub Assembly 1의 조립순서는 먼저 평판을 최상위로 지정한 후 위 쪽부터 Trans. Stiffener를 부착하는 방법이 가장 편리할 것이다. Vertical Stiffener는 가장 나중으로 배치한다.

3.5.2 Merging Assemblies

복수개의 소조립(또는 중조립) 단위를 하나의 중조립(또는 대조립) 단위로 묶는 작업을 말한다. 물론 기존의 조립단위를 수정할 수 있으며, 조립 순서도 새로 지정할 수 있다.

실습 3.5.2-1 2개의 블록(그룹)을 하나의 블록으로 병합한다.

작업영역 Ship 3_05 F25와 F45, D2와 D12 사이를 우현-선수-상단에서 본 형태로 확대한다.

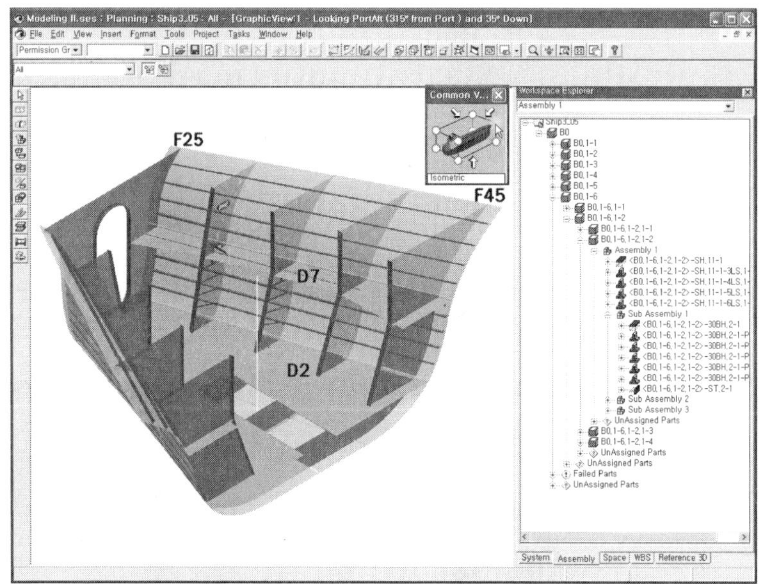

1. (Merge) 도구를 선택한 후 "Merges selected Assemblies or Blocks" 메시지가 표시되면 Assembly 1을 지정한다.
2. 메시지가 "Select next Assembly for merge"로 바뀌며, 이 때 Sub Assembly 1을 지정한다.
3. 리본-바의 Name: 난에 "Assembly 1"을 입력한다.
4. 리본-바의 Finish 버튼을 클릭한다.*

* Assembly 구조를 변경(수정 또는 병합)하면 기존의 조립순서는 삭제된다. 따라서 수정된 Assembly는 조립순서를 새로 지정하여야 한다. 또한, 개별적으로 추가된 부품도 조립순서를 지정하여야 한다.

작업결과 3.5.2-1 기존의 "Assembly 1"과 "Sub Assembly 1"이 다시 "Assembly 1" 이름으로 병합된다.

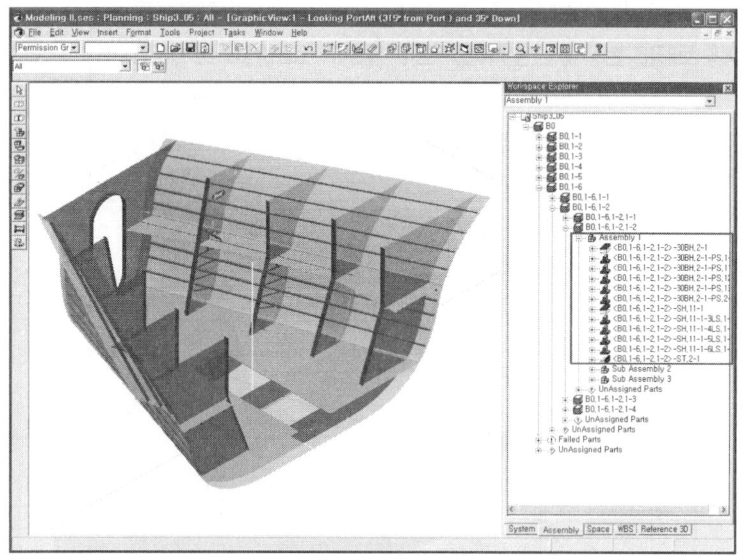

chapter 03

실습 3.5.2-2 전 절에서 병합한 "Assembly 1"의 조립순서를 재배정 한다.

작업영역 (전 절에서 계속)

1. (Sequence) 도구를 선택한다.

2. 리본-바의 (Select Assembly or Block) 아이콘이 선택된 상태에서 WE의 Assembly 1을 지정한다.*

3. 리본-바의 (Properties) 아이콘을 클릭하면 *Assembly Properties* 창이 나타나면, 이 창의 Sequence 탭에서 조립순서를 지정할 수 있다.

4. 조립순서는 Hull Plate를 가정 먼저 위치하고 다음으로 Hull Plate 보강용 Stiffener(4개)를 위치한다. 그 다음으로 F30-* Plate와 보강용 Stiffener를 위치하고 마지막에 Sub Assembly 2와 Sub Assembly 3을 위치한다.**

5. 리본-바의 Finish 아이콘을 클릭한다.

* 대상을 지정(클릭)하면 바로 다음 작업 단계로 넘어간다.

** 조립순서는 작업장의 환경(작업장의 크기, 운반 장비, 제조사의 내부 규칙 등)에 따라 다를 수 있다.

작업결과 3.5.2-2 병합한 "Assembly 1"의 조립순서를 재배열 할 수 있다.

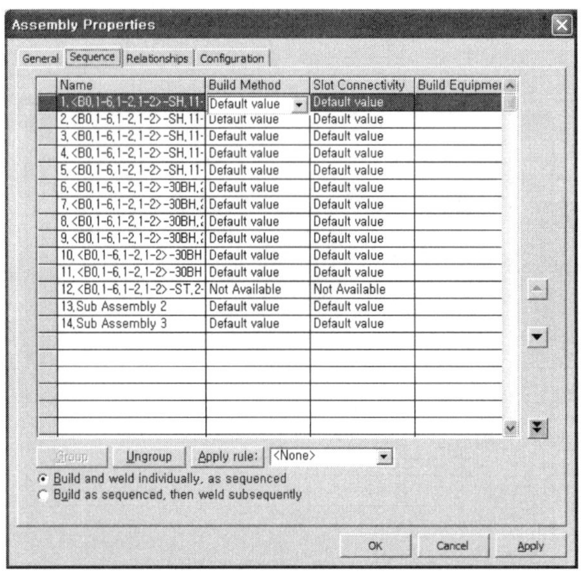

3.5.3 Mirroring Assemblies

일반적으로 선체는 Centerline(Y=0) 평면을 기준으로 좌우 대칭 구조를 가진다. 따라서 Post쪽의 블록과 동일한 구조의 블록이 Starboard쪽에도 있다.

이와 같이 대칭 구조의 블록에 대해서는 어느 한쪽에 대하여 조립단위구조 및 조립순서를 지정한 다음 대칭복사 작업으로 반대쪽의 조립단위 정보를 생성할 수 있다. 단, 조립단위의 명칭은 별도로 지정하여야 한다.

작성된 그룹(Assembly)과 동일한 구조의 그룹을 지정한 블록에 복사하고, 대응하는 부품은 자동으로 배치한다.

작업영역 Ship 3_05 F25와 F45, D2와 D12 사이를 우현-선미-상단에서 본 형태로 확대한다.

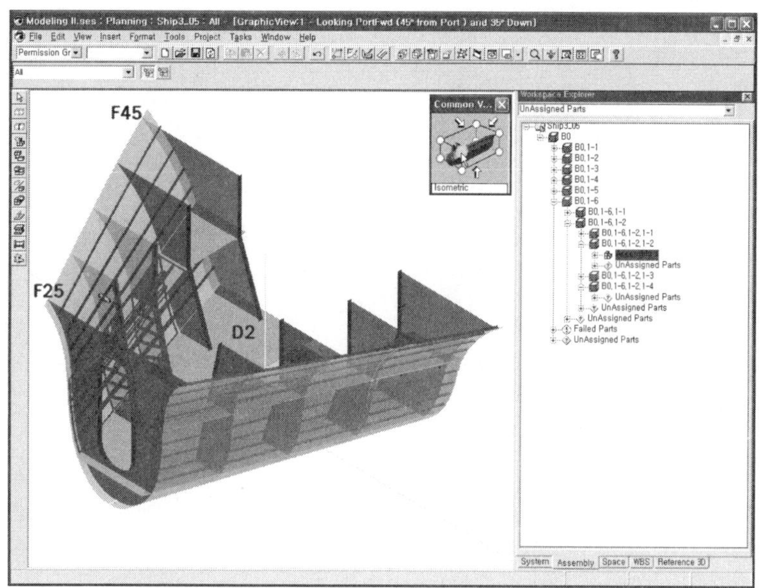

1 (Mirror Assembly) 도구를 선택한다.

2 리본-바의 (Select source node) 아이콘이 선택된 상태에서 WE의 B0.1-6.1-2.1-2를 지정한다.

3 리본-바의 (Select target node) 아이콘이 선택된 상태에서 WE의 B0.1-6.1-2.1-4를 지정한다.

4 리본-바의 Mirror Assemblies 난에서 All을 선택한다.

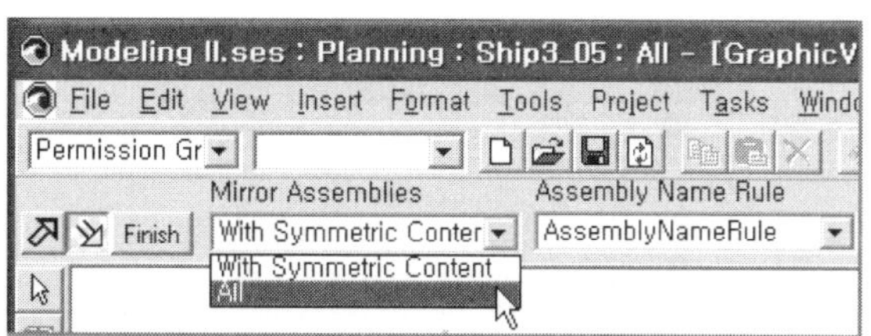

그림 1 Mirror Assemblies 난

5 리본-바의 Finish 버튼을 클릭한다.

작업결과	3.5.3-1	• B0.1-6.1-2.1-2와 동일한 구조의 그룹을 B0.1-6.1-2.1-4에 복사 한다. • 그룹명은 'Assembly Name Rule'이 적용되어 'A100001',... 형태로 붙여진다. • 그러나 관계된 부품은 배치되지 않는다. 따라서 별도의 배치 작업을 해야 한다.

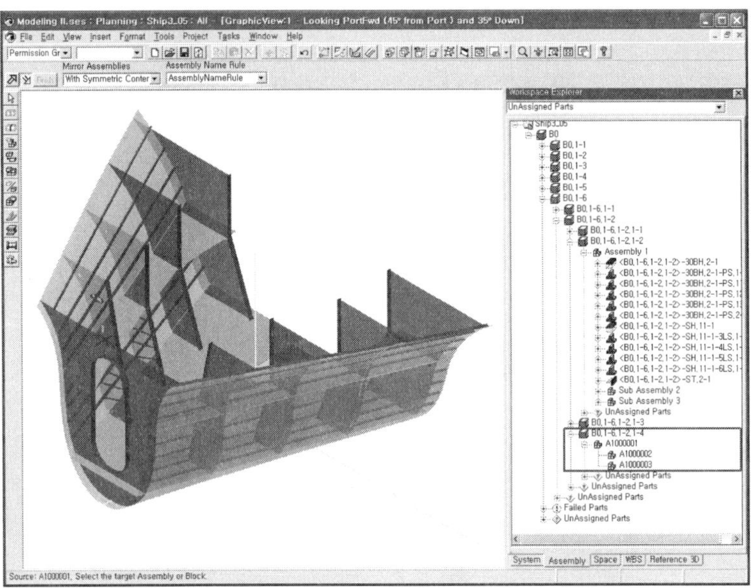

전 절에서 복사된 그룹에 해당 부품을 제조사의 설계 규칙(Shipyard's Design Rules)을 적용하여 배치한다.

작업영역 **Ship 3_05** (전 절에서 계속)

1 Tasks를 Structural Detailing로 변경한다.

2 주 메뉴의 Tools › Board Management Service 메뉴를 선택하면 *Service Console* 창이 나타난다.

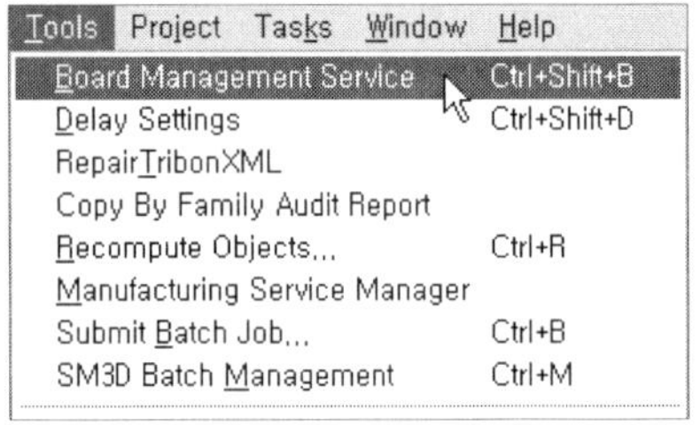

그림 1 Board Management Service 메뉴

3 Service Console 창에서 그림과 같이 모든 항목을 선택한 후 하단에 있는 [Start] 버튼을 클릭하면 적용된 규칙에 따라 부품들이 배치된다.*

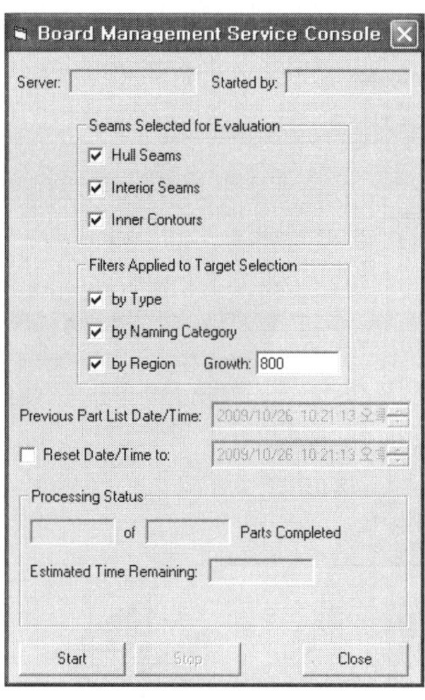

그림 2 *Board Management Service Console* 창

작업결과 **3.5.3-2 본 교재에서 Source에 대응하는 부품이 없어 자동배치 되지 않는다.**

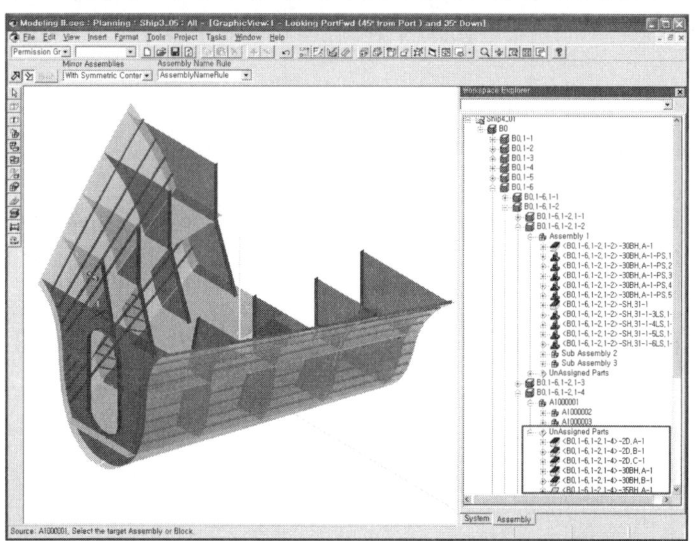

* Board Management 작업을 수행하면 등록된 Design Rule에 따라 작업이 이루어진다(주의사항 : 이 작업은 상당한 시간이 걸리는 작업이다. 최종 하단의 Processing Status 난의 수치가 **Blank** 상태가 될 때까지 기다려야 한다).

실습 3.5.3-3

전 절에서 복사된 그룹에 해당 부품을 배치한 후 Mirroring 작업을 하면 해당 부품까지 배치되는 것을 확인한다.

작업영역 Ship 3_05 (전 절에서 계속)

1 Tasks를 Planning으로 변경한다.

2 WE에서 Starboard쪽의 부품 중 새로 생성한 그룹(A1000001)에 해당하는 부품을 UnAssigned Parts로부터 Drag-Drop 기법으로 배치한다.*

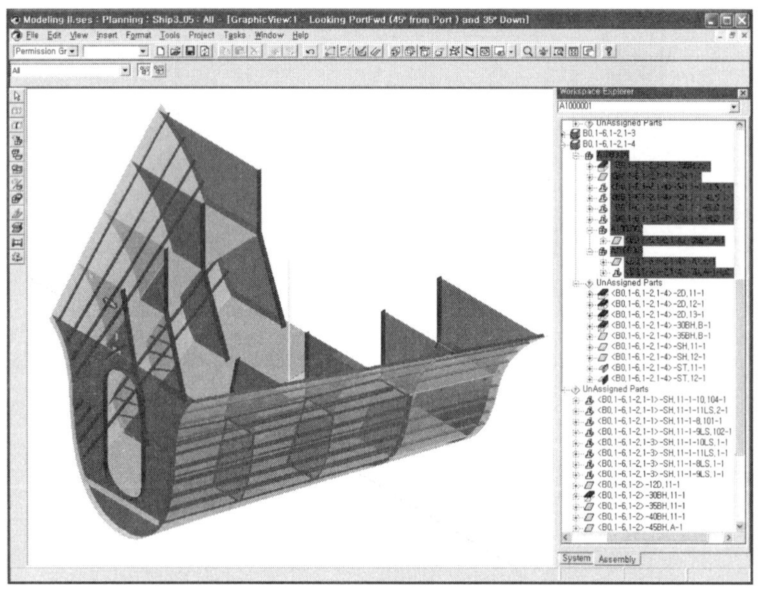

그림 1 Drag-drop 기법으로 배치한 결과

3 (Mirror Assembly) 도구를 선택한다.

4 리본-바의 (Select source node) 아이콘이 선택된 상태에서 WE의 B0.1-6.1-2.1-2를 지정한다.

5 리본-바의 (Select target node) 아이콘이 선택된 상태에서 WE의 B0.1-6.1-2.1-3을 지정한다.

6 리본-바의 Mirror Assemblies 난에서 All을 선택한다.

7 리본-바의 Finish 버튼을 클릭한다.

* Starboard쪽에는 Hull Plate와 Stiffener 4개, D7-* Plate와 Stiffener 1개는 생성했으나 F30-* 및 F35-* 평판은 Stiffener를 생성하지 않은 상태임.

작업결과	3.5.3-3	• B0.1-6.1-2.1-3 블록에 Assembly 1과 동일한 구조의 Assembly가 생성된다. • B0.1-6.1-2.1-4 블록에서 배치된 부품은 모두 새로운 Assembly로 이동 배치된다.

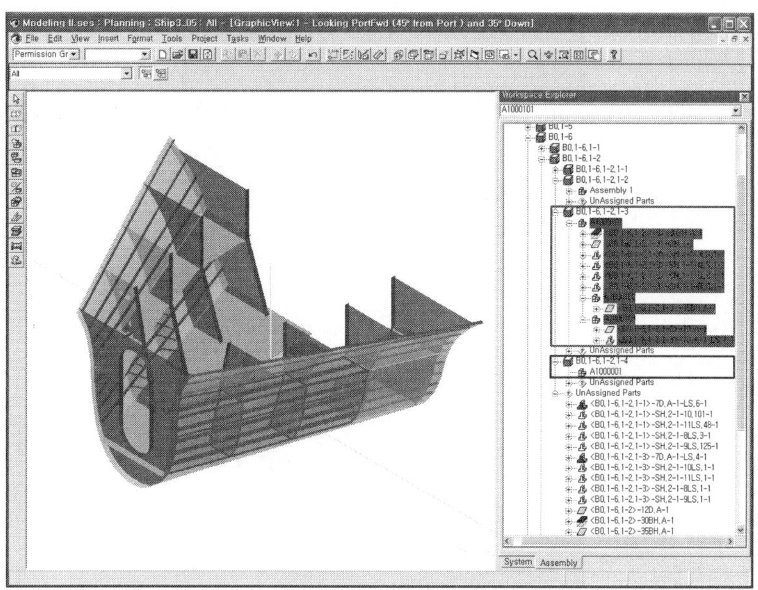

3.5.4 Generating Planning Joints

Planning Joint란 그림과 같이 물리적으로 분리된 부품이 용접에 의해 연결되는 곳을 말하며, 다시 Structure Detailing 작업을 하면 물리적 연결(Physical Connection)정보를 생성한다.

Planning Joint 정보는 WE의 Assembly 탭에 생성되며 물리적 연결정보는 System 탭에 생성된다.

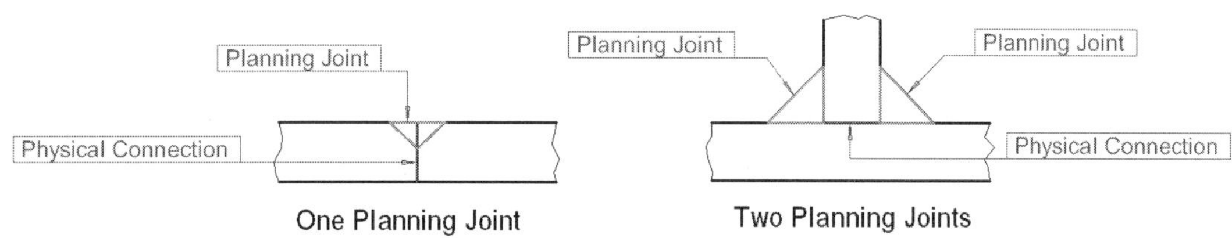

실습 3.5.4 용접에 의해 접합되는 곳에 Planning Joint 정보를 생성한다.

작업영역 Ship 3_05 F35-* 평판의 D2와 D7 사이 중 Port쪽을 확대한다.

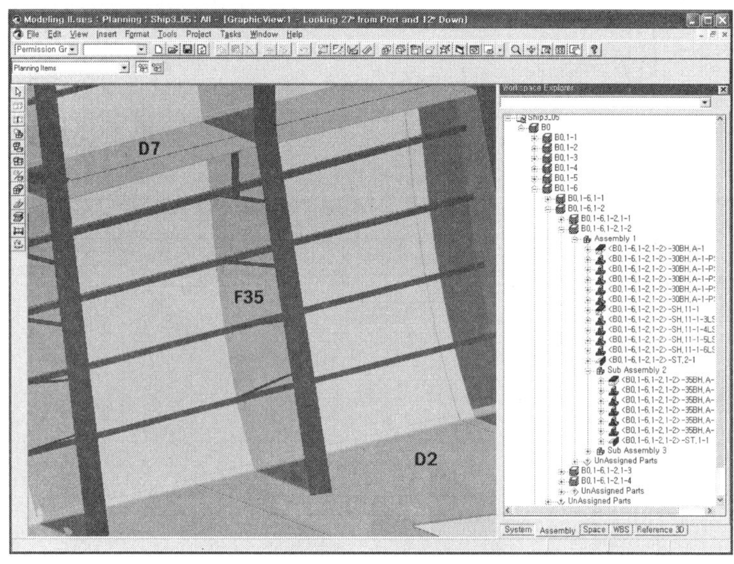

1. (Sequence) 도구를 이용하여 Sub Assembly 2 및 Sub Assembly 3의 작업 순서를 재배정 한다.*

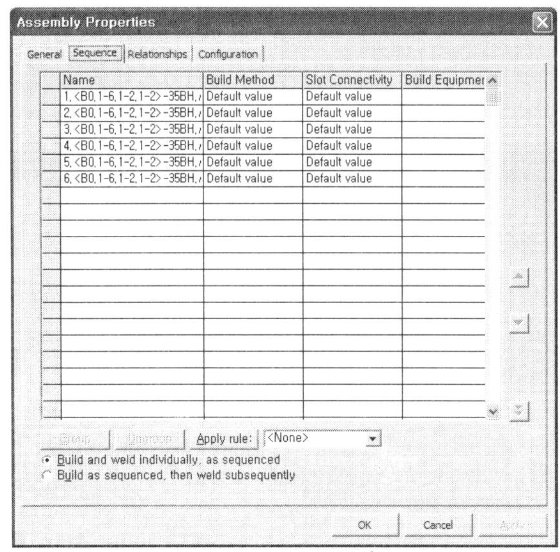

그림 1 Sub Assembly 2의 재배치 결과

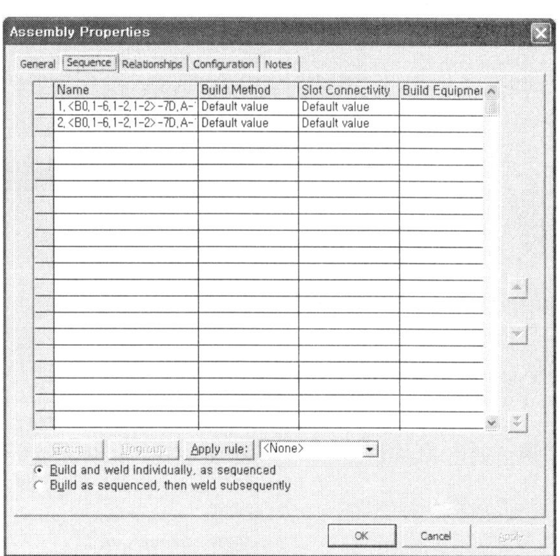

그림 2 Sub Assembly 3의 재배치 결과

* 본 교재 3.5.1을 참조.

2 (Generate Planning Joints) 도구를 선택한 후 리본-바의 (Assembly) 아이콘이 선택된 상태에서 WE의 Assembly 1을 지정한다.

3 리본-바의 Finish 버튼을 클릭한다.

작업결과 3.5.4 Joining 정보가 Weld 폴더에 생성되며, 작업창에는 녹색 선으로 표시된다.

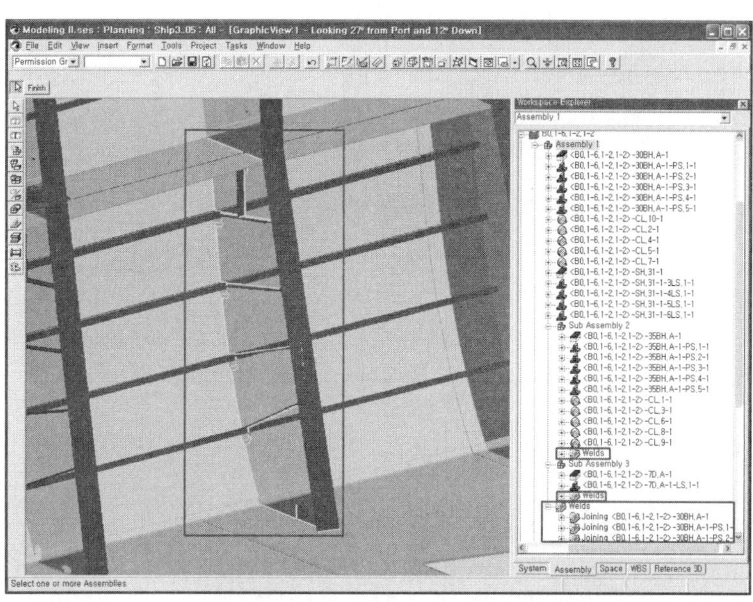

3.5.5 Manufacturing Orientation

현대 선박은 대부분 용접으로 접합한다. 따라서 부재를 조립할 때 작업 방향이 용접 자세(아래보기, 수평, 수직, 위보기 등)를 결정한다. 따라서 조립 순서뿐 아니라 작업 방향도 지정해주어야 한다.

실습 3.5.5-1 Assembly 1의 현재(초기 모델링한) 작업 방향을 확인한다.

작업영역 **Ship 3_05** F25와 F40, D2와 D7 사이 중 Port쪽을 확대한다(회전 도구 사용).

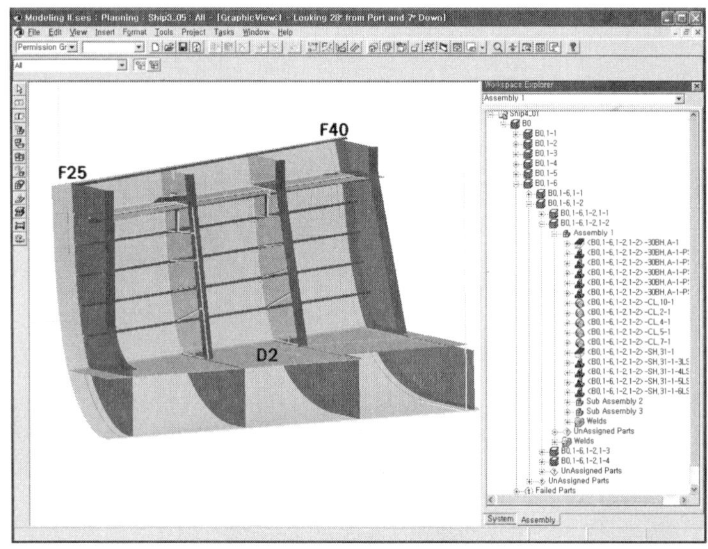

1. Locate Filter를 All로 지정한다.
2. (Select) 도구를 선택한 후 WE의 Assembly 1을 지정한다.
3. 메인 메뉴의 Tools › Show Assembly View 메뉴를 선택한다.

작업결과 **3.5.5-1** 현재의 조립 방향은 기본 방향인 Hull 평판이 수직 상태로 되어 있다.

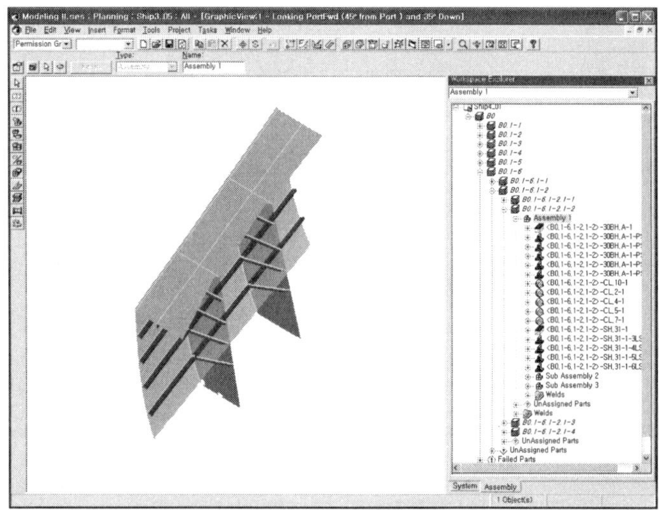

실습 3.5.5-2 조립 방향이 Hull의 평판이 수평 상태가 되도록 지정한다.

작업영역 Ship 3_05 (전 절에서 계속)

1. 메인 메뉴의 Tools › Show All을 선택하면 원래의 view로 돌아온다.
2. (Select) 도구를 선택하여 작업명령을 초기화한 후 다시 WE의 Assembly 1을 선택한다.
3. 리본-바의 (Manufacturing orientation) 아이콘을 선택하면 리본-바가 바뀐다.
4. 변경된 리본-바의 (Orient by baseplate) 아이콘을 선택한 후 Assembly 1의 Shell 평판을 지정한다.

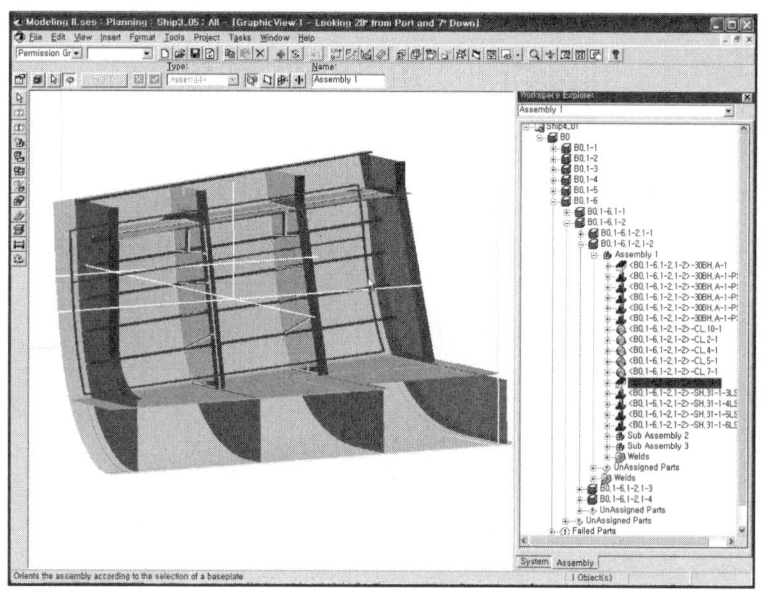

그림 1 Shell 평판을 지정한 상태

5. 리본-바의 Finish 아이콘을 클릭한다(작업을 하는데 어느 정도 시간이 걸린다).
6. (Select) 도구를 선택하여 작업명령을 초기화한 후 다시 WE의 Assembly 1을 선택한다.
7. 메인 메뉴의 Tools › Show Assembly View 메뉴를 선택한다.

작업결과 3.5.5-2 Hull 평판이 수평 상태가 되도록 수정되었으나 상단에 위치하여 위보기(Overhead) 용접을 하여야 한다.

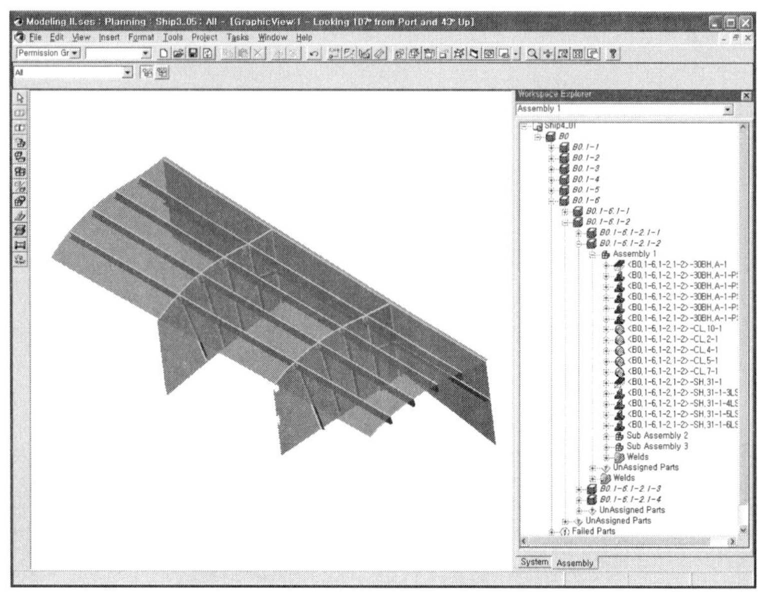

실습 3.5.5-3 Hull의 평판이 아래보기(Flat) 용접이 되도록 수정한다.

작업영역 **Ship 3_05** (전 절에서 계속)

1. 메인 메뉴의 Tools › Show All을 선택하면 원래의 view로 돌아온다.
2. (Select) 도구를 선택하여 작업명령을 초기화한 후 다시 WE의 Assembly 1을 선택한다.
3. 리본-바의 (Manufacturing orientation) 아이콘을 선택하면 리본-바가 바뀐다.
4. 바뀐 리본-바의 (Edit manufacturing orientation) 아이콘을 클릭하면 전 절에서 지정한 기준 평판의 방향이 바뀐다(클릭할 때마다 방향이 바뀐다).
5. 리본-바의 Finish 아이콘을 클릭한다.
6. (Select) 도구를 선택하여 작업명령을 초기화한 후 다시 WE의 Assembly 1을 선택한다.
7. 메인 메뉴의 Tools › Show Assembly View 메뉴를 선택한다.

작업결과 3.5.5-3 Hull 평판이 아래보기(Flat) 용접이 되도록 수정되었다.

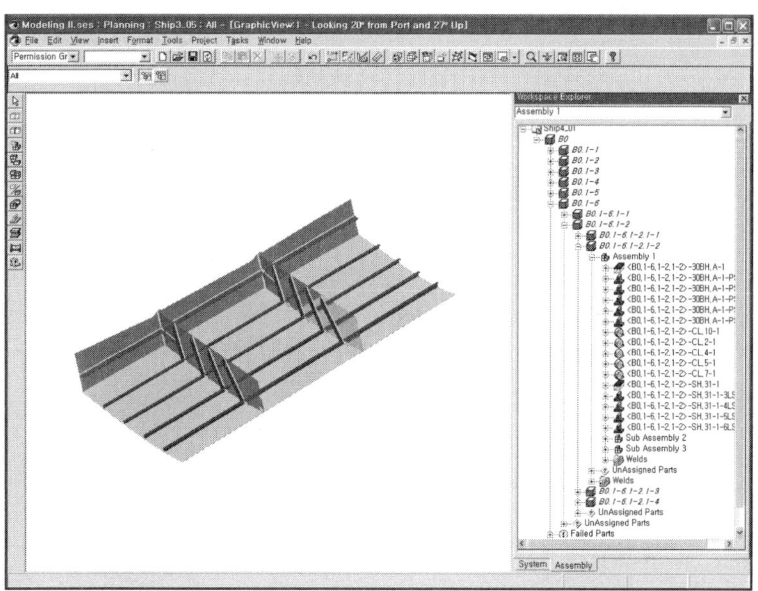

SM3D 04

Manufacturing

chapter 04 Manufacturing

본 교재 제3장까지의 내용으로 선박의 기본설계를 기준으로 순수 이론적인 모델을 생성하였다.

그러나 실제 제조하는 과정에서는 온도 및 습도에 따른 철판의 변형(수축/팽창) 또는 작업장의 환경이나 작업자의 숙련도 등을 고려하여 각 부품을 절단할 때 Margin을 주어야 한다. 또한 평판에 Stiffener를 용접한 후 평판이 수축되는 것을 보정하는 Shrinkage도 고려하여야 한다.

이 외에도 곡판인 경우에 현장에서 곡률을 확인하기 위한 Template 정보와 받침대를 위한 Pin Jig 정보도 필요하다.

본 장에서는 실제 제작할 때 필요한 각 종 Margin을 생성하는 방법과 Template 및 Pin Jig 정보를 생성하는 방법에 대하여 설명한다.

4.1 Adding Shrinkage to Plates

실습 4.1-1 F30-* 평판 중 Port쪽에 분리된 평판에 Shrinkage 정보를 추가한다.

작업영역	Ship 4_01

- F30-* 평판의 D2와 D7 사이 중 Port쪽을 확대한다.
- Surface Style Rule은 Profile, Hull, Deck, Trans., Longs., Seam 순으로 한다. 단, Trans.의 색상을 Magenta 색으로 수정한다.

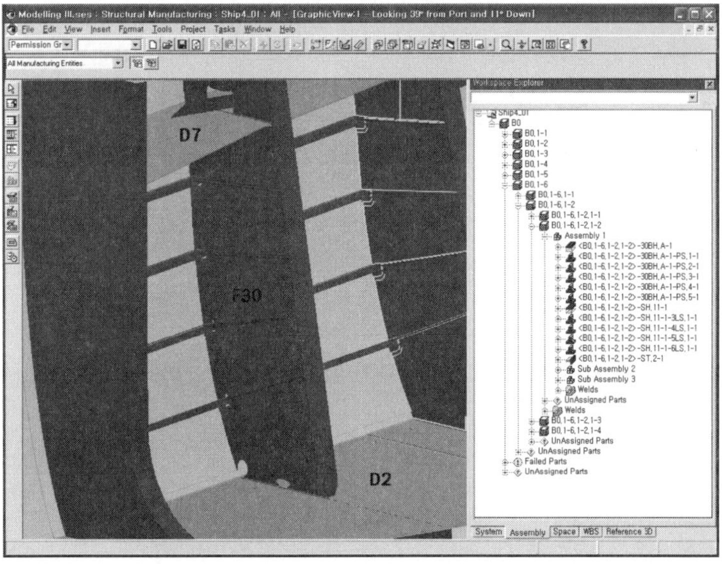

1 Tasks를 Structure Manufacturing로 지정한다.

그림 1 Structure Manufacturing 메뉴

2 (Shrinkage) 도구를 선택한 후 리본-바의 (Parts or Profiles) 아이콘이 선택된 상태에서 F30-*의 평판(Plate) 중 D2와 D7 사이의 평판을 지정한다.

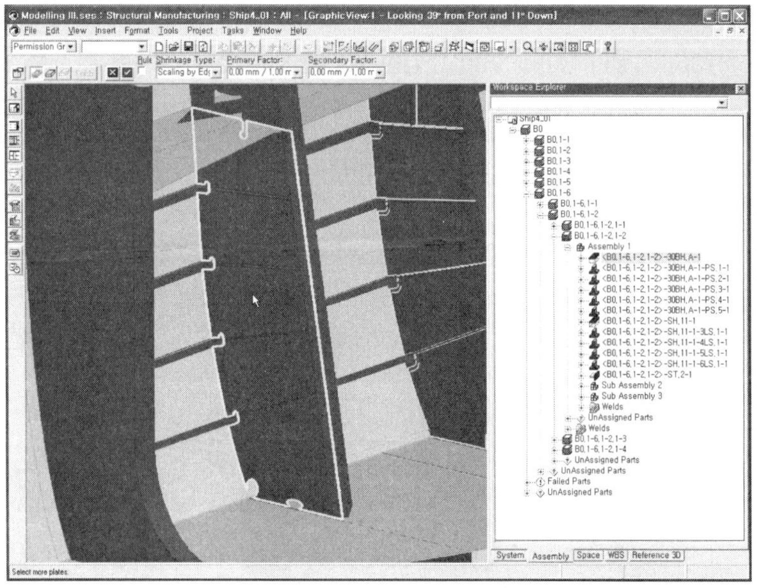

그림 2 작업 대상 평판을 지정한 상태

3 리본-바의 CheckBox인 By Rule을 해제한다.

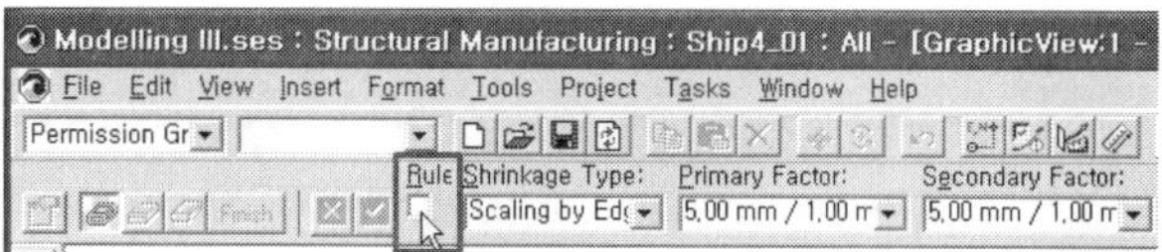

그림 3 By Rule Option

4 리본-바의 Shrinkage Type 난을 Scaling By Edge로 지정한다.

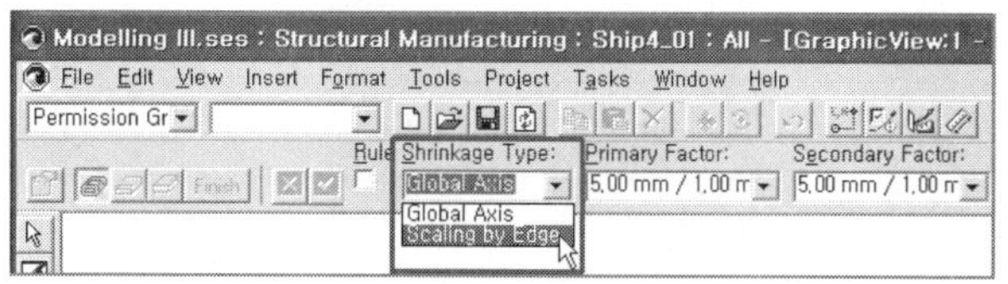

그림 4 Shrinkage Type Option

5 리본-바의 (Primary Direction) 아이콘을 선택한 다음 평판의 안쪽-수직 가장자리를 지정한다.

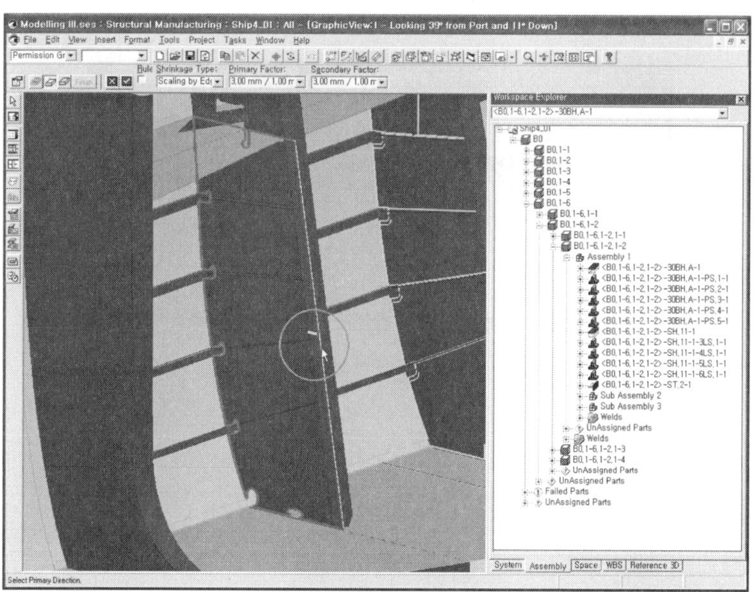

그림 5 Primary Direction을 지정한 상태

6 리본-바의 (Secondary Direction) 아이콘을 선택한 다음 평판의 하단 가장자리를 지정한다.

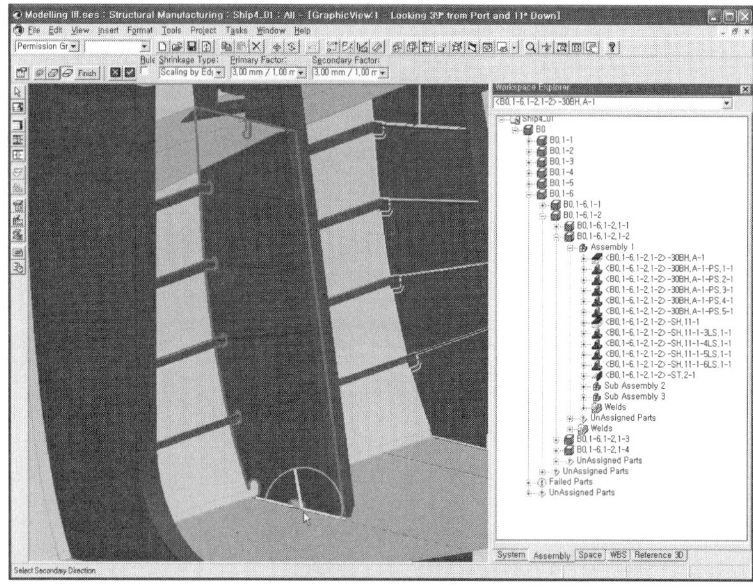

그림 6 Secondary Direction을 지정한 상태

7 리본-바의 Primary Factor 및 Secondary Factor를 각각 5(mm)로 입력한다.*

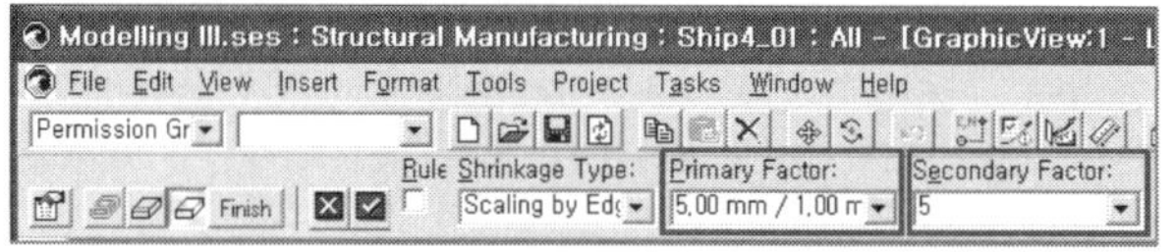

그림 7 Primary & Secondary Factor Option

8 리본-바의 Finish 아이콘을 클릭한다.

* 입력란에 수치 5(mm)를 입력하면 5.00mm / 1.00m로 표시된다.

작업결과 4.1-1 지정한 평판에 입력한 값(5mm)의 Scaling Shrinkage 정보가 추가된다.

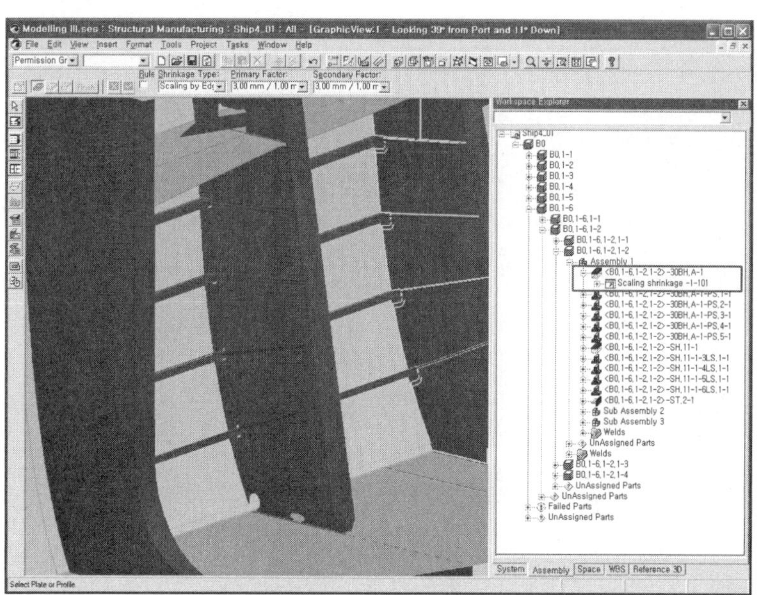

실습 4.1-2 전 절에서 생성한 수축 마진 정보에 따라 실제 제작될 평판 정보를 생성한다.

작업영역 Ship 4_01 (전 절에서 계속)

1. (Mfg Plate) 도구를 선택한다.
2. 전 절에서 작업한 동일한 평판(D2와 D7사이의 F30 평판)을 지정한 후 리본-바의 (Accept) 아이콘을 클릭하면 Process List 난과 Marking List 난이 기본 값인 FlatPlateProcess 및 FlatPlateMarking로 표시된다.

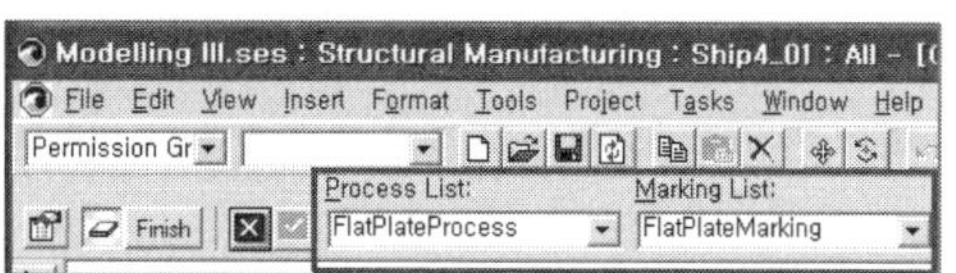

그림 1 Process List 및 Marking List Option

3. 리본-바의 Finish 아이콘을 클릭한다.

작업결과 **4.1-2 수축 마진을 고려한 실제 제작할 평판의 정보가 생성된다.** *

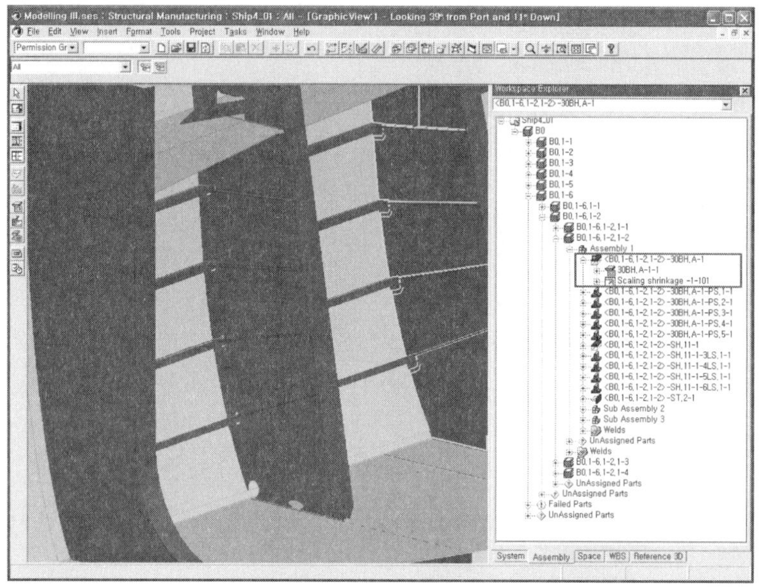

실습 4.1-3 실제 제작될 평판 정보를 XML list로 확인한다.

작업영역 **Ship 4_01** (전 절에서 계속)

1 (Part Monitor) 도구를 선택한다.

2 리본-바의 Output Format : 난을 Plates SMS_PLATES로 지정한다.

3 리본-바의 (Select MFG Plate) 아이콘이 선택된 상태에서 전 절에서 작업한 동일한 평판(D2와 D7사이의 F30 평판)을 지정한다.

* 생성된 Manufactured Plate의 속성 창을 불러내면 자세한 정보를 확인할 수 있다.

4 리본-바의 Viewer : 난을 Text로 지정하고 View 아이콘을 클릭하면 XML 파일의 내용이 출력된다.

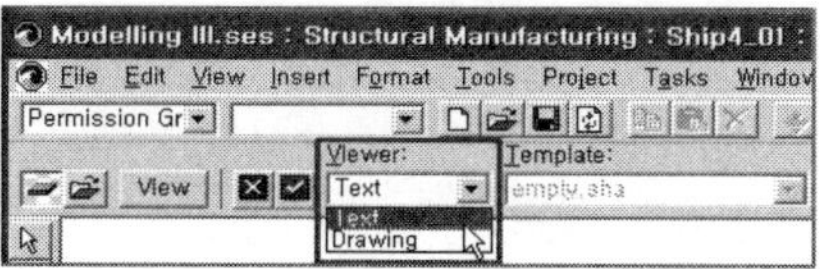

그림 1 Viewer Option

작업결과 **4.1-3 실제 제작될 평판 정보를 XML list로 확인할 수 있다.**

실습 4.1-4 실제 제작될 평판 정보를 도면으로 확인한다.

작업영역 **Ship 4_01** (전 절에서 계속)

1 (Part Monitor) 도구를 선택한다.

2 리본-바의 Output Format : 난을 Plates SMS_PLATES로 지정한다.

3 리본-바의 (Select MFG Plate) 아이콘이 선택된 상태에서 전 절에서 선택한 동일한 평판(D2와 D7사이의 F30 평판)을 지정한다.*

* 전 절에서 계속 작업 중이면 이 단계까지를 생략하고 바로 다음 단계부터 실행하면 된다.

4 리본-바의 Template: 난에서 Browse...를 선택하면 template 선택창이 나타나며, 이 창에서 empty.sha를 선택한다.*

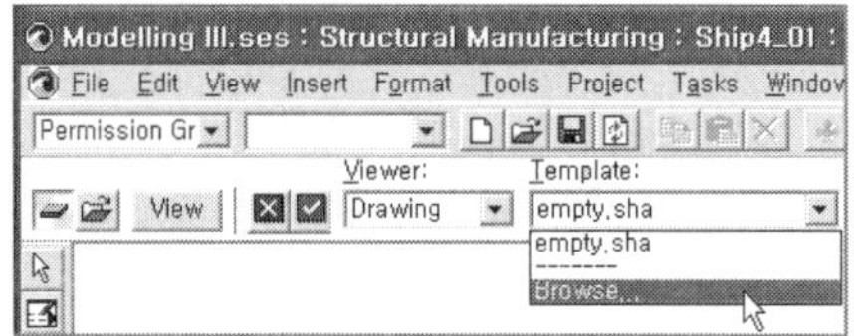

그림 1 Template Option

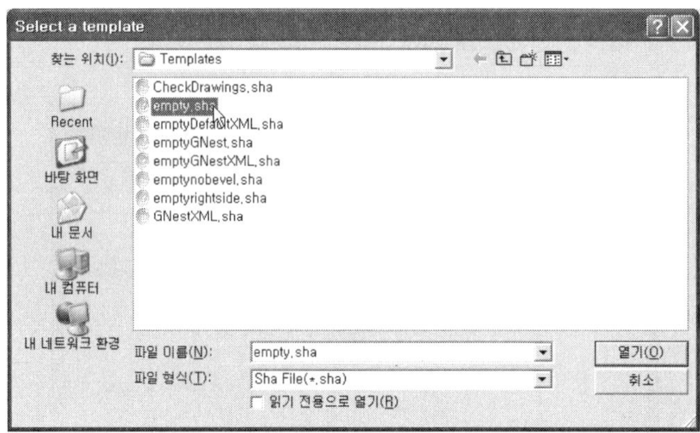

그림 2 Template 선택 창

5 리본-바의 Viewer: 난을 Drawing으로 지정한다.

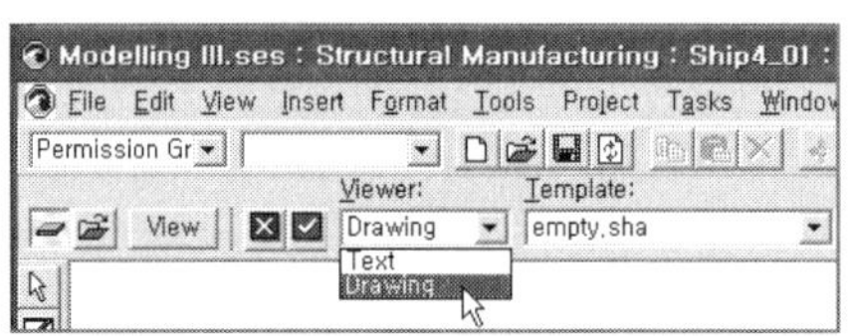

그림 3 Viewer Option

6 리본-바의 [View] 아이콘을 클릭하면 *2D Draft* 창이 나타난다.

7 *2D Draft* 창 닫기는 리본-바의 (Cancel) 아이콘을 클릭하면 된다.

• • • •

* Template 파일은 "C:₩Program Files₩SmartPlant₩3D₩CatalogData₩Symbols₩StructManufacturing₩ PartMonitor₩ Templates" 폴더에 있다(Windows 7 또는 Windows 8에서는 "C:/Program Files (x86)/...." 폴더에 있다).

작업결과 **4.1-4** 실제 제작될 평판 정보(수축 마진 정보 포함)를 도면으로 확인할 수 있다.

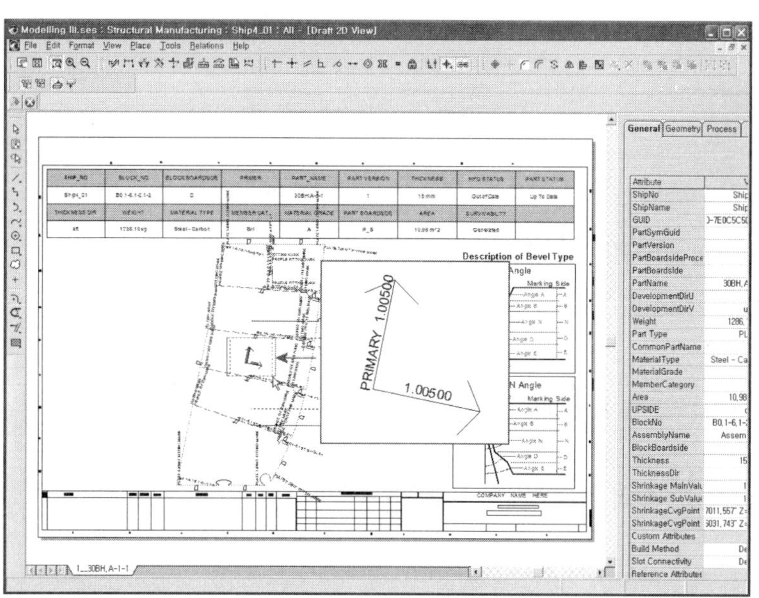

4.2 Adding Fabrication Margin

Fabrication Margin의 형태(Type)는 Bending, Heating, End Face 및 Intercostal의 4 가지가 있다.

4.2.1 Add Fabrication Margin to Plates

실습 4.2.1-1 선체의 곡판에 Bending Margin을 추가한다.

작업영역 Ship 4_02 F25와 F40 사이, D12 아래 부분을 확대한다.

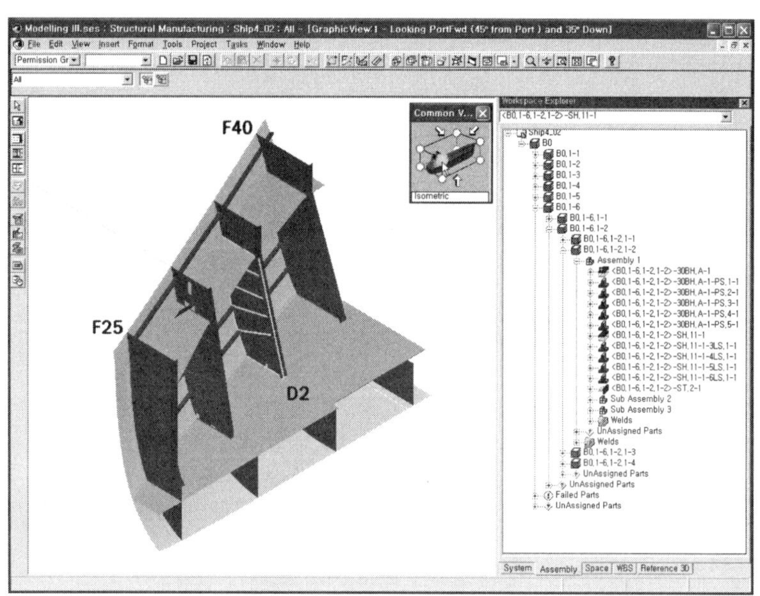

❶ (Active Fabrication Margin) 도구를 선택한 후 리본-바의 (Part) 아이콘이 선택된 상태에서 D2와 D7 사이의 Hull Plate를 선택한다.

2 리본-바의 By Rule : 난은 **해제한 상태**에서 Part Filter : 난은 Plate로, Mode : 난은 Constant로, Type : 난은 Bending으로 지정하고 Value : 난에 20(mm)을 입력한다.

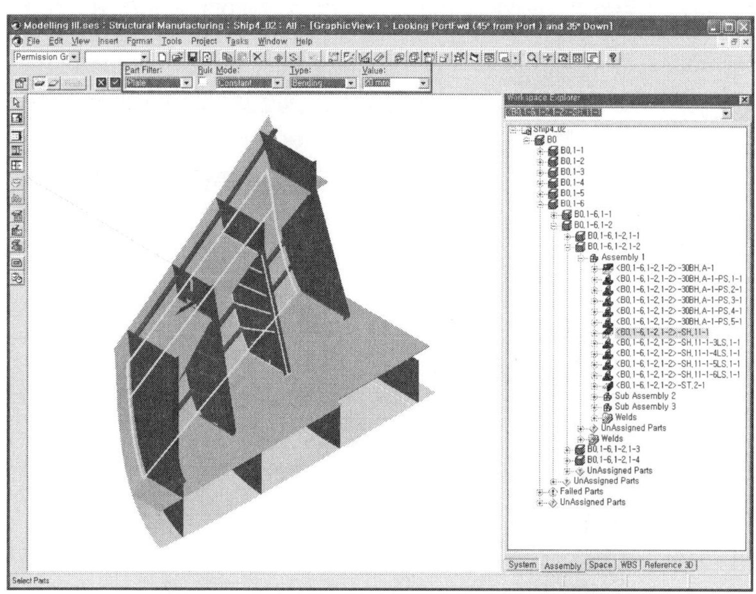

그림 1 속성을 지정한 후 작업 대상을 지정한 상태

3 리본-바의 (Lateral face) 아이콘을 선택한 후 Hull Plate의 꼭대기 가장자리를 지정한다.

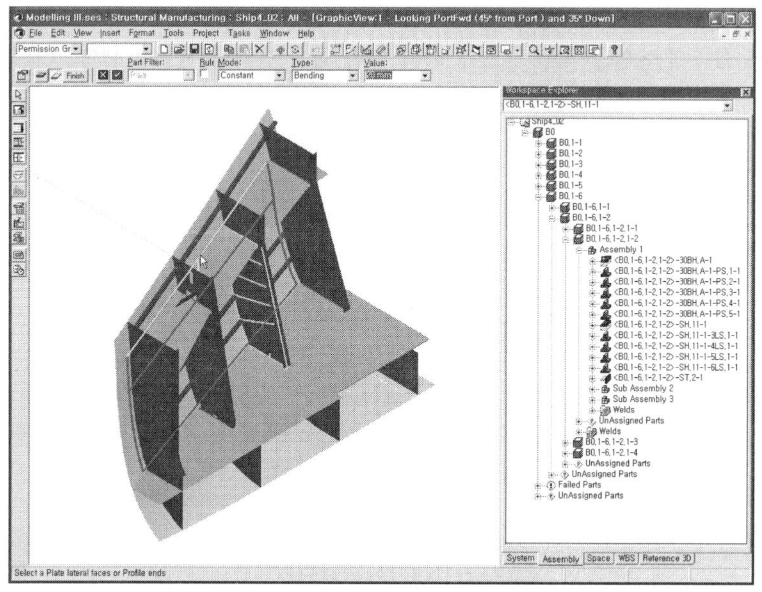

그림 2 Lateral face를 지정한 상태

4 리본-바의 Finish 아이콘을 클릭한다.

작업결과 **4.2.1-1 지정한 곡판의 상부에 20mm의 Bending Margin 정보가 생성된다.**

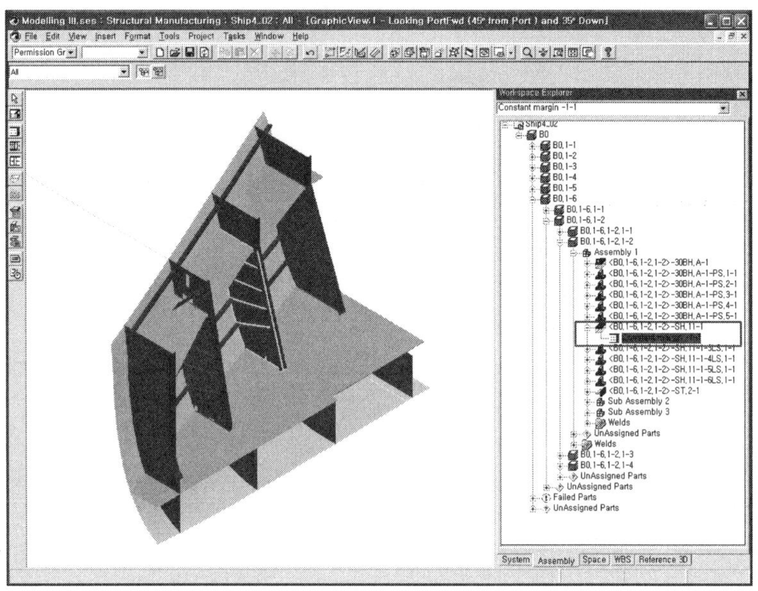

실습 4.2.1-2 **전 절에서 생성한 마진 정보에 따라 실제 제작할 곡판 정보를 생성한다.**

작업영역 **Ship 4_02** (전 절에서 계속)

1 (Mfg Plate) 도구를 선택한 후 전 절에서 작업한 hull plate를 선택한다.

2 리본-바의 (Accept) 아이콘을 클릭하면 (Properties) 아이콘이 활성화되며, 속성 창의 Frame System란을 Main_CS로 지정한 후 우측-하단에 있는 [OK] 버튼을 클릭하여 창을 닫는다.

Manufacturing Plate Part Settings

General | Process | Marking

Category:

Standard

Property	Value
Name	
Name Rule	DefaultNameRule
Frame System	Main_CS
Surface Type Requested for Unfolding	Inherit from Assembly Parent / Main_CS
Surface Type Used for Unfolding	
Plate Tightness	Water Tight
NamingCategory	1

OK Cancel

그림 1 속성 창

3 리본-바의 Finish 아이콘을 클릭한다.

작업결과 4.2.1-2 마진을 고려한 실제 제작할 곡판 정보가 생성된다.

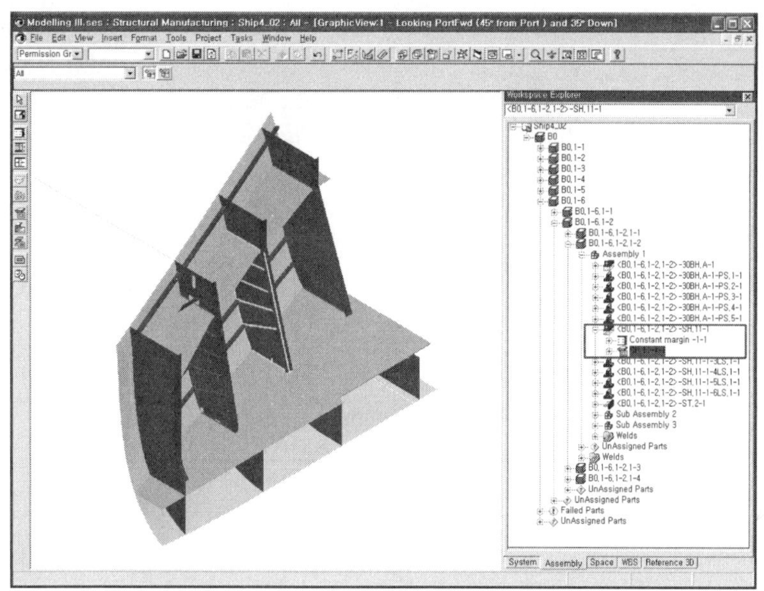

실습 4.2.1-3 전 절에서 생성한 곡판의 Bending Margin 정보를 도면으로 확인한다.

작업영역 Ship 4_02 (전 절에서 계속)

1. (Part Monitor) 도구를 선택한 후 리본-바의 Viewer : 난은 Drawing으로, Template : 난은 empty.sha로, Output Format : 난은 Plates SMS_PLATES로 지정한다.

2. 리본-바의 (Select MFG Plate) 아이콘이 선택된 상태에서 전 절에서 작업한 hull plate를 선택한다.

3. 리본-바의 View 아이콘을 클릭하면 *2D Draft* 창이 나타난다.

작업결과 4.2.1-3 도면에서 마진 정보를 확인할 수 있다.

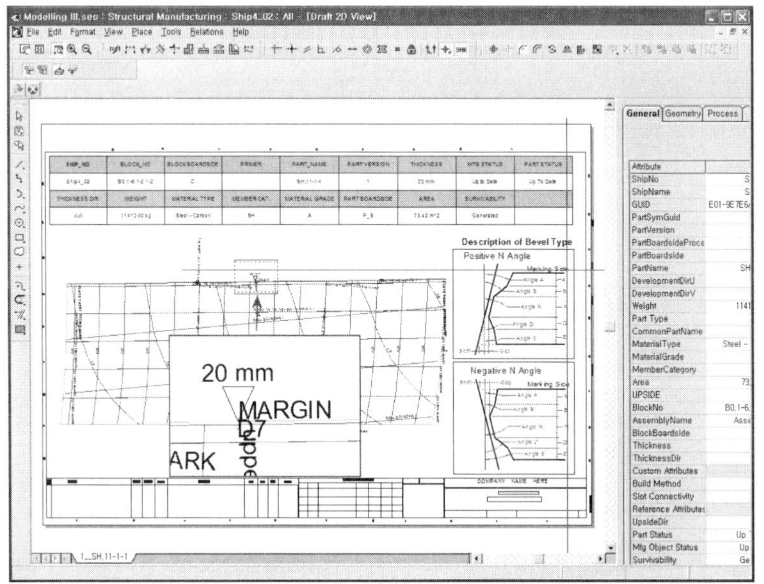

4.2.2 Add Fabrication Margin to Tripping Stiffener

Tripping Stiffener에 Fabrication Margin을 추가한다.

작업영역 Ship 4_02 F25와 F35 사이, D12 아래 부분을 확대한다.

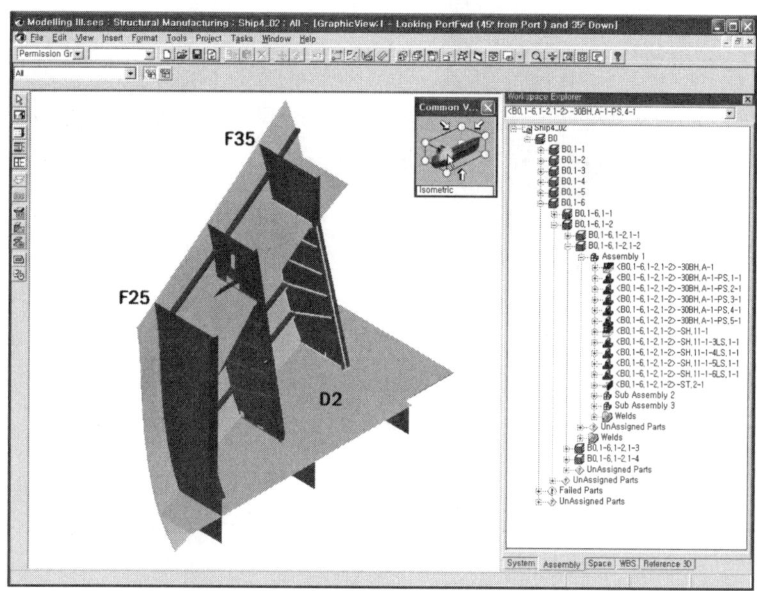

1 (Active Fabrication Margin) 도구를 선택한 후 먼저 리본-바의 Mode: 난은 Constant로 지정한 다음 Part Filter: 난은 Profile로 지정하고, By Rule: 난은 해제한다.

2 리본-바의 (Part) 아이콘이 선택된 상태에서 transverse bulkhead F30-*에 부착된 Tripping stiffener 중 맨 아래에 있는 stiffener를 선택한다.

3 리본-바의 (Lateral face) 아이콘을 선택한 후 작업창에서 stiffener의 안쪽 끝 부분을 지정한다.

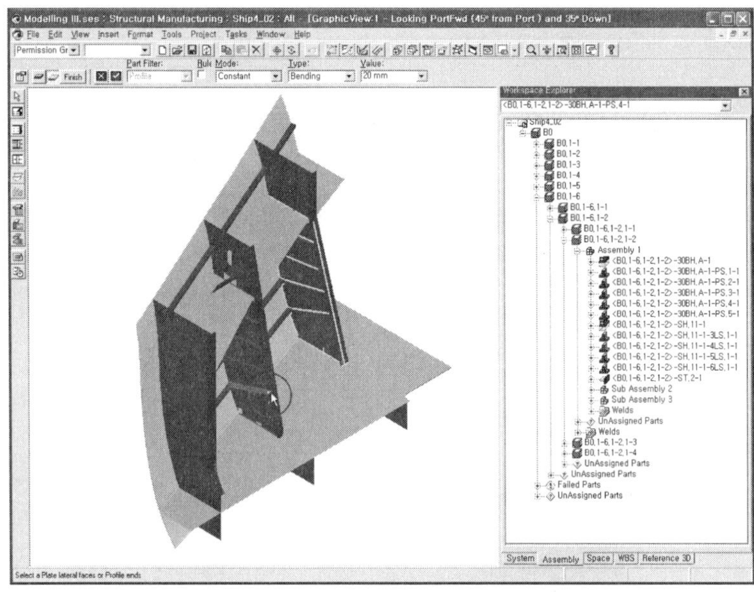

그림 1 Lateral face를 stiffener의 안쪽 끝 부분을 지정한 상태

4 리본-바의 Type : 난을 EndFace로 선택하고, Value : 난에는 25(mm)를 입력한다.

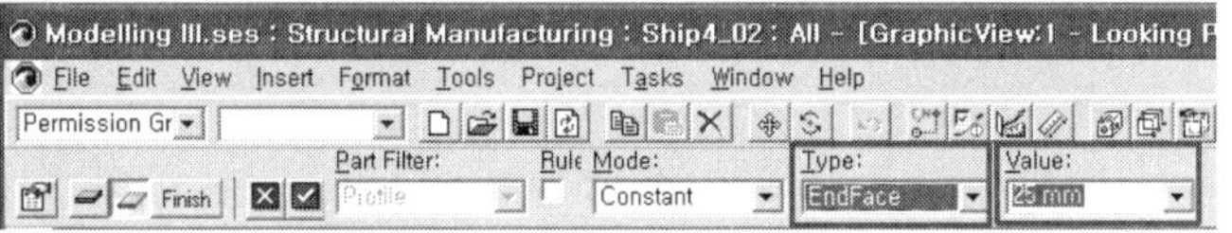

그림 2 Type:난 및 Value : 난

5 리본-바의 Finish 아이콘을 클릭한다.

작업결과 **4.2.2-1** 지정한 Stiffener에 조립 마진 정보가 추가된다.

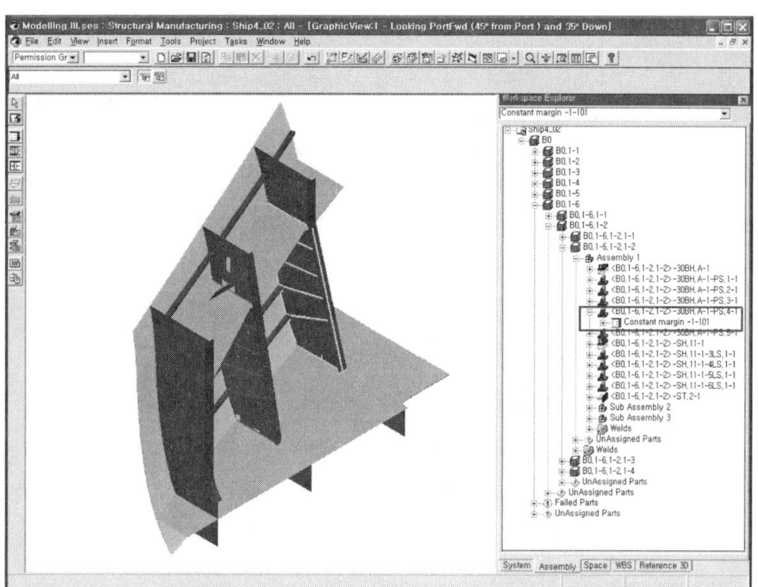

실습 4.2.2-2 전 절에서 생성한 마진 정보에 따라 실제 제작할 Stiffener 정보를 생성한다.

작업영역 **Ship 4_02** (전 절에서 계속)

1. (Mfg Profile) 도구를 선택한 후 전 절에서 작업한 stiffener를 지정한다.

2. 리본-바의 (Accept) 아이콘을 클릭한다.

3. 리본-바의 (Properties) 아이콘을 클릭한 후 *Manufacturing Profile Part Setting* 창의 General 탭에서 Frame System 난을 Main_CS로 지정한 후 [OK] 버튼을 클릭하여 창을 닫는다.

4. 리본-바의 Finish 아이콘을 클릭한다.

작업결과 4.2.2-2 마진을 고려한 실제 제작할 Stiffener 정보가 생성된다.

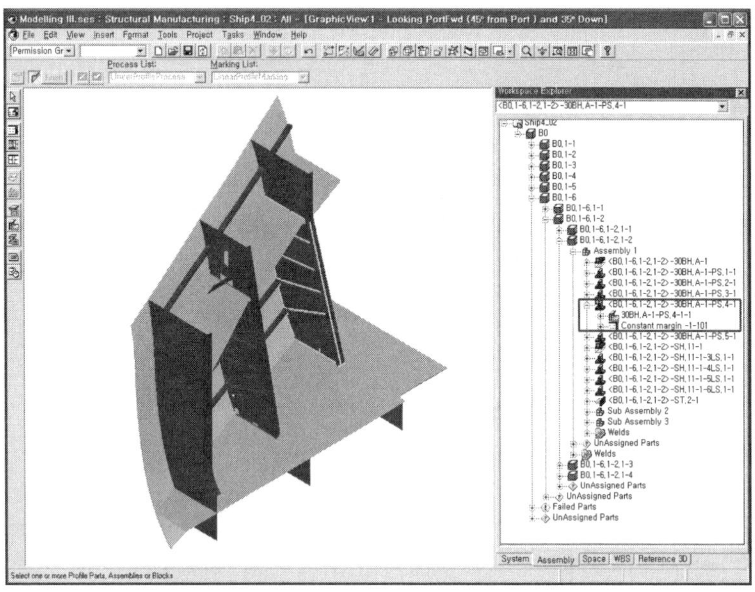

실습 4.2.2-3 제작할 Stiffener 정보를 도면으로 확인한다.

작업영역 Ship 4_02 (전 절에서 계속)

1. (Part Monitor) 도구를 선택한 후 리본-바의 Viewer : 난을 Drawing로 선택, Template : 난은 empty.sha를 지정, Output Format : 난은 Profiles SMS_PLATES로 지정한다.

그림 1 리본-바의 입력 난

2. 전 절에서 작업한 stiffener를 선택한다.

3. 리본-바의 View 아이콘을 클릭하면 *Draft 2D View* 창이 나타난다. 이 창에서 전 절에서 작업한 Fabrication Stiffener Margin을 확인할 수 있다.

작업결과 **4.2.2-3A 제작할 Stiffener 정보를 도면으로 확인할 수 있다.**

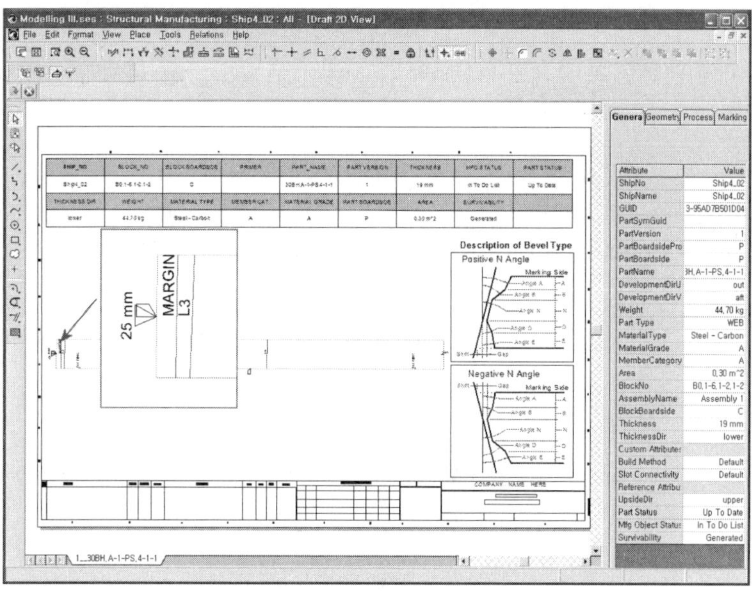

4 만일 리본-바의 Viewer: 난을 Text로 지정하고 [View] 아이콘을 클릭하면 XML 형식의 list로 출력된다.

작업결과 **4.2.2-3B 제작할 Stiffener 정보를 XML 문서로 확인할 수 있다.**

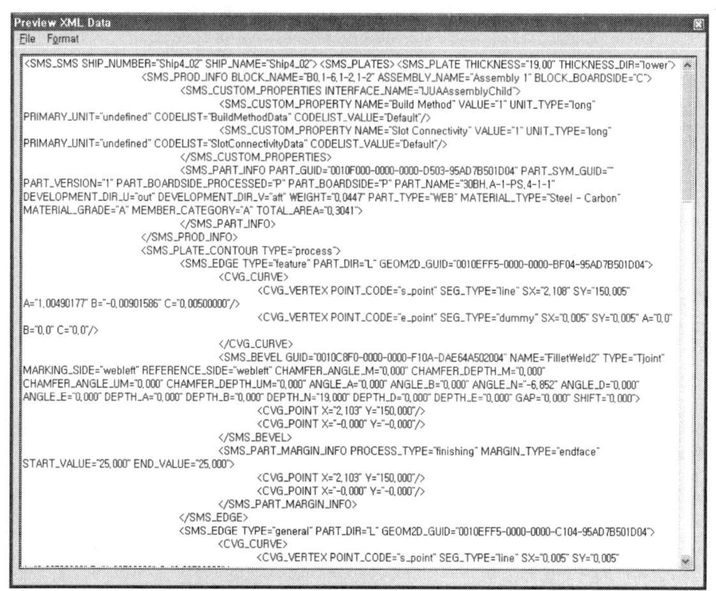

4.2.3 Add Connect Fabrication Margin to Multiple Profiles

실습 4.2.3 부재에 연결된 복 수개의 Profile에 Connection Margin을 동시에 생성한다.

작업영역 Ship 4_02 (전 절에서 계속)

1 확장 도구 중 (Connect Fabrication Margin) 도구를 선택한다.

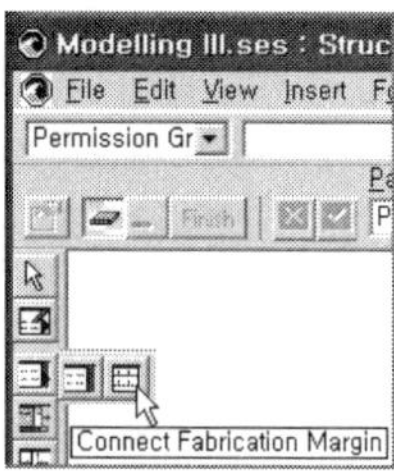

그림 1 확장 작업 도구

2 리본-바의 Connected Part : 난 및 Part Filter : 난을 Profile로 지정하고, By Rule : 난은 해제한다.

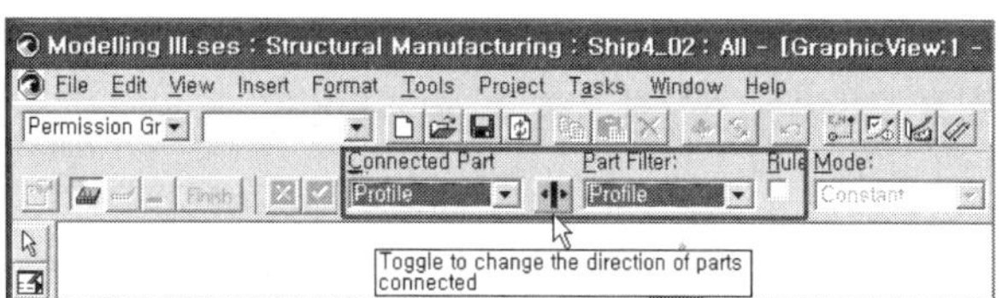

그림 2 리본-바의 옵션 란

3 작업 대상으로 F30-*의 Edge Reinforcement profile을 선택한다. Connection 방향은 Port 쪽으로 지정한다. 방향은 리본-바의 (Toggle to change) 아이콘을 클릭하면 수정할 수 있다.

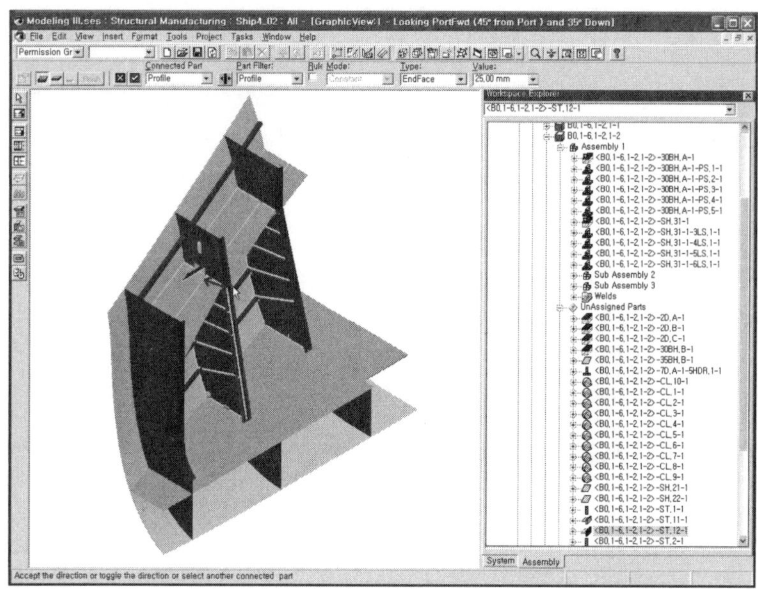

그림 3 작업 대상을 지정한 상태

4 리본-바의 (Accept) 아이콘을 클릭하면 Reinforcement profile에 연결된 Stiffener(4개)가 모두 노란색으로 표시된다.

5 리본-바의 Type: 난은 EndFace를 선택하고, Value: 난에는 25(mm)를 입력한 후 다시 (Accept) 아이콘을 클릭하면 Stiffener와 profile의 경계면에 노란색의 연결 선분이 표시된다.

6 리본-바의 Finish 아이콘을 클릭한다.

작업결과 4.2.3 Edge Reinforcement Profile에 연결된 모든 Tripping Stiffener의 조립 마진 정보가 동시에 생성된다.

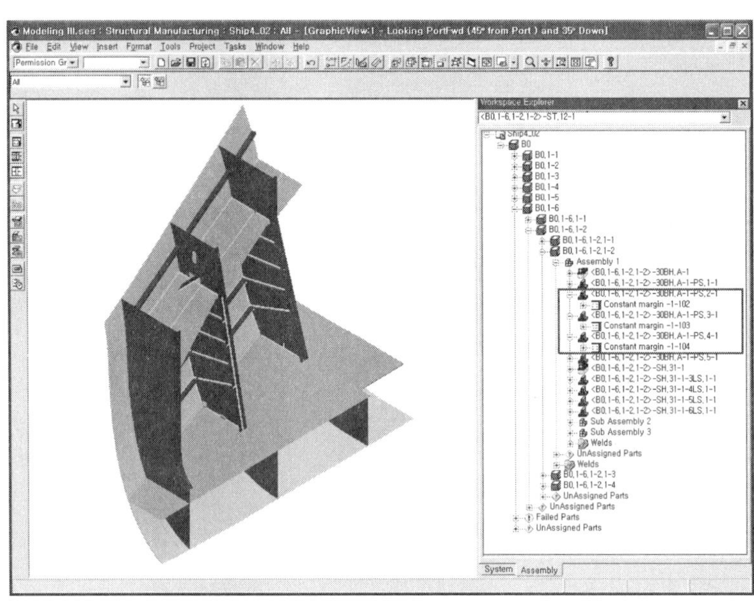

4.2.4 Add Oblique Fabrication Margin to Plate

실습 4.2.4-1 F35-* 평판의 지정한 단면에 Oblique Margin을 생성한다.

작업영역 Ship 4_02 (전 절에서 계속)

1. 확장 도구 중 (Active Fabrication Margin) 도구를 선택한다.

2. 리본-바의 Part Filter: 난은 Plate로, Mode: 난은 Oblique로, Type: 난은 EndFace로 지정하고 Start Value: 난에는 5(mm), End Value: 난에는 15(mm)를 각각 입력한다.*

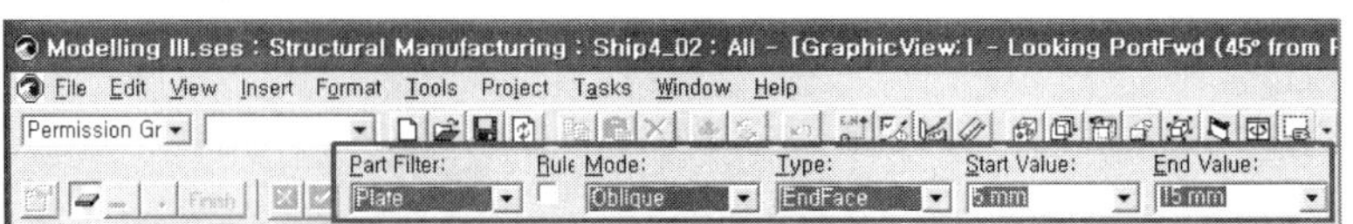

그림 1 리본-바의 속성 지정 난

* Mode: 난을 Oblique로 지정하면 리본-바의 형태가 확장된다.

3 작업 대상으로 F35-* 평판 중 D2와 D7 사이의 평판을 지정한다.

4 리본-바의 (Lateral face) 아이콘을 클릭한 후 평판의 port 쪽 가장자리를 지정한다.

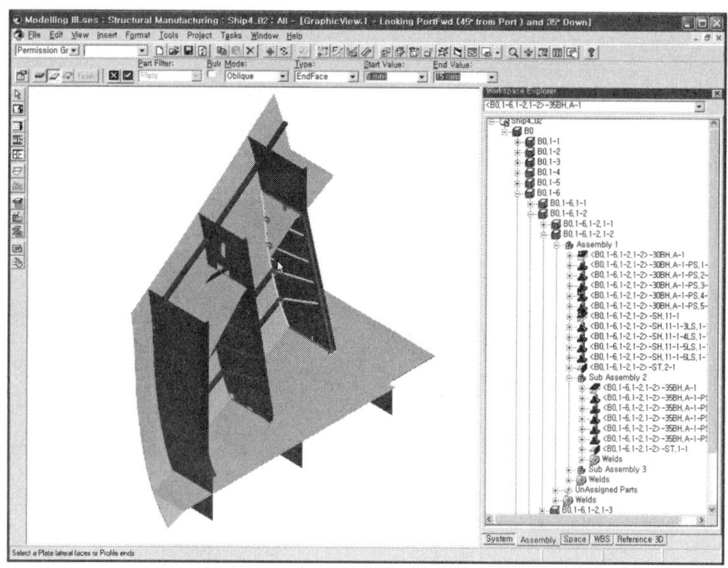

그림 2 Lateral face로 port쪽 가장자리를 지정한 상태

5 리본-바의 (Start Point) 아이콘을 클릭한 다음 평판의 하단-가장자리 끝점을 지정한다.*

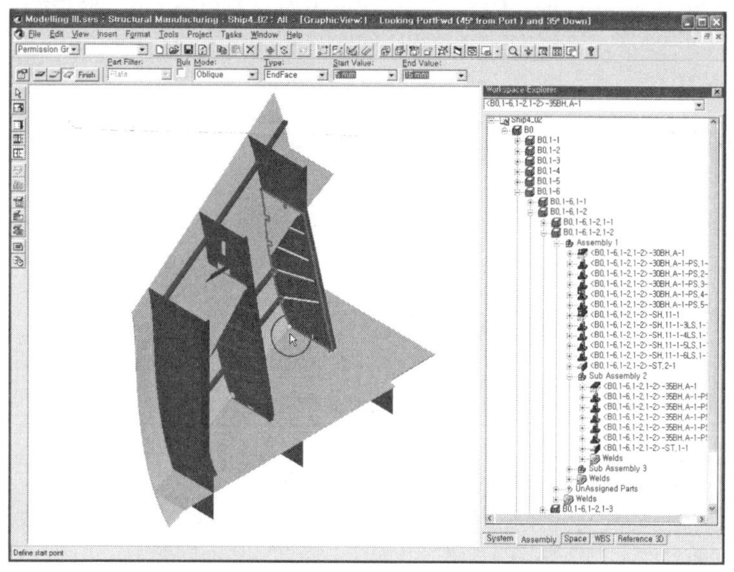

그림 3 Start Point를 지정한 상태

* 지정하는 순간 바로 다음 작업단계를 바뀐다. 따라서 확인하려면 다시 Start Point 아이콘을 선택하여야 한다.

6 리본-바의 Finish 아이콘을 클릭한다.

작업결과 4.2.4-1 지정한 F35-* 평판에 Oblique Margin 정보가 추가된다.

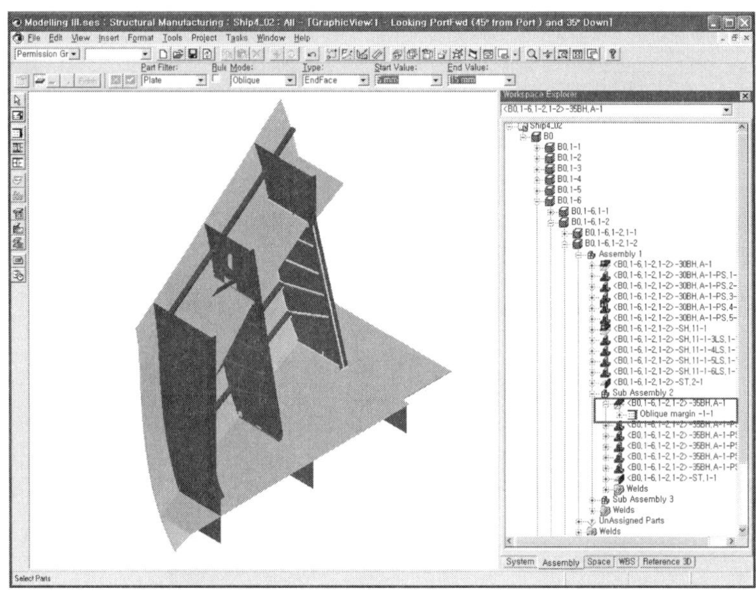

실습 4.2.4-2 전 절에서 생성한 마진 정보에 따라 실제 제작할 평판 정보를 생성한다.

작업영역 Ship 4_02 (전 절에서 계속)

1 (Mfg Plate) 도구를 선택한 후 전 절에서 작업한 평판을 지정한다.

2 리본-바의 Finish 아이콘을 클릭한다.

작업결과 4.2.4-2 F30-* 평판의 실제 제작 정보가 생성된다.

실습 4.2.4-3 전 절에서 생성한 마진 정보를 도면으로 확인한다.

작업영역 **Ship 4_02** (전 절에서 계속)

1. (Part Monitor) 도구를 선택한 후 리본-바의 Viewer : 난을 Drawing로 선택, Template : 난은 empty.sha를 지정, Output Format : 난은 Plates SMS_PLATES로 지정한다.
2. 전 절에서 작업한 평판을 지정한다.
3. 리본-바의 View 아이콘을 클릭하면 *Draft 2D View* 창이 나타난다.

작업결과 **4.2.4-3 지정한 F35-* 평판의 마진 정보를 도면에서 확인할 수 있다.**

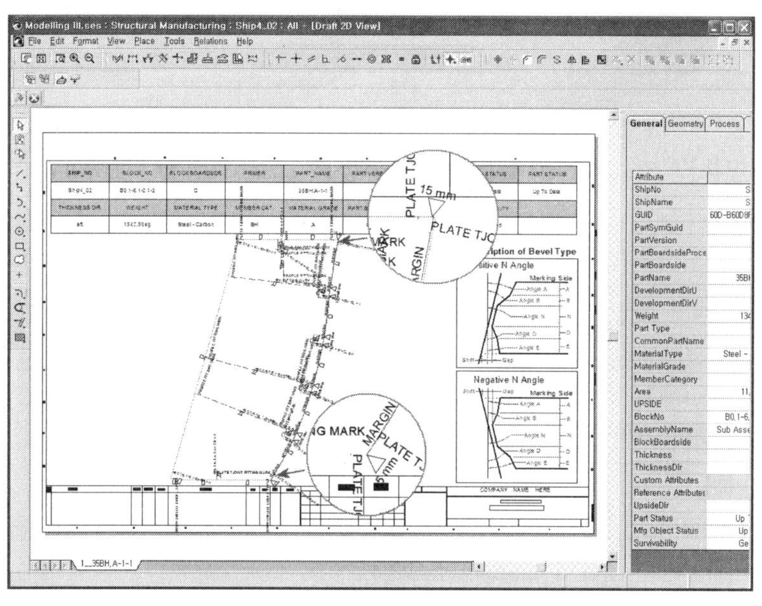

chapter 04

4.3 Adding Assembly Margin

실습 4.3-1 선행 작업으로 D20-* 평판 및 보강재에 대하여 Detailing 작업을 한다. *

작업영역 Ship 4_03 F85와 F95 사이 중 D20 부분을 확대한다.

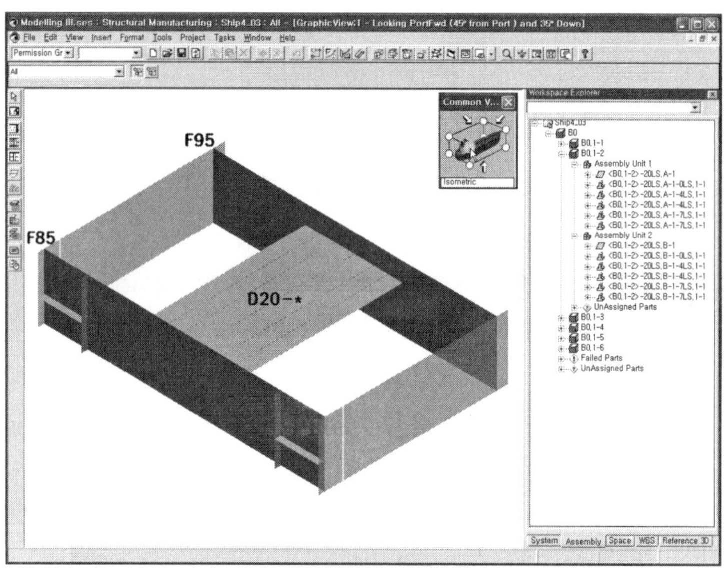

1 Task를 Structural Detailing으로 변경한다.

2 (Execute Detailing) 도구를 선택한 후 D20-* 평판(분리된 평판 2개) 및 Profile(각 5개씩)을 선택한다.

3 리본-바의 Finish 아이콘을 클릭한다.

* Assembly Margin 생성 작업은 Detailing 작업을 한 후에 수행하여야 한다. 본 교재에서는 D20-* 평판에 대해서는 아직 Detailing 작업을 하지 않은 상태이다.

작업결과 4.3-1 D20-* 평판에 Detailing이 수행되어 WE의 아이콘 색이 적색으로 변경된다.

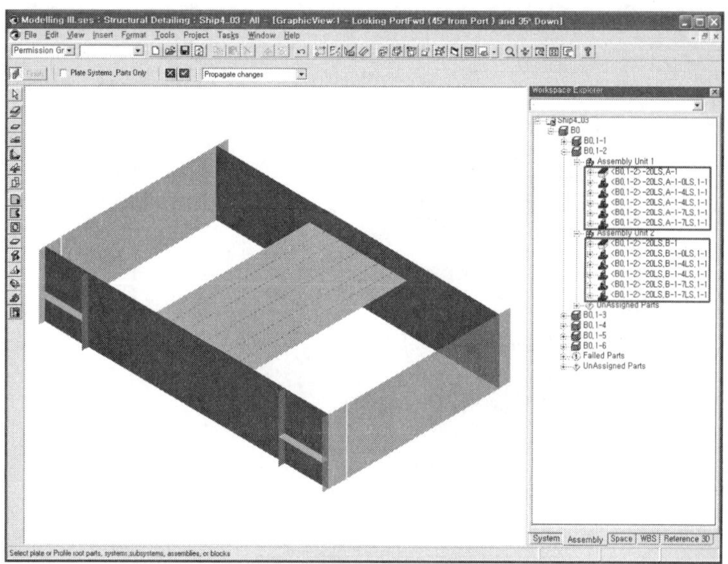

실습 4.3-2 "Assembly Unit 1"에 Assembly Margin을 추가한다.

작업영역 **Ship 4_03** (전 절에서 계속)

1. Task를 Structural Manufacturing으로 변경한다.

2. (Assembly Margin) 도구를 선택한 후 WE에서 Assembly Unit 1을 선택한다.

3. 리본-바의 Plate Margin : 난에는 25(mm)를, Profile Margin : 난에는 30(mm)을 입력한다.

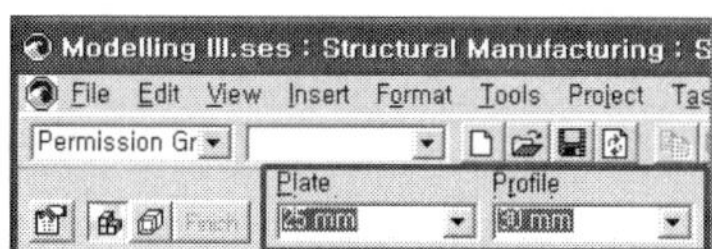

그림 1 리본-바 입력 난

4. 리본-바의 (Connections) 아이콘을 클릭한 후 WE의 Assembly Unit2를 지정한다.

5. 리본-바의 Finish 아이콘을 클릭한다.

작업결과 4.3-2 "Assembly Unit 1"에 Assembly Margin 정보(Parent 및 Child)가 생성된다.

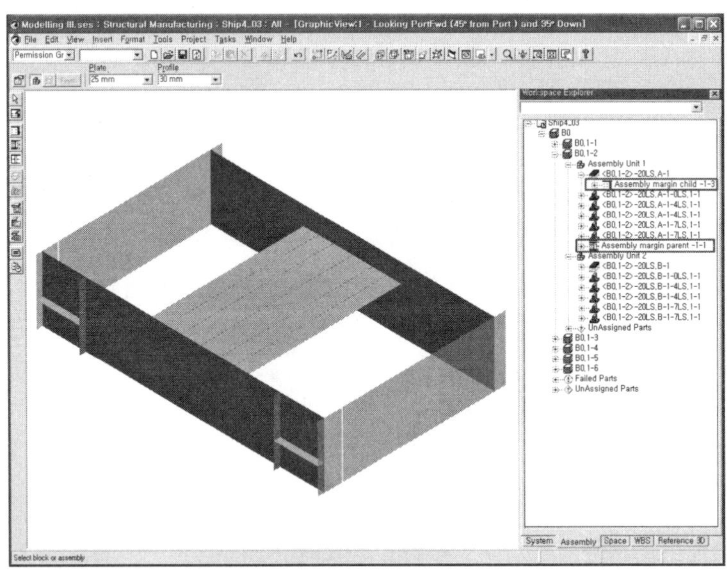

실습 4.3-3 먼저 "Assembly Unit 1" 중 평판의 실제 제작 정보를 생성한다.

작업영역 Ship 4_03 (전 절에서 계속)

1 (Mfg Plate) 도구를 선택한 후 전 절에서 작업한 Assembly Unit 1을 지정한다.

2 리본-바의 Finish 아이콘을 클릭한다.

작업결과 4.3-3 "Assembly Unit 1" 중 평판의 실제 제작 정보가 생성된다.

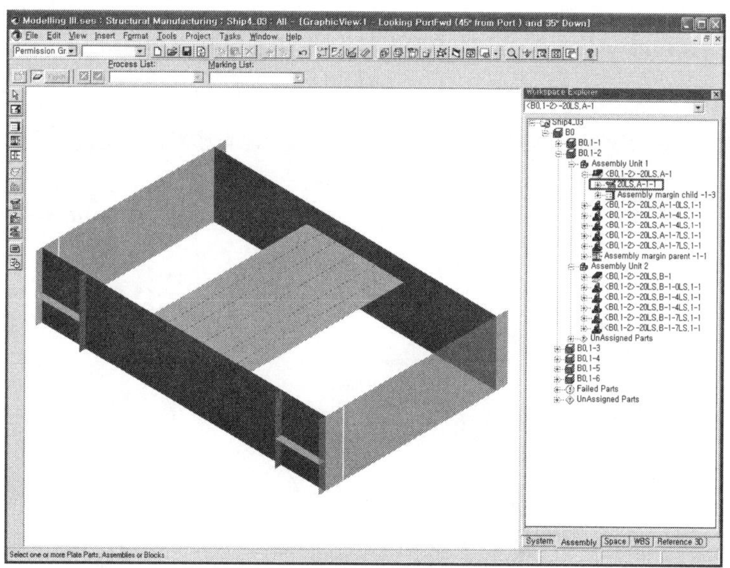

실습 4.3-4 다음으로 "Assembly Unit 1" 중 Profile의 실제 제작 정보를 생성한다.

작업영역 Ship 4_03 (전 절에서 계속)

1 (Mfg Profile) 도구를 선택한 후 전 절에서 작업한 Assembly Unit 1에 속한 profile(5개)을 지정한다.

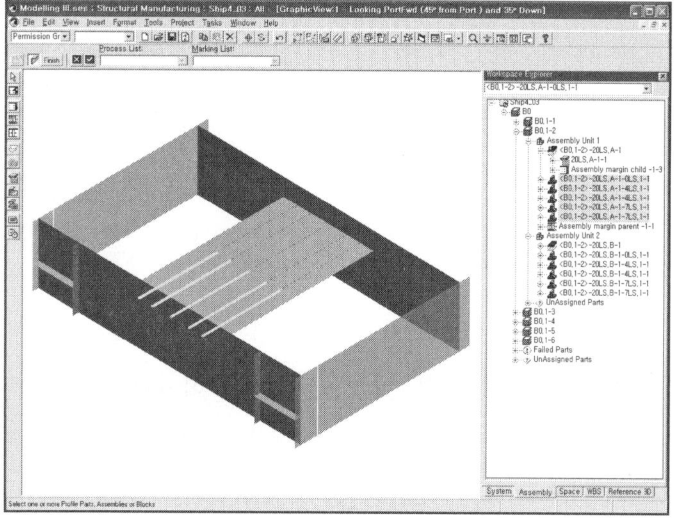

그림 1 Profile을 지정한 상태

chapter 04

2 리본-바의 `Finish` 아이콘을 클릭한다.

작업결과 4.3-4 "Assembly Unit 1" 중 Profile의 실제 제작 정보가 생성된다.

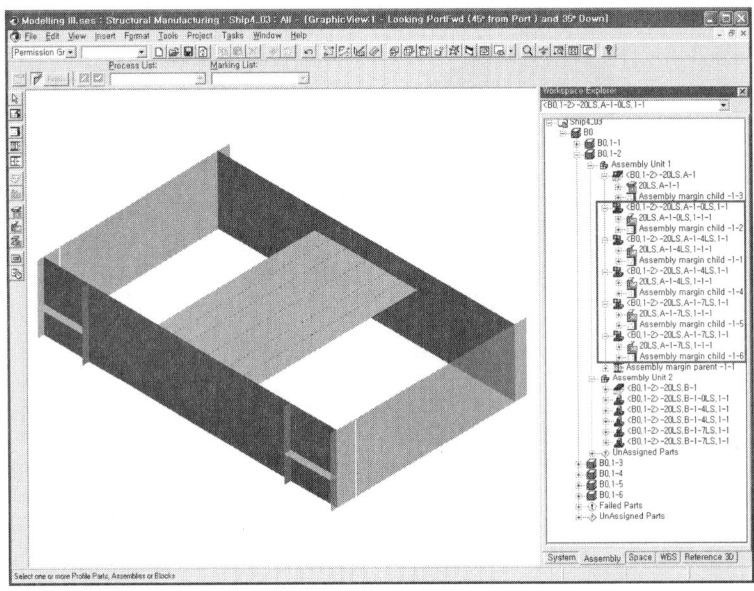

실습 4.3-5 "Assembly Unit 1" 중 평판에 대한 정보를 도면으로 확인한다.

작업영역 Ship 4_03 (전 절에서 계속)

1 (Part Monitor) 도구를 선택한 후 리본-바의 Viewer : 난을 Drawing로 선택, Template : 난은 empty.sha를 지정, Output Format : 난은 Plates SMS_PLATES로 지정한다.

2 전 절에서 작업한 평판을 지정한다.

3 리본-바의 `View` 아이콘을 클릭하면 *Draft 2D View* 창이 나타난다.

작업결과 **4.3-5 평판의 Assembly Margin 정보를 도면으로 확인할 수 있다.**

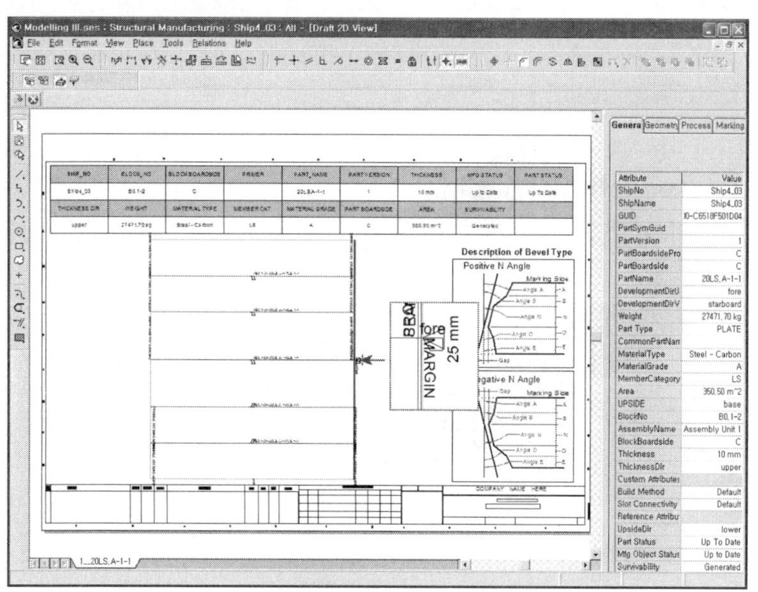

실습 4.3-6 **"Assembly Unit 1" 중 Profile에 대한 정보를 도면으로 확인한다.**

작업영역 **Ship 4_03** (전 절에서 계속)

1. (Part Monitor) 도구를 선택한 후 리본-바의 Viewer : 난을 Drawing로 선택, Template : 난은 empty.sha를 지정, Output Format : 난은 Profile SMS_PROFILES로 지정한다.

2 전 절에서 작업한 profile 중 하나를 지정한다.

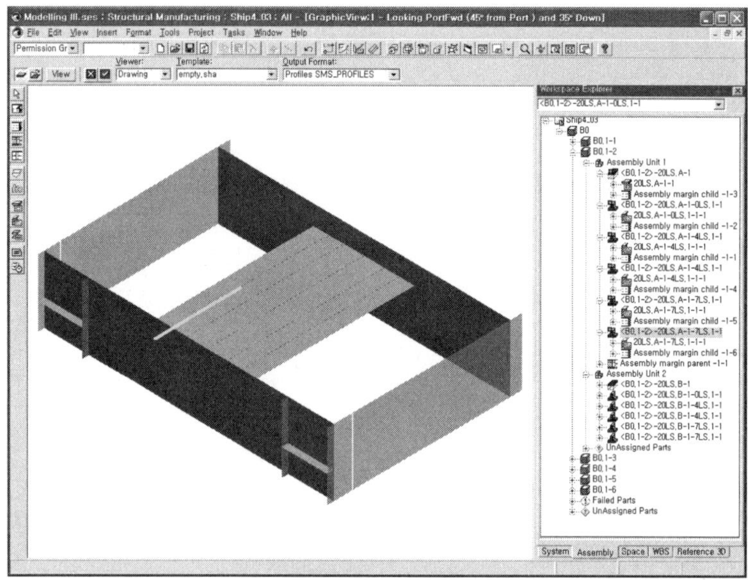

그림 1 profile을 지정한 상태

3 리본-바의 View 아이콘을 클릭하면 Draft *2D View* 창이 나타난다.

작업결과 4.3-6 Profile의 Assembly Margin 정보를 도면으로 확인할 수 있다.

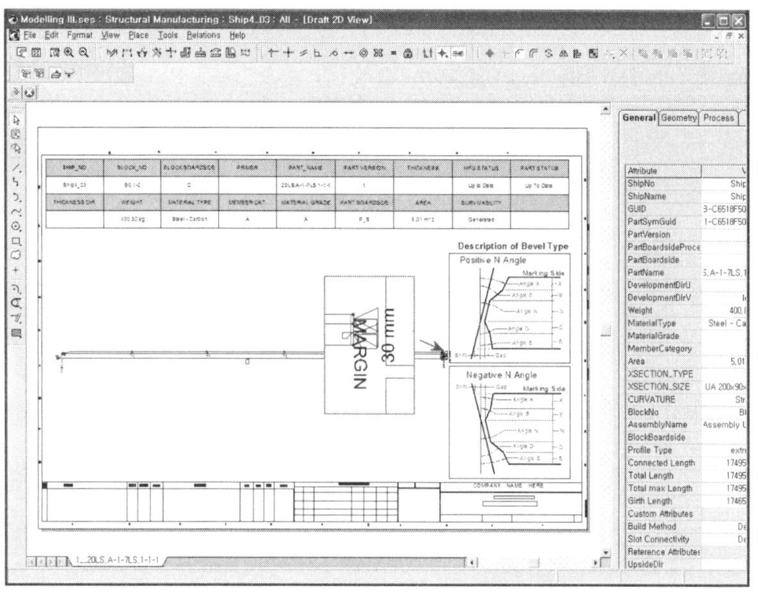

4.4 Adding Manual Marking Data

수작업으로 Marking Line을 작성해야할 경우는 다음과 같다.

- Block Control : Block 평판의 기준선
- Painting Line : 서로 다른 색상의 경계선
- Mark(Text) : 문자 형태(Font를 사용하는 것이 아니라 그래픽으로 처리해야 함)
- RobotMark : 로봇의 위치점
- User Defined : 기타 임의의 Marking

Marking이 작성되는 면(Side)은 다음과 같이 선택할 수 있다.

- MostMarking : Intersection Mark 등과 같이 초기 값으로 지정된 면
- MoldedSide : Molded side
- AssemblyOrientation : 조립 방향에 따른 면
- AntiMoldedSide : 평판의 두께 쪽의 면
- MostStiffener : Stiffener가 부착된 면

4.4.1 Add Intersection Marking Line to Plate

F35-* 평판에 임의의 위치(Main_CS Grid를 지정)에 Robot Mark line을 작성한다.

작업영역 Ship 4_04 F25와 F40 및 D2와 D7 사이의 Port쪽을 우현-선미-상단에서 본 형태로 확대한다.

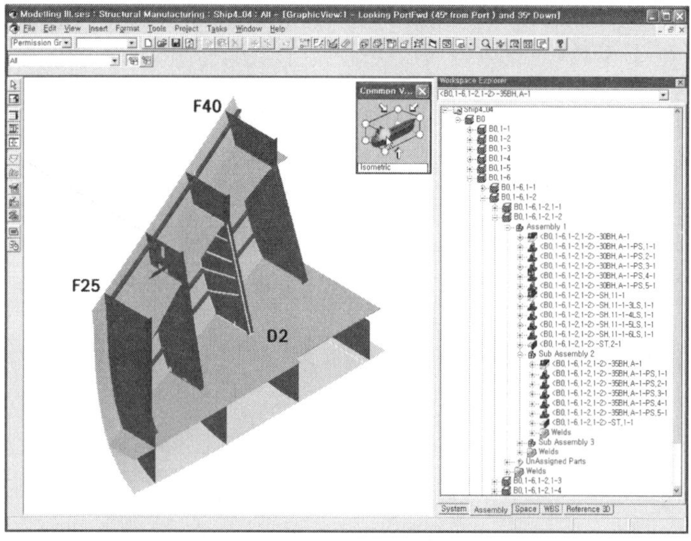

1 (Marking) 도구를 선택한 다음 작업 대상을 F35-*(D2와 D7 사이) 평판을 지정한다.

2 리본-바의 Mode: 난을 Intersection으로, Type: 난을 Robot Mark로, Side: 난을 Molded Side로 지정한다.

그림 1 리본-바의 옵션

3 리본-바의 (Reference Plane) 아이콘을 선택한 후 WE의 System 탭에서 Main_CS: D4를 지정한다.

4 리본-바의 Finish 아이콘을 클릭한다.

5 (Manufacturing Service Manager) 도구를 선택하여 전 절에서 작업한 평판을 선택한 후 리본-바의 Action: 난을 Review로, Report Per: 난을 Manufacturing Plate로 지정한다.

6 리본-바의 Finish 아이콘을 클릭하면 *Review* 창이 나타난다. 이 창에서 하단의 [Update] 버튼을 클릭하면 실행한 후 창이 닫힌다.*

7 (Part Monitor) 도구를 선택하여 전 절에서 작업한 평판을 지정한 후 리본-바의 Viewer: 난은 Drawing으로, Template: 난은 empty.sha로, Output Format: 난은 Plates SMS_Plates로 지정한다.

8 리본-바의 View 아이콘을 클릭하면 *Draft 2D View* 창이 나타난다.

* Review 창의 Status 난이 "**Out of Date**"로 표기되어 있는 것은 평판을 생성 시점 이후에 Marking이 생성된 것을 의미한다.

작업결과 4.4.1 D4 위치에 Robot Mark line이 표시되어 있다.

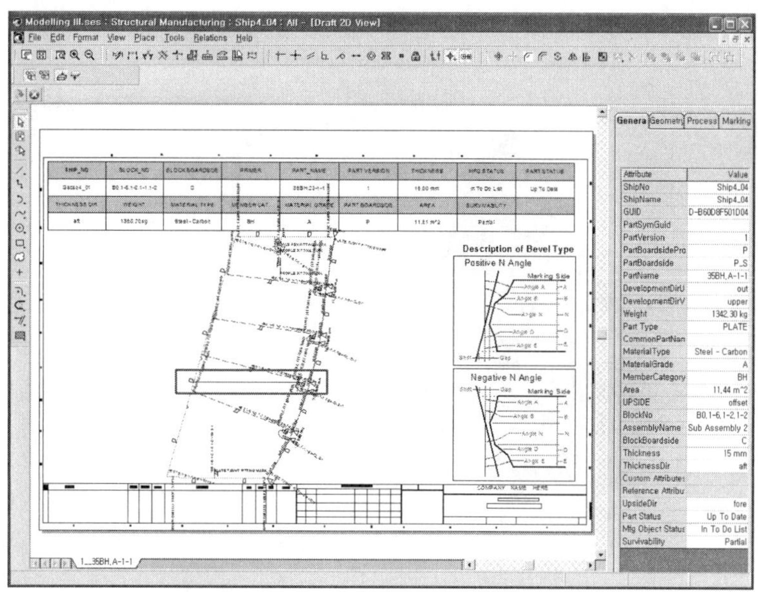

4.4.2 Add 2D Marking Line to Plate

실습 4.4.2-1

- F35-* 평판에 문자 형태 Painting Marking 정보를 작성한다.
- 문자 형태는 2D line을 그려 작성한다.

작업영역 Ship 4_04 (전 절에서 계속)

1 (Marking) 도구를 선택한 다음 작업 대상을 F35-*(D2와 D7 사이) 평판을 지정한다.

2 리본-바의 Side: 난에서 AntiMolded Side 선택하여 [그림 1]의 화살표 방향(선미쪽)이 되도록 선택한다.*

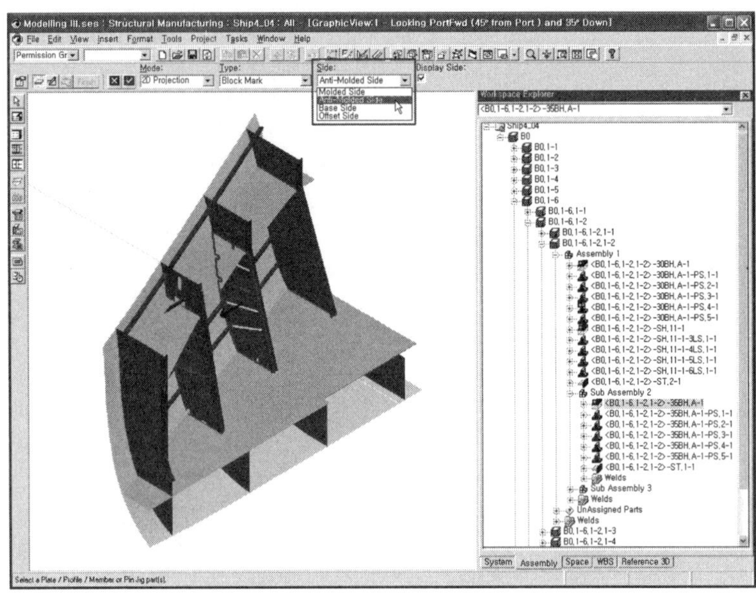

그림 1 작업 대상 평판 및 방향을 지정한 상태

3 리본-바의 (Sketch2D) 아이콘을 클릭하면 리본-바가 확장된다.

4 확장된 리본-바에서 (Add Projection Item) 아이콘을 클릭한 다음 F35-*(D2와 D7 사이) 평판을 지정한다.**

5 리본-바의 (Sketch 2D) 아이콘을 클릭하면 Draft 2D View 창이 나타난다. 이 창에서 작성한 모든 선분은 선택한 평판의 지정한 면에 Mark line으로 인쇄할 수 있다. 예를 들면 [그림 2]와 같이 선 그리기 작업도구를 이용하여 "F35" 형태의 선분을 그린 다음 창을 닫으면 [그림 3]과 같이 작업창에 녹색으로 표시된다.

* 본 교재에서 F35-* 평판의 Primary Profile Orientation은 Fore로 지정하여 생성하였다. 따라서 Molded Side는 선수 쪽이 된다(그러나 Profile은 직접 선미쪽을 지정하여 생성하였다).

** 실제 작업할 평판의 외곽선을 투영시키기 위하여 지정한 것임

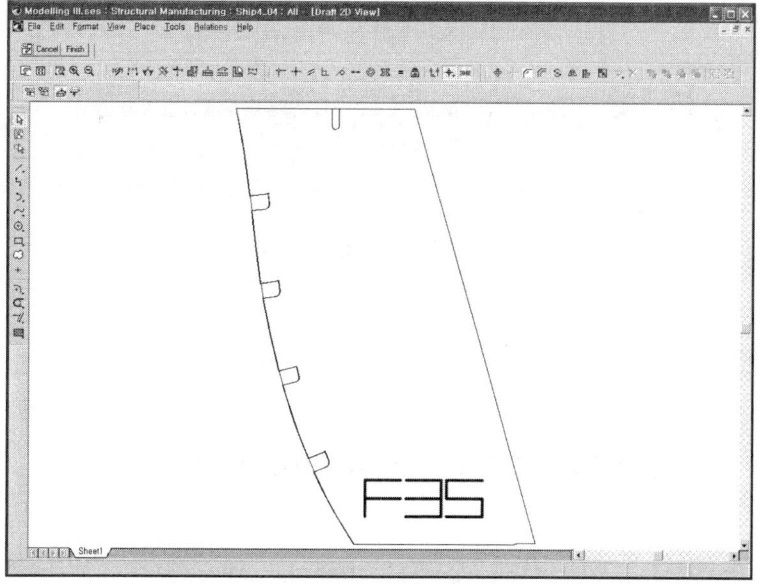

그림 2 Marking line("F35")을 작성한 상태

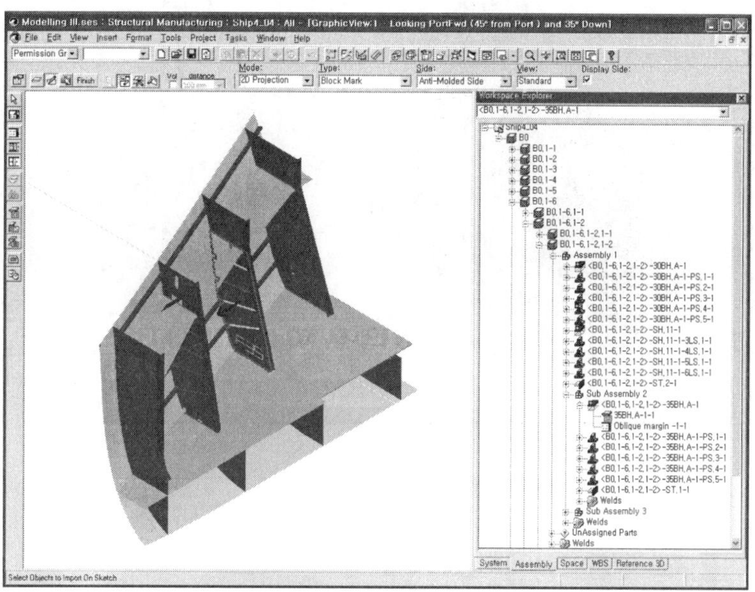

그림 3 작업창에 표시된 상태

6 리본-바의 Type: 난을 Painting Mark로 지정한다.

그림 4 리본-바의 옵션 창

7 리본-바의 Finish 아이콘을 클릭한다.

작업결과 4.4.2-1 작성한 선분("F34" 형태)의 Marking 정보가 생성된다.

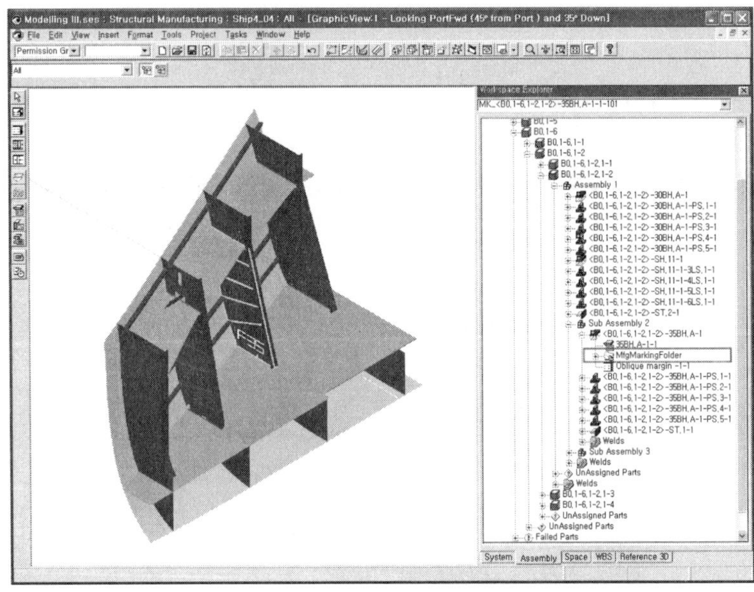

실습 4.4.2-2 추가한 Marking 정보를 Update 시킨 후 확인한다.

작업영역 Ship 4_04 (전 절에서 계속)

1 (Manufacturing Service Manager) 도구를 선택한 후 전 절에서 작업한 평판을 지정한다.

2 리본-바의 Action: 난은 Review로, Report Per: 난은 Manufacturing Plate로 지정한다.

3 리본-바의 Finish 아이콘을 클릭하면 Review 창이 나타나며, 아직 Out of Date 상태로 되어있다.

4 *Review* 창의 하단에 있는 [Update] 버튼을 클릭하면 작업을 수행한 후 창이 닫힌다.

5 (Part Monitor) 도구를 선택한 후 리본-바의 Viewer : 난은 Drawing으로, Template : 난은 empty.sha로, Output Format : 난은 Plates SMS_Plates로 지정하고 작업 대상으로 전 절에서 작업한 평판을 지정한다.

6 리본-바의 View 아이콘을 클릭하면 *Draft 2D View* 창이 나타난다.

작업결과 **4.4.2-2 작성한 Painting Marking 정보("F35")가 표시되어 있다.**

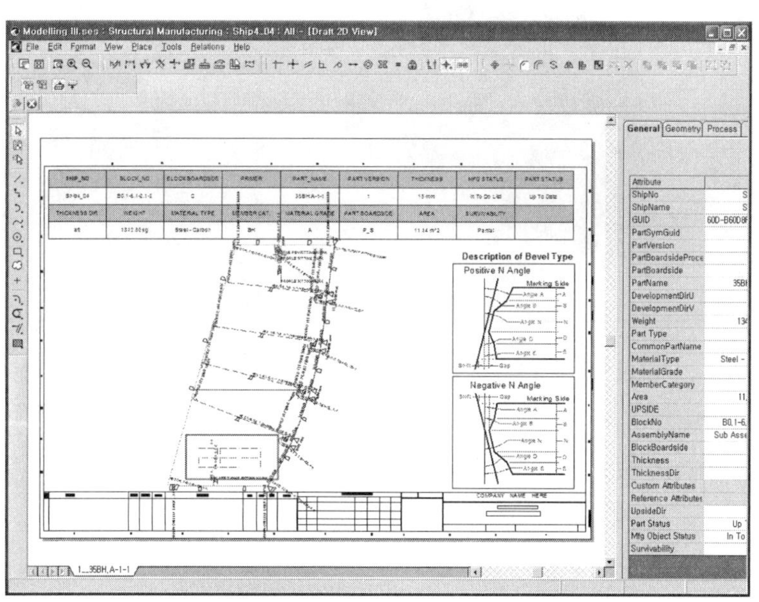

4.5 Creating Templates

실습 4.5-1 Hull 곡판 제작용 Template를 생성한다.

작업영역 **Ship 4_05** (단, 작업영역은 전 절과 동일)

1 (Template) 도구를 선택한 후 D2와 D7 사이의 Hull 평판을 지정하면 리본-바의 내용이 바뀐다.

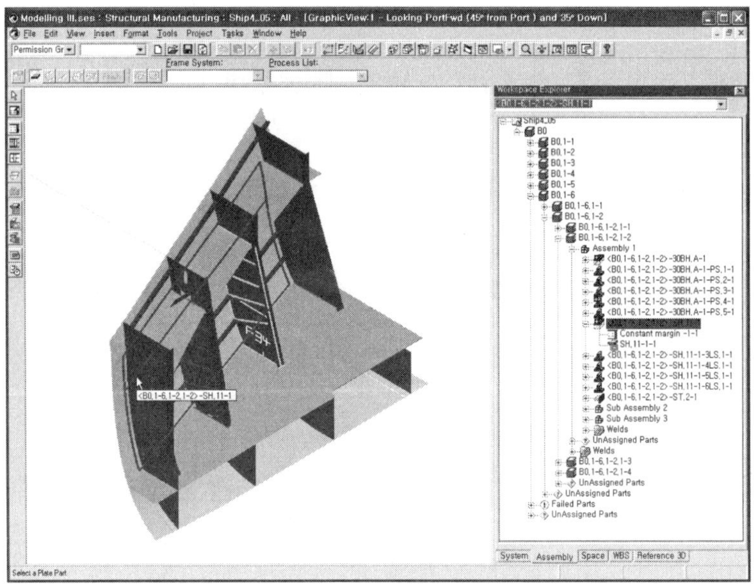

그림 1 작업 대상을 지정한 상태

2 리본-바의 (Properties) 아이콘을 클릭하면 *Template Set Settings* 창이 나타난다.

3 [Process] 탭에서 parameter 중 Side를 MoldedSide로, Orientation을 AlongFrame로 지정한 후 [OK] 버튼을 클릭하여 창을 닫는다.*

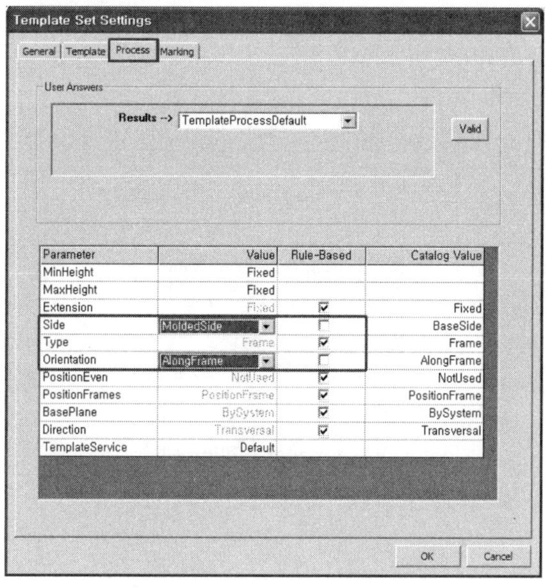

그림 2 Parameter 값을 수정한 상태

4 리본-바의 Finish 아이콘을 클릭한다.

작업결과 4.5-1
- Hull 곡판 제작용 Template 정보가 생성된다.
- 그러나 Template의 Base Plane이 안쪽으로 되어있다.**

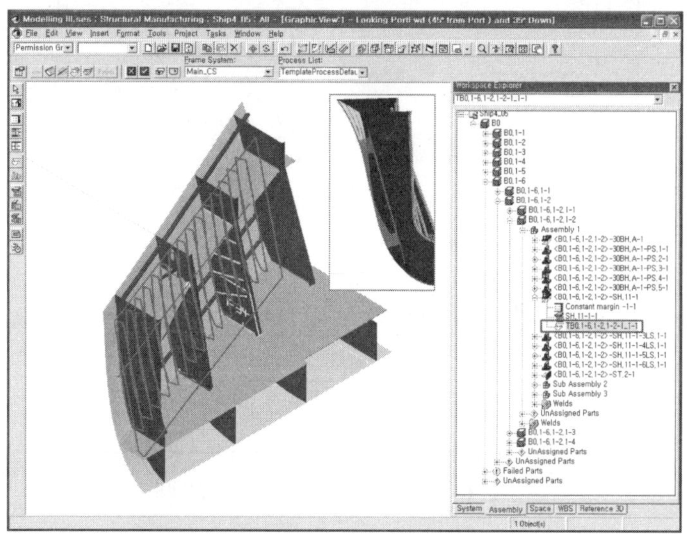

* Parameter value를 변경하려면 먼저 Rule-Based 난의 CheckBox를 해제한 후 Value 난에서 pulldown 메뉴를 선택한다.

** Template 형태를 확인하는 방법으로 WE에서 Template 정보를 선택하면 된다.

chapter 04

실습 4.5-2 생성한 Template의 기준면이 바깥쪽이 되도록 수정한다.

작업영역 Ship 4_05 (단, 작업영역은 전 절과 동일)

1. (Select) 도구를 선택하고 Locate Filter를 Template로 지정한 후 전절에서 작업한 Template를 지정한다.

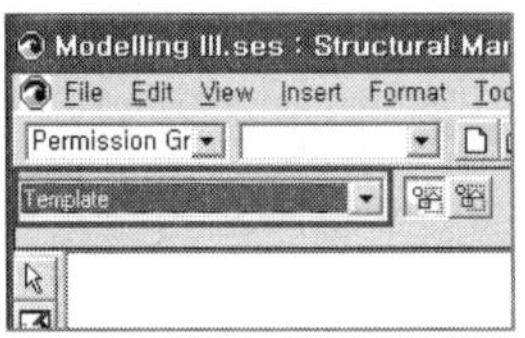

그림 1 Locate Filter 난

2. 리본-바의 (Properties) 아이콘을 클릭하면 *Template Set Settings* 창을 불러낸 후 Process 탭에서 Side 난을 AntiMoldedSide로 지정한 후 [OK] 버튼을 클릭하여 창을 닫는다.

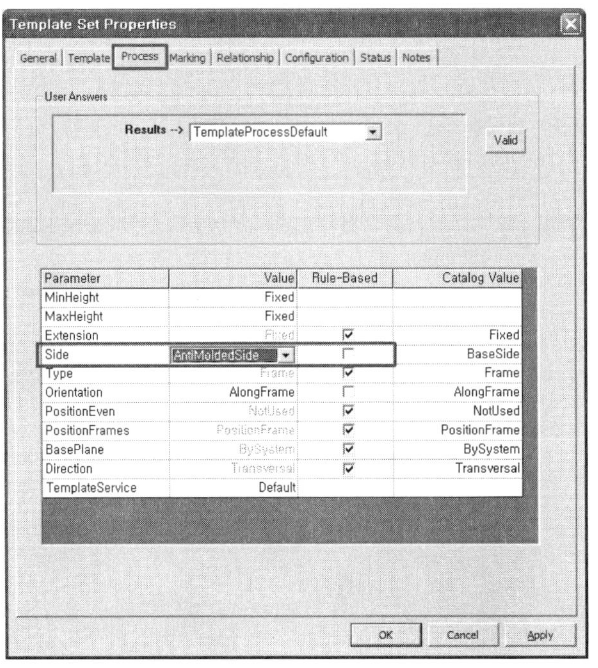

그림 2 Parameter 값을 수정한 상태

3. (Select) 도구를 선택하면 작업이 종료된다.

작업결과 **4.5-2** Template 기준면이 바깥쪽으로 수정되었다.

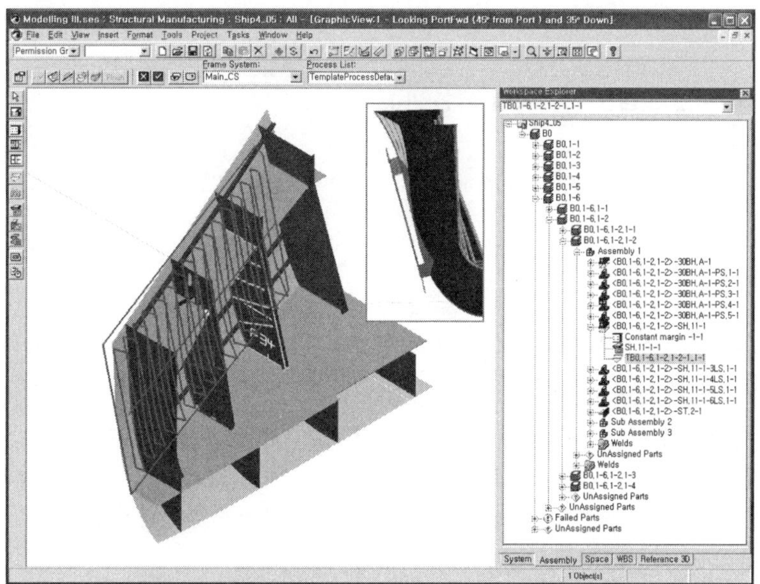

4.6 Creating Pin Jigs

실습 4.6-1 Hull 곡판 받침용 Pin Jig를 생성한다.

작업영역 Ship 4_06 (단, 작업영역은 전 절과 동일)

1 Task를 Planning으로 변경한다.*

2 (Select) 도구를 선택하여 WE의 Assembly 1을 지정한 후 리본-바의 (Assembly properties) 아이콘을 클릭하면 *Assembly Properties* 창이 나타나며, 이 창의 General 탭에서 [Workcenter] 난을 DefaultWorkcenter로 지장한 후 [OK] 버튼을 클릭하여 창을 닫는다.

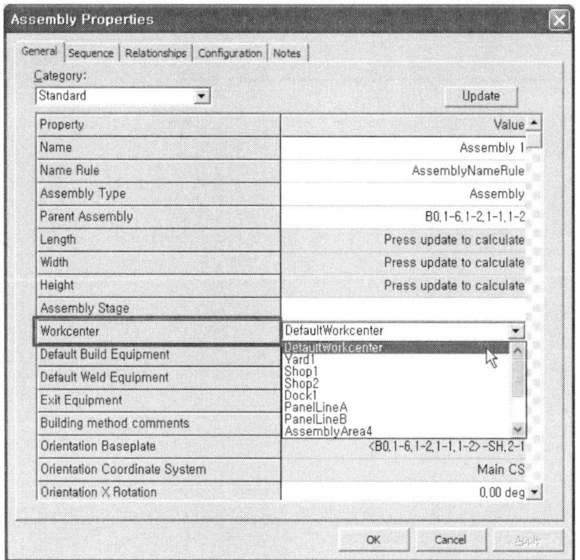

그림 1 *Assembly Properties* 창

3 Task를 다시 Structural Manufacturing으로 바꾼다.

* Pin-Jig 작업은 해당 블록(그룹)의 작업장 위치(Work center : 예를 들면 Yard, Dock 등)를 지정한 후에 작업하여야 한다. Work center 지정은 Planning Task에서 속성 창을 통해 지정한다.

4 (Pin Jig) 도구를 선택한 후 D2와 D7 사이의 Hull 평판을 지정하면 리본-바의 내용이 바뀐다.

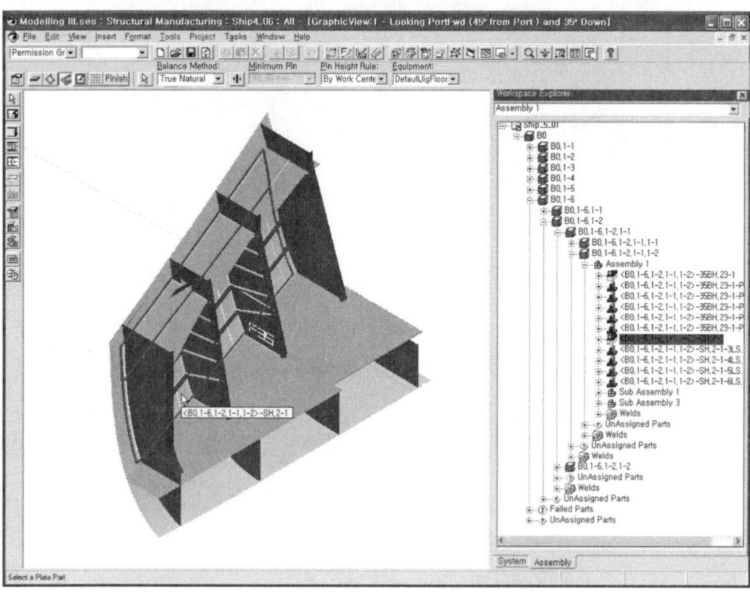

그림 2 Pin Jig의 작업 대상을 지정한 상태

5 리본-바의 (Properties) 아이콘을 클릭하면 *Pin Jig Settings* 창이 나타난다. 이 창의 Frame System 난을 Main_CS로 지정한다.

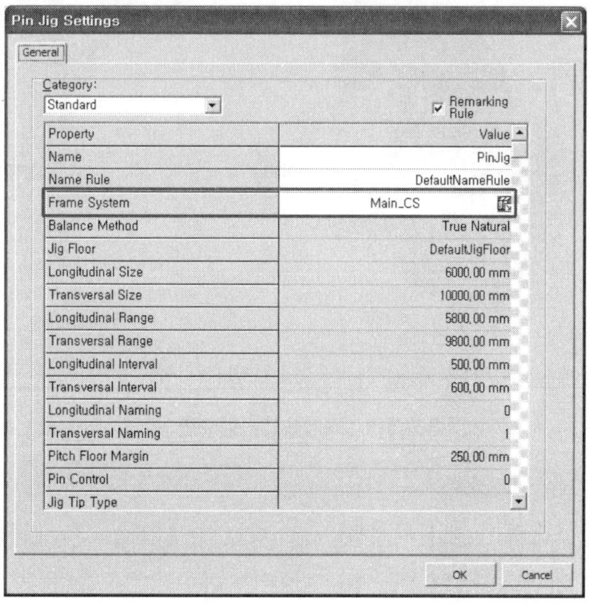

그림 3 Frame System을 Main_CS로 지정한 상태

6 *Pin Jig Settings* 창의 Remarking Rule의 Check Box를 해제한 후 Category를 Marking Settings로 변경하여 모든 값을 기본 값(Default)으로 한 후 [OK] 버튼을 클릭하여 창을 닫는다.

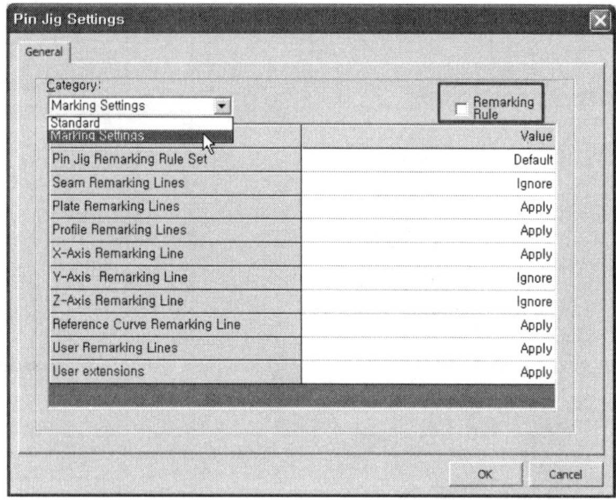

그림 4 Marking Settings 값(Default)

7 리본-바의 [Finish] 아이콘을 클릭하면 해당 WE의 해당 평판에 Pin Jig 정보가 생성된다.

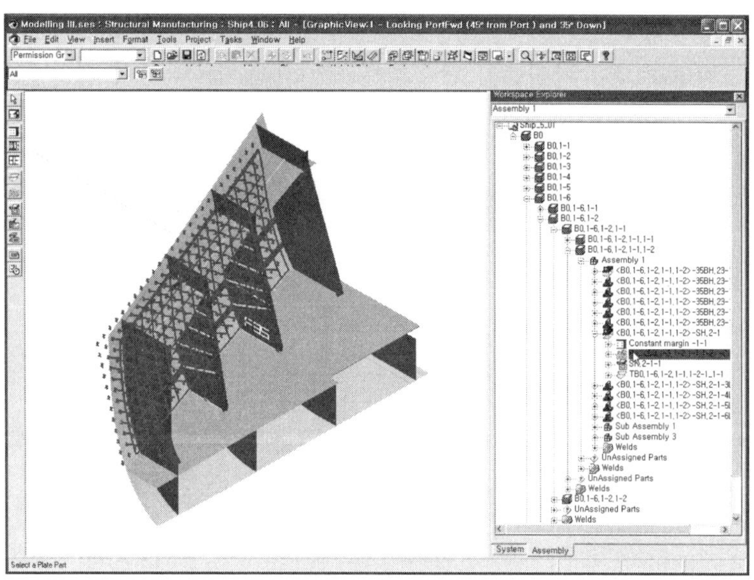

그림 5 Pin Jig 정보를 생성한 결과

8 (Select) 도구를 선택하여 WE의 Pin Jig 정보를 선택한 후 리본-바의 (Modify Jig Setup) 아이콘을 클릭하면 작성된 Pin Jig 정보를 확인 또는 수정할 수 있다.

SM3D

부록

License 서버 연결

1. SPLM 설치

2. Client에 License 서버 등록

3. License 서버와 접속 상태 확인

License 서버 연결

SM3D는 SP3D(SmartPlant 3D)를 토대로 개발되었다. 따라서 License 프로그램은 SP3D 및 SM3D 모두 SPLM(SmartPlant License Manager)를 사용한다.

SM3D용 Client 컴퓨터에는 SM3D 프로그램 이외 SPLM 프로그램도 설치한 후 설치된 SPLM에 라이선스 서버를 등록하여야 한다.

1. SPLM 설치

1 SPLM 프로그램의 Setup.exe를 실행하면 [그림 1]의 창이 나타나며, 이 창에서 SmartPlant License Manager Installation을 선택한다.

그림 1 SPLM 설치 초기 화면

부록

2 [그림 2]의 압축을 푸는 과정이 끝나면 [그림 3]의 계속 진행 여부를 물어보는 창이 나타난다. 이 창에서 [Next] 버튼을 클릭하면 [그림 4]의 창으로 바뀐다.

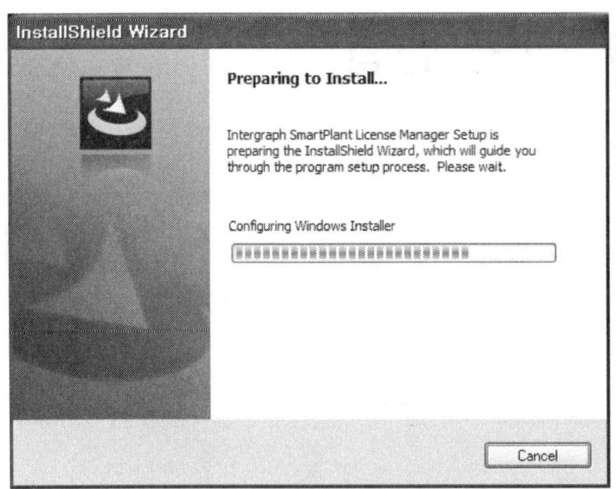

그림 2 압축을 푸는 과정 중

그림 3 설치 여부를 확인 창

3 [그림 4]의 창에서 프로그램 설치자의 정보(User Name 및 Organization)를 입력한 후 [Next] 버튼을 클릭하면 [그림 5]의 창으로 바뀐다.

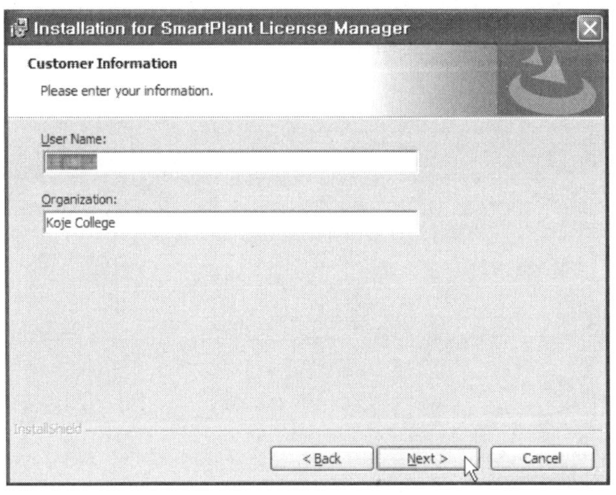

그림 4 설치자 정보 입력 창

부록

4 [그림 5]의 창은 License Agreement를 보여주는 과정으로 출력할 문서의 언어(Country)를 선택한 후 [Display] 버튼을 클릭하면 [그림 6]과 같이 Agreement 내용이 선택한 언어로 출력되며, [그림 6]의 창은 그냥 닫으면 된다.*

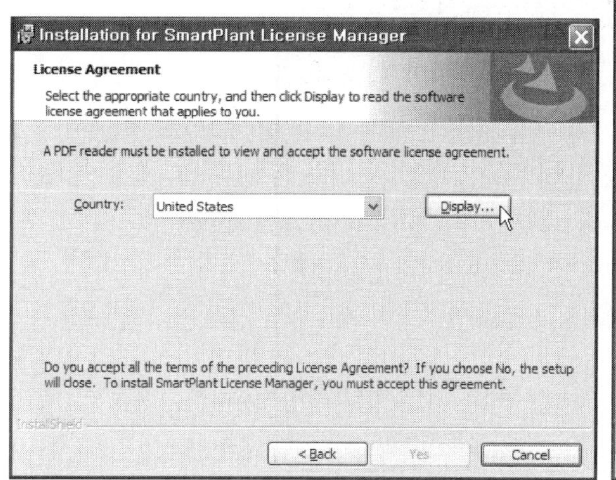

그림 5 Agreement 출력 창

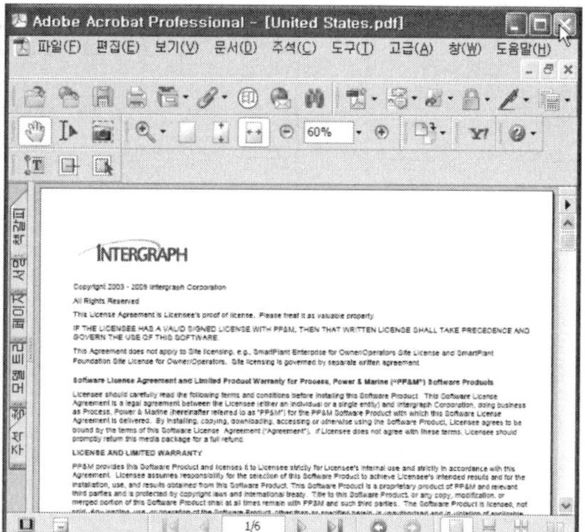

그림 6 출력된 Agreement 창(영어)

5 [그림 6]의 창을 닫으면 [그림 5]의 창이 [그림 7]과 같이 [Yes] 버튼이 활성화 되며, [Yes] 버튼을 클릭하면 [그림 7]과 같이 설치할 기기의 종류를 선택하는 창이 나타난다.

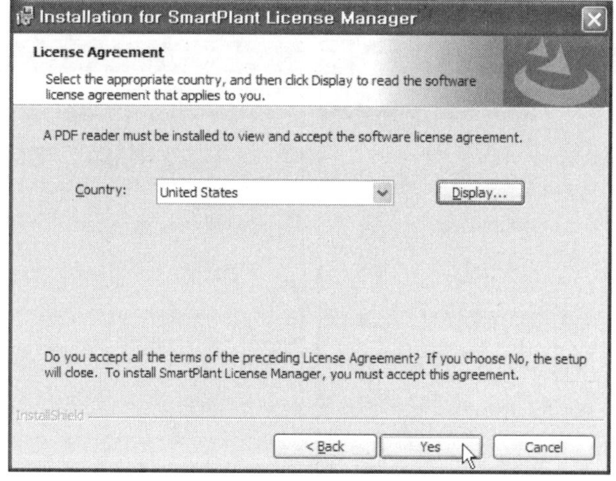

그림 6 [Yes]가 활성된 상태

부록

* Intergraph사의 모든 프로그램의 설치는 반드시 PDF 형식의 License Agreement 문서를 출력하여야 다음 Step으로 넘어간다. 따라서 반드시 Adebe사의 Reader 프로그램이 설치되어 있어야 한다.

6 [그림 7]의 창에서 License Server인 경우에는 License Machine를, Workstation인 경우에는 License Client를 선택한 후 [Next] 버튼을 클릭한다(본 교재에서는 Workstation(Client)인 경우만 설명한다)*

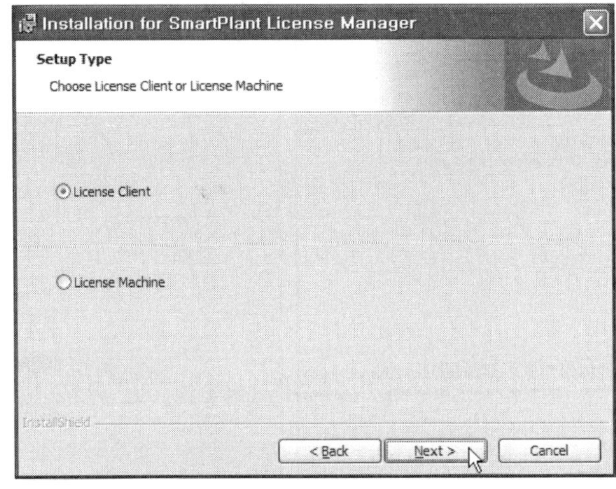

그림 7 **설치할 프로그램 종류를 선택**

7 [그림 8]은 설치할 프로그램의 위치(폴더)를 지정하는 창으로 만일 기본 위치를 변경할 경우에는 [Change..] 버튼을 클릭하면 수정할 수 있다. 경로를 지정한 후 [Next] 버튼을 클릭하면 [그림 9]와 같이 최종 설치 여부 확인 창이 나타난다.

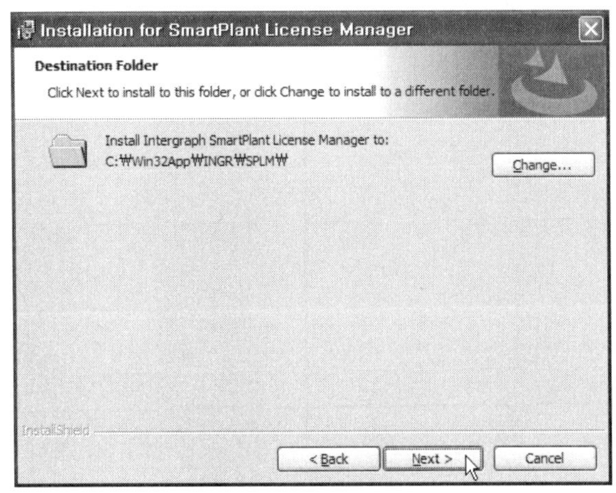

그림 8 **설치 폴더 지정 창**

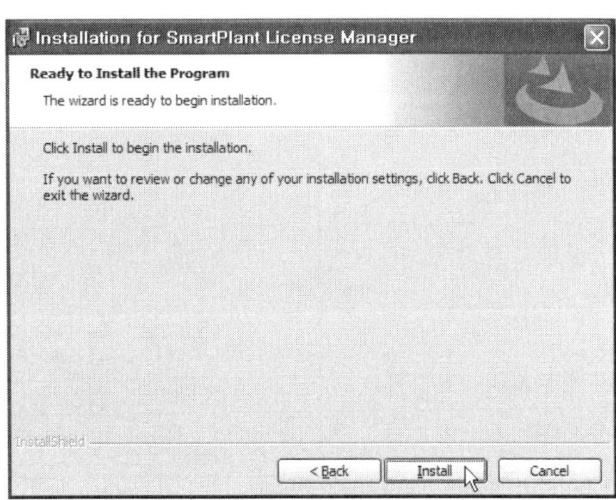

그림 9 **최종 설치 여부 확인 창**

* SPLM Server 설치는 SPLM 프로그램을 설치한 후 서버 기기의 Machine ID를 생성한 다음 Machine ID 정보를 Intergraph사로 보내면 Intergraph사에서는 Machine ID로 암호화된 License 파일을 생성하여 지급한다. 서버에서는 이 License 파일을 등록하여야 한다.

8 [그림 9]에서 [Install] 버튼을 클릭하면 [그림 10]의 과정을 거쳐 [그림 11] 창이 표시되며, 윈도우의 **시작**›**프로그램**›Interpraph SmartPlant License Manager›SmartPlant License Manager가 등록되면서 설치가 완료된다.

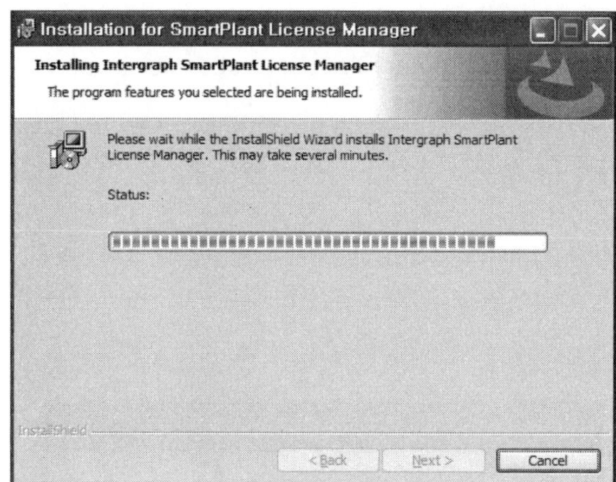

그림 10 설치 중인 상태

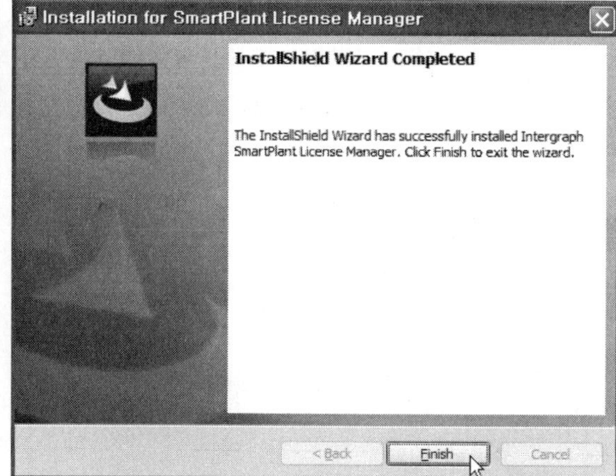

그림 11 설치 완료 창

부록

2. Client에 License 서버 등록

Client에 SPLM을 설치한 후에는 License Server를 등록하여야 정상적으로 사용할 수 있다.

1. 시작 › 프로그램 › Intergraph SmartPlant License Manager › SmartPlant License Manager 메뉴 선택을 선택하면 *SmartPlant License Manager* 창이 나타난다.

2. *SmartPlant License Manager* 창에서 Configure and Test를 선택한 다음 [Select] 버튼을 클릭하면 *Configure and Test Options* 창이 나타난다.

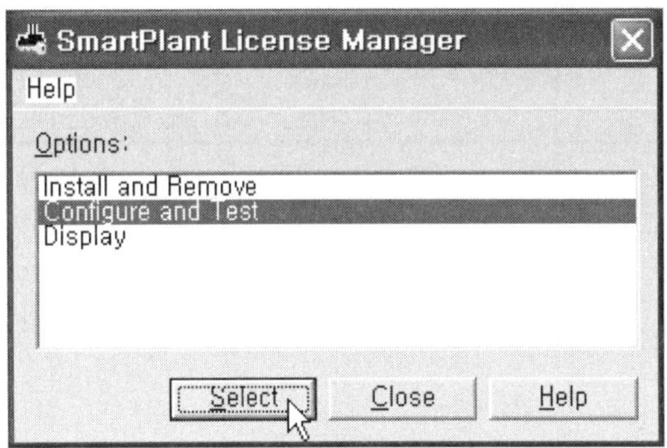

그림 1 SMPL 기동 창

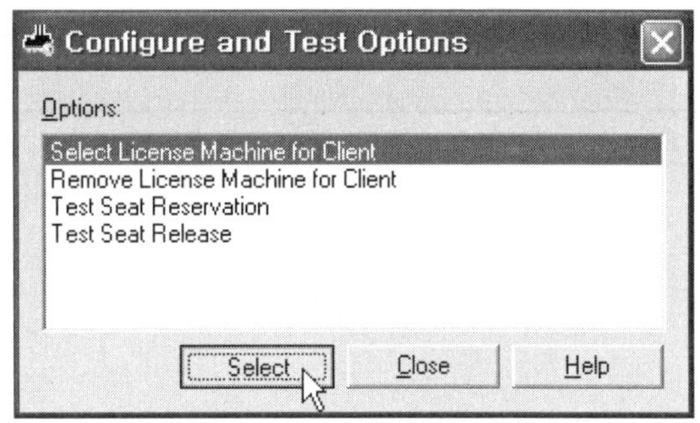

그림 2 Configure and Test Options 창

3. *Configure and Test Options* 창에서 Select License Machine for Client를 선택한 다음 [Select] 버튼을 클릭하면 *Select License Machine for Client* 창이 나타난다.

4. *Select License Machine for Client* 창에서 SPLM 서버 주소를 입력한 후 [OK] 버튼을 클릭하면 *SmartPlant License Information* 창이 나타난다. 서버 주소는 도메인 명 또는 IP 주소로 지정할 수 있다.

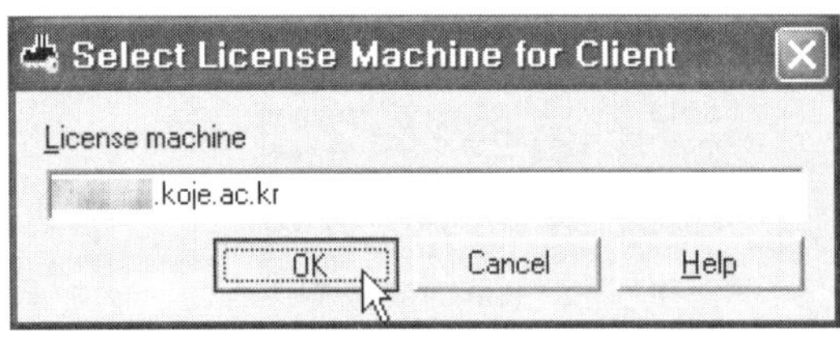

그림 3-1 라이선스 서버 지정(도메인 명)

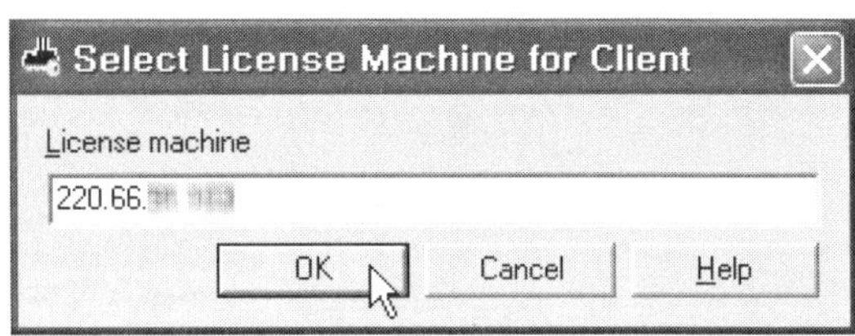

그림 3-2 라이선스 서버 지정(IP 주소)

5 License Server와 정상적으로 접속이 이루어지면 접속한 서버의 정보가 표시된다.

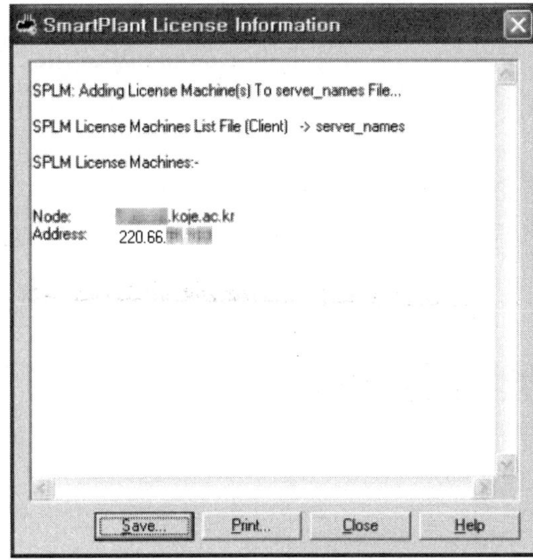

그림 4-1 서버 접속 확인 창(도메인 명)

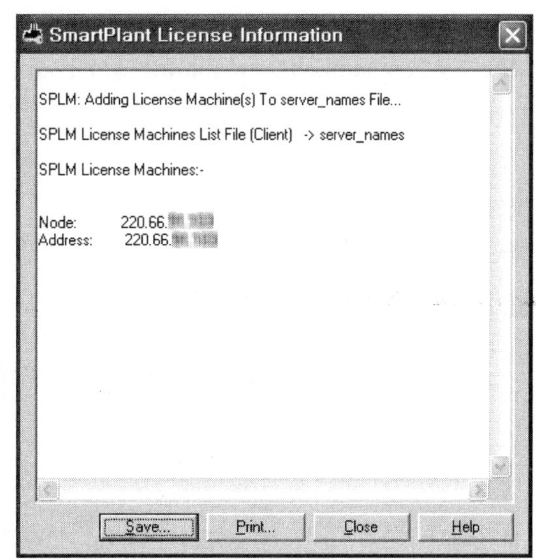

그림 4-1 서버 접속 확인 창(IP 주소)

6 접속이 확인되면 불러낸 창을 모두 닫는다.

3. License 서버와 접속 상태 확인

1 **시작 › 프로그램** › Intergraph SmartPlant License Manager › SmartPlant License Manager 메뉴 선택하면 SmartPlant License Manager 창이 나타난다.

2 *SmartPlant License Manager* 창에서 Display를 선택한 다음 [Select] 버튼을 클릭하면 *Display Options* 창이 나타난다.

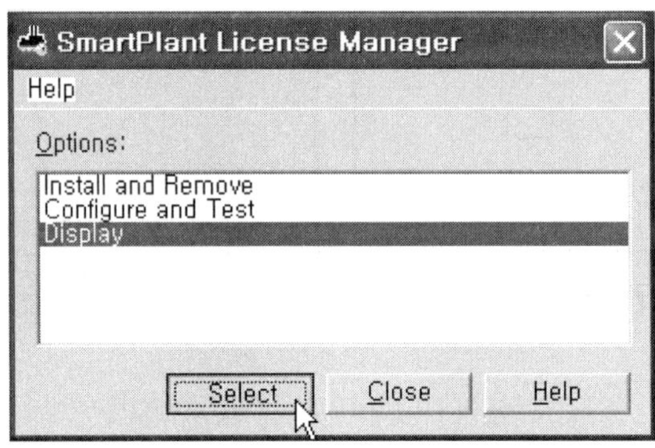

그림 1 *SmartPlant License Manager* 창

3 *Display Options* 창에서 Display License Machine for Client – All Users를 선택한 후 [Select] 버튼을 클릭하면 *SmartPlant License Information* 창이 나타난다.

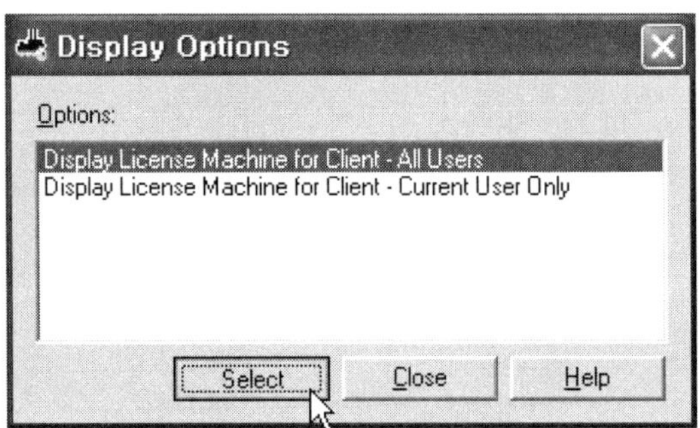

그림 2 *Display Options* 창

4 *SmartPlant License Information* 창에 현재 접속한 License Server와 Client 정보가 표시된다.

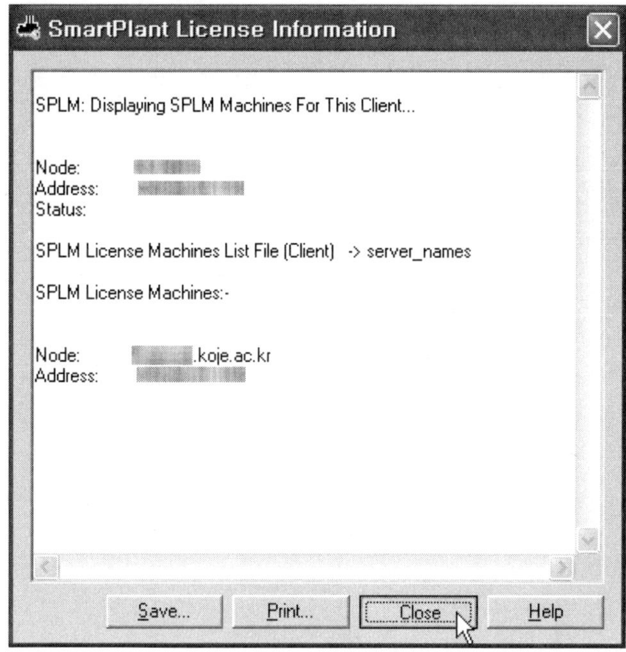

그림 3 License Server 접속 확인 창

5 접속이 확인되면 불러낸 창을 모두 닫는다.

부록

SM3D

부록

Training DB 설치

1. SM3D DB의 종류
2. DB Server의 위치
   - 2.1 DB Schema 등록
   - 2.2 Model Data 복원
   - 2.3 Report DB 생성
   - 2.4 Model 백업
   - 2.5 Model 복사
   - 2.6 SM3D Training용 DB

본 교재에 필요한 모든 자료는 본 교재 출판사 홈페이지(http://www.kihanjae.com)의 자료실에서 다운 받을 수 있습니다.

Training DB 설치

1. SM3D DB의 종류

SM3D DB는 자재의 종류와 규격 등 Modeling에 필요한 기본 자료를 저장하고 있는 Catalog DB와 실제 모델 정보를 저장하고 있는 Model DB 및 도면 정보를 저장하고 있는 Report DB의 3가지로 대분한다.

아래 그림은 한 조선소에서 특수선(잠수함)과 일반 상선을 제조하고 있는 경우에 구성한 DB의 예이다. 특수선과 상선은 서로 다른 Catalog DB를 사용하고, 상선은 동일한 Catalog DB를 사용하지만 호선에 따라 Model DB(Ship n)는 다르게 사용하도록 구성한 것이다. 물론 각 호선마다 Report DB를 가지고 있다.

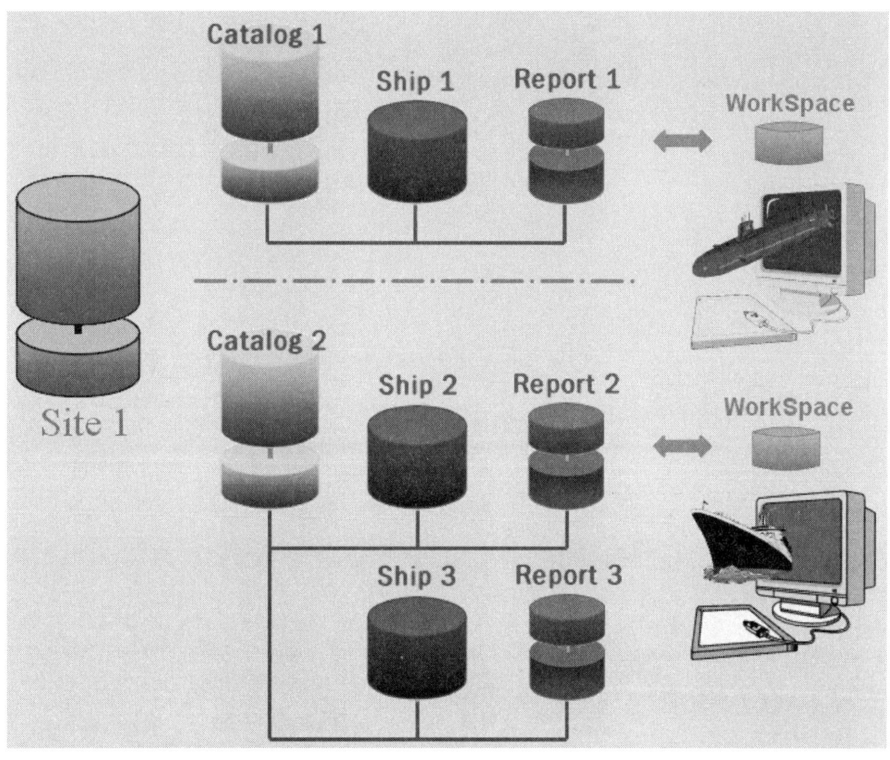

2. DB Server 위치

산업체에서는 한 척의 선박을 여러 부서가 나누어 설계하기 때문에 일반적으로 [그림 1]과 같이 각 용도별로 독립된 DB Server를 네트워크를 통해 공유하여 사용하고 있다.

Intergraph사에서는 DB를 종류별로 서로 다른 서버를 사용하여 만일의 사고에 대비하도록 권장하고 있다.

그러나 본 교재에서는 교육용 실습실을 대상으로 하여 License Server를 제외한 모든 DB를 [그림 2]와 같이 각 Client에 독립적으로 가지는 구조로 설명한다.

왜냐하면 동일한 내용을 교육생 모두가 동시에 실습(작업)을 하기 때문에 각 실습생별로 서로 다른 DB를 사용하여야 한다. 따라서 DB가 각 PC에 독립적으로 설치되어야 한다.

또한 실습생이 DB를 쉽게 관리할 수 있도록 모든 DB를 동일한 폴더에 저장하여 사용하는 것으로 설명한다.

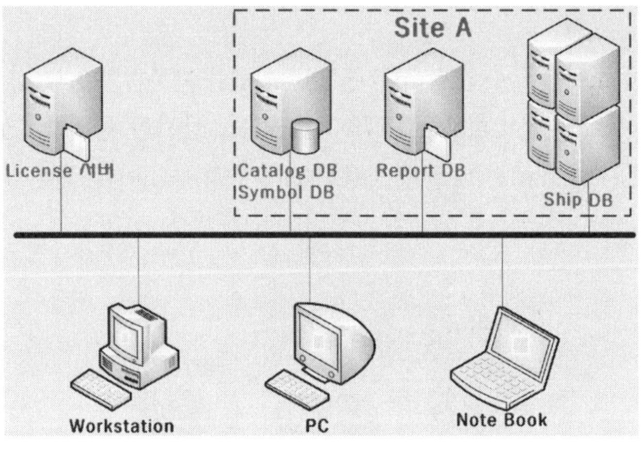

그림 1 일반 산업체의 DB 네트워크 구조

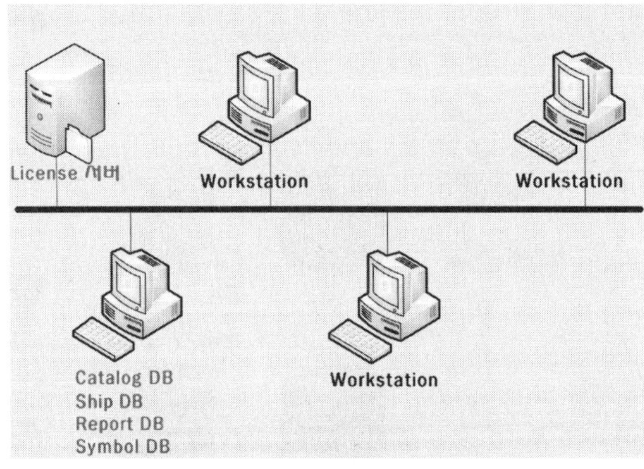

그림 2 본 교재의 교육용 실습실 DB 구조

부록

백업한 DB는 다음과 같은 3단계를 거쳐 설치(복원)한다.

1. DB Schema 등록 : SQL Server(또는 Oracle)에 백업한 DB와 같은 구조(Schema)를 등록한다. 단, Site와 Name Generator Server는 새로 지정할 수 있다. 등록된 DB는 실제 데이터가 없는 단순 구조만 생성된다.
2. Model Data 복원 : 백업한 DB로부터 Catalog 및 Model의 실제 Data를 복원한다. 만일 복수 개의 Model이 있는 경우에는 선택하여 복사할 수 있다.
3. Report DB 생성 : 각 모델에 대한 Report DB를 생성한다.*

2.1 DB Schema 등록

1 시작 › 프로그램 › Intergraph SmartMarine 3D › Database Tools › Database Wizard 메뉴 선택하면 *SmartPlant 3D Database Wizard* 창이 나타난다.

2 *SmartPlant 3D Database Wizard* 창에서 Restore a site from a backup set를 선택하고 [Next] 버튼을 클릭하면 *Restore Site Database form Backup* 창으로 바뀐다.

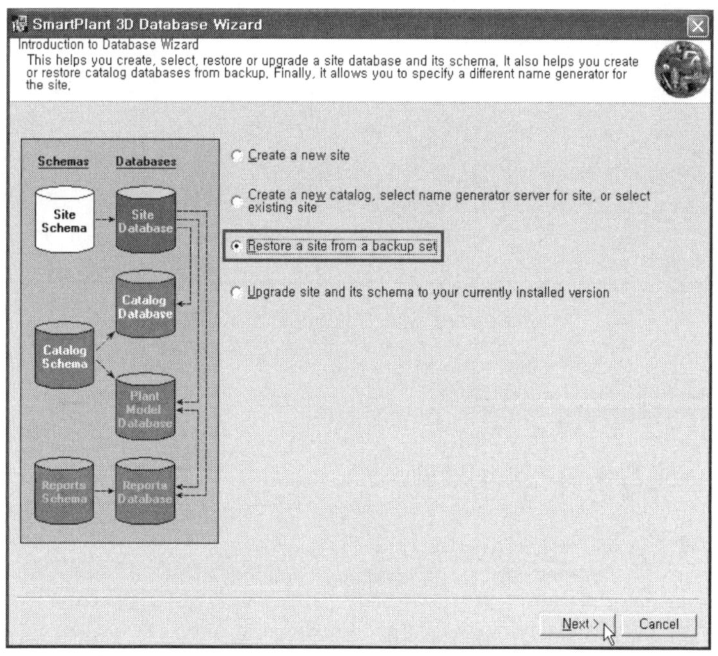

그림 1 Database Wizard 기동 창

* SM3D에서는 백업할 때 Site, Catalog 및 Model DB만 백업하고 Report DB는 백업하지 않는다. 따라서 DB를 복원 하는 경우에는 **반드시 Report DB를 새로 생성**하여야 한다.

3 Restore Site Database from Backup 창에서 아래와 같이 지정한 후 [Next] 버튼을 클릭한다.

- Backup configuration file to restore : Backup한 DB Configuration 파일 지정(*.bcf)*
- Path to existing database backup files : Backup한 DB data가 있는 폴더 지정**
- Site database workshare location : Site 명칭 입력***
- Name generator server for site : Name generator 서버 명 입력****
- Physical database : DB를 저장할 폴더 지정*****
- Log file : Log 파일을 저장할 폴더 지정

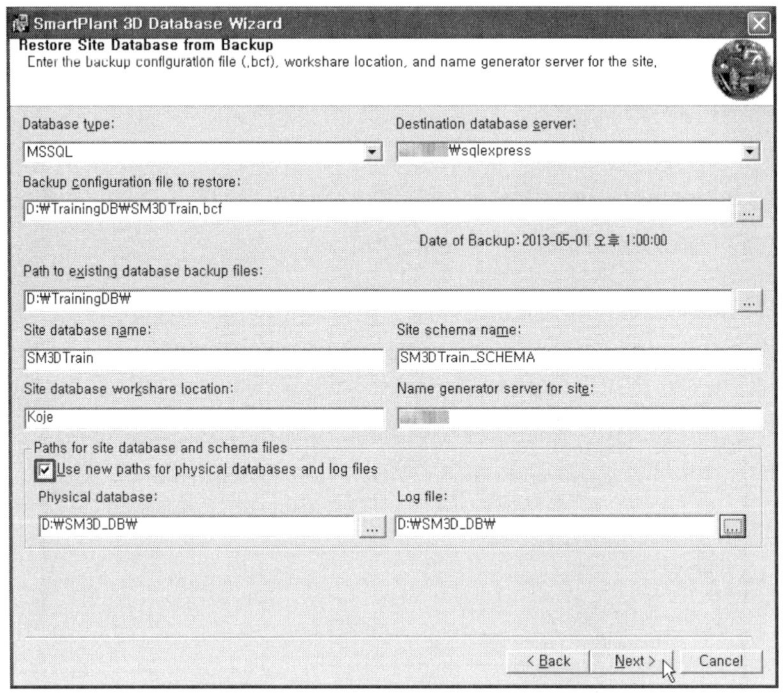

그림 2 Restore Site Database 정보 지정 창

4 [Next] 버튼을 클릭하여 작업을 계속 진행시킨다.

5 [Finish] 버튼을 클릭하면 작업이 완료된다.

* 본 교재에서 제공하는 **TrainingDB.zip**에 있다.

** TrainingDB 데이터가 있는 "장치:경로₩폴더"를 지정한다. 예를 들면 TrainingDB의 내용을 E:₩TrainingDB 폴더에 압축을 푼 경우에 "E:₩TrainingDB"로 수정한다.

*** 등록할 Model이 속할 Site를 지정한다. 만일 처음 등록하는 경우에는 임의의 이름을 지정하면 그 이름의 Site가 새로 생성된다.

**** 보통 SM3D를 정상적으로 설치하면 그 컴퓨터에 자동으로 Name Generator Server가 설치된다. 이 경우에 그 컴퓨터 이름을 입력하면 된다.

***** 모델 DB가 저장될 폴더(이 난을 수정하려면 먼저 "Use new paths for physical database and log files:" 난의 check-box를 선택하여야 한다).

2.2 Model Data 복원

1 **시작 › 프로그램** › Intergraph SmartMarine 3D › Project Management 메뉴 선택

2 메인 메뉴의 Tools › Restore... 메뉴를 선택하면 *Restore Wizard* 창이 나타난다.

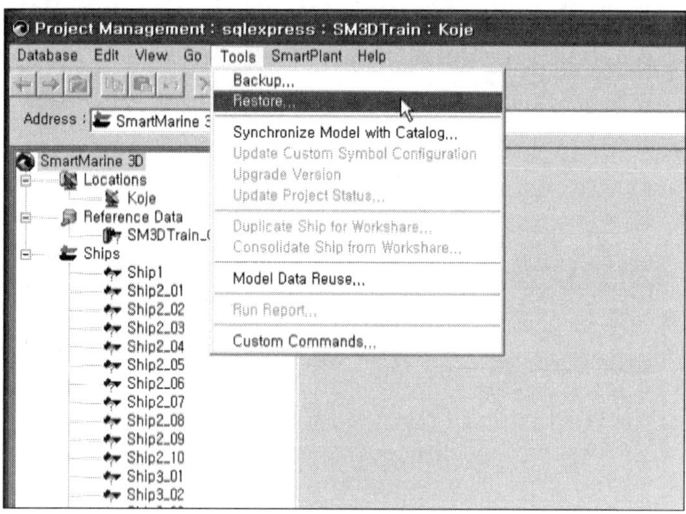

그림 1 Restore 메뉴

3 *Restore Wizard* 창에서 "Restore one or more ship database form backup"를 선택하고 [Next] 버튼을 클릭하면 창의 내용이 변경된다.

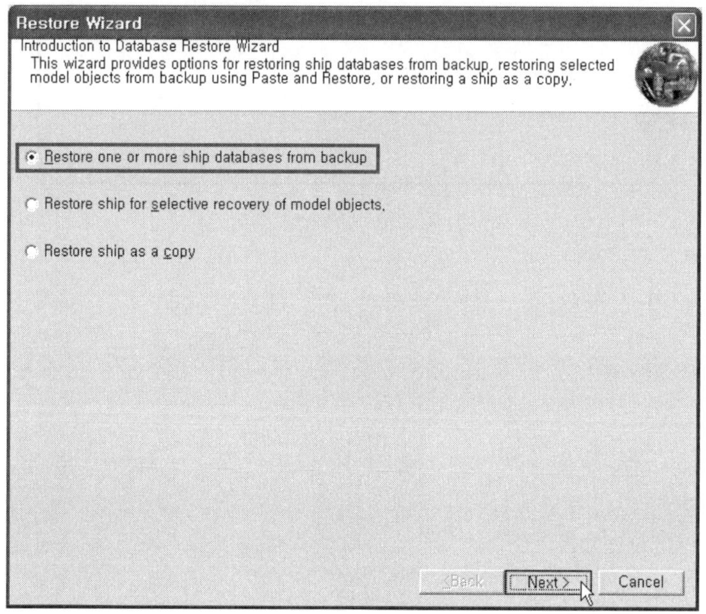

그림 2 *Restore Wizard* 창

4 변경된 Restore Wizard 창에서 아래와 같이 설정한 후 [Finish] 버튼을 클릭을 하면 DB를 등록(복사)한 다음 작업 확인 메시지 창이 나타난다.

- Backup configuration file to restore : Backup한 DB Configuration 파일 지정(*.bcf)
- Ships to restore : 등록할 모델을 선택*
- Database Backup Files Path : Backup한 DB data가 있는 폴더 지정
- Paths for new database : Database Path : DB를 저장할 폴더 지정**
  Log Path : Log 파일을 저장할 폴더 지정
- Symbol and custom program file location*** :
  C:₩Program Files₩SmartPlant₩3D₩CatalogData₩Symbols

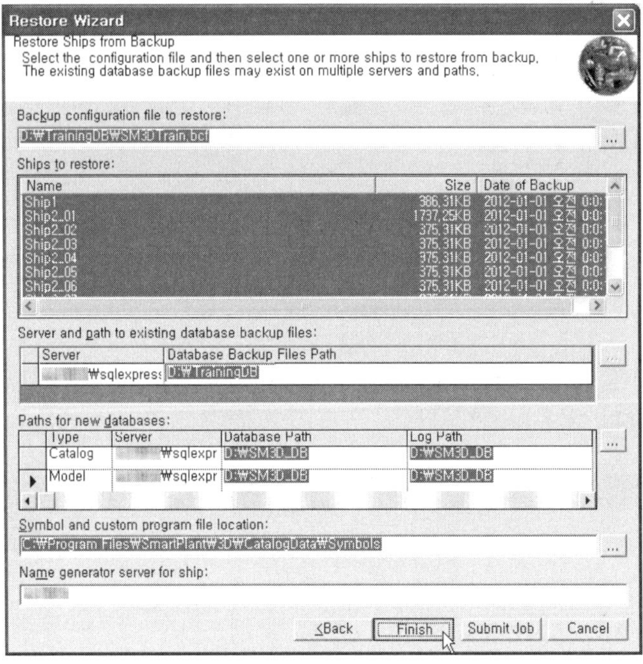

그림 3 Restore Wizard 설정 창

5 작업 확인 메시지 창에서 [확인] 버튼을 클릭하면 메모장으로 로그 파일의 내용이 나타난다.

6 되돌아 온 *Restore Wizard* 창에서 [Close] 버튼을 클릭하여 작업을 종료한다.****

* Backup한 DB Configuration 파일로부터 자동으로 모델정보가 표시된다. 만일 선택할 모델이 복 수개인 경우에는 CTRL키를 누른 상태에서 선택하면 된다.

** DB는 서로 다른 곳에 저장하는 것을 권장하고 있으나, 본 교재에서는 단순 교육용으로 사용하기 위해서 관리의 편리를 고려하여 한 곳에 모든 DB를 저장하는 것으로 하였다.

*** 기본적으로 SM3D를 설치하면 이 폴더가 만들어진다.

**** Model DB를 정상적으로 등록하였으나 아직 Report DB가 없는 상태이므로 Project Management 창에는 비정상(? 표시)으로 표시되어 있다.

2.3 Report DB 생성

1 시작 › 프로그램 › Intergraph SmartMarine 3D › Project Management 메뉴 선택

2 Report DB를 생성할 대상 모델을 선택한 후 Popup 메뉴에서 Regenerate Reports Database... 메뉴를 선택한다.

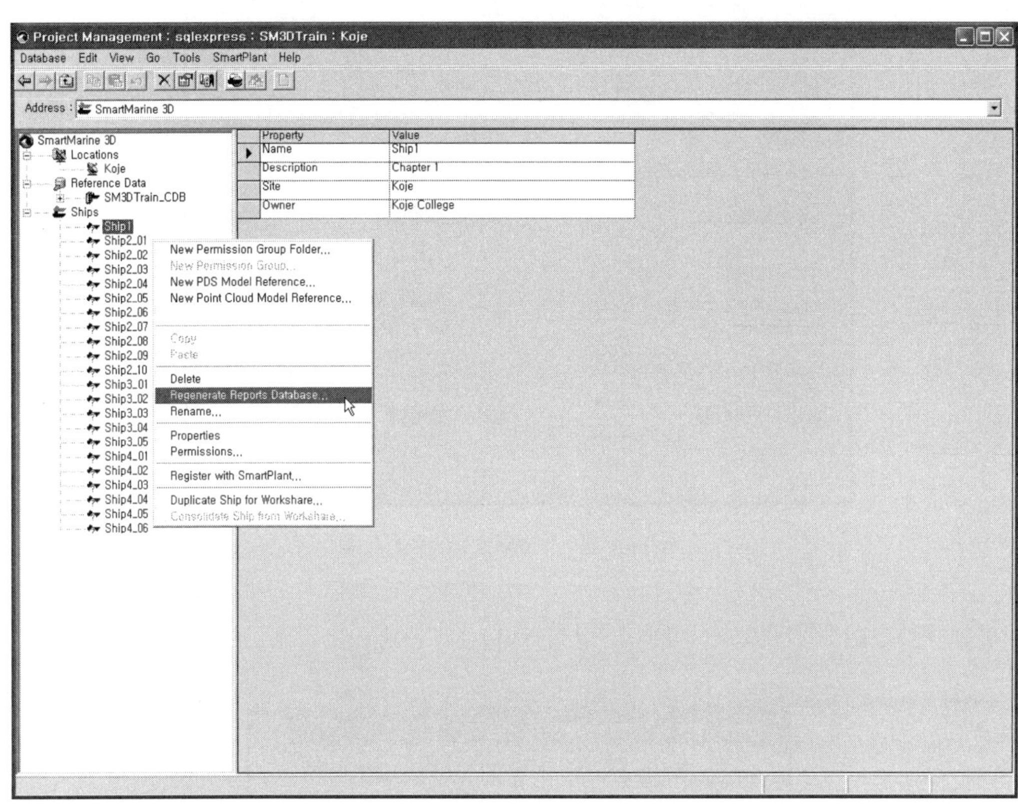

그림 1 Regenerate Reports Database 메뉴

3 *Regenerate Reports Database* 창에서 아래와 같이 설정한 후 [OK] 버튼을 클릭한다.

- Report database name : **새로 생성할 Report DB명 입력***
- Physical database : **DB를 저장할 폴더 지정****
- Log file : **Log 파일을 저장할 폴더 지정**

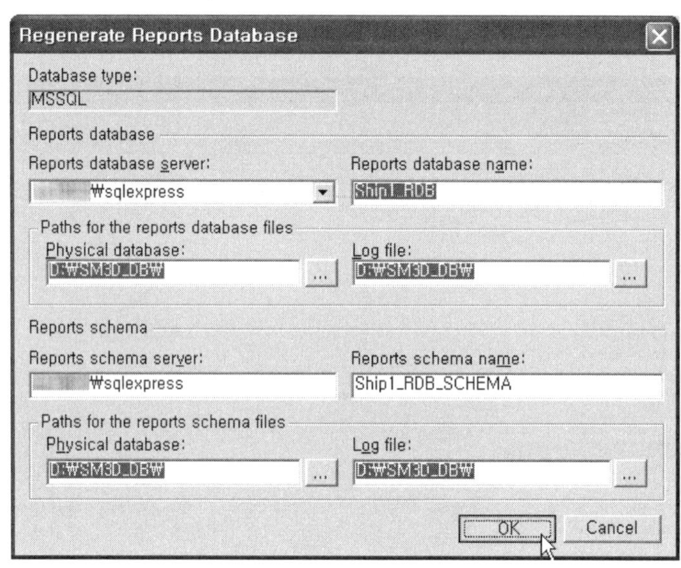

그림 2 Regenerate Reports Database 설정 창

4 작업완료 메시지 창에서 [OK] 버튼을 클릭한다.

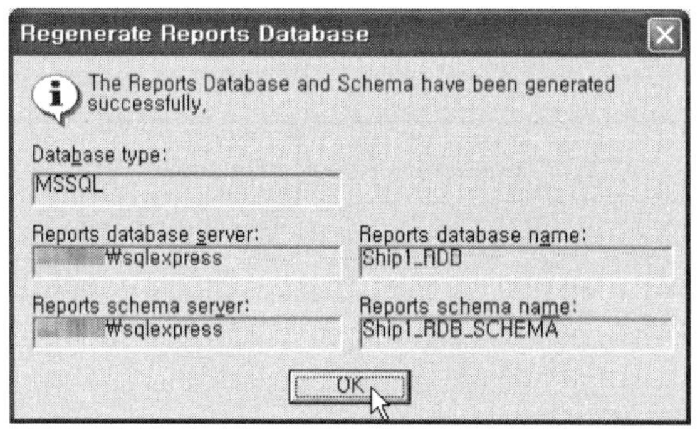

그림 3 작업완료 메시지 창

* 선택한 모델명과 동일한 이름에 확장자(_RDB)를 붙인 DB명이 자동으로 지정된다. 물론 다른 이름으로 지정할 수 있다.

** DB는 서로 다른 곳에 저장하는 것을 권장하고 있으나, 본 교재에서는 단순 교육용으로 관리의 편리를 고려하여 한 곳에 모든 DB를 저장하는 것으로 하였다.

5 동일한 방법으로 모든 호선에 대하여 Report DB를 생성한다.

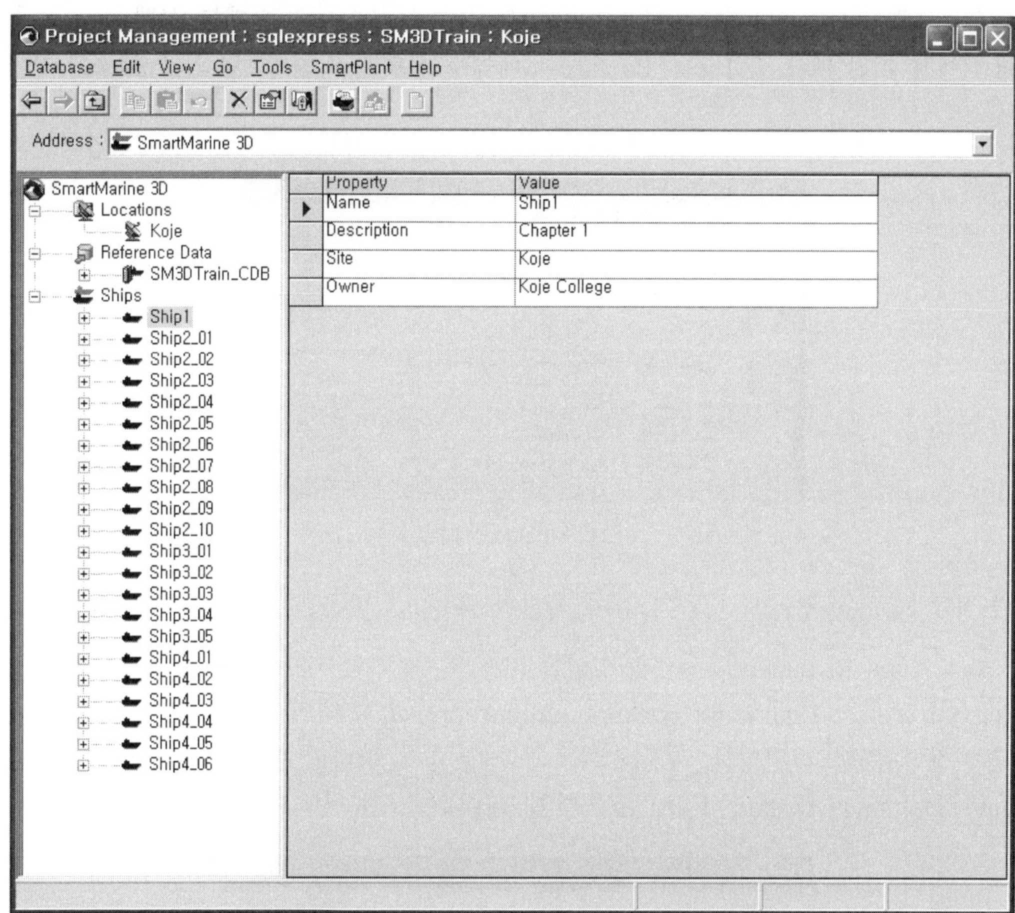

그림 4 모든 모델의 Report DB를 생성한 결과

2.4 Model 백업

1. 시작 › 프로그램 › Intergraph SmartMarine 3D › Project Management 메뉴 선택
2. [그림 1]에서 메인 메뉴 중 Tools › Backup... 메뉴를 선택한 하면 [그림 2]의 *Backup* 창이 나타난다.

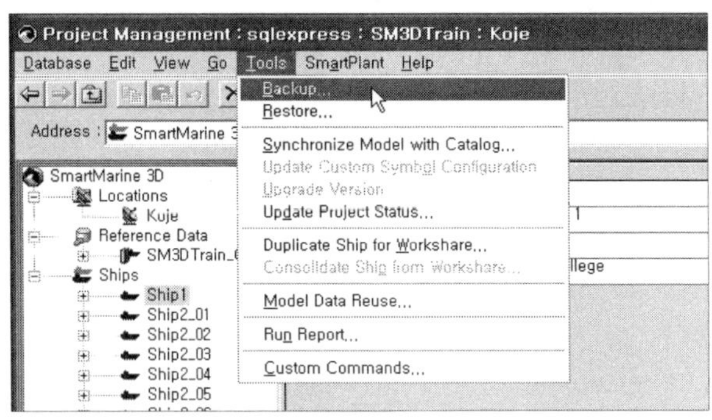

그림 1 Backup 메뉴

3. [그림 2]의 Backup 창에서 다음과 같이 지정한 후 [OK] 버튼을 클릭하면 백업을 수행한다.
   - Select ships to backup : **백업할 모델을 지정**(일부 또는 전부를 지정할 수 있다).
   - Select folder and name for backup configuration file : 백업 Data의 구성정보파일(*.bcf)의 저장 위치와 파일명을 지정(오른쪽의 버튼을 클릭하면 폴더찾기창이 출력된다)*
   - Save Database Backup Files In : 백업 데이터 저장 폴더**

부록

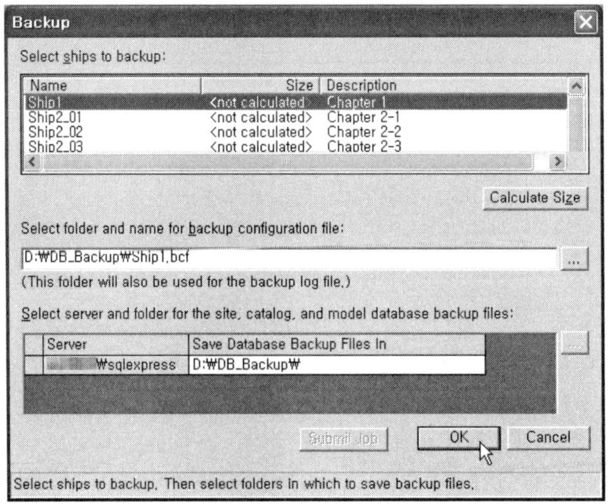

그림 2 *Backup* 창

* 이 파일은 백업 데이터의 구성정보를 가지고 있는 파일로 일반적으로 안전을 위하여 실제 백업 데이터 파일의 위치와 별도로 관리한다. 그러나 본 교재에서는 동일한 폴더에 저장하는 것으로 하였다(폴더의 경로와 파일명까지 지정).

** 백업 데이터의 저장 폴더의 위치(경로)를 지정(파일명이 아님)

2.5 Model 복사

1. 시작 › 프로그램 › Intergraph SmartMarine 3D › Project Management 메뉴 선택

2. [그림 1]에서 메인 메뉴 중 Tools › Restore... 메뉴를 선택한 하면 [그림 2]의 *Restore Wizard* 창이 나타난다.

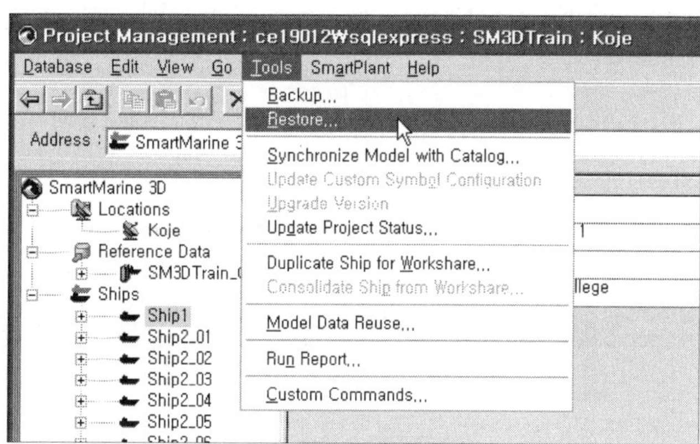

그림 1 Restore 메뉴

3. *Restore Wizard* 창에서 Restore ship as a copy를 선택한 다음 [Next] 버튼을 클릭하면 [그림 3]의 창이 나타난다.

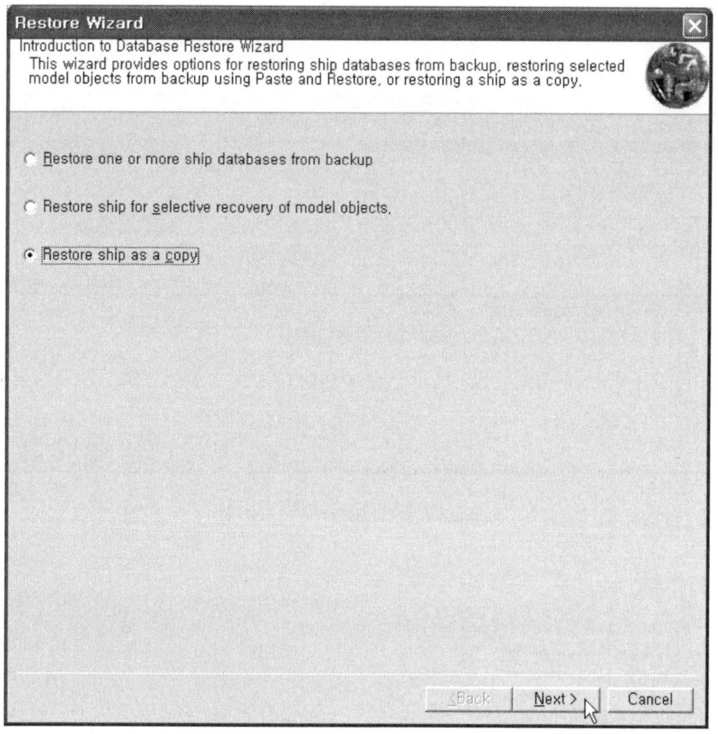

그림 2 Restore ship as a copy 옵션

부록

4 [그림 3]의 창에서 다음과 같이 입력(또는 지정)한 다음 [Finish] 버튼을 클릭한다.

- New ship name: 복사할 모델의 명칭을 입력*
- Description: 모델의 설명을 입력(선택 사항)
- Backup configuration file to restore: 백업한 DB의 Configuration 파일을 선택(*.bcf)
- Ship to restore: 백업 DB 중 복구할 모델을 선택**
- Server and path to existing database backup files: 백업한 파일이 저장된 폴더를 지정
- Paths for new database: 저장할 DB의 폴더 지정(이 폴더에 저장된다)
- Symbol and custom program file location:

  C:₩Program Files₩SmartPlant₩3D₩CatalogData₩Symbols

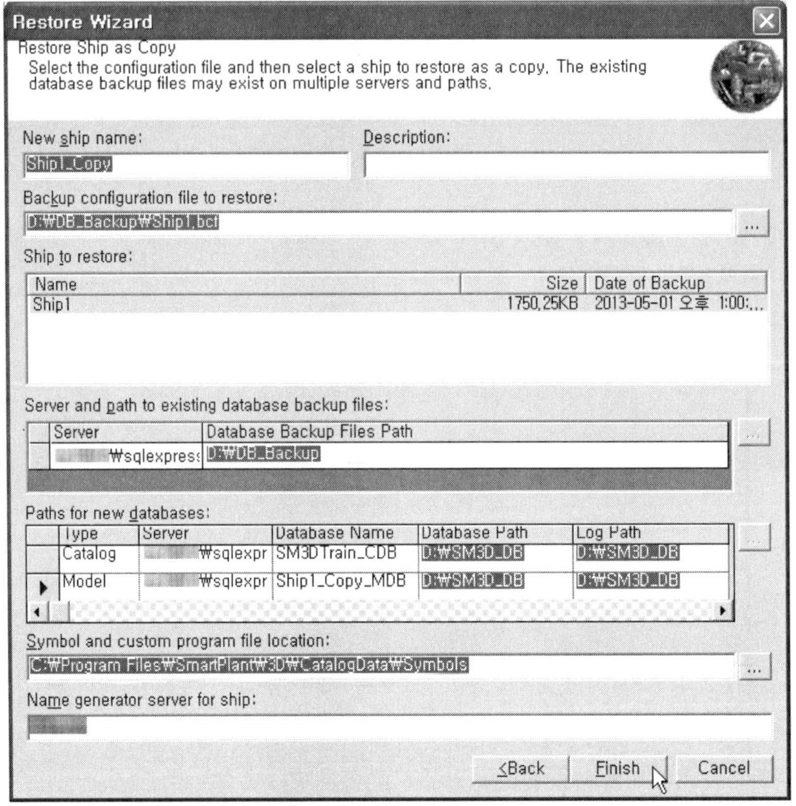

그림 3 Restore Wizard

* 복사하여 저장될 모델(Ship) 이름을 말하며, 창의 하단에 있는 Model의 Database Name난이 자동으로 이 이름으로 지정된다. 만일 이 난을 공란으로 하고 Backup configuration file을 지정하면 "Copy of xxxx"이름으로 지정된다.

** 예제에서는 하나의 모델만 있으나 만일 복수 개의 모델을 백업한 경우에는 해당 모델이 전부 표시된다.

5 [그림 4]의 메시지는 복사할 모델의 Catalog DB가 현재 사용 중인 Catalog DB와 동일한 이름인 경우에 나타나며, 기존의 DB를 그대로 사용할 경우에는 [예]를 클릭한다.

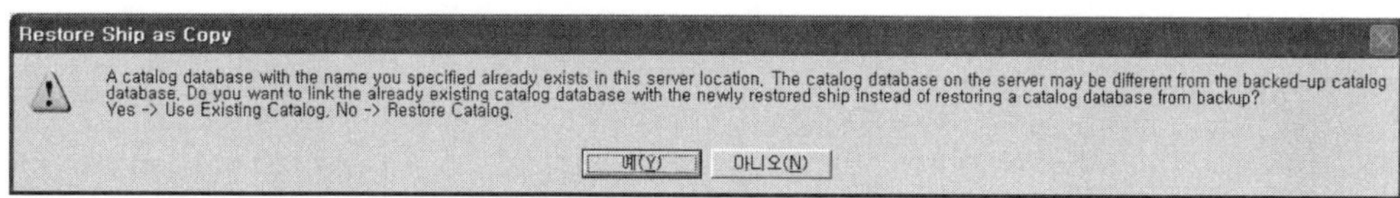

그림 4 메시지 1

6 [그림 5]의 메시지는 복사한 모델의 Spec.이 기존의 Catalog DB의 내용과 검사하라는 내용으로 *Project Management* 창의 Tools > Synchronize Model with Catalog 메뉴를 사용하면 검사할 수 있다. [그림 1] 참조

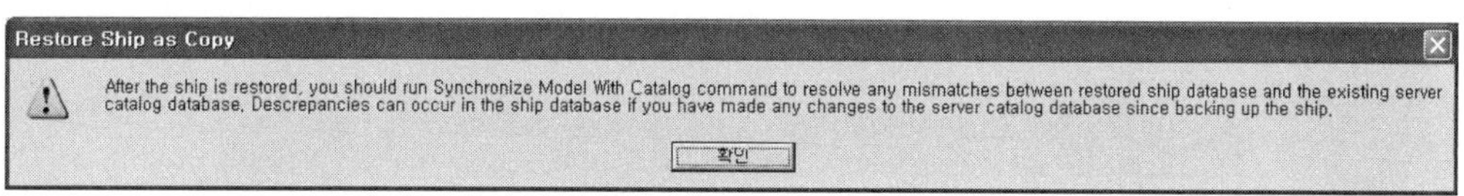

그림 5 메시지 2

7 정상적으로 복사가 끝나면 [그림 6]의 메시지 창이 나타나며, 최종 [그림 7]과 같이 모델이 복사된다. 물론 복사한 모델의 Report DB는 새로 생성하여야 한다(3. Report DB 생성 참조).

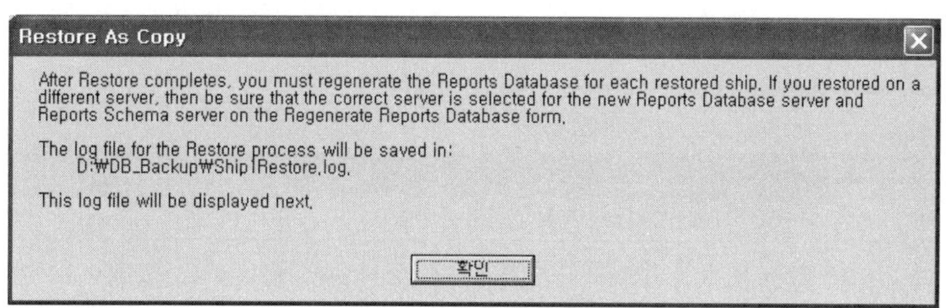

그림 6 복사 완료 메시지

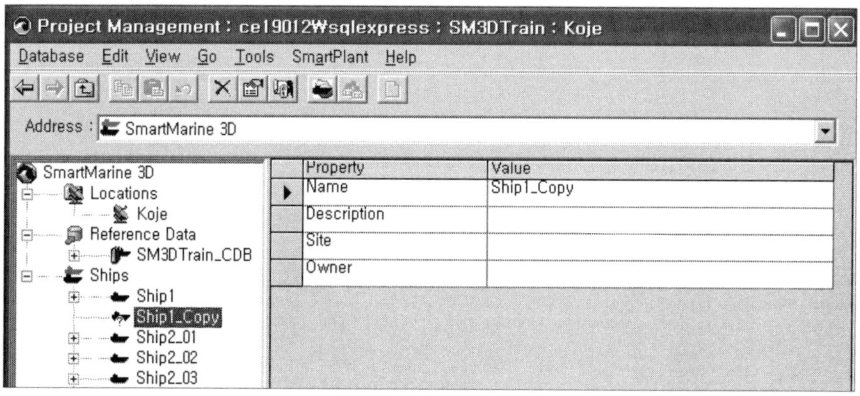

그림 7 복사한 결과

부록

2.6. SM3D Training용 DB

- 본 교재의 실습 내용은 Ship2_01 모델(Blank)로부터 순차적으로 모델링하여 선체 전체에 대한 모델링을 하는 과정으로 구성되어 있다. 따라서 필수 설치 부분만 설치한 후 실습하면 된다.
- 그러나 일반적으로 교육기관(특히 대학 등)에서 수강생들은 중간에 빠지는(또는 따라오지 못하는) 경우가 종종 발생한다. 이런 경우를 대비하여 나머지 모델을 추가하였다.
- 예를 들면 교재 제2장 2.2 Plate System 생성(실습 2.2.1부터 2.2.5 사이의 실습)을 완성하지 못하고 2.3 Plate System 수정 수업을 받는 학생들은 모델 Ship2_03을 사용하면 된다(Ship2_03 모델은 2.2 Plate System 생성까지 완성된 모델임).
- 본 교재에 제공하는 교육용 DB는 교육 일정(기간)을 고려하여 아래와 같이 4가지의 교육용 DB를 제공한다.

구 분	비 고
SM3DTrain_0.zip	Blank 모델(Catalog Data만 있음)
SM3DTrain_2.zip	교재 2장까지 각 절의 실습용 모델
SM3DTrain_3.zip	교재 3장까지 각 절의 실습용 모델
SM3DTrain_4.zip	교재 4장까지 각 절의 실습용 모델

※ SM3DTrain_0.zip는 교육생이 실습을 교재 제2장부터 직접 작업하는 경우에 Disk 공간을 최소로 하여 실습할 수 있다.

- SM3DTrain_4로 DB를 설치한 내용은 아래와 같다

모델 종류	내 용	Size(Mb)	비고
SM3DTrain_CDB	SM3D Train 공용 Catalog DB	1,386	필수 설치
Ship 1	교재 제2장의 내용을 완성한 모델	417	필수 설치
Ship2_01	초기 기본 모델(Blank)	404	필수 설치
Ship2_02 ~ 10	교재 각 장/절의 실습용 모델	404	선택 설치
Ship3_01		178	
Ship3_02		292	
Ship3_03		301	
Ship3_04		310	
Ship3_05		314	
Ship4_01		446	
Ship4_02		447	
Ship4_03		449	
Ship4_04		453	
Ship4_05		454	
Ship4_06		454	
합	계	6,709	

부록

저자_권영철
(현) 거제대학교 기계공학과 교수(공학박사)
저서
• 선박설계를 위한 도면그리기(Tribon M3 Series Ⅰ)
• 선박의장설계(Tribon M3 Series Ⅱ)
• SmartSketch(SM3D Series Ⅰ)

감수
• Intergraph : 이진호, 성완경
• 삼성중공업 : 김현호, 이경환

SM3D Hull Modeling -SM3D Series Ⅱ-

지 은 이 | 권영철
펴 낸 이 | 김형근
펴 낸 곳 | 도서출판 기한재
신 주 소 | 경기도 파주시 회동길 56
구 주 소 경기도 파주시 교하읍 문발리 535-11
(파주출판문화정보산업단지)
전 화 | 031)955-0900~2
팩 스 | 031)955-0100
등 록 | 1990년 3월 15일 제2-968호
발 행 | 2013년 12월 23일 1판 1쇄
정 가 | 20,000원

Published by Kihanjae Co.
ISBN 978-89-7018-711-2
http://www.kihanjae.com
E-mail : kihanjae@hanmail.net